Bernd Klein

FEM

> Man sollte alles so einfach wie möglich machen, aber nicht einfacher.
>
> *A. Einstein*

Bernd Klein

FEM

Grundlagen und Anwendungen der Finite-Elemente-Methode

Mit 198 Abbildungen
12 Fallstudien und
16 Übungsaufgaben

4., verbesserte
und erweiterte Auflage

[redacted]

vieweg

Die Deutsche Bibliothek – CIP-Einheitsaufnahme
Ein Titeldatensatz für diese Publikation ist bei
Der Deutschen Bibliothek erhältlich.

1. Auflage 1990
2., neubearbeitete Auflage 1997
3., überarbeitete Auflage 1999
4., verbesserte und erweiterte Auflage, Dezember 2000

Der Verlag Vieweg ist ein Unternehmen der Fachverlagsgruppe BertelsmannSpringer.

www.vieweg.de

Konzeption und Layout des Umschlags: Ulrike Weigel, www.CorporateDesignGroup.de
Druck und buchbinderische Verarbeitung: Media Print, Paderborn
Gedruckt auf säurefreiem Papier
Printed in Germany

ISBN 3-528-35125-X

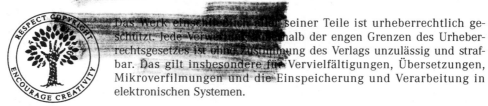

Vorwort zur 1. Auflage

Das Buch gibt den Umfang meiner Vorlesung über die Finite-Elemente-Methode wieder, die ich seit 1987 an der Gesamthochschule Kassel für Studenten des Maschinenbaus halte.

Mein Anliegen ist es hierbei, nicht nur Theorie zu vermitteln, sondern auch die Handhabung der Methode im Ablauf und die Anwendung an einigen typischen Problemstellungen in der Elastostatik, Elastodynamik und Wärmeleitung zu zeigen. Das realisierte Konzept dürfte damit auch für viele Praktiker (Berechnungsingenieure, CAE-Konstrukteure und CAD-Systembeauftragte) in der Industrie von Interesse sein, da sowohl ein Gesamtüberblick gegeben wird als auch die für das Verständnis benötigten mathematisch-physikalischen Zusammenhänge dargestellt werden.

Um damit auch direkt umsetzbare Erfahrungen vermitteln zu können, stützt sich der Anwendungsteil auf das verbreitete kommerzielle Programmsystem ASKA, das mir seit 1987 zur Verfügung steht. Bei der Lösung der mit ASKA bearbeiteten Beispiele haben mich die Mitarbeiter des Bereiches CAE der Firma IKOSS, Stuttgart, stets gut beraten.

Die Erstellung des Manuskriptes hat Frau. M. Winter übernommen, der an dieser Stelle ebenfalls herzlich gedankt sei.

Kassel, im September 1990 *B. Klein*

Vorwort zur 4. Auflage

Das beständige Interesse von Fachhochschulen, Hochschulen und Berechnungspraktikern hat erfreulicherweise dazu geführt, daß nunmehr auch die 3. Auflage vergriffen ist.

Nachdem bereits bei den vorherigen Auflagen beständig an der inhaltlichen Darstellung gearbeitet wurde, habe ich mich bei der 4. Auflage auf lokale Optimierungen und Fehlerkorrekturen beschränkt. Mein Bemühen war es dabei, die Flüssigkeit der mathematischen Ableitungen zu verbessern.

Bei der Überarbeitung haben mich meine Mitarbeiter Dipl.-Ing. L. Hinrichsen und Dipl.-Ing. Th. Kühn sowie Frau M. Winter unterstützt. Allen Dreien sei hierfür herzlich gedankt.

Calden bei Kassel, im Oktober 2000 *B. Klein*

Inhaltsverzeichnis

Formelzeichensammlung

- A -

a_i		Multiplikatoren
A	(mm^2)	Querschnittsfläche
$\underline{\mathbf{A}}$	(mm)	Koordinatenmatrix; Koeffizientenmatrix
$\underline{\mathit{A}}$		Boolesche Matrix
A_i		Koeffizient

- B -

B		Lösungsbereich;
	(Nmm)	Plattensteifigkeit
$\underline{\mathbf{B}}$		differenzierte Ansatzfunktionsmatrix; Koeffizientenmatrix

- C -

c	(N/mm)	Federkonstante
$\underline{\mathbf{c}}$		Elementdämpfungsmatrix
c_i, C_i		Integrationskonstante
c_i	(mm;grd)	Koeffizient
c_{ij}	(N/mm;grd)	Drehsteifigkeitskoeffizient
$\underline{\mathbf{C}}$		Systemdämpfungsmatrix; Wärmekapazitätsmatrix

- D -

$\underline{\mathbf{d}}$	(mm)	Knotenverschiebungen
$\dot{\underline{\mathbf{d}}}$	(mm/s)	Knotengeschwindigkeit
$\underline{\mathbf{d}}_P$		Plattenanteil der Knotenverschiebung
$\underline{\mathbf{d}}_S$		Scheibenanteil der Knotenverschiebung
D(u)		Differentialoperator
$\underline{\mathbf{D}}$		Differentialoperatorenmatrix

- E -

E	(N/mm^2)	Elastizitätsmodul
$\underline{\mathbf{E}}$	(N/mm^2)	Elastizitätsmatrix
$\underline{\mathbf{E}}_T$		Tangenten-Elastizitätsmatrix

- F -

f	(N)	bezogene (verteilte) Kraft
F(x)		Funktion allgemein
$\underline{\mathbf{F}}$	(N)	Vektor der äußeren Einzelkräfte
$\underline{\mathbf{F}}_a$		äußere Kräfte
$\underline{\mathbf{F}}_b$		Reaktionskräfte
$\underline{\mathbf{F}}_c$		Resultierende der Schwingungs-DGL
F_i		Einzelkraft
F_{ia}		äquivalente Einzelkräfte
$\underline{\mathbf{F}}_s$		unbekannte Reaktionskräfte

- G -

$\underline{\mathbf{g}}$		Zeilenvektoren
g_i, g_j		Formfunktionen
G	(N/mm^2)	Gleitmodul
$\underline{\mathbf{G}}$		Formfunktionsmatrix; Matrix der Knotenansatzfunktionen
$\underline{\mathbf{G}}_i$		Formfunktionsmatrix
G_K	(N)	Gravitationskraft
$\underline{\mathbf{G}}_{kub}$		kubischer Anteil der Formfunktionmatrix
$\underline{\mathbf{G}}_{lin}$		linearer Anteil der Formfunktionsmatrix
$\underline{\mathbf{G}}_r$		rotatorischer Anteil der Formfunktionsmatrix

$\underline{\mathbf{G}}_t$ — translatorischer Anteil der Formfunktionsmatrix

- *H* -

h — Stützstelle
h_i (mm) — Amplitudenhöhe
$\underline{\mathbf{H}}$ — Hermitesche Ansatzfunktionsmatrix

- *I* -

I — Integral, allgemein
$\underline{\mathbf{I}}$ — Gebietsintervall; Einheitsmatrix

- *J* -

$\underline{\mathbf{J}}$ — Jacobi-Matrix
J_p (mm^4) — polares Flächenträgheitsmoment
J_y, J_z (mm^4) — Flächenträgheitsmoment
J_2' — 2. Invariante des Spannungstensors

- *K* -

$\underline{\mathbf{k}}$ (N/mm) — Elementsteifigkeitsmatrix;
(W/ mm·K) — Elementwärmeleitungsmatrix
$\underline{\bar{\mathbf{k}}}$ (N/mm) — tranformierte Elementsteifigkeitsmatrix
$\underline{\mathbf{k}}_B$ (N/mm) — Biegesteifigkeitsmatrix
$\underline{\mathbf{k}}_G$ (N/mm) — geometrische Steifigkeitsmatrix
k_{ij} — Verschiebungseinflußzahlen;
(N/mm) — Steifigkeitskoeffizienten
$\underline{\mathbf{k}}_P$ (N/mm) — Plattenanteil der Steifigkeitsmatrix
$\underline{\mathbf{k}}_S$ (N/mm) — Scheibenanteil der Steifigkeitsmatrix
$\underline{\boldsymbol{K}}, \underline{\boldsymbol{M}}$ — Diagonalhypermatrix
$\underline{\mathbf{K}}$ (N/mm) — Systemsteifigkeitsmatrix;
(W/ mm·K) — Systemwärmeleitungsmatrix
$\begin{vmatrix} \underline{\mathbf{K}}_{aa} & \underline{\mathbf{K}}_{ab} \\ \underline{\mathbf{K}}_{ba} & \underline{\mathbf{K}}_{bb} \end{vmatrix}$ — partitionierte Systemsteifigkeitsmatrix
$\underline{\mathbf{K}}_B$ — Systembiegesteifigkeitsmatrix
$\underline{\mathbf{K}}_{cc}$ — reduzierte Steifigkeitsmatrix
$\underline{\mathbf{K}}_G$ — geometrische Systemsteifigkeitsmatrix
$\underline{\mathbf{K}}_N$ (N/mm) — Initialverschiebungsmatrix
$\underline{\mathbf{K}}_T$ (N/mm) — Tangentensteifigkeitsmatrix

- *L* -

ℓ_{ij} — Koeffizienten; Matrixelement
L (mm) — Länge
$\underline{\mathbf{L}}$ (N/mm) — Dreiecksmatrix

- *M* -

$\underline{\mathbf{m}}$ (kg) — Elementmassenmatrix
m_{ij} (kg) — Massenkoeffizient
$\underline{\mathbf{m}}_K$ — Knotenlastvektor von eingeleiteten Momenten
$\underline{\mathbf{m}}_0$ — Oberflächenlastvektor bei verteilten Momenten
m_t (N·mm/ mm) — verteiltes Torsionsmoment
$m_{x,y}$ — seitenbezogene Biegemomente
$\underline{\mathbf{M}}$ — Systemmassenmatrix

M_b		Biegemoment
$\underline{\mathbf{M}}_{cc}$		reduzierte Massenmatrix
M_i	$(N \cdot mm)$	Moment
$\begin{vmatrix} \underline{\mathbf{M}}_{uu} & \underline{\mathbf{M}}_{us} \\ \underline{\mathbf{M}}_{su} & \underline{\mathbf{M}}_{ss} \end{vmatrix}$		partitionierte Systemmassenmatrix

- *N* -

n		Stützstellen; Zähler
$n_{x,y}$		seitenbezogene Kräfte
$\underline{\mathbf{N}}$		Ansatzmatrix
N_j		Schnittgrößen

- *O* -

0	(mm^2)	Oberfläche

- *P* -

p_i	(N)	Kraftkomponente
p_k		Knotenlastvektor
p_x	(N/mm)	verteilte Längskraft
p_z	(N/mm^2)	verteilte äußere Querkraft
$\underline{\boldsymbol{P}}$		Knotenverschiebungs - vektor der ungebundenen Struktur
$\underline{\mathbf{P}}$	(N)	Systemlastvektor
$\underline{\hat{\mathbf{p}}}$	(N)	Vektor der Elementknotenkräfte
$\underline{\mathbf{p}}_{ä}$		äquivalente Kräfte
p_0		Oberflächenkräfte
$\underline{\mathbf{P}}_S$		Kraftvektor des Scheibenanteils
$\underline{\mathbf{P}}_P$		Kraftvektor des Plattenanteils

- *Q* -

q	(N/mm)	seitenbezogene Querkraft
$\dot{q}$		Wärmestromdichte
$\underline{\mathbf{q}}$	(N/mm^2)	Vektor der verteilten äußeren Oberflächenkräfte
$q_{xz,yz}$	(N/mm)	seitenbezogene Querkräfte
q_z	(N/mm)	verteilte Streckenlast
Q		Knotenpunktwärmeflüsse
$\dot{Q}$		Wärmestrom
Q_i	(N)	Querkraft
Q_{xz}	(N)	Querkraft

- *R* -

r	(mm)	Radius
R		Rand
$\underline{\boldsymbol{R}}$		Vektor der Elementknotenkräfte der ungebundenen Struktur
$\underline{\mathbf{R}}$	(N)	Vektor der Kontaktknotenkräfte
R_e	(N/mm^2)	Fließgrenze
R_m	(N/mm^2)	Bruchgrenze

- *S* -

$\underline{\mathbf{S}}$	(N/mm^2)	Spannungsmatrix
S_{ij}	(N)	Schnittkräfte in Stäben
$S_{y,z}$	(mm^3)	statische Momente

- *T* -

t	(mm)	Elementdicke
t	(s)	Zeit
T	(K)	Temperatur;
	$(N \cdot mm)$	Torsionsmoment
$\underline{\mathbf{T}}$		Transformationsmatrix
$\underline{\mathbf{T}}_c$		Eliminationsmatrix

- *U* -

u,v,w	(mm)	Verschiebungskomponenten
$\underline{u}$	(mm)	Elementverschiebungsvektor
$\underline{\dot{u}}$	(mm/s)	Geschwindigkeitsvektor der Elementverschiebungen
$\underline{\ddot{u}}$	(mm/s²)	Beschleunigungsvektor der Elementverschiebungen
$\vec{u}_i$	(mm)	Verschiebung
$\underline{U}$	(mm)	Systemverschiebungsvektor
$\underline{U}_a$	(mm)	unbekannte Verschiebungen
$\underline{U}_c$		primäre Freiheitsgrade
$\underline{\ddot{U}}_c$		Beschleunigungen der primären Freiheitsgrade
$\underline{U}_e$		sekundäre Freiheitsgrade
$\underline{U}_s$		bekannte Verschiebungen
$\underline{U}_u$		unbekannte Verschiebungen
$\underline{\ddot{U}}_u$		Beschleunigungen der unbekannten Verschiebungen

- *V* -

v		Vektor
V	(mm³)	Volumen
V_i		Vergrößerungsfunktion

- *W* -

w(x,t)		Verschiebefunktion
w_b	(mm)	Biegeverformung
w_s		Schubverformung
W	(N·mm)	Arbeit
W_a	(N·mm)	äußere Arbeit
W_i	(N·mm)	innere Arbeit
W_R		Formänderungsenergie; Restwert

- *X* -

$\underline{x}$		Eigenvektor
$\underline{X}$		Eigenvektormatrix

- *Y* -

$\underline{y}$		Hilfsvektor

α	(1/K)	Wärmeausdehnungskoeffizient
$\underline{\alpha}$		Konstantenvektor
α_i		Richtungswinkel
ß		Winkel; Parameter
$\underline{\varepsilon}$		Verzerrungsvektor
$\underline{\varepsilon}_o$		Anfangsverzerrungsvektor
ϕ		Ergiebigkeit
$\phi(x)$		beliebiger Drehwinkel
ϕ_{ji}		Koeffizienten der Elementträgheitsmatrix
Φ_i		Verdrehung am Knoten
γ		Winkel
η_i		Auslenkung
η, ξ		normierte Koordinate
$\underline{\kappa}$		Koeffizientenmatrix
κ		Krümmung; spez. Wärme
λ	(1/s) (W/mmK)	Längsfrequenz; Wärmeleitfähigkeit
μ		Reibkoeffizient
$\underline{\Lambda}$		Eigenwertmatrix
Θ		Massenträgheit
ρ	(kg/dm³)	Dichte
$\underline{\rho}$		Vektor der Elementknotenverschiebungen

Ω		äußere Anregung
σ	(N/mm^2)	Normalspannung
τ	(N/mm^2)	Schubspannung
$\tau_\eta(t)$		Erregungsfunktion
ν		Querkontraktion;
	(1/s)	Frequenz
ω		Kenngröße für den Schubwiderstand;
	(1/s)	Eigenkreisfrequenz
ψ_{Red}		Winkel
ζ_i		Flächenkoordinate

1 Einführung

Die Finite-Element-Methode hat sich seit vielen Jahren im Ingenieurwesen bewährt und wird mittlerweile schon routinemäßig für Berechnungsaufgaben im Maschinen-, Apparate- und Fahrzeugbau eingesetzt. Sie ermöglicht weitestgehend realitätsnahe Aussagen durch Rechnersimulation im Stadium der Entwicklung und trägt damit wesentlich zur Verkürzung der gesamten Produktentwicklungszeit bei. Im Zusammenwirken mit CAD zählt heute die FEM als das leistungsfähigste Verfahren, die Ingenieurarbeit zu rationalisieren und qualitativ zu optimieren. Insofern sollten die Grundzüge der FE-Methode allen Ingenieuren bekannt sein, um zumindest die problemgerechte Einsetzbarkeit in der Praxis beurteilen zu können. Zum Umfang des Buches gehört daher ein Abriß zur praktischen Handhabung und eine Einführung in die Behandlung von statischen und dynamischen Problemen sowie von Wärmeübertragungs- und Strömungsproblemen.

1.1 Historischer Überblick

Mit den klassischen mechanischen Ansätzen ist es bis heute nicht möglich, komplexe Zusammenhänge in realen Systemen unmittelbar und ganzheitlich zu erfassen. Üblicherweise geht man dann so vor, daß man sich ein vereinfachtes Modell des Problems schafft und dieses zu lösen versucht. Hierbei ist natürlich die Übertragbarkeit der Ergebnisse stets kritisch zu bedenken, da die Abweichungen meist groß sind. Allgemeines Bestreben ist es daher, Systeme so realitätsnah wie nötig für eine Betrachtung aufzubereiten.

Von der Vorgehensweise her unterscheidet man dabei grundsätzlich eine diskrete und eine kontinuierliche Modellbildung. Als Beispiel denke man an ein schwingfähiges Balkensystem, das diskret als Feder-Masse-Schwinger und kontinuierlich als Kontinuumsschwinger idealisiert werden kann. Bei diskreten Systemen erhält man die Systemantwort stets aus einer endlichen Zahl von Zustandsgrößen, die meist in Form von gekoppelten linearen Gleichungen auftreten. Demgegenüber muß die Antwort eines kontinuierlichen Systems aus der Lösung einer Differentialgleichung ermittelt werden, was aber nur in einfachen Fällen möglich ist.

In der Praxis stehen in der Regel aber Aufgaben an, die durch eine komplizierte Geometrie, überlagerte Lastfälle, verschiedene Einspannbedingungen und Werkstoffkombinationen gekennzeichnet sind. Hierbei geht es oftmals um gut gesicherte Ergebnisse, da hierhinter letztlich ein Einsatzfall steht, der eine Absicherung erforderlich macht. Vor diesem Hintergrund werden somit Lösungsverfahren gefordert, die universell und genau sind, ingenieurmäßigen Charakter haben, auf kontinuierliche Systeme anwendbar sind und lokal exakte Aussagen ermöglichen. Diese Forderungen werden, wie wir später noch sehen werden, in idealer Weise von der FEM erfüllt.

Verfolgt man einführend kurz die Entwicklungsgeschichte der FEM, so ist festzustellen, daß man es hier mit einer relativ jungen Methode zu tun hat, die im wesentlichen in den letzten 50 Jahren entwickelt worden ist. Erfolgreiche Anwendungen haben dann sehr schnell zu einer sprunghaften Verbreitung geführt. Wie der Zeittabelle von Bild 1.1 zu entnehmen ist, wurde das Grundgerüst etwa gleichwertig von Mathematikern und Ingenieuren geschaffen /1.1/ .

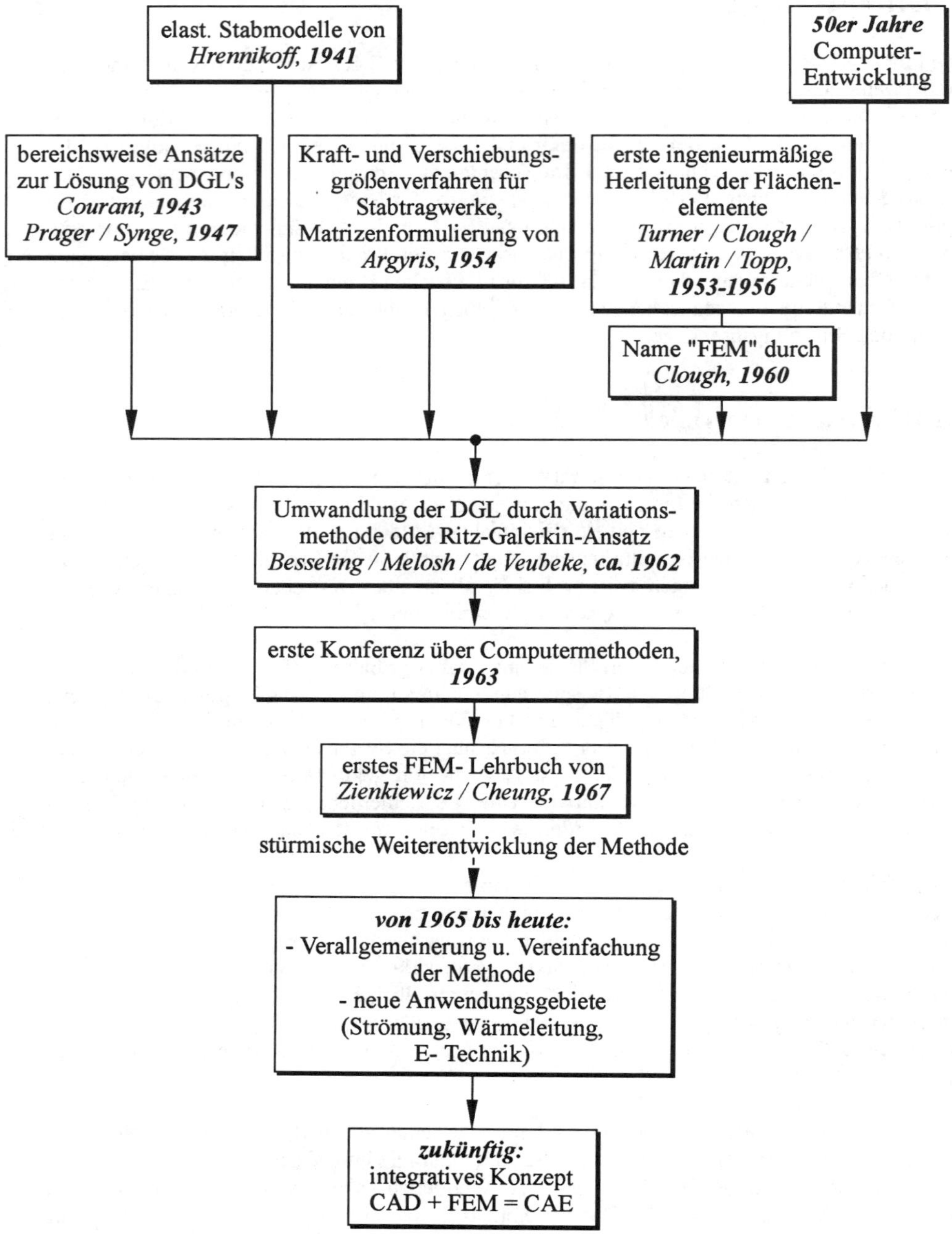

Bild 1.1: Zeittafel der FE-Methode-Entwicklung (nach CAD-FEM/München)

Herausgehoben werden sollen hier nur einige markante Entwicklungsschritte:

- Im Jahre 1941 hat *Hrennikoff* ein Stabmodell (Gitterrostverfahren) geschaffen, mit dem 2D-Stab- und Scheibenprobleme einfacher lösbar waren. Er benutzte dabei einen Formalismus, der der heutigen FE-Methode ähnlich ist.

- Etwa 1943 haben *Courant* und später *Prager/Synge* bereichsweise Ansätze zur Lösung von Differentialgleichungen herangezogen und damit das Prinzip der Unterteilung von Lösungsgebieten benutzt, welches dem Grundgedanken der FEM entspricht.

- Aufbauend auf die Arbeiten von *Ostenfeld* (Tragwerkberechnung mit Verschiebungen als Unbekannte) haben *Argyris* und *Kelsey* (1954) im wesentlichen das Matrizenformat für die Berechnung von stabartigen Tragwerken mit dem Kraft- und Verschiebungsgrößenverfahren aufbereitet. Etwa parallel erfolgte durch *Turner*, *Clough*, *Martin* und *Topp* die Übertragung auf die Festkörpermechanik. Begünstigt wurden diese Arbeiten durch das Aufkommen der ersten leistungsfähigen Computer.

- Die Prägung des Begriffs "FEM" wird im allgemeinen *Clough* zugeschrieben, der hiermit die Modellvorstellung eines Kontinuums als eine Zusammensetzung von Teilbereichen (finiten Elementen) verband. In jedem Teilbereich wird das Elementverhalten durch einen Satz von Ansatzfunktionen beschrieben, die die Verschiebungen und Spannungen in diesem Teilbereich wiedergeben.

- Ein Ziel der FEM besteht darin, die problembeschreibende DGL in ein lineares Gleichungssystem umzuwandeln. Dieser Schritt gelingt einmal dadurch, indem über das Variationsprinzip eine Ersatzgleichgewichtsbedingung formuliert wird oder durch das Verfahren des gewichteten Restes (Ritz-Galerkin) die Abweichungen eines die DGL erfüllenden Lösungsansatzes minimiert werden. Diese Erkenntnisse sind etwa 1962 von *Besseling*, *Melosh* und *de Veubeke* gewonnen worden.

- In der Folge hat die FEM im Ingenieurwesen große Aufmerksamkeit gefunden, was durch eine eigene Konferenz und die Abfassung erster Lehrbücher dokumentiert ist.

- Mit der Etablierung der Methode setzte eine stürmische Weiterentwicklung ein, und es wurden über die lineare Elastik ergänzende Formulierungen für nichtlineares Materialverhalten, nichtlineares geometrisches Verhalten, Instabilität und Dynamik gefunden. Durch den ausgewiesenen Anwendungserfolg bestand weiteres Interesse, auch andere Phänomene wie die Wärmeleitung, Strömung oder elektro-magnetische Felder der FE-Methode zu erschließen.

- In dem heute angestrebten ganzheitlichen, rechnerunterstützten Konstruktionsprozeß stellt FEM in Verbindung mit CAD ein wichtiges Basisverfahren dar, welches im Zuge der virtuellen Produktentwickung immer stärker angewandt wird.

Gemäß dem derzeitigen Stand der Technik werden von verschiedenen spezialisierten Softwarehäusern kommerzielle Universalprogramme (z. B. NASTRAN, ANSYS, MARC, I-DEAS, ABAQUS, LS-DYNA usw.) für unterschiedliche Problemkreise angeboten. Meist sind diese Programmsysteme für die lineare Elastomechanik entwickelt und später um Module zur nichtlinearen Festigkeitsberechnung, Dynamik oder Wärmeleitung erweitert worden. Daneben existieren auch eigenständige Programmsysteme zur Analyse von Strömungsproblemen.

1.2 Generelle Vorgehensweise

Wie spätere Ausführungen zeigen werden, benötigt der Anwender der Finite-Element-Methode gesichertes Grundwissen über die theoretischen Zusammenhänge, da die hauptsächliche ingenieurmäßige Aufgabenstellung in der Überführung des realen Bauteils in ein finites Analogon besteht. Der weitere Ablauf, d. h. die eigentliche Berechnung, erfolgt hingegen durch den Rechner automatisch. Der Anwender ist erst wieder gefragt, wenn es um die Plausibilitätsprüfung des Ergebnisses und dessen Rückumsetzung zur Bauteiloptimierung geht.

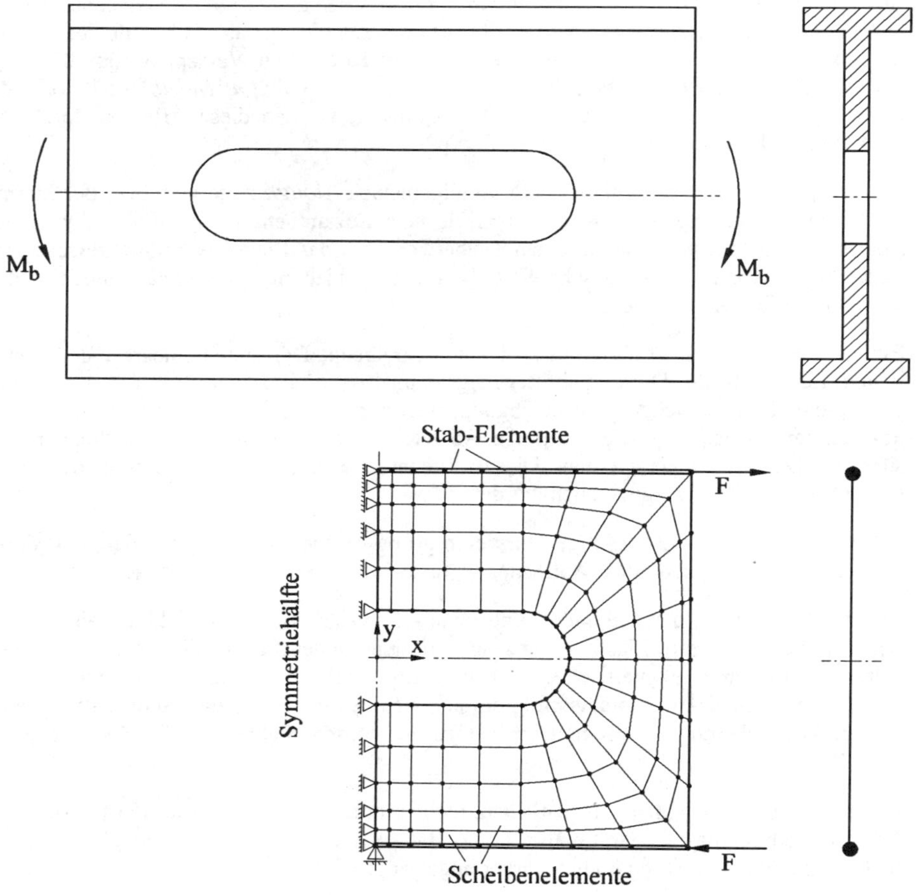

Bild 1.2: Vom realen Bauteil zum FE-Modell

Da der Umfang dieses einführenden Manuskriptes in der Hauptsache auf die Behandlung von Festigkeitsproblemen ausgerichtet ist, sollen an einem kleinen einführenden Beispiel die wesentlichen Arbeitsschritte der Finite-Element-Methode diskutiert werden. Im vorstehenden Bild 1.2 ist dazu ein einfacher Doppel-T-Träger (IPB) unter einer statischen Momentenbelastung dargestellt. Von Interesse sei dabei die Ermittlung des Verformungszustandes, der Dehnungen und der Spannungen bevorzugt im hochbeanspruchten Querschnitt.

Bei der notwendigen problemgerechten Aufbereitung gilt es, hierzu folgende Schritte zu durchlaufen:

1. Gemäß des mechanischen Verhaltens des Bauteils muß ein finites Analogon gebildet werden. Im vorliegenden Fall wird der Träger in den Flanschen Zug-Druck und im Steg hauptsächlich Schub abtragen. Entsprechend diesen Belastungen können die Flansche durch *Stab*- und der Steg durch *Scheiben*-Elemente idealisiert werden. Möglich wäre auch eine einheitliche Idealisierung durch *Schalen*-Elemente oder gar *Volumen*-Elemente. Bei der Elementierung muß stets die Verschiebungskompatibilität an den Knoten der zusammengebundenen Elemente gegeben sein.

   Zur Elementierung sei noch bemerkt: Wenn für die Flansche *Stab*-Elemente gewählt werden, kann man nur Normalkräfte bzw. abschnittsweise Zug/Druck-Spannungen bestimmen. Würde man stattdessen *Schalen*-Elemente wählen, so beziehen sich die ermittelten Spannungen auf die Mittelebene der Idealisierung. Erst mit der Wahl von *Volumen*-Elementen kann man eine weitestgehend reale Spannungsverteilung ermitteln.

2. Bei der Modellbildung ist immer zu prüfen, ob Symmetrien ausgenutzt werden können, da hierdurch die Bearbeitungszeit gravierend verkürzt werden kann. Das Beispiel zeigt in Geometrie und Belastung eine Halbsymmetrie, insofern braucht nur eine Hälfte des Trägers als Modell aufbereitet werden. An den Schnittkanten müssen dann aber besondere Randbedingungen angegeben werden.

3. Für die Netzbildung ist es wichtig, daß das Netz dort verdichtet wird, wo man exaktere Informationen erzielen will und dort grob ist, wo die Ergebnisse nicht so sehr von Interesse sind.

   Die Netze werden heute ausschließlich mit Preprozessoren weitestgehend automatisch erzeugt. Hierzu ist eine Aufteilung des zu vernetzenden Gebietes in Makros vorzubereiten. Ein Makro wird gewöhnlich durch drei oder vier Seiten gebildet, bei größerer Seitenzahl ist durch Linienzusammenfassung ein regelmäßiges berandetes Gebiet zu erzeugen. Durch Wahl der Elementgeometrie und eines Seitenteilers muß dann eine sinnvolle Vernetzung möglich sein.

4. Grundsätzlich können elasto-mechanische Vorgänge nur ausgelöst werden, wenn Einspannungen vorliegen und ein Bauteil mindestens statisch bestimmt gelagert ist. Dies gilt auch für unser Beispiel, das jetzt mit zutreffenden Randbedingungen zu versehen ist. Alle Knotenpunkte auf den Schnittkanten müssen sich dabei in y-Richtung frei bewegen können, in x-Richtung aber in ihrer Beweglichkeit gesperrt werden. Weiter muß an mindestens einem Punkt die Beweglichkeit in y-Richtung gesperrt werden, damit das Bauteil keine Starrkörperbewegungen vollführt.

5. Da die Elemente über die Knotenpunkte angesprochen werden, müssen noch die äußeren Kräfte in die Knoten eingeleitet werden.

Nachdem diese ingenieurmäßigen Vorarbeiten durchgeführt worden sind, kann man sich eines FEM-Programmsystems bedienen, in das nun das Modell einzugeben ist. Wenn das Modell formal richtig ist, läßt sich der Gleichungslöser anstarten, der nach den Verformungen auflöst und in einer Rückrechnung die Spannungen, Dehnungen sowie Reaktionskräfte ausweist. Die Aufbereitung der dabei anfallenden Daten erfolgt üblicherweise graphisch.

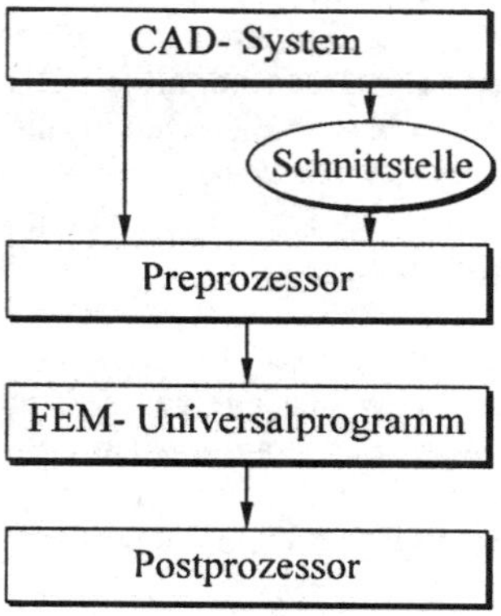

Bild 1.3: CAE-Prozeßkette

Im Bild 1.3 ist der formale Ablauf dargestellt, wie heute in der Praxis FEM angewandt wird.

Meist ist das Bauteil in CAD erstellt worden und muß noch entsprechend aufbereitet werden. Hierbei kann es sein, daß die Hersteller zwischen dem CAD- und dem FEM-System eine Direktkopplung realisiert haben. In diesem Fall kann ein Bauteil als Flächen- oder Volumenmodell sofort übernommen werden. Liegen hingegen zwei völlig autonome Systeme vor, so muß die Bauteilgeometrie über eine Standardschnittstelle wie IGES (Initial Graphics Exchange Specification), VDA-FS (Flächenschnittstelle des VDA) oder STEP (ISO 10303) transportiert werden. Es ist in diesem Zusammenhang selbstredend, daß in beiden Fällen die Darstellung bereinigt werden muß bis auf die nackte Geometrie, die für FEM von Interesse ist.

Die Aufgabenstellung des Preprozessors ist die Generierung eines berechenbaren FE-Modells, d. h. die Erzeugung eines sinnvollen Netzes, Zuweisung der Elementdaten (A, J, t) und der Materialwerte (E, ν) sowie Einbringung der Kräfte und Randbedingungen. Ein damit bestimmtes System kann nun mittels eines numerischen Gleichungslösers behandelt werden, und zwar wird ein Gleichungssystem des Typs

Steifigkeit x Verschiebungen = Kräfte

nach den Verschiebungen aufgelöst. Über das Werkstoffgesetz besteht weiterhin ein Zusammenhang zu den Spannungen, die somit ebenfalls berechnet werden können. Für die Ausgabe wird ein Postprozessor benutzt. Gewöhnlich kann dieser die Verformungen und Spannungen darstellen und in ihrer Größe lokalisieren. Hierzu werden Farbfüllbilder benutzt, die sofort einen Überblick über die herrschenden Verhältnisse geben.

Wie diese Darlegungen erkennen lassen, ist dies eine qualifizierte Ingenieurarbeit, die langfristig eines Spezialisten bedarf. Dies zeigt sich auch in großen Konstruktionsbüros, die zwischen CAD-Konstrukteuren und FEM-Analytikern unterscheiden. Keineswegs ist es aber so, daß FEM-Probleme automatisch durch Rechner gelöst werden. Wie die Tätigkeitsanalyse von Bild 1.4 ausweist, ist der Rechner hier nur das zentrale Hilfsmittel, ohne dessen Leistungsfähigkeit die Methode generell nicht wirtschaftlich nutzbar wäre.

anfallende Bearbeitungsschritte	geschätzter Mannzeitaufwand	geschätzte Rechenzeit
• methodengerechte Aufbereitung des Problems	20 %	-
□ Generierung des FE-Modells im Preprozessor	50 %	20 %
□ Rechenlauf	-	70 %
□ Ergebnisauswertung im Postprozessor	20 %	10 %
• Plausibilitätsprüfung	10 %	-

Bild 1.4: Tätigkeitsanalyse zur Bearbeitung von FE-Problemen

Bis vor wenigen Jahren war der manuelle Aufwand bei der Bearbeitung von FE-Problemen noch sehr groß und somit die Durchführung von FE-Rechnungen sehr teuer. Dies hat sich mit der schnellen Weiterentwicklung der Computertechnik aber grundlegend geändert. Die Möglichkeiten zum interaktiven Arbeiten wurden durch eine neue Bildschirmtechnologie verbessert, was wiederum die Voraussetzungen für leistungsfähigere Prozessoren abgegeben hat. Zudem konnte die Rechengeschwindigkeit von Workstations etwa verhundertfacht und die Speicherkapazität verzehnfacht werden. Ein neuer Trend weißt zu PC-Lösungen in einer NT-Arbeitsumgebung, die mittlerweile Workstation in den Leistungsparametern überholt haben. Durch diese günstigeren Rahmenbedingungen ergibt sich zunehmend die Chance, auch größere Umfänge in vertretbarer Zeit und zu geringeren Kosten zu bearbeiten.

Eine weitere Perspektive, vor allem in den USA, geben sogenannte MCAE-Systeme*) (Mechanical Computer Aided Engineering) wie beispielsweise I-DEAS, in denen CAD, FEM und Optimierung als Verfahrensstrang zusammengeführt worden sind. Damit insbesondere die Möglichkeiten zur Bauteiloptimierung (niedriges Eigengewicht, hohe Steifigkeit, beste Spannungsausnutzung) zielgerichteter genutzt werden können, bedarf es ebenfalls einer besseren Anpassung der Strategie. Realisiert wird dies heute über Konturoptimierungsalgorithmen, die die Oberflächenkontur dem Belastungsverlauf angleichen.

Die FE-Methode entwickelt sich somit immer mehr zu einem Werkzeug der Prävention, in dem Bauteile durch Simulation praxistauglich gemacht werden. Dies erspart Prototypen und aufwendige Nachbesserungen im Betrieb.

---

*)Anmerkung: Im Jahre 1985 lag die Leistungsfähigkeit von FEM-Systemen (SW + HW) bei ca. 6.000 Elementen und 120 Std. CPU. Im Jahre 1999 hat sich die Grenze erweitert auf 100.000 Elemente bis 15 Std. CPU.

1.3 Aussagesicherheit

Eine weitere Frage, die Anwender immer wieder bewegt, ist die nach der Richtigkeit der Ergebnisse. Überspitzt kann man dazu feststellen: Ein FE-Programm rechnet alles was formal richtig erscheint. Ob das, was gerechnet wird, jedoch dem tatsächlichen Verhalten gerecht wird, muß letztlich durch ingenieurmäßigen Sachverstand überprüft werden. Bei der Anwendung gibt es nämlich einige Fehlerquellen, die letztlich die Qualität des Ergebnisses negativ beeinflussen:

- Ein häufiger Fehler besteht in der physikalisch unkorrekten Annahme der Randbedingungen, welches dann zu einer falschen Spannungsverteilung und falschen Auflagerreaktionen führt.
- Ein weiterer Fehler ist, daß die ausgewählten Elemente die Reaktionen des Bauteils nur unzureichend wiedergeben, wodurch die tatsächliche Spannungsverteilung nicht erfaßt wird.
- Des weiteren kann es sein, daß zu stark vereinfachte Körpergeometrieverläufe zu nicht vorhandenen Spannungsspitzen führen,

oder

- das Netz einfach zu grob gewählt wurde, um verläßliche Aussagen machen zu können.

Die Anwendung der FEM bedarf somit einiger Erfahrung, da der implizit im Ergebnis mitgeführte Fehler maßgeblich durch die Sorgfalt des Berechnungsingenieurs bestimmt wird. Über die Größe des Fehlers kann regelmäßig nichts ausgesagt werden, da zu komplizierten Bauteilen meist keine exakte Lösung bekannt ist.

Unterstellt man, daß alle Annahmen zutreffend gewählt wurden, so ist für die Genauigkeit des Ergebnisses die Anzahl der Elemente verantwortlich, die zur Bauteilbeschreibung herangezogen wurden. Je feiner also ein Netz gewählt wurde, um so genauer kann ein Bauteil beschrieben werden und um so genauer werden auch die Ergebnisse sein. Aus diesem Grunde bezeichnet man Programme mit dieser Abhängigkeit als *h-Versionen*, weil eben die Ergebnisgüte eine Funktion von *h* - dem relativen Elementdurchmesser - ist.

Diese Zusammenhänge stellen für die Praxis oft ein Hindernis dar, da man ja eigentlich ein sehr gutes Ergebnis erzielen möchte, für das man aber eine große Elementanzahl benötigt, was wiederum gleichbedeutend ist mit einer sehr langen Rechenzeit. Prinzipiell existiert für dieses Problem aber ein einfacher Lösungsansatz, denn die Funktion Genauigkeit über Elementanzahl oder Freiheitsgrade konvergiert immer monoton gegen das exakte Ergebnis eines FE-Modells. Demnach bräuchte man nur das vorhandene FE-Netz mit einem größeren Teiler zu verfeinern, jeweils das berechnete Ergebnis auftragen und sich die konvergierende Funktion ermitteln. Der Haken bei dieser Vorgehensweise ist der hohe Aufwand an Arbeits- und Rechenzeit, weshalb diese Möglichkeit praktisch nicht genutzt wird. Sieht das Ergebnis (farbige Darstellung mit einem Postprozessor) einigermaßen vernünftig aus, so wird in der Regel aus Zeit- und Kostengründen auf eine Netzverfeinerung und Konvergenzuntersuchung verzichtet.

Diese an sich unbefriedigende Situation ist man in den letzten Jahren mit sogenannten *p-Versionen* angegangen. Während in herkömmlichen FE-Programmen das Elementverhalten mit Polynome erster, zweiter und in Ausnahmefällen dritter Ordnung approximiert wird, wendet man sich heute immer mehr Polynomen höheren Grades zu. Der Vorteil liegt darin, daß mit höherem Polynomgrad die Genauigkeit eines Elementes zunimmt, welches sich wiederum in einer größeren geometrischen Genauigkeit beim Modellieren (Randkurvenanpassung) und einer höheren Informationsdichte durch mehr Knotenfreiheitsgrade niederschlägt.

Ein Anwendungsbeispiel zur Überprüfung der vorstehenden Aussagen zeigt Bild 1.5. Es handelt sich hierbei um die Viertelsymmetrie einer Nietbrücke aus einem hochfesten Stahl, so wie sie im Flugzeugbau zur Reparatur von Rissen in der tragenden Struktur eingesetzt wird.

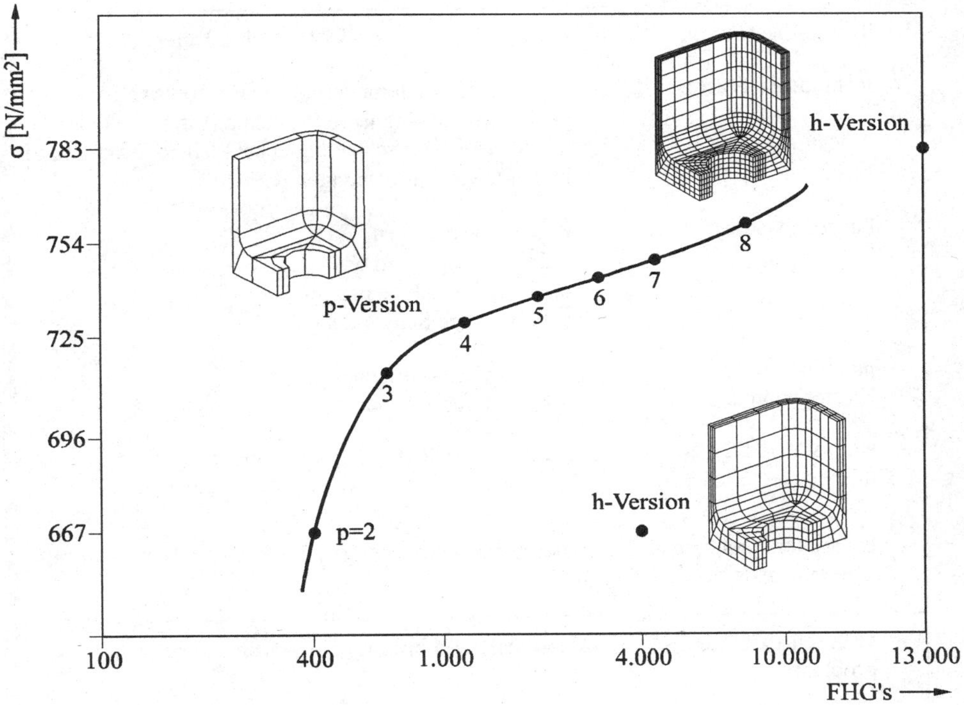

Bild 1.5: Spannungsauswertung in der Nietbrücke mit einer h- und p-Version (nach /1.2/)

Für die erste Modellierung mit einer h-Version wurden 2.250 Volumenelemente (entspricht 4.000 FHG's) aufgewandt. Die größte Spannungsspitze liegt dann bei 667 N/mm^2. Wird die Elementanzahl auf 4.500 verdoppelt (entspricht 13.000 FHG's), so steigt die Spannungsspitze auf 783 N/mm^2, was einer relativen Spannungsdifferenz von 15 % entspricht.

Analysiert man das Problem mit einer p-Version, so reichen zur Modellierung 18 Volumenelemente aus. Aus der Auftragung ist mit zunehmendem Polynomgrad die Konvergenz deutlich sichtbar. Erfahrungsgemäß erreicht man mit dem Polynomgrad 6 (entspricht 3.100 FHG's) meist recht gute Ergebnisse, was durch dieses Beispiel ebenfalls belegt werden konnte. Theoretisch kann bis zu dem Polynomgrad 12 ausgewertet werden.

Der Vorteil liegt somit in einer einfacheren Modellierung und in der geringen CPU-Zeit, die proportional der Anzahl der Freiheitsgrade ist, wobei der Rechenaufwand für einen Freiheitsgrad bei beiden Programmversionen als etwa gleich angenommen werden kann.

2 Anwendungsgebiete

Einleitend wurde schon kurz dargelegt, daß die Methode der finiten Elemente für eine große Klasse von naturwissenschaftlich-technischen Aufgaben interessant und vorteilhaft ist. Bild 2.1 zeigt eine Zusammenstellung von bisher bekannten Anwendungen. Der Schwerpunkt liegt dabei eindeutig bei Festigkeits-, Wärmeleitungs- und Strömungsproblemen.

• lineare Elastostatik	– reversibles Hookesches Materialverhalten
• nichtlineare Elastostatik	– nichtlineares Materialverhalten (Elastoplastizität) – geometrisch nichtlineare Probleme (Instabilitätsprobleme, große Verschiebungen bei kleinen Dehnungen) – impulsartige Verformungen (Crash)
• lineare Elastodynamik	– Eigenschwingungen – freie Schwingungen – erzwungene Schwingungen – zufallserregte Schwingungen
• nichtlineare Elastodynamik	– Antwort/Zeit-Verhalten – Stabilität und Resonanzen
• statische und dynamische Aeroelastizität	– Strukturverhalten unter Anströmung
• lineare und nichtlineare Thermoelastizität	– mechanische Belastungen unter hohen Temperaturen
• Wärmeübertragungsprobleme	– stationäre und instationäre Wärmeleitung
• Flüssigkeitsströmungen	– Sickerströmung, Geschwindigkeitsdruck- und Temperaturfelder zäher Strömungen
• Elektrotechnik	– elektromagnetische Felder
• Akustik	– Schalldruckverteilung

Bild 2.1: Methodenstammbaum der FEM (nach /2.1/)

Ein Kriterium für die Anwendung der Methode ist, daß das Problem entweder durch eine *Differentialgleichung* oder ein *Variationsprinzip* darstellbar ist. Wir werden später herausarbeiten, daß dies bei den Problemklassen der Elastostatik und Elastodynamik entweder die Differentialgleichung des Gleichgewichts oder ersatzweise die Gleichheit der inneren und äußeren virtuellen Arbeit ist. Die Befriedigung dieser Gleichungen versucht man mit geeigneten Ansätzen näherungsweise zu erfüllen, wodurch sich der Näherungscharakter der Methode ergibt.

Im Fall der Behandlung elastischer und dynamischer Probleme wendet man heute die sogenannte *Verschiebungsgrößen-Methode* (unbekannt sind die Verschiebungen in einer Struktur) an, indem man Ansatzfunktionen für das Verschiebungsverhalten der Elemente vorgibt. Früher wurde auch die sogenannte *Kraftgrößen-Methode* (unbekannt sind die Kräfte in einer Struktur) verwandt. Da in der Praxis aber viel häufiger die Kräfte als die Verschiebungen bekannt sind, hat sich in der Theorie und Programmerstellung die Verschiebungsgrößen-Methode durchgesetzt, weshalb diese im folgenden auch Formulierungsbasis sein soll.

Entsprechend wird man finden, daß bei Wärmeleitungsproblemen die zeitabhängigen Temperaturen bzw. bei Strömungsproblemen die zeitabhängigen Strömungsgeschwindigkeiten oder Drücke die Unbekannten sind.

3 Grundgleichungen der linearen Finite-Element-Methode

Wie zuvor schon angesprochen, ist die FE-Methode eine computerorientierte Berechnungsmethode, da deren Ablauf gut programmierbar ist. Dies setzt voraus, daß alle wesentlichen Gleichungen in eine bestimmte Form gebracht werden müssen. Als besonders zweckmäßig hat sich hierbei die Matrizenformulierung erwiesen, weshalb wir die bekannten Gleichungen der Elastizitätstheorie neu formulieren müssen. Das Ziel besteht in der Aufstellung der finiten Grundgleichungen und der Ermittlung von Zusammenhängen zwischen den Steifigkeiten, Massen, Kräften und Verschiebungen.

3.1 Matrizenrechnung

Zum weiteren Verständnis der Methode sind einige Grundkenntnisse in der Matrizenalgebra erforderlich, die darum vorweg noch einmal definiert werden sollen. Die später noch aufzustellende finite Grundgleichung ist eine Gleichung der Form

$$\underline{\mathbf{k}} \cdot \underline{\mathbf{u}} = \underline{\mathbf{p}} \, . \tag{3.1}$$

Sie gibt einen Zusammenhang an zwischen einer im elastischen Sinne vorhandenen Steifigkeit $(\underline{\mathbf{k}})$, auftretenden unbekannten Verschiebungen $(\underline{\mathbf{u}})$ und bekannten Kräften $(\underline{\mathbf{p}})$. Wir wollen dies nun so verallgemeinern, daß eine Gleichung von der Form

$$\underline{\mathbf{A}} \cdot \underline{\mathbf{x}} = \underline{\mathbf{y}} \tag{3.2}$$

vorliegen mag. Hierin bezeichnet jetzt $\underline{\mathbf{A}}$ eine rechteckige Anordnung (m x n, d. h. m Zeilen und n Spalten) von Größen, die Matrix genannt werden soll. Mit $\underline{\mathbf{x}}$ soll weiter der Vektor der unbekannten Größen und mit $\underline{\mathbf{y}}$ der Vektor der bekannten rechten Seite bezeichnet werden. Das somit gegebene lineare Gleichungssystem kann auch wie folgt ausgeschrieben werden:

$$\begin{bmatrix} a_{11} & a_{12} & a_{13} & \cdots & a_{1n} \\ a_{21} & a_{22} & a_{23} & \cdots & a_{2n} \\ \vdots & & & & \\ a_{m1} & a_{m2} & a_{m3} & \cdots & a_{mn} \end{bmatrix} \cdot \begin{bmatrix} x_1 \\ x_2 \\ \vdots \\ x_n \end{bmatrix} = \begin{bmatrix} y_1 \\ y_2 \\ \vdots \\ y_n \end{bmatrix} . \tag{3.3}$$

Man erkennt somit die Analogie zwischen der Gl. (3.1) und (3.2). Die Elemente a_{ij} in der Matrix $\underline{\mathbf{A}}$ sollen des weiteren noch Koeffizienten genannt werden.

Ohne, daß jetzt schon auf Lösungsverfahren für Gl. (3.2) eingegangen werden soll, ist es natürlich klar, daß die Unbekannten in $\underline{\mathbf{x}}$ ermittelt werden sollen. Dies führt zur Operation der Inversion der Koeffizientenmatrix, was symbolisch dargestellt werden kann als

$$\underline{\mathbf{x}} = \underline{\mathbf{A}}^{-1} \cdot \underline{\mathbf{y}} \, . \tag{3.4}$$

Die Inversion als solches ist im Anhang erläutert.

Zur Koeffizientenmatrix sollen aber noch einige Anmerkungen gemacht werden. Dies sei zunächst die Transponierung oder Spiegelung an der sogenannten Hauptdiagonalen. Das Transponieren läuft dabei so ab, daß die Elemente a_{ij} der Matrix $\underline{\mathbf{A}}$ durch die Elemente a_{ji} ersetzt werden, d. h., es findet ein Vertauschen der Zeilen und Spalten statt, z. B.

$$\underline{\mathbf{A}} = \begin{bmatrix} a_{11} & a_{12} & a_{13} \\ a_{21} & a_{22} & a_{23} \\ a_{31} & a_{32} & a_{33} \end{bmatrix}, \quad \underline{\mathbf{A}}^t = \begin{bmatrix} a_{11} & a_{21} & a_{31} \\ a_{12} & a_{22} & a_{32} \\ a_{13} & a_{23} & a_{33} \end{bmatrix}. \tag{3.5}$$

Hieraus erkennt man weiter, das für symmetrische Matrizen

$$\underline{\mathbf{A}}^t = \underline{\mathbf{A}} \tag{3.6}$$

sein muß. Wir werden nachfolgend wiederholt Vektoren oder Spaltenmatrizen transponieren, d. h., aus einer Spaltenmatrix wird eine Zeilenmatrix gebildet:

$$\underline{\mathbf{y}} = \begin{bmatrix} y_1 \\ y_2 \\ \vdots \\ y_n \end{bmatrix}, \qquad \underline{\mathbf{y}}^t = \begin{bmatrix} y_1 & y_2 & \cdots & y_n \end{bmatrix}. \tag{3.7}$$

Als besonders wichtig soll hier das Transponieren eines Matrizenproduktes hervorgehoben werden, weil eine Vertauschungsregel wirksam wird. Es gilt

$$(\underline{\mathbf{A}} \cdot \underline{\mathbf{B}})^t = \underline{\mathbf{B}}^t \cdot \underline{\mathbf{A}}^t. \tag{3.8}$$

Von den Rechenarten mit Matrizen soll hier nur die Multiplikation näher erläutert werden, unter anderem weil sie vorstehend schon benutzt worden ist. Zunächst ist zu bemerken, daß das Produkt zweier Matrizen nicht immer vertauschbar ist, d. h. ganz allgemein gilt

$$\underline{\mathbf{A}} \cdot \underline{\mathbf{B}} \neq \underline{\mathbf{B}} \cdot \underline{\mathbf{A}}. \tag{3.9}$$

Bei der Produktbildung muß somit die Multiplikation "von links" von der "nach rechts" unterschieden werden. Damit überhaupt zwei Matrizen miteinander multipliziert werden können, muß die Spaltenzahl der ersten Matrix gleich der Zeilenzahl der zweiten Matrix sein:

$$\underset{(m \times n)}{\underline{\mathbf{A}}} \cdot \underset{(n \times r)}{\underline{\mathbf{B}}} = \underset{(m \times r)}{\underline{\mathbf{C}}}. \tag{3.10}$$

Ist die Verkettbarkeitsregel nicht erfüllt, so ist das Matrizenprodukt nicht definierbar. Mit den Elementen der vorhergehenden Matrizen lautet dann das Produkt:

$$c_{ij} = \sum_{k=1}^{n} a_{ik} \cdot b_{kj}. \tag{3.11}$$

Diese Regel ist so anzuwenden, daß man das Element c_{ij} der Produktmatrix erhält, wenn man jedes Element der i-ten Zeile der ersten Matrix mit jedem Element der j-ten Spalten der zweiten Matrix multipliziert und die einzelnen Produkte addiert, z. B.

$$\begin{bmatrix} a_{11} & a_{12} \\ a_{21} & a_{22} \end{bmatrix} \cdot \begin{bmatrix} b_{11} & b_{12} \\ b_{21} & b_{22} \end{bmatrix} = \begin{bmatrix} a_{11} \cdot b_{11} + a_{12} \cdot b_{21} & a_{11} \cdot b_{12} + a_{12} \cdot b_{22} \\ a_{21} \cdot b_{11} + a_{22} \cdot b_{21} & a_{21} \cdot b_{12} + a_{22} \cdot b_{22} \end{bmatrix}.$$

Im Zusammenhang mit der Multiplikation tritt öfters der Fall auf, daß mit einem konstanten Faktor multipliziert werden muß, diesbezüglich gilt

$$\lambda \cdot \underline{\mathbf{A}} = \begin{bmatrix} \lambda \cdot a_{11} & \lambda \cdot a_{12} & \cdots & \lambda \cdot a_{1n} \\ \vdots & & & \\ \lambda \cdot a_{m1} & \lambda \cdot a_{m2} & \cdots & \lambda \cdot a_{mn} \end{bmatrix}. \tag{3.12}$$

Auch tritt der Fall auf, daß quadratische Matrizen mit der Einheitsmatrix

$$\underline{\mathbf{I}} = \begin{bmatrix} 1 & 0 & 0 & & \\ 0 & 1 & 0 & & \\ 0 & 0 & 1 & & \\ & & & \ddots & \\ & & & & 1 \end{bmatrix}$$

multipliziert werden müssen. Ein Nachvollzug beweist, daß

$$\underline{\mathbf{A}} \cdot \underline{\mathbf{I}} = \underline{\mathbf{I}} \cdot \underline{\mathbf{A}} = \underline{\mathbf{A}} \tag{3.13}$$

ist.

Als letztes soll noch kurz auf die Differentiation und die Integration eingegangen werden, was aber als elementar anzusehen ist. Die Differentiation einer Matrix wird elementweise durchgeführt, z. B.

$$\frac{d\underline{\mathbf{A}}}{dx} = \begin{bmatrix} \frac{da_{11}}{dx} & \frac{da_{12}}{dx} \\ \frac{da_{21}}{dx} & \frac{da_{22}}{dx} \end{bmatrix}. \tag{3.14}$$

Gleiches gilt für die Integration, die ebenfalls elementweise durchgeführt wird, z. B.

$$\int \underline{\mathbf{A}} \cdot dx = \begin{bmatrix} \int a_{11} \cdot dx & \int a_{12} \cdot dx \\ \int a_{21} \cdot dx & \int a_{22} \cdot dx \end{bmatrix}. \tag{3.15}$$

Auf die ansonsten noch benötigten Besonderheiten der Matrizenrechnung wird im jeweiligen Text näher eingegangen.

3.2 Gleichungen der Elastostatik

Im folgenden sollen elastische Körper unter der Einwirkung von Kräften betrachtet werden. Die demzufolge eintretenden Verformungen sollen als stetig, klein und reversibel angenommen werden. Zur Beschreibung des elastomechanischen Verhaltens eines Körpers sind hierbei 15 Gleichungen erforderlich, und zwar

- 6 Verschiebungs-Verzerrungsgleichungen,
- 6 Verzerrungs-Spannungsgleichungen

und
- 3 Gleichgewichtsgleichungen.

In diesen Gleichungen treten insgesamt 15 Unbekannte auf. Dies sind:

– 3 Verschiebungen $\underline{\mathbf{u}}^t = \left[u \;\; v \;\; w \right]$,

– 6 Verzerrungen $\underline{\boldsymbol{\varepsilon}}^t = \left[\varepsilon_{xx} \;\; \varepsilon_{yy} \;\; \varepsilon_{zz} \;\; \gamma_{xy} \;\; \gamma_{yz} \;\; \gamma_{zx} \right]$

und

– 6 Spannungen $\underline{\boldsymbol{\sigma}}^t = \left[\sigma_{xx} \;\; \sigma_{yy} \;\; \sigma_{zz} \;\; \tau_{xy} \;\; \tau_{yz} \;\; \tau_{zx} \right]$.

Hierin bezeichnet u(x), v(y) und w(z) richtungsabhängige Verschiebungen in einem kartesischen Koordinatensystem, die wiederum die Verzerrungen $\underline{\boldsymbol{\varepsilon}}$ (Dehnungen und Gleitungen) hervorrufen und über das Hookesche Gesetz Spannungen $\underline{\boldsymbol{\sigma}}$ bewirken. Der Zusammenhang zwischen den Verschiebungen und den Verzerrungen ist bekanntlich gegeben durch

$$\begin{aligned} \varepsilon_{xx} &= \frac{\partial u}{\partial x}, & \varepsilon_{yy} &= \frac{\partial v}{\partial y}, & \varepsilon_{zz} &= \frac{\partial w}{\partial z}, \\ \gamma_{xy} &= \frac{\partial v}{\partial x} + \frac{\partial u}{\partial y}, & \gamma_{yz} &= \frac{\partial w}{\partial y} + \frac{\partial v}{\partial z}, & \gamma_{zx} &= \frac{\partial u}{\partial z} + \frac{\partial w}{\partial x} . \end{aligned} \tag{3.16}$$

An dem ebenen Scheibenelement in Bild 3.1 sind diese Zusammenhänge leicht zu erkennen.

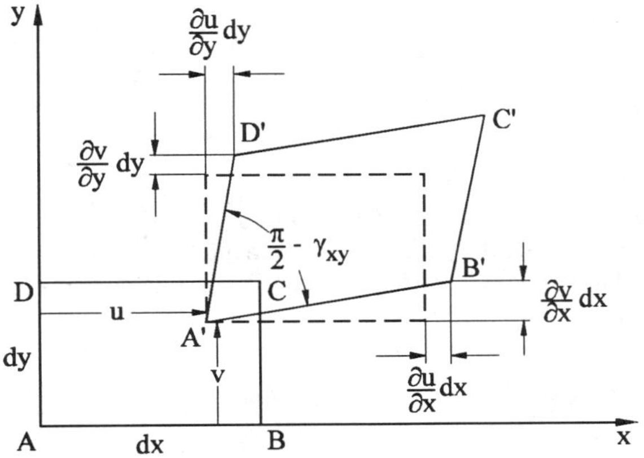

Bild 3.1:
Verzerrungen am ebenen Scheibenelement

Unser Ziel ist es aber hier zu Matrizengleichungen zu kommen. Aus diesem Grund schreiben wir nun Gl. (3.16) symbolisch auf als

$$\underline{\varepsilon} = \begin{bmatrix} \varepsilon_{xx} \\ \varepsilon_{yy} \\ \varepsilon_{zz} \\ \hline \gamma_{xy} \\ \gamma_{yz} \\ \gamma_{zx} \end{bmatrix} = \begin{bmatrix} \frac{\partial}{\partial x} & 0 & 0 \\ 0 & \frac{\partial}{\partial y} & 0 \\ 0 & 0 & \frac{\partial}{\partial z} \\ \hline \frac{\partial}{\partial y} & \frac{\partial}{\partial x} & 0 \\ 0 & \frac{\partial}{\partial z} & \frac{\partial}{\partial y} \\ \frac{\partial}{\partial z} & 0 & \frac{\partial}{\partial x} \end{bmatrix} \cdot \begin{bmatrix} u \\ v \\ w \end{bmatrix} = \underline{\mathbf{D}} \cdot \underline{\mathbf{u}} \tag{3.17}$$

Wir wollen diese schrittweise jetzt folgendermaßen interpretieren: Wendet man auf die Verschiebungen die Differentialoperatorenmatrix $\underline{\mathbf{D}}$ an, so erhält man die Verzerrungen $\underline{\varepsilon}$.

Für lineares isotropes Werkstoffverhalten besteht des weiteren noch eine eindeutige Beziehung zwischen den Verzerrungen und den Spannungen. Dieses Werkstoffgesetz lautet für räumliche Körper:

$$\begin{aligned} \sigma_{xx} &= \frac{E}{(1+\nu)(1-2\nu)}\left[(1-\nu)\,\varepsilon_{xx} + \nu\left(\varepsilon_{yy} + \varepsilon_{zz}\right)\right], \\ \sigma_{yy} &= \frac{E}{(1+\nu)(1-2\nu)}\left[(1-\nu)\,\varepsilon_{yy} + \nu\left(\varepsilon_{xx} + \varepsilon_{zz}\right)\right], \\ \sigma_{zz} &= \frac{E}{(1+\nu)(1-2\nu)}\left[(1-\nu)\,\varepsilon_{zz} + \nu\left(\varepsilon_{xx} + \varepsilon_{yy}\right)\right], \\ \tau_{xy} &= \frac{E}{2\,(1+\nu)} \cdot \gamma_{xy}, \\ \tau_{yz} &= \frac{E}{2\,(1+\nu)} \cdot \gamma_{yz}, \\ \tau_{zx} &= \frac{E}{2\,(1+\nu)} \cdot \gamma_{zx}. \end{aligned} \tag{3.18}$$

Die hierin eingehenden Werkstoffkonstanten E als Elastizitätsmodul und ν als Querkontraktion sollen zunächst als Einpunktwerte (nicht richtungsabhängig) betrachtet werden. Somit läßt sich auch die vorstehende Gl. (3.18) in symbolischer Matrizenschreibweise darstellen als

---

Anmerkung: Zuvor ist $G = \dfrac{E}{2\,(1+\nu)}$ gesetzt worden.

$$\begin{bmatrix} \sigma_{xx} \\ \sigma_{yy} \\ \sigma_{zz} \\ \tau_{xy} \\ \tau_{yz} \\ \tau_{zx} \end{bmatrix} = \frac{E}{(1+\nu)(1-2\nu)} \begin{bmatrix} (1-\nu) & \nu & \nu & 0 & 0 & 0 \\ & (1-\nu) & \nu & 0 & 0 & 0 \\ & & (1-\nu) & 0 & 0 & 0 \\ & & & \frac{(1-2\nu)}{2} & 0 & 0 \\ & \text{sym.} & & & \frac{(1-2\nu)}{2} & 0 \\ & & & & & \frac{(1-2\nu)}{2} \end{bmatrix} \cdot \begin{bmatrix} \varepsilon_{xx} \\ \varepsilon_{yy} \\ \varepsilon_{zz} \\ \gamma_{xy} \\ \gamma_{yz} \\ \gamma_{zx} \end{bmatrix}$$

bzw.

$$\underline{\sigma} = \underline{\underline{E}} \cdot \underline{\varepsilon} \,. \tag{3.19}$$

Besonderes Augenmerk wollen wir noch auf die Elastizitätsmatrix $\underline{\underline{E}}$ richten, die sich also aus dem E-Modul und der Querkontraktion ν zusammensetzt.

Die bis jetzt für einen dreidimensionalen Körper entwickelten Gleichungen bedürfen in der Anwendung aber noch zwei Spezialisierungen. Dies betrifft insbesondere den Fall des "ebenen Spannungszustandes (ESZ)" und den Fall des "ebenen Verzerrungszustandes (EVZ)", die beide bei Berechnungen vorkommen können.

Der ESZ tritt bei dünnen Scheiben auf. Die Dickenausdehnung kann hierbei vernachlässigt werden, weshalb folgende Annahmen für die Spannungen und Verzerrungen gemacht werden können:

$$\sigma_{zz} = 0,$$
$$\tau_{zx} = 0, \quad \tau_{zy} = 0$$

aber $\varepsilon_{zz} \neq 0$ (wegen der Querkontraktion).

Somit besteht noch folgender Zusammenhang zwischen den Verzerrungen und den Spannungen:

$$\begin{bmatrix} \sigma_{xx} \\ \sigma_{yy} \\ \tau_{xy} \end{bmatrix} = \frac{E}{\left(1-\nu^2\right)} \begin{bmatrix} 1 & \nu & 0 \\ \nu & 1 & 0 \\ 0 & 0 & \frac{(1-\nu)}{2} \end{bmatrix} \cdot \begin{bmatrix} \varepsilon_{xx} \\ \varepsilon_{yy} \\ \gamma_{xy} \end{bmatrix} . \tag{3.20}$$

Die Dehnung in Dickenrichtung bestimmt sich weiter zu

$$\varepsilon_{zz} = \frac{-\nu}{(1-\nu)} \left(\varepsilon_{xx} + \varepsilon_{yy}\right) .$$

Der EVZ tritt hiergegen z. B. in einem langen Zylinder (beispielweise Walzen) auf, dessen Enden festgehalten werden. Die Annahmen hierfür sind

$$\varepsilon_{zz} = 0, \quad \gamma_{yz} = 0 \text{ und } \gamma_{zx} = 0$$

aber $\sigma_{zz} \neq 0$.

Der Zusammenhang zwischen den Verzerrungen und den Spannungen ist somit gegeben durch

$$\begin{bmatrix} \sigma_{xx} \\ \sigma_{yy} \\ \tau_{xy} \end{bmatrix} = \frac{E}{(1+\nu)(1-2\nu)} \begin{bmatrix} (1-\nu) & \nu & 0 \\ \nu & (1-\nu) & 0 \\ 0 & 0 & \frac{(1-2\nu)}{2} \end{bmatrix} \cdot \begin{bmatrix} \varepsilon_{xx} \\ \varepsilon_{yy} \\ \gamma_{xy} \end{bmatrix} . \tag{3.21}$$

Für die Spannung über die Dicke ergibt sich dann wieder

$$\sigma_{zz} = \nu\left(\sigma_{xx} + \sigma_{yy}\right) .$$

Bis hierhin ist aber noch keine Verbindung zu den äußeren Kräften hergestellt worden. Diese folgt aus der Forderung des Gleichgewichts zwischen den inneren Spannungen und der äußeren Belastung, welche sowohl im Inneren wie auch auf der Oberfläche eines Körpers erfüllt sein muß. Wir wollen dies exemplarisch an dem Quaderelement in Bild 3.2 für die x-Richtung zeigen:

$$\sum K_x = 0: -\sigma_{xx} \cdot dy \cdot dz + \left(\sigma_{xx} + \frac{\partial \sigma_{xx}}{\partial x} dx\right) dy \cdot dz - \tau_{yx} \cdot dx \cdot dz + \left(\tau_{yx} + \frac{\partial \tau_{yx}}{\partial y} dy\right)$$
$$dx \cdot dz - \tau_{zx} \cdot dx \cdot dy + \left(\tau_{zx} + \frac{\partial \tau_{zx}}{\partial z} dz\right) dx \cdot dy + p_x \cdot dx \cdot dy \cdot dz = 0$$

oder

$$\frac{\partial \sigma_{xx}}{\partial x} + \frac{\partial \tau_{yx}}{\partial y} + \frac{\partial \tau_{zx}}{\partial z} + p_x = 0 . \tag{3.22a}$$

Trägt man an dem Quader auch noch die Kräfte in die anderen Achsenrichtungen ein und bildet wie gezeigt auch hier das Gleichgewicht, so entwickeln sich daraus die anderen Gleichgewichtsbedingungen zu

$$\frac{\partial \tau_{xy}}{\partial x} + \frac{\partial \sigma_{yy}}{\partial y} + \frac{\partial \tau_{zy}}{\partial z} + p_y = 0$$
$$\frac{\partial \tau_{xz}}{\partial x} + \frac{\partial \tau_{yz}}{\partial y} + \frac{\partial \sigma_{zz}}{\partial z} + p_z = 0. \tag{3.22b}$$

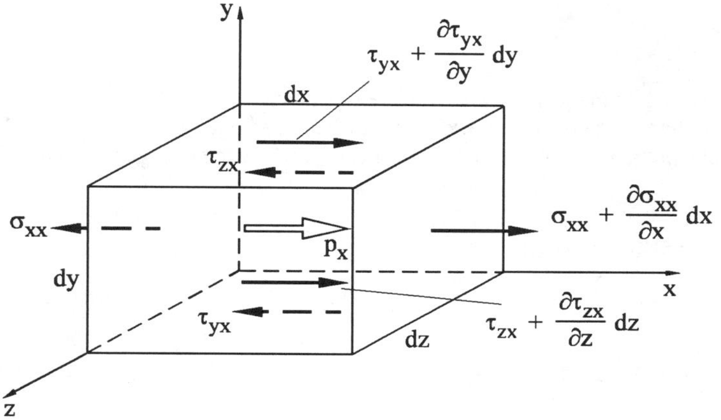

Bild 3.2: Kräftegleichgewicht am Quaderelement

Berücksichtigt man ferner noch das Momentengleichgewicht um die Schwerachsen, so führt dies zum Satz von der Gleichheit der zugeordneten Schubspannungen

$$\tau_{xy} = \tau_{yx},$$
$$\tau_{yz} = \tau_{zy},$$
$$\tau_{zx} = \tau_{xz}.$$

Damit kann die Gleichgewichtsgleichung auch geschrieben werden als

$$\begin{bmatrix} \frac{\partial}{\partial x} & 0 & 0 & \frac{\partial}{\partial y} & 0 & \frac{\partial}{\partial z} \\ 0 & \frac{\partial}{\partial y} & 0 & \frac{\partial}{\partial x} & \frac{\partial}{\partial z} & 0 \\ 0 & 0 & \frac{\partial}{\partial z} & 0 & \frac{\partial}{\partial y} & \frac{\partial}{\partial x} \end{bmatrix} \cdot \begin{bmatrix} \sigma_{xx} \\ \sigma_{yy} \\ \sigma_{zz} \\ \hline \tau_{xy} \\ \tau_{yz} \\ \tau_{zx} \end{bmatrix} + \begin{bmatrix} p_x \\ p_y \\ p_z \end{bmatrix} = \begin{bmatrix} 0 \\ 0 \\ 0 \end{bmatrix}. \tag{3.23}$$

Vergleicht man hierin die auftretende Differentialoperatorenmatrix mit Gl. (3.17), so läßt sich die Gleichgewichtsgleichung auch verkürzt angeben als

$$\underline{\mathbf{D}}^t \cdot \underline{\sigma} + \underline{\mathbf{p}} = \underline{\mathbf{0}} \,. \qquad (3.24)$$

Da damit die gesamte Elastostatik beschrieben ist, wollen wir noch einmal mit Blick auf den FE-Formalismus zusammenfassen:

- Durch die Gleichung

  $$\underline{\varepsilon} = \underline{\mathbf{D}} \cdot \underline{\mathbf{u}} \quad , \qquad (3.25)$$

  vielfach auch kinematische Verträglichkeit genannt, werden die auftretenden Verschiebungen mit den Verzerrungen verknüpft. Als Randbedingungen kann hier vorkommen, daß die Verschiebungen $\underline{u} = \underline{\bar{u}}$ auf der Verschiebungsoberfläche vorgeschriebene Werte annehmen.

- Durch die Gleichung

  $$\underline{\sigma} = \underline{\mathbf{E}} \cdot \underline{\varepsilon} \qquad (3.26)$$

  ist das Stoffgesetz gegeben, welches die Verzerrungen mit den Spannungen verknüpft.

- Als letztes gilt es, über die Gleichgewichtsgleichung

  $$\underline{\mathbf{D}}^t \cdot \underline{\sigma} + \underline{\mathbf{p}} = \underline{\mathbf{0}} \qquad (3.27)$$

  den Kräftezustand zu berücksichtigen.

Der Vollständigkeit halber sollen jetzt aber noch einige Fälle betrachtet werden, wo das Stoffgesetz differenzierter anzusetzen ist:

- Es liegen vor der mechanischen Belastung bereits sogenannte Anfangsspannungen $\underline{\sigma}_0$ (z. B. Eigenspannung aus Vorverformungen oder Schweißen) vor. Für diesen Fall ist

  $$\underline{\sigma} = \underline{\mathbf{E}} \cdot \underline{\varepsilon} + \underline{\sigma}_0$$

  anzusetzen, welches einer Addition der mechanischen Zusatzspannungen entspricht.

- Es liegen vor der mechanischen Belastung bereits sogenannte Anfangsdehnungen $\underline{\varepsilon}_0$, z. B. Wärmedehnungen, vor. Für diesen Fall gilt mit den Anfangsdehnungen in den drei Raumrichtungen

  $$\underline{\varepsilon}_0{}^t = \alpha \cdot T \begin{bmatrix} 1 & 1 & 1 & 0 & 0 & 0 \end{bmatrix}$$

  und somit für das Stoffgesetz

  $$\underline{\sigma} = \underline{E}\left(\underline{\varepsilon} - \underline{\varepsilon}_0\right) . \qquad (5.28)$$

Wie allgemein bekannt ist ergibt sich also die Anfangsspannung aus dem Produkt Wärmeausdehnung $\alpha \cdot T$ mal Elastizitätsmodul.

Ist nun bei einem Bauteil die Wärmedehnung nicht behindert, so werden sich auch bei einer freien Ausdehnbarkeit keine Spannungen ergeben. Am Modell eines einseitig eingespannten Stabes kann dies gedanklich leicht nachvollzogen werden. Völlig anders verhält sich dagegen ein Bauteil, bei dem die Wärmeausdehnung behindert ist. Ein Beispiel dafür mag der gezeigte Behälter im Bild 3.3 geben, der von Raumtemperatur nun hochgefahren werden soll auf einen Temperaturzustand von T = 200 °C. Infolge der Einspannbedingungen ergeben sich jetzt Zwangsspannungen, die zu einer Werkstoffbeanspruchung führen.

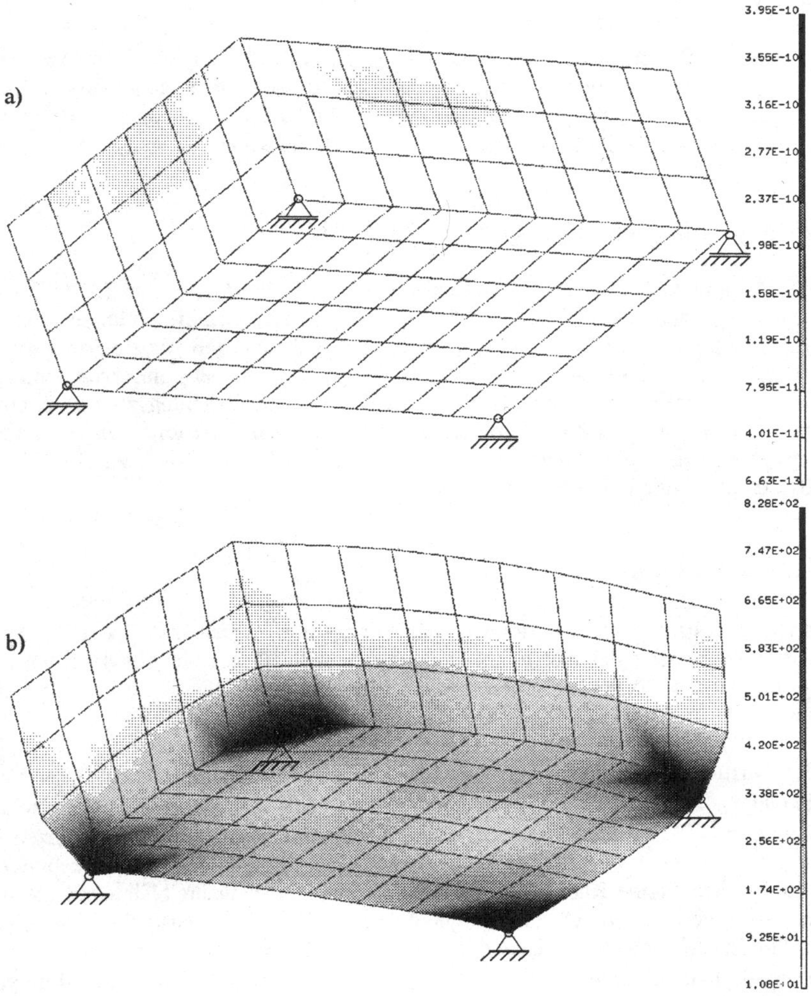

Bild 3.3: Behälter unter Temperaturbeanspruchung
a) ohne Ausdehnungsbehinderung durch Randbedingungen,
b) mit Ausdehnungsbehinderung durch Randbedingungen

3.3 Grundgleichungen der Elastodynamik

Bei allen Problemstellungen, wo die einwirkenden Kräfte zeitabhängig sind, werden auch die Verschiebungen $\underline{\mathbf{u}}(x, y, z; t)$, Verzerrungen $\underline{\varepsilon}(x, y, z; t)$ und damit Spannungen $\underline{\sigma}(x, y, z; t)$ sowohl weg- wie zeitabhängig sein. Im zu erstellenden Zusammenhang führt dies zu einer erweiterten Formulierung der Gleichgewichtsgleichung, und zwar in dem gemäß des d'Alembertschen Prinzips sogenannte beschleunigungsproportionale Trägheitskräfte $(-\rho \cdot \underline{\ddot{\mathbf{u}}})$ berücksichtigt werden müssen. Die erweiterte Gleichgewichtsgleichung lautet somit:

$$\underline{\mathbf{D}}^t \cdot \underline{\sigma} + \underline{\mathbf{p}} = -\rho \cdot \underline{\ddot{\mathbf{u}}} \,. \tag{3.29}$$

Vielfach treten in Systemen noch zusätzliche dissipative Kräfte auf, die Schwingungsauslenkungen dämpfen. Diese Kräfte wirken ebenfalls der Bewegung entgegen und können gewöhnlich geschwindigkeitsproportional $(-c \cdot \underline{\dot{\mathbf{u}}})$ angesetzt werden. In späteren Betrachtungen werden wir noch einmal auf die Besonderheiten der Elastodynamik eingehen.

3.4 Finites Grundgleichungssystem

Für die Problemklassen Elastik und Dynamik wurden mit Gl. (3.24) und (3.29) jeweils die Gleichgewichtsgleichungen definiert. Beide Gleichungen stellen Differentialgleichungen dar. Aufgrund der Ausführungen in Kapitel 2 ist uns bisher bekannt, daß wir zur näherungsweisen Verarbeitung einer Differentialgleichung zwei Möglichkeiten haben, und zwar einmal durch Heranziehen des Variationsprinzips eine Ersatzgleichgewichtsgleichung zu formulieren oder mit dem Ansatz von Galerkin die Differentialgleichung in ein Funktional zu verwandeln. Da diese Vorgehensweisen gleichwertig sind, sollen hier beide Lösungswege zur Gewinnung der finiten Systemgleichung kurz demonstriert werden.

3.4.1 Variationsprinzip

Das Variationsprinzip nutzt insbesondere das Prinzip der virtuellen Arbeit (PVA), die für einen Körper eine Ersatzgleichgewichtsbedingung darstellt. Bevor wir die virtuellen Arbeiten an einem elastischen Körper einführen, bedarf es noch einiger Klärungen bezüglich des Begriffs Variation.

Als äußere virtuelle Arbeit bezeichnet man die Arbeit der äußeren Kräfte mit ihren virtuellen Verschiebungen. Mit virtuellen Verschiebungen $\delta\underline{\mathbf{u}}$ meint man dabei kleine gedachte Verschiebungen, die kinematisch möglich sind und die Randbedingungen nicht verletzen. Bedingung ist hierbei, daß der Verzerrungszustand beschränkt (Stetigkeit der Verschiebungen), der Stoffzusammenhalt (keine Klaffungen oder Überlappungen) gewahrt bleibt und die Randbedingungen nicht verletzt werden. In analoger Weise kann die innere virtuelle Arbeit eingeführt werden. Sie ist die Arbeit der inneren Spannungen, die mit den virtuellen Verzerrungen geleistet wird. Die virtuellen Verzerrungen $\delta\underline{\varepsilon}$ leiten sich durch Differentiation von den virtuellen Verschiebungen ab.

Das Prinzip der virtuellen Arbeit formuliert nun allgemein als Ersatzgleichgewichtsgleichung /3.1/:

"Ein elastischer Körper ist unter gegebenen äußeren Kräften im Gleichgewicht, wenn die äußere virtuelle Arbeit gleich der inneren virtuellen Arbeit ist", d. h.

$$\delta W_a = \delta W_i \tag{3.30}$$

ist.

Um dieses Prinzip nun anwenden zu können, müssen wir die beschriebenen Arbeiten definieren. Dazu denken wir uns im Bild 3.4 einen beliebigen elastischen Körper. Die Oberfläche dieses Körpers soll nun so aufgeteilt werden, daß mit O_u ein Verschiebungsrand für vorgeschriebene Verschiebungen $\underline{\bar{u}}$ und mit O_σ ein Spannungsrand für gegebene Kräfte $\underline{q}$ (verteilte Oberflächenlasten) und $\underline{F}$ (konzentrierte Einzellasten) vorliegen. Im Inneren sollen noch Volumenkräfte $\underline{p}$ auftreten.

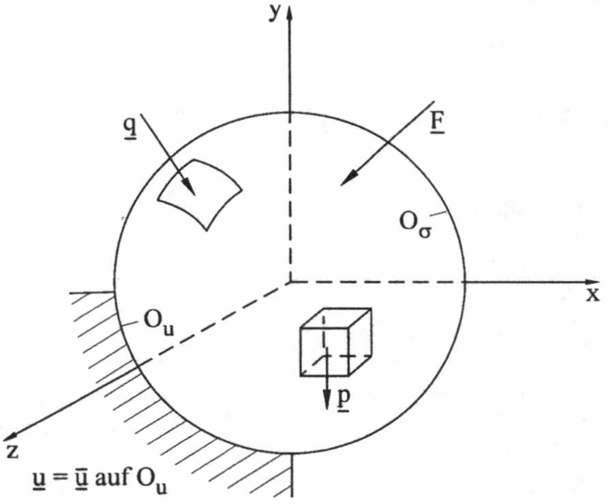

Bild 3.4: Mögliche äußere Lasten an einem Körper

Die virtuelle Arbeit der äußeren Lasten kann dann folgendermaßen angesetzt werden:

$$\delta \mathbf{W}_a = \delta \underline{\mathbf{u}}^t \cdot \underline{\mathbf{F}} + \int_V \delta \underline{\mathbf{u}}^t \cdot \underline{\mathbf{p}} \, dV + \int_0 \delta \underline{\mathbf{u}}^t \cdot \underline{\mathbf{q}} \, d0 \, . \tag{3.31}$$

Hierzu korrespondiert die innere virtuelle Arbeit

$$\delta W_i = \int_V \delta \, \underline{\varepsilon}^t \cdot \underline{\sigma} \, dV \, . \tag{3.32}$$

Gemäß Gl. (3.30) sollen die Arbeiten gleichgesetzt werden, was zu der Identität

$$\int_V \delta\,\underline{\varepsilon}^t \cdot \underline{\sigma}\, dV = \delta\,\underline{u}^t \cdot \underline{F} + \int_V \delta\,\underline{u}^t \cdot \underline{p}\, dV + \int_0 \delta\,\underline{u}^t \cdot \underline{q}\, d0 \tag{3.33}$$

führt. Die uns bekannten Beziehungen für die Verzerrungen

$$\underline{\varepsilon} = \underline{D} \cdot \underline{u}$$

bzw. für die Transposition der Verzerrungen

$$\delta\underline{\varepsilon}^t = \delta\,\underline{u}^t \cdot \underline{D}^t$$

und für die Spannungen

$$\underline{\sigma} = \underline{E} \cdot \underline{\varepsilon} = \underline{E} \cdot \underline{D} \cdot \underline{u}$$

wollen wir nun einführen. Aus Gl. (3.31) wird dann

$$\int_V \delta\,\underline{u}^t \cdot \underline{D}^t \underline{E} \cdot \underline{D}\, dV \underline{u} = \delta\,\underline{u}^t \cdot \underline{F} + \int_V \delta\,\underline{u}^t \cdot \underline{p}\, dV + \int_0 \delta\,\underline{u}^t \cdot \underline{q}\, d0\,. \tag{3.34}$$

Da bisher noch keine Näherung benutzt worden ist, gilt die vorstehende Beziehung exakt, wenn mit $\underline{u}$ die tatsächlichen Verschiebungen benutzt werden. An dieser Stelle setzt aber jetzt die Näherung der Finite-Element-Methode ein, indem für die Verschiebungen eines Elements ein Ansatz gemacht werden soll. Um diesen Schritt verständlich zu machen, soll in einem kleinen Exkurs das Biegeproblem in Bild 3.5 betrachtet werden.

Für den eingespannten Balken wollen wir hier per Approximation mit verschiedenen Funktionen versuchen, die Biegelinie zu ermitteln. Man erkennt hierbei folgendes:

- Der parabelförmige Ansatz 2. Grades verstößt gegen die Geometrie der Biegelinie und ist insofern unzutreffend.
- Durch die Wahl eines kubischen oder trigometrischen Ansatzes kann die Form der Biegelinie und der Betrag der Durchbiegung relativ gut abgeschätzt werden.
- Wird hingegen der Balken in eine Anzahl von gelenkig miteinander verbundenen Elementen eingeteilt, so kann die Form der Biegelinie und die Größe der Durchbiegung recht gut ermittelt werden. Die Qualität des Ergebnisses hängt dabei vom Polynomgrad der Ansatzfunktion ab.
- Ergänzend kann zu dem Beispiel noch festgestellt werden, daß mit Zunahme der Elementanzahl n das ermittelte Ergebnis $\hat{w}$ gegen w_{exakt} konvergiert. Das *Balken*-Element ist für diesen Sachverhalt jedoch ein schlechtes Beispiel, da ein Polynom 3. Grades bereits die exakte Lösung der Kettenlinie ist und man insofern schon mit wenigen finiten Elementen (zwei oder drei) bereits die exakte Lösung erreicht.

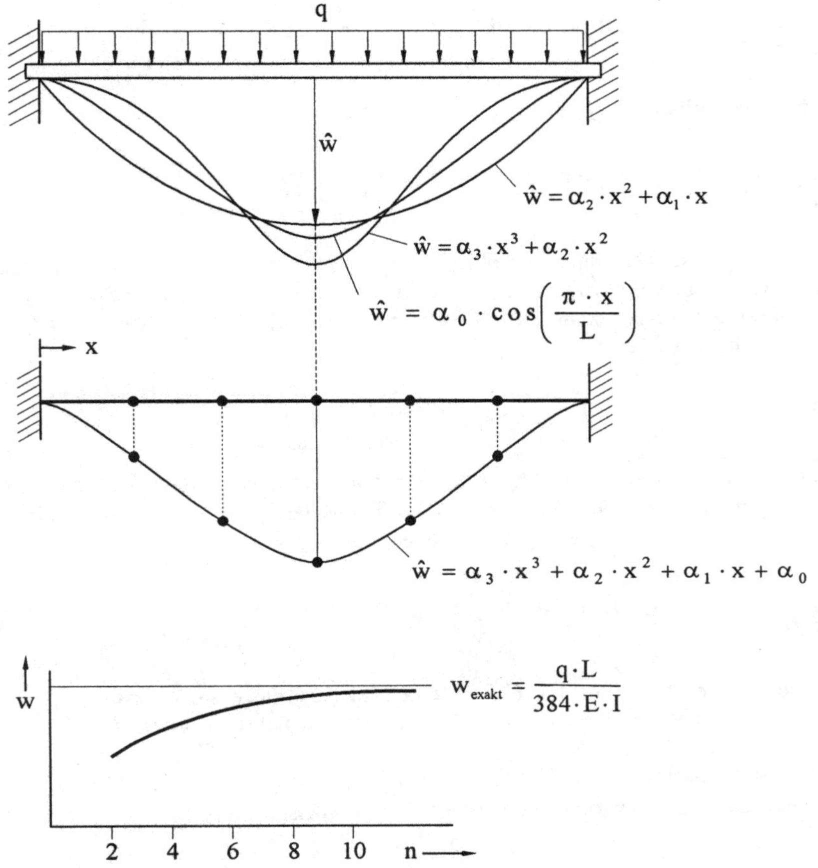

Bild 3.5: Näherungsansätze für eine Biegelinie (nach /3.2/)

Auf dieser Erkenntnis aufbauend wollen wir uns wieder Gl. (3.34) zuwenden, indem wir jetzt einen Verschiebungsansatz von der Form

$$\underline{\mathbf{u}} = \underline{\mathbf{G}} \cdot \underline{\mathbf{d}} \tag{3.35}$$

einführen wollen. Mit diesem Ansatz wir also eine Verbindung zwischen beliebigen Verschiebungen $\underline{\mathbf{u}}$ in einem Körper über bestimmte Stützstellen $\underline{\mathbf{d}}$ (Knotenverschiebungen) hergestellt. Diese Verbindung wird über die Zeilenmatrix $\underline{\mathbf{G}}$ gebildet, die insofern also Ansatzfunktionen enthalten muß. Stellt man zu Gl. (3.35) noch die Variation

$$\delta\underline{\mathbf{u}}^t = \delta\underline{\mathbf{d}}^t \cdot \underline{\mathbf{G}}^t,$$

auf, so kann nun Gl. (3.34) ausformuliert werden zu

$$\int_V \delta\underline{\mathbf{d}}^t \cdot \underline{\mathbf{G}}^t \cdot \underline{\mathbf{D}}^t \cdot \underline{\mathbf{E}} \cdot \underline{\mathbf{D}} \cdot \underline{\mathbf{G}}\, dV \cdot \underline{\mathbf{d}} = \delta\underline{\mathbf{d}}^t \cdot \underline{\mathbf{G}}^t \cdot \underline{\mathbf{F}} + \int_V \delta\underline{\mathbf{d}}^t \cdot \underline{\mathbf{G}}^t \cdot \underline{\mathbf{p}}\, dV + \int_0 \delta\underline{\mathbf{d}}^t \cdot \underline{\mathbf{G}}^t \cdot \underline{\mathbf{q}}\, d0,$$

da dies für alle Variationen gelten muß, kann auch geschrieben werden

$$\int_V (\underline{\mathbf{D}} \cdot \underline{\mathbf{G}})^t \cdot \underline{\mathbf{E}} \cdot (\underline{\mathbf{D}} \cdot \underline{\mathbf{G}})\, dV \cdot \underline{\mathbf{d}} = \underline{\mathbf{G}}^t \cdot \underline{\mathbf{F}} + \int_V \underline{\mathbf{G}}^t \cdot \underline{\mathbf{p}}\, dV + \int_0 \underline{\mathbf{G}}^t \cdot \underline{\mathbf{q}}\, d0\ . \tag{3.36}$$

Analysiert man diese Gleichung, so stellt man fest, daß auf der linken Seite das Produkt einer Steifigkeit mit einem Weg steht, welches auf der rechten Seite gleich den äußeren Kräften ist. Je nach gewähltem Ansatz kann diese Gleichung nicht exakt erfüllt werden. Für Gl. (3.36) wollen wir verkürzt schreiben

$$\underline{\mathbf{k}} \cdot \underline{\mathbf{d}} = \underline{\hat{\mathbf{p}}}\ . \tag{3.37}$$

Dies ist die gesuchte *finite Gleichung*, in der die *Knotenverschiebungen* $\underline{\mathbf{d}}$ über die *Element-steifigkeit* $\underline{\mathbf{k}}$ mit den *gesamten äußeren Kräften* $\underline{\hat{\mathbf{p}}}$ in Relation stehen. Als Vorschrift zur Berechnung der Steifigkeitsmatrix haben wir erhalten

$$\underline{\mathbf{k}} = \int_V (\underline{\mathbf{D}} \cdot \underline{\mathbf{G}})^t \cdot \underline{\mathbf{E}} \cdot (\underline{\mathbf{D}} \cdot \underline{\mathbf{G}})\, dV \equiv \int_V \underline{\mathbf{B}}^t \cdot \underline{\mathbf{E}} \cdot \underline{\mathbf{B}}\, dV\ . \tag{3.38}$$

Die auf der rechten Seite von Gl. (3.36) stehenden Ausdrücke stellen insbesondere Beziehungen dar, wie Kräfte auf die Knoten eines vernetzten Gebietes zu verteilen sind.

Zur Matrix der Ansatzfunktion $\underline{\mathbf{G}}$ soll noch bemerkt werden, daß die hierfür zu wählenden Glieder bevorzugt aus Polynomen konstruiert sind, wie beispielsweise

$$g_1 = 1,\ g_2 = x,\ g_3 = y,\ g_4 = x^2,\ g_5 = x \cdot y,\ g_6 = y^2 \quad \text{usw.}$$

Es ist leicht nachvollziehbar, daß diese Ausdrücke einfach zu integrieren und zu differenzieren sind.

3.4.2 Methode von Galerkin

Ein andere Möglichkeit, die finite Gleichung zu finden, besteht in der Methode von Galerkin oder allgemein in der Methode des gewichteten Restes. Von der Idee her wird eine Differentialgleichung genommen, in der für die Unbekannte ein Ansatz gemacht wird und man für das Integral des Restes verlangt, daß es möglichst klein wird /3.3/.

Da wir es hier mit einem Grundprinzip zu tun haben, soll der mathematische Hintergrund kurz betrachtet werden. Nehmen wir an

$$D(u) = r \tag{3.39}$$

sei die differentielle Formulierung eines physikalischen Problems. Hierin bezeichnet u die unbekannte Zustandsgröße und r eine bekannte rechte Seite. Des weiteren sollen noch mit

$$R_{Bi}(u) = 0 \qquad (3.40)$$

Randbedingungen vorgegeben sein. Die "gewichtete Restmethode" geht nun davon aus, daß sich die Lösung für Gl. (3.39) darstellen läßt als

$$\bar{u} = \sum_{i=1}^{n} a_i \cdot g_i \; , \qquad (3.41)$$

wobei a_i Multiplikatoren und g_i linear unabhängige Funktionen sind. Der Ansatz sollte hierbei mindestens die Randbedingungen erfüllen. Setzt man jetzt diesen Näherungsansatz in die DGL ein, so wird wahrscheinlich eine absolute Identität der linken und rechten Seite nicht zu erfüllen sein, sondern es wird mit W_R ein Restwert

$$W_R = D(\bar{u}) - r \neq 0 \qquad (3.42)$$

übrig bleiben, den es in idealer Weise zu minimieren gilt. Nach der Methode von Galerkin ist also zu fordern

$$\int\limits_{\substack{B=\text{Lösungs-}\\ \text{bereich}}} g_i \cdot W_R \cdot dB + \int\limits_{R=\text{Rand}} g_i \cdot R_B \cdot dR = 0 \; . \qquad (3.43)$$

Wir wollen dies nunmehr übertragen auf die DGL des Gleichgewichts (3.24), die vereinbarungsgemäß eine Matrizengleichung darstellt. Entsprechend des beschriebenen Formalismus multiplizieren wir diese DGL mit einer Ansatzfunktionsmatrix $\underline{G}^t$ und integrieren über das Volumen eines Körpers. Man erhält

$$\int\limits_V \underline{G}^t \left(\underline{D}^t \cdot \underline{E} \cdot \underline{D} \cdot \underline{u} + \underline{p} \right) dV = 0 \; . \qquad (3.44)$$

Randbedingungen sind im vorliegenden Fall nicht zu berücksichtigen, weshalb das Problem vollständig beschrieben ist. Später werden wir im Kapitel 11.2 bei der Behandlung von Wärmeleitungsproblemen erkennen, daß für eine Lösung auch Randbedingungen maßgebend sein können. Als nächstes führt man in Gl. (3.44) den bekannten Ansatz

$$\underline{u} = \underline{G} \cdot \underline{d}$$

ein. Die Knotenverschiebungen sind somit nichts anderes, als die noch zu bestimmenden Multiplikatoren und daher für uns die eigentliche Lösung des diskretisierten Problems. Setzen wir jetzt den Ansatz in diese Form ein, so folgt

$$\int\limits_V \underline{G}^t \left(\underline{D}^t \cdot \underline{E} \cdot \underline{D} \cdot \underline{G} \right) dV \cdot \underline{d} + \int\limits_V \underline{G}^t \cdot \underline{p} \, dV = \underline{0}$$

oder besser zusammengefaßt

$$\int_V (\underline{\mathbf{D}} \cdot \underline{\mathbf{G}})^t \cdot \underline{\mathbf{E}} \cdot (\underline{\mathbf{D}} \cdot \underline{\mathbf{G}})\, dV \cdot \underline{\mathbf{d}} + \int_V \underline{\mathbf{G}}^t \cdot \underline{\mathbf{p}}\, dV = \underline{\mathbf{0}} \tag{3.45}$$

Man erkennt hierin die Analogie zu Gl. (3.36) und hat wieder die *finite Gleichung*

$$\underline{\mathbf{k}} \cdot \underline{\mathbf{d}} = \underline{\hat{\mathbf{p}}}$$

gefunden. Sollen zu den angesetzten Volumenkräften auch noch andere Kräftegruppen berücksichtigt werden, so ist Gl. (3.45) um diese Kräfte geeignet zu vervollständigen.

Zur Abrundung der Elastik soll die Galerkinsche Methode auch noch auf die dynamische Gleichgewichtsgleichung (3.27) angewandt werden. Aus

$$\rho \cdot \underline{\ddot{\mathbf{u}}} + \underline{\mathbf{D}}^t \cdot \underline{\mathbf{E}} \cdot \underline{\mathbf{D}} \cdot \underline{\mathbf{u}} + \underline{\mathbf{p}} = \underline{\mathbf{0}}$$

folgt dann wieder

$$\int_V \underline{\mathbf{G}}^t \left(\rho \cdot \underline{\ddot{\mathbf{u}}} + \underline{\mathbf{D}}^t \cdot \underline{\mathbf{E}} \cdot \underline{\mathbf{D}} \cdot \underline{\mathbf{u}} + \underline{\mathbf{p}}\right) dV = \underline{\mathbf{0}}$$

bzw. nach Einsetzen des Ansatzes

$$\rho \int_V \underline{\mathbf{G}}^t \cdot \underline{\mathbf{G}}\, dV \cdot \underline{\ddot{\mathbf{d}}} + \int_V (\underline{\mathbf{D}} \cdot \underline{\mathbf{G}})^t \cdot \underline{\mathbf{E}} \cdot (\underline{\mathbf{D}} \cdot \underline{\mathbf{G}})\, dV \cdot \underline{\mathbf{d}} + \int_V \underline{\mathbf{G}}^t \cdot \underline{\mathbf{p}}\, dV = \underline{\mathbf{0}}\,. \tag{3.46}$$

Dies ist gleichzusetzen mit der bekannten Schwingungsdifferentialgleichung

$$\underline{\mathbf{m}} \cdot \underline{\ddot{\mathbf{d}}} + \underline{\mathbf{k}} \cdot \underline{\mathbf{d}} + \underline{\hat{\mathbf{p}}} = \underline{\mathbf{0}}\,. \tag{3.47}$$

Für die neu auftretende Massenmatrix ist somit auch die Bildungsvorschrift

$$\underline{\mathbf{m}} = \rho \int_V \underline{\mathbf{G}}^t \cdot \underline{\mathbf{G}}\, dV \tag{3.48}$$

ermittelt worden.

4 Die Matrix-Steifigkeitsmethode

Ein vom Verständnis der Vorgehensweise guter Einstieg in die Finite-Element-Methode stellt die von der Tragwerksberechnung her bekannte *Matrix-Steifigkeitsmethode* /4.1/ dar. Wie man später erkennen wird, ist der ablaufende Formalismus dem der FE-Methode völlig identisch.

Zur Begründung der Theorie ist im Bild 4.1 ein beliebiges elastisches Tragwerk dargestellt. Die einwirkenden äußeren Kräfte werden dieses Tragwerk verformen, so daß eine Absenkung festzustellen sein wird.

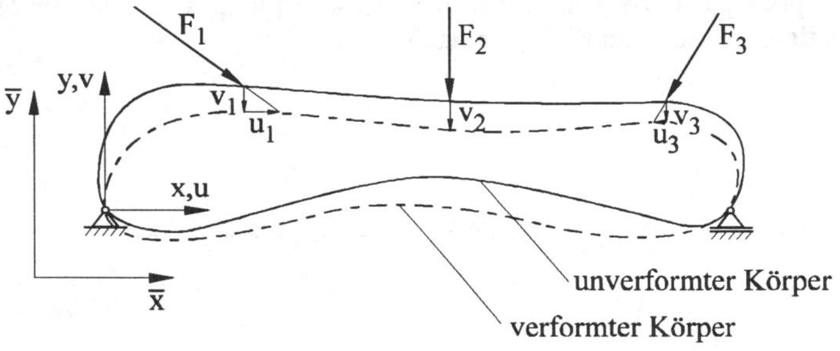

Bild 4.1: Verformungszustand eines elastischen Tragwerks

Bei unterstellten kleinen Verformungen und vorausgesetzter Linearität kann zwischen den Kräften und den Verschiebungen folgender Zusammenhang angegeben werden:

- Die Verschiebung $\underline{\mathbf{u}}_i^t = [u_i \;\; v_i]$ von Körperpunkten hängt von der Wirkung aller Kräfte $\underline{\mathbf{F}}_i$ ab

$$\underline{\mathbf{u}}_i = \underline{\mathbf{u}}_i\left(\underline{\mathbf{F}}_i\right), \qquad i = 1, \ldots, n\ .$$

- Im Fall der Linearität muß auch die Umkehrung gelten, und zwar gehört zu einem Verformungszustand ein eindeutiger Kräftezustand

$$\underline{\mathbf{F}}_i = \underline{\mathbf{F}}_i\left(\underline{\mathbf{u}}_i\right).$$

Hieraus ist zu folgern, daß die Kräfte über eine Steifigkeit mit den Verschiebungen verknüpft sind, d. h. eine Beziehung

$$F_i = \sum_{j=1}^{n} k_{ij} \cdot u_i \tag{4.1}$$

besteht. Entwickelt man weiter Gl. (4.1) als Matrizengleichungen, so gilt auch

$$\begin{bmatrix} F_1 \\ F_2 \\ \vdots \\ F_n \end{bmatrix} = \begin{bmatrix} k_{11} & k_{12} & \cdots & k_{1n} \\ k_{21} & k_{22} & \cdots & k_{2n} \\ \vdots & \vdots & & \vdots \\ k_{n1} & k_{n2} & \cdots & k_{nn} \end{bmatrix} \cdot \begin{bmatrix} u_1 \\ u_2 \\ \vdots \\ u_n \end{bmatrix} . \tag{4.2}$$

Die hierin auftretenden Koeffizienten k_{ij} heißen Verschiebungseinflußzahlen und sind nach Maxwell symmetrisch, d. h. es gilt $k_{ij} = k_{ji}$. Damit ist auch die Koeffizientenmatrix symmetrisch.

Besonders vorteilhaft läßt sich die Matrix-Steifigkeitsmethode bei stabartigen Tragwerken anwenden. Die prinzipielle Vorgehensweise soll hier aber für ein Federelement (Stabanalogie) dargestellt werden, so wie es im Bild 4.2 eingeführt ist.

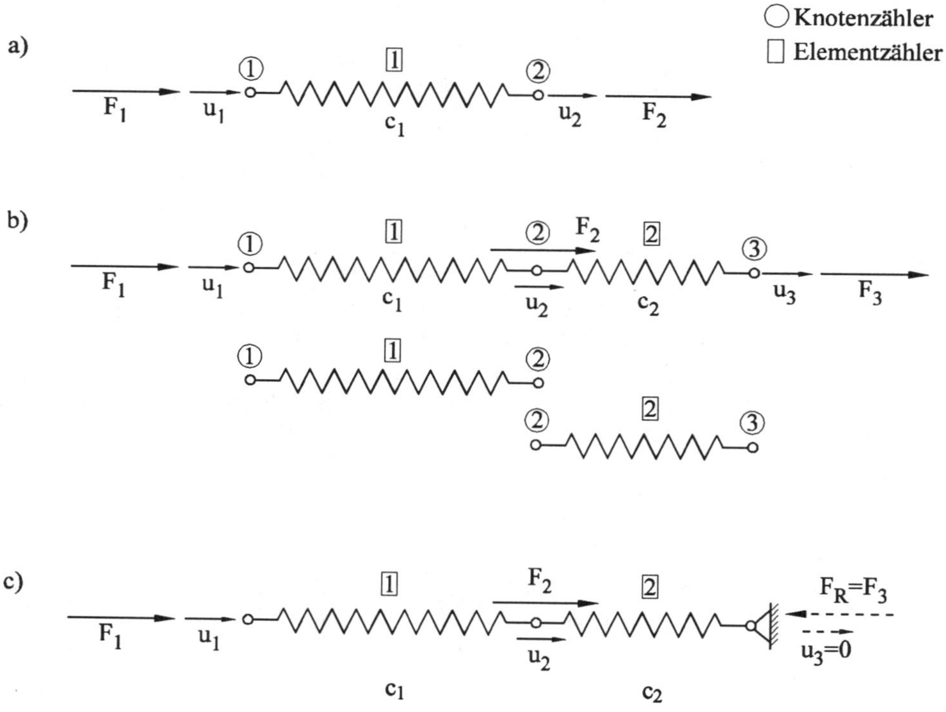

Bild 4.2: Vorgehensweise der Matrix-Steifigkeitsmethode (nach /4.1/)
a) Ansatz für das lineare Federelement
b) Systemansatz für zwei Federelemente
c) gebundenes System

Das Federelement repräsentiert dabei ein eindimensionales finites Element. Alle Informationen des Elements werden über die Knoten gegeben, die zufolge der Kräfte dann Verschiebungen ausführen. Auf Elementebene läßt sich somit formulieren:

$$F_1 = c \cdot \Delta u_{12} = c \cdot u_1 - c \cdot u_2 ,$$
$$F_2 = c \cdot \Delta u_{21} = c \cdot u_2 - c \cdot u_1 . \tag{4.3}$$

Matriziell kann dies geschrieben werden als

$$\underline{\mathbf{p}} = \begin{bmatrix} F_1 \\ F_2 \end{bmatrix} = \begin{bmatrix} c & -c \\ -c & c \end{bmatrix} \cdot \begin{bmatrix} u_1 \\ u_2 \end{bmatrix} = \underline{\mathbf{k}} \cdot \underline{\mathbf{u}} . \tag{4.4}$$

Die abgespaltene 2x2-Matrix $\underline{\mathbf{k}}$ stellt hierbei die Elementsteifigkeitsmatrix einer Feder dar.

Will man hingegen die Beziehung für ein System entwickeln, so müssen so viele Gleichungen aufgestellt werden, wie Unbekannte vorhanden sind und die Randbedingungen berücksichtigt werden. Im zugrunde liegenden Beispiel soll ein System aus zwei Federn betrachtet werden, bei denen in zwei Knoten Kräfte eingeleitet werden und der dritte Knoten festgehalten ist.

Die Systembeziehungen für die Kräfte lassen sich durch wechselseitiges Festhalten der Knoten und die dann wirksame Federgleichung folgendermaßen entwickeln:

$$u_1 = u_2 = 0: \quad F_3 = c_2 \cdot u_3 , \qquad F_2 = -F_3 , \qquad F_1 = 0;$$
$$u_1 = u_3 = 0: \quad F_2 = (c_1 + c_2)\, u_2 , \quad F_1 = -c_1 \cdot u_2 , \quad F_3 = -c_2 \cdot u_2 ;$$
$$u_2 = u_3 = 0: \quad F_1 = c_1 \cdot u_1 , \qquad F_2 = -F_1 , \qquad F_3 = 0.$$

Werden diese Gleichungen sortiert und zusammengefaßt, so kann als Matrizengleichung

$$\begin{bmatrix} F_1 \\ F_2 \\ F_3 \end{bmatrix} = \begin{bmatrix} c_1 & -c_1 & 0 \\ -c_1 & c_1 + c_2 & -c_2 \\ 0 & -c_2 & c_2 \end{bmatrix} \cdot \begin{bmatrix} u_1 \\ u_2 \\ u_3 \end{bmatrix} .$$

bzw.

$$\underline{\mathbf{P}} = \underline{\mathbf{K}} \cdot \underline{\mathbf{U}} \tag{4.5}$$

angegeben werden. Die Gl. (4.5) drückt hierin den Systemzusammenhang aus, während Gl. (4.4) als Elementgleichung aufgestellt worden ist.

An der Systemsteifigkeitsmatrix $\underline{\mathbf{K}}$ ist zu erkennen, daß diese ebenso symmetrisch ist wie die beiden zusammengefaßten Elementmatrizen. Weiterhin ist an der Matrix zu erkennen, daß diese auch sofort durch Blockaddition (direkte Steifigkeitsmethode = Überlagerung am gemeinsamen Knoten) darstellbar wäre. Dies ist eine besondere Eigenart von Systemen, die aus eindimensionalen Elementen (Stäbe, Balken) aufgebaut sind.

Das vorstehende Gleichungssystem ist aber so nicht auflösbar, da die Randbedingungen bisher unberücksichtigt geblieben sind, d. h., das System kann insgesamt noch eine Starrkörperbewegung ausführen, was sich in der Singularität der Gesamtsteifigkeitsmatrix ausdrückt. Ein Kennzeichen eines singulären Systems ist, daß die Determinante der Gesamtsteifigkeitsmatrix

$$\det(\underline{\mathbf{K}}) = \left| c_1 \, (c_1 + c_2) \, c_2 - c_1 \cdot c_2^2 - c_1^2 \cdot c_2 \right| = 0$$

verschwindet. Erst für ein statisch bestimmtes System wird die Gleichung auflösbar, welches durch eine positiv definite Gesamtsteifigkeitsmatrix möglich ist.

Wird nun in die vorstehende Gl. (4.5) die Randbedingung $u_3 = 0$ eingearbeitet, so können die Verschiebungen und die unbekannte Reaktionskraft F_3 bestimmt werden:

$$\begin{bmatrix} F_1 \\ F_2 \\ \hline F_3 \end{bmatrix} = \left[\begin{array}{cc|c} c_1 & -c_1 & 0 \\ -c_1 & c_1+c_2 & -c_2 \\ \hline 0 & -c_2 & c_2 \end{array}\right] \cdot \begin{bmatrix} u_1 \\ u_2 \\ \hline 0 \end{bmatrix} . \tag{4.6}$$

Dazu muß das Gleichungssystem wie folgt aufgespalten werden:

$$\begin{bmatrix} F_1 \\ F_2 \end{bmatrix} = \begin{bmatrix} c_1 & -c_1 \\ -c_1 & c_1 + c_2 \end{bmatrix} \cdot \begin{bmatrix} u_1 \\ u_2 \end{bmatrix} \tag{4.7}$$

$$F_3 = \begin{bmatrix} 0 & -c_2 \end{bmatrix} \cdot \begin{bmatrix} u_1 \\ u_2 \end{bmatrix} . \tag{4.8}$$

Zufolge der beiden vorgegebenen Kräfte F_1, F_2 sollen jedoch zuerst die Verschiebungen bestimmt werden, und zwar aus der folgenden Rechnung

$$\underline{\mathbf{U}} = \begin{bmatrix} u_1 \\ u_2 \end{bmatrix} = \underline{\mathbf{K}}^{-1} \cdot \underline{\mathbf{P}} = \begin{bmatrix} \frac{1}{c_1} + \frac{1}{c_2} & \frac{1}{c_2} \\ \frac{1}{c_2} & \frac{1}{c_2} \end{bmatrix} \cdot \begin{bmatrix} F_1 \\ F_2 \end{bmatrix} . \tag{4.9}$$

Für die Inversion $\underline{K}^{-1}$ ist hierbei die Gleichung im Anhang benutzt worden. Aus der Ausmultiplikation der vorstehenden Gleichung ergeben sich so für die Knotenverschiebungen

$$\begin{aligned} u_1 &= \left(\frac{1}{c_1} + \frac{1}{c_2} \right) F_1 + \frac{1}{c_2} \cdot F_2 \\ u_2 &= \frac{1}{c_2} \cdot F_1 + \frac{1}{c_2} \cdot F_2 \, . \end{aligned} \tag{4.10}$$

Damit kann weiter die Reaktionskraft bestimmt werden zu

$$F_3 = \begin{bmatrix} 0 & -c_2 \end{bmatrix} \cdot \begin{bmatrix} \left(\frac{1}{c_1} + \frac{1}{c_2} \right) F_1 + \frac{1}{c_2} \cdot F_2 \\ \frac{1}{c_2} \cdot F_1 + \frac{1}{c_2} \cdot F_2 \end{bmatrix} = -(F_1 + F_2) \, . \tag{4.11}$$

Manchmal sind auch die Schnittkräfte im Element von Interesse. Für deren Bestimmung gilt, daß diese stets auf Elementebene zu ermitteln sind, und zwar

– im Element 1 für den Knoten ① und ②

$$\begin{bmatrix} S_{11} \\ S_{12} \end{bmatrix} = \begin{bmatrix} c_1 & -c_1 \\ -c_1 & c_1 \end{bmatrix} \cdot \begin{bmatrix} u_1 \\ u_2 \end{bmatrix} = \begin{bmatrix} c_1 & -c_1 \\ -c_1 & c_1 \end{bmatrix} \cdot \begin{bmatrix} \left(\frac{1}{c_1} + \frac{1}{c_2}\right) F_1 + \frac{1}{c_2} \cdot F_2 \\ \frac{1}{c_2} \cdot F_1 + \frac{1}{c_2} \cdot F_2 \end{bmatrix} .$$

$$\begin{aligned} S_{11} &= c_1\left(\frac{1}{c_1} + \frac{1}{c_2}\right) F_1 + \frac{c_1}{c_2} \cdot F_2 - \frac{c_1}{c_2} \cdot F_1 - \frac{c_1}{c_2} \cdot F_2 = F_1 \\ S_{12} &= -S_{11} \end{aligned} \tag{4.12}$$

bzw.

– im Element 2 für den Knoten ② und ③

$$\begin{bmatrix} S_{22} \\ S_{23} \end{bmatrix} = \begin{bmatrix} c_2 & -c_2 \\ -c_2 & c_2 \end{bmatrix} \cdot \begin{bmatrix} u_2 \\ 0 \end{bmatrix} = \begin{bmatrix} c_2 & -c_2 \\ -c_2 & c_2 \end{bmatrix} \cdot \begin{bmatrix} \frac{1}{c_2} \cdot F_1 + \frac{1}{c_2} \cdot F_2 \\ 0 \end{bmatrix}$$

$$\begin{aligned} S_{22} &= c_2\left(\frac{1}{c_2} \cdot F_1 + \frac{1}{c_2} \cdot F_2\right) = F_1 + F_2 \\ S_{23} &= -S_{22} \, . \end{aligned} \tag{4.13}$$

Die Erkenntnis aus diesem Beispiel soll im weiteren sein, daß man durch die Anwendung eines bestimmten Formalismus zu der Lösung einer bestimmten Klasse von Problemen kommt. Verallgemeinert man diese Vorgehensweise, so lassen sich somit hinreichend komplexe Tragwerke behandeln. Ziel muß es somit sein, diesen methodischen Ansatz zu verallgemeinern.

Die algorithmische Verallgemeinerung soll jetzt an dem kleinen Tragwerk von Bild 4.3 (siehe nächste Seite) wie folgt vorgenommen werden.

- Mit $\underline{F}_a^t = [0 \; F_{3x} \; F_{3y} \; F_{4x} \; 0]$ sollen die bekannten äußeren Kräfte bezeichnet werden.
- Entsprechend sollen mit $\underline{F}_b^t = [F_{1x} \quad F_{1y} \quad F_{2x}]$ die Reaktionskräfte bezeichnet werden.
- Dementsprechend bezeichnet $\underline{U}_a^t = [v_2 \quad u_3 \quad v_3 \quad u_4 \quad v_4]$ die unbekannten Verschiebungen

und

- $\underline{U}_b^t = [u_1 \quad v_1 \quad u_2]$ die bekannten Randbedingungen (vorgeschriebene Auflagerverschiebungen oder Unbeweglichkeiten).

Gemäß dieser Vereinbarungen kann die vorherige Gl. (4.5) bzw. die neu zu erstellende Systemgleichung folgendermaßen partitioniert werden:

$$\begin{bmatrix} \underline{\mathbf{F}}_a \\ \underline{\mathbf{F}}_b \end{bmatrix} = \begin{bmatrix} \underline{\mathbf{K}}_{aa} & \underline{\mathbf{K}}_{ab} \\ \underline{\mathbf{K}}_{ba} & \underline{\mathbf{K}}_{bb} \end{bmatrix} \cdot \begin{bmatrix} \underline{\mathbf{U}}_a \\ \underline{\mathbf{U}}_b \end{bmatrix} . \tag{4.14}$$

a)

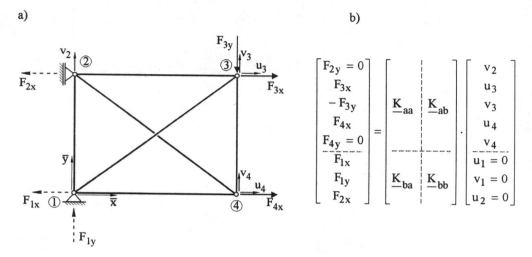

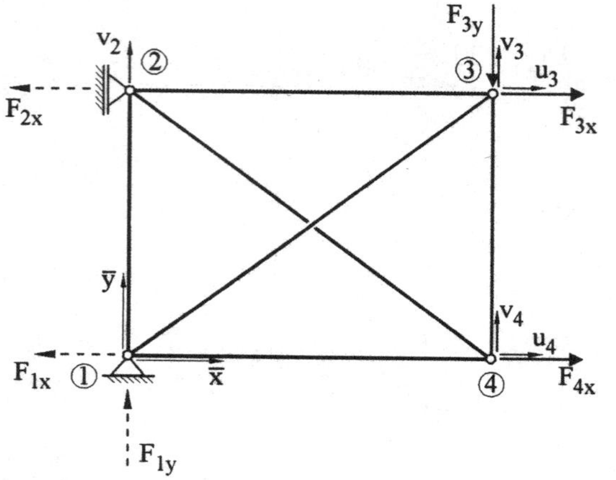

b)

$$\begin{bmatrix} F_{2y} = 0 \\ F_{3x} \\ -F_{3y} \\ F_{4x} \\ F_{4y} = 0 \\ \hline F_{1x} \\ F_{1y} \\ F_{2x} \end{bmatrix} = \left[\begin{array}{c|c} \underline{\mathbf{K}}_{aa} & \underline{\mathbf{K}}_{ab} \\ \hline \underline{\mathbf{K}}_{ba} & \underline{\mathbf{K}}_{bb} \end{array}\right] \cdot \begin{bmatrix} v_2 \\ u_3 \\ v_3 \\ u_4 \\ v_4 \\ \hline u_1 = 0 \\ v_1 = 0 \\ u_2 = 0 \end{bmatrix}$$

Bild 4.3: Fachwerk (alle Knoten 2 FHG's)

Wir haben es hier also mit einer Hypergleichung zu tun, in der mit $\underline{\mathbf{F}}_{a,b}$, $\underline{\mathbf{U}}_{a,b}$ Vektoren und mit $\underline{\mathbf{K}}_{aa}$, $\underline{\mathbf{K}}_{ab}$, $\underline{\mathbf{K}}_{bb}$ Untermatrizen vorkommen. Löst man zum Zwecke der Komponentenbestimmung diese Gleichung auf, so folgt daraus

$$\underline{\mathbf{F}}_a = \underline{\mathbf{K}}_{aa} \cdot \underline{\mathbf{U}}_a + \underline{\mathbf{K}}_{ab} \cdot \underline{\mathbf{U}}_b , \tag{4.15}$$

$$\underline{\mathbf{F}}_b = \underline{\mathbf{K}}_{ba} \cdot \underline{\mathbf{U}}_a + \underline{\mathbf{K}}_{bb} \cdot \underline{\mathbf{U}}_b . \tag{4.16}$$

Da die Verschiebungen interessieren, muß Gl. (4.15) aufgelöst werden zu

$$\underline{\mathbf{U}}_a = \underline{\mathbf{K}}_{aa}^{-1} \left(\underline{\mathbf{F}}_a - \underline{\mathbf{K}}_{ab} \cdot \underline{\mathbf{U}}_b \right) \tag{4.17}$$

und diese Gleichung zur Bestimmung der Reaktionskräfte in Gl. (4.16) eingesetzt werden, man erhält so

$$\underline{\mathbf{F}}_b = \underline{\mathbf{K}}_{ba} \cdot \underline{\mathbf{K}}_{aa}^{-1} \left(\underline{\mathbf{F}}_a - \underline{\mathbf{K}}_{ab} \cdot \underline{\mathbf{U}}_b \right) + \underline{\mathbf{K}}_{bb} \cdot \underline{\mathbf{U}}_b . \tag{4.18}$$

Bei den meisten technischen Systemen werden unbewegliche Auflager $\underline{\mathbf{U}}_b = \underline{0}$ vorliegen; für einen derartigen Fall vereinfachen sich die beiden vorstehenden Gleichungen zu

$$\underline{\mathbf{U}}_a = \underline{\mathbf{K}}_{aa}^{-1} \cdot \underline{\mathbf{F}}_a \tag{4.19}$$

und

$$\underline{\mathbf{F}}_b = \underline{\mathbf{K}}_{ba} \cdot \underline{\mathbf{K}}_{aa}^{-1} \cdot \underline{\mathbf{F}}_a \, . \qquad (4.20)$$

Der gezeigte Lösungsweg läßt sich nun formal folgendermaßen beschreiben:

- Kreierung eines mechanischen Beschreibungselements (*Stab* oder *Balken*),
- matrizielle Formulierung des Zusammenhangs zwischen Knotenkräften und Knotenverschiebungen; Erstellung einer Elementsteifigkeitsmatrix $\underline{\mathbf{k}}$,
- Zusammenbau der Gleichungen zu einem Gesamtkraftvektor $\underline{\mathbf{P}}$, einem Gesamtverschiebungsvektor $\underline{\mathbf{U}}$ und einer Gesamtsteifigkeitsmatrix $\underline{\mathbf{K}}$,
- Unterdrückung der Starrkörperverschiebungen eines Systems durch die Einführung von Randbedingungen und Partitionierung des Gleichungssystems in unbekannte Verschiebungen $\underline{\mathbf{U}}_a$ und unbekannte Reaktionskräfte $\underline{\mathbf{F}}_b$,
- Lösung der entstandenen Teilgleichungssysteme und Ausweis der Verschiebungen $\underline{\mathbf{U}}_a$ und der Reaktionskräfte $\underline{\mathbf{F}}_b$

sowie

- gegebenenfalls Rückrechnung zu den Schnittgrößen S_{ij} bzw. Spannungen $\underline{\sigma}$ in den Elementen.

Von der Methodik des Vorgehens werden wir diese Schritte bei der im weiteren zu beschreibenden FE-Methode alle wiederfinden.

Anmerkung: In den meisten Programmen werden die unbekannten Verschiebungen mit dem Index u (unconstrained) und die Auflagerverschiebungen mit dem Index s (suppressed) versehen. Wir werden später diese Indizierung übernehmen.

5 Das Konzept der Finite-Element-Methode

Im nachfolgenden Kapitel soll das Konzept der FEM unter verschiedenen Gesichtspunkten betrachtet werden, und zwar

- bezüglich der praktischen Anwendung,
- der beispielhaften mathematischen Formulierung

und

- des methodischen Gesamtablaufs.

Um dies transparent darlegen zu können, wird das *Stab-* und *Balken*-Element ausgewählt, womit aber keine Einschränkung für die Allgemeingültigkeit verbunden ist.

5.1 Allgemeine Vorgehensweise

Wie einleitend schon herausgestellt, muß man heute die FEM-Anwendung als integralen Bestandteil einer *CAE-Konzeption* begreifen. Tatsächlich liegt ein Stück Wirtschaftlichkeit von CAD und FEM darin, wenn CAD-Modelle von Preprozessoren übernommen, mit Hilfe eines FE-Rechenlaufs verifiziert und die Ergebnisse von Postprozessoren schnell ausgewertet und dargestellt werden können sowie die geänderte Geometrie wieder nach CAD zurückgeführt werden kann.

Ideale Verhältnisse liegen vor, wenn das komplette CAD-Bauteil in verschiedene Layer aufgebaut worden ist. Für die FE-Berechnung benötigt man jedoch nur die reine Geometrie, so daß die Layer, die Vermassung oder Text enthalten, ausgeblendet werden können. Des weiteren kann es sein, daß Bauteile gewisse konstruktive Gegebenheiten enthalten, die für das Festigkeitsverhalten von geringer Bedeutung sind, aber die Netzgenerierung erschweren würden. Demgemäß ist zu prüfen, ob geometrische Details vernachlässigt werden können, ob sich vielleicht Einbau- oder Anbauteile ausklammern lassen oder inwiefern tatsächlich Kontakt maßgebend ist.

Je nach der Bauteilgeometrie und der Belastung kann es ausreichend sein, ein Flächen- oder Volumenmodell zu übernehmen. Ist ein komplettes räumliches Gebilde zu analysieren, so ist unbedingt ein 3D-Volumenmodell erforderlich.

Im Bild 5.1 ist der prinzipielle Ablauf einer integrativen CAE-Kette dargestellt.

- Aufgabe von CAD-Systemen ist es, vollständige Fertigungs- und Montageunterlagen zu erzeugen. In der Praxis werden dazu Einzelteil-, Gruppen- und Zusammenbau-Zeichnungen angefertigt. Aus der Zusammenbau-Zeichnung ist in der Regel die Funktion und die Belastung zu erkennen.

- Für die Bewährung einer Struktur kann es dabei wichtig sein, einen Verbund oder die gefährdeten Einzelteile sicher auszulegen. Im vorliegenden Fall sei unterstellt, daß die Festigkeit des Hebels für die Struktur entscheidend ist und dieser daher mittels FEM analysiert werden soll.

- Aus der entsprechenden Struktur ist daher die Hauptgeometrie herauszulösen, die Randbedingungen festzulegen und die Einleitung der Kräfte zu bestimmen.

- Die nackte Geometrie muß dann an das FE-System übergeben werden. Im Regelfall wird es dabei so sein, daß ein Schnittstellenprotokoll als IGES-, VDA-FS- oder STEP-File erzeugt werden muß. Dieses Protokoll kann gewöhnlich verlustfrei übertragen werden.

  Neuerdings wird zwischen einigen CAD- und FEM-Systemen auch eine Direktkopplung (z. B. zwischen CATIA und I-DEAS) realisiert. Die Vollständigkeit der Übertragung wird hierbei garantiert, und die Wirtschaftlichkeit nimmt zu, weil eben zeitintensive Wandlungsschritte entfallen.

- Mit Hilfe eines Preprozessors gilt es weiter, die Geometrie zu einem FE-Modell aufzubereiten.
  Der erste Schritt dazu ist die Bildung von Makros (werden gewöhnlich durch drei oder vier Seiten begrenzt), aus denen über die Angabe von abgestimmten Seitenteilern ein Elementnetz generiert werden kann. Hiermit hängt die Typdefinition der Elemente und deren Spezifizierung unmittelbar zusammen, da hierauf begründet das Eingabeprotokoll erstellt wird. Dieses Protokoll muß des weiteren noch um die Werkstoffkennwerte, die Randbedingungen und die Kräfte vervollständigt werden.

- Mit dem Eingangsprotokoll liegen alle Informationen für den FE-Löser vor. Dieser baut sich entsprechend der Netztopologie und der Elementkennzeichnung die Steifigkeit der Struktur auf, arbeitet die Randbedingungen und die Kräfte ein und löst das damit entstehende Gleichungssystem nach den Verschiebungen auf.

- Aus den Verschiebungen können dann in einer Rückrechnung die auftretenden Dehnungen, Spannungen und die Reaktionskräfte ermittelt werden.

- Für eine rationelle Auswertung nutzt man heute leistungsfähige Postprozessoren, die die angefallenen Daten qualitativ und quantitativ auswerten. Derartige Prozessoren können meist die verformte mit der unverformten Struktur zu einem Verformungsbild überlagern, die Dehnungen oder Spannungen als Isolinienplot oder Farbfüllbilder gemäß einer Werteskala auswerten sowie die Größe und Richtung der Reaktionskräfte darstellen.

Wie ersichtlich hat dieser Ablauf zwar einige schematische Anteile, hieraus ist aber nicht zu schließen, daß eine Problembearbeitung mit FEM einem festen Automatismus gehorcht. So verschiedenartig wie Problemstellungen sein werden, werden auch Lösungsansätze zu entwickeln sein. Das Treffen der Realität hat dabei viel mit der Beherrschung des theoretischen Hintergrunds und der Ausschöpfung der Möglichkeiten der Programme zu tun. In der Praxis hat sich daher eine strikte Trennung in CAD-Konstrukteure und FEM-Analytiker bewährt, weil beide Arbeitsgebiete eines Spezialisten bedürfen.

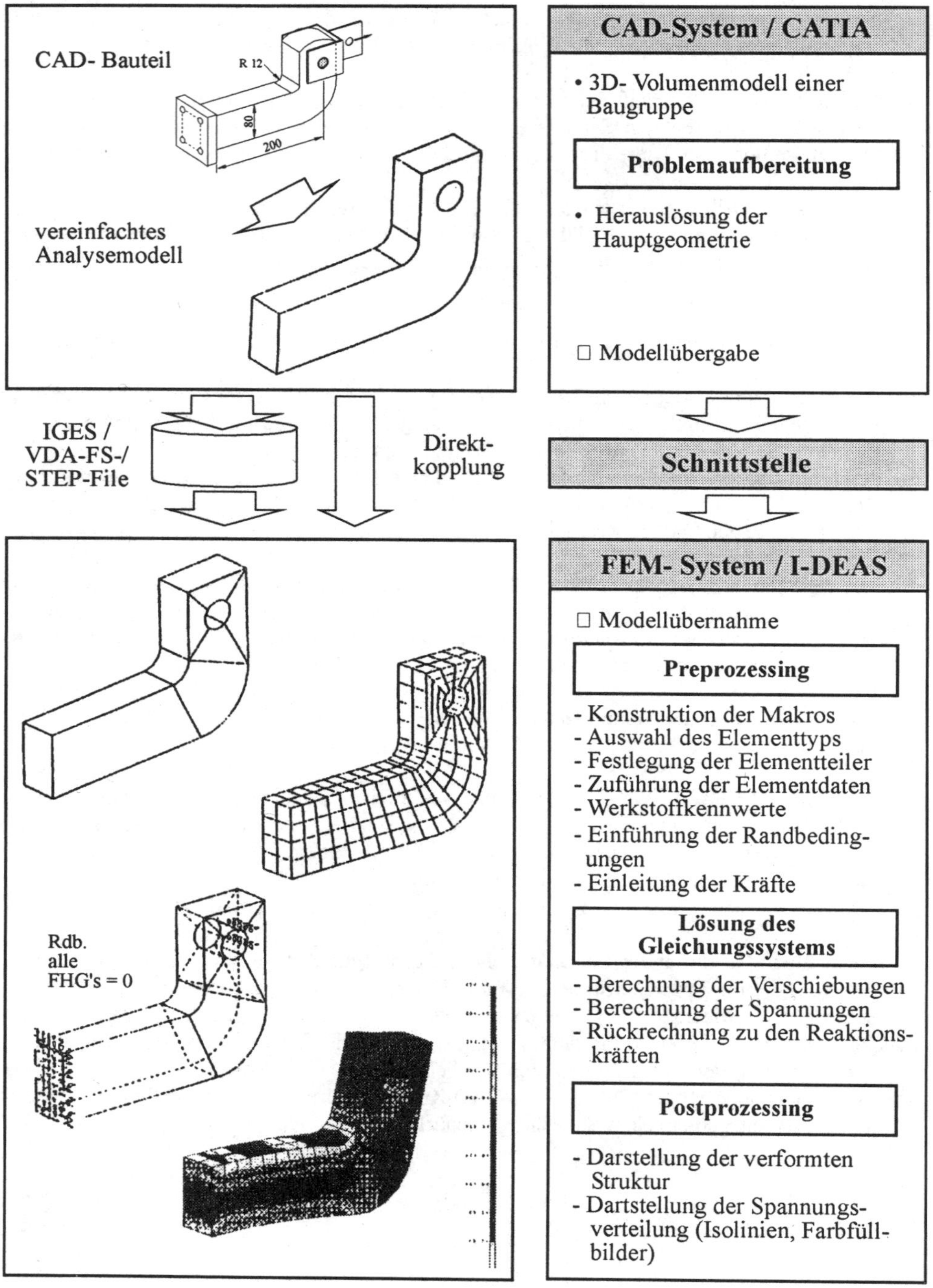

Bild 5.1: Rechnerunterstützte Bauteilanalyse im interaktiven Dialog

5.2 FE-Programmsystem

Die FE-Programme, die sich heute am Markt durchgesetzt haben, sind weitestgehend vollständige und durchgängige Systeme.

Mit vollständig soll dabei umschrieben werden, daß man es mit Komplettsystemen zu tun hat, die unter einer abgestimmten Oberfläche einen Pre- und Postprozessor, den Gleichungslöser sowie verschiedene Ergänzungsmodule verfügbar haben.

Durchgängig kann zudem auch sehr weitreichend sein. Es existieren Systeme, die in CAD integriert sind und daher organisatorisch die Bearbeitung von Problemen erleichtern. Ein weiteres Merkmal ist die Abbildbarkeit von linearem und nichtlinearem Verhalten.

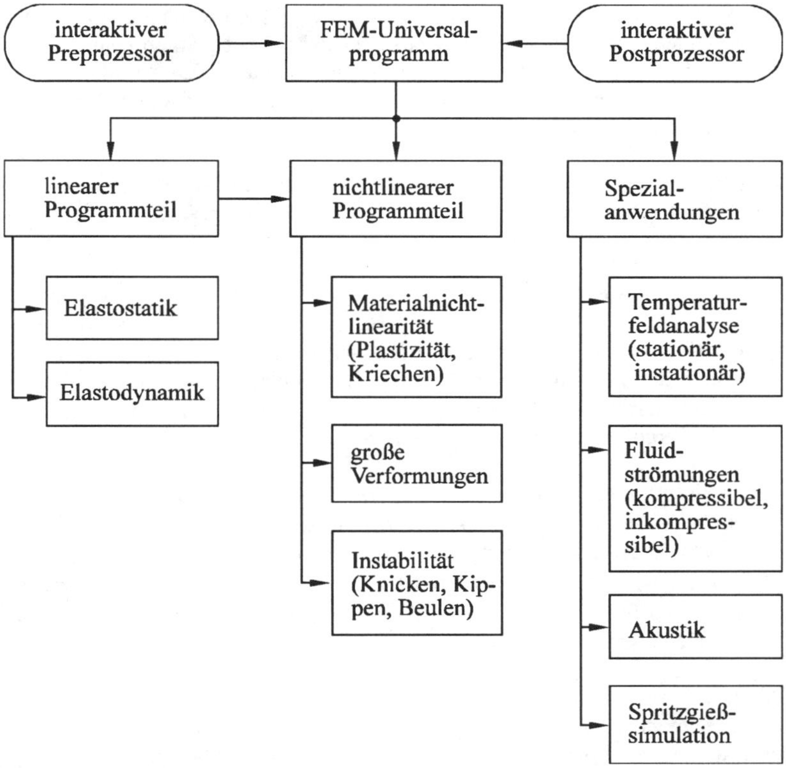

Bild 5.2: Programmstruktur eines kommerziellen FE-Programmsystems

Ein typischer Methodenbaum eines FE-Programms ist im Bild 5.2 gezeigt. Der Grundumfang besteht gewöhnlich aus einem linearen Programmteil zur Lösung von elastostatischen und elastodynamischen Problemen. Hieran können verschiedene Spezialanwendungen angekoppelt werden, die eine Erweiterung des Einsatzfeldes darstellen. Darüber hinaus kommen auch nichtlineare Problemstellungen vor. Hierzu ist zu zählen der Effekt der Materialnichtlinearität, welcher das Fließen und Verfestigen beim Überschreiten der werkstoffeigenen Fließgrenze beschreibt. Einige Programme verknüpfen auch die Werkstoffgesetze, d. h. bis zur Fließgrenze wird der lineare Löser herangezogen und danach der reale Verlauf des Werkstoffgesetzes durch einen nichtlinearen Löser berücksichtigt.

Ein weiterer nichtlinearer Effekt ist die geometrische Nichtlinearität, die dann vorliegt, wenn Bauteile große Verformungen bei nur kleinen Dehnungen unterliegen. Dem verwandt sind die Instabilitätsprobleme, die jedoch als Eigenwertprobleme eines anderen Lösungsprinzips bedürfen und daher oft als separate Module angeboten werden. Wie auch hier ersichtlich wird, ist die FE-Methode in der Lage, ein weites Feld von Problemen abzudecken.

5.3 Mathematische Formulierung

Die exemplarische Anwendung der im Kapitel 3.4 dargelegten Beziehungen zur Definition des Steifigkeits-Verschiebungs-Kraft-Zusammenhanges soll im weiteren an einem eindimensionalen *Stab-Balken*-Element, und zwar für verschiedene Knotenfreiheitsgrade gezeigt werden. Dies ist insofern sinnvoll, da mit diesen Einzelfreiheitsgraden später unterschiedliche Elementtypen aufgebaut werden können.

Das Einsatzfeld für *Stab-Balken-Elemente* ist die Fachwerkanalyse oder im Maschinenbau die Analyse von Wellen hinsichtlich Durchbiegung und Eigenfrequenzen.

5.3.1 Ebenes Stab-Element

Das finite *Stab*-Element ist zuvor schon im Kapitel 4 als diskretes Federelement eingeführt worden. Innerhalb der FEM wird es jedoch als Kontinuumselement mit den beschreibenden Eigenschaften Geometrie und Werkstoff benutzt. Um diese ausdrücken zu können, muß die entsprechende Differentialgleichung aufgestellt werden.

Im allgemein Fall ist demgemäß von einem longitudinal schwingenden Element auszugehen. Im Bild 5.3 ist dies beispielhaft charakterisiert. Merkmal ist hierbei, daß alle Kraftgrößen (Knotenkräfte und verteilte Kräfte) nur in Längsrichtung auftreten und hierzu auch Knotenreaktionen u_i $(i = 1, 2)$ korrespondieren. Je Knoten tritt also ein axialer Freiheitsgrad auf. Für die Beschreibung des Elements sind weiterhin noch erforderlich: Dichte ρ, Elastizitätsmodul E, Querschnittsfläche A und Länge L.

Die Eigenschaften des Elements werden in einem lokalen Koordinatensystem beschrieben; später ist das Element in einer Struktur in beliebiger Lage zu einem globalen Koordinatensystem eingebaut. Gemäß der Lage und der Belastung der Struktur ändert sich dann insbesondere die Steifigkeit des Elements, wodurch ein anderer Verschiebungszustand induziert wird. Dementsprechend ist eine transformierte Steifigkeitsmatrix zu erstellen, so wie dies später im Kapitel 5.4.1 gezeigt wird.

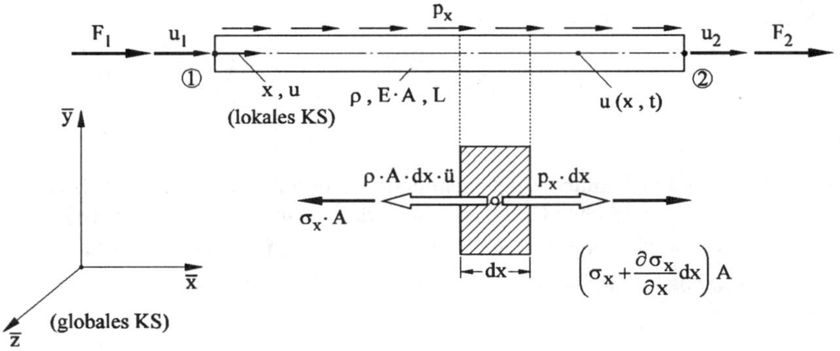

Bild 5.3: Lineares *Stab*-Element

Stellt man nun an einem infinitesimalen *Stabelementchen* mit der Länge dx das Gleichgewicht her, so folgt daraus die DGL

$$\rho \cdot A \frac{\partial^2 u}{\partial t^2} - E \cdot A \frac{\partial^2 u}{\partial x^2} - p_x = 0 . \tag{5.1}$$

Durch Heranziehung des Galerkinschen Formalismus (s. Gl. (3.41)) gilt es weiter, die finite Gleichung zu erstellen. Dazu multiplizieren wir die DGL mit einer noch unbekannten Formfunktion $g_j(x)$, die später erst elementspezifisch definiert wird und bilden das Funktional

$$\int_0^L \left(\rho \cdot A \cdot g_j \frac{\partial u^2}{\partial t^2} - \underline{E \cdot A \cdot g_j \frac{\partial^2 u}{\partial x^2}} - g_j \cdot p_x \right) dx = 0 , \qquad j = 1, 2 . \tag{5.2}$$

Als Endergebnis soll die einfache Schwingungsdifferentialgleichung vorliegen, weshalb wir den mittleren Term mit der Produktregel der Differentiation um eine Ordnung erniedrigen wollen

$$\frac{\partial}{\partial x}\left(E \cdot A \cdot g_j \frac{\partial u}{\partial x} \right) = E \cdot A \cdot g_j \frac{\partial^2 u}{\partial x^2} + E \cdot A \frac{\partial g_j}{\partial x} \cdot \frac{\partial u}{\partial x} .$$

Wird dies berücksichtigt, so kann die vorstehende Gleichung auch geschrieben werden als

$$\int_0^L \left(\rho \cdot A \cdot g_j \frac{\partial^2 u}{\partial t^2} + E \cdot A \frac{\partial g_j}{\partial x} \cdot \frac{\partial u}{\partial x} - g_j \cdot p_x \right) dx - \left(E \cdot A \cdot g_j \frac{\partial u}{\partial x} \right) \Bigg|_0^L = 0 \tag{5.3}$$

bzw. mit ausintegrierten Randtermen

$$\int_0^L \left(\rho \cdot A \cdot g_j \frac{\partial^2 u}{\partial t^2} + E \cdot A \frac{\partial g_j}{\partial x} \cdot \frac{\partial u}{\partial x} - g_j \cdot p_x \right) dx - \left(E \cdot A \cdot g_j(L) \frac{\partial u}{\partial x}\Big|_L - E \cdot A \cdot g_j(0) \frac{\partial u}{\partial x}\Big|_0 \right) = 0$$

An dieser Stelle wollen wir nun mit

$$u(x,t) = \sum_{i=1}^{2} g_i(x) \cdot u_i(t) \tag{5.4}$$

einen Ansatz für die unbekannten Verschiebungen einführen, und zwar so, daß von den Knotenverschiebungen u_i ausgehend in das Innere des Elements hinein approximiert werden kann. Die dazu erforderlichen Formfunktionen g_i, g_j wählen wir linear unabhängig, und zwar so, daß alle Randbedingungen erfüllt werden. Damit folgt dann mit den notwendigen Ableitungen

$$\frac{\partial^2 u}{\partial t^2} = \sum_{i=1}^{2} g_i \frac{\partial^2 u_i}{\partial t^2}, \qquad \frac{\partial u}{\partial x} = \sum_{i=1}^{2} \frac{\partial g_i}{\partial x} u_i$$

für die Gl. (5.3)

$$\begin{aligned} &\sum_{i=1}^{2} \int_0^L \left(\rho \cdot A \cdot g_j \cdot g_i \frac{\partial^2 u_i}{\partial t^2} + E \cdot A \frac{\partial g_j}{\partial x} \cdot \frac{\partial g_i}{\partial x} u_i \right) dx - \left(\int_0^L g_j \cdot p_x \cdot dx \right) \\ &- \left(E \cdot A \cdot g_j(L) \left(\sum_{i=1}^{2} \frac{\partial g_i(x)}{\partial x} u_i \right) \Big|_L - E \cdot A \cdot g_j(0) \left(\sum_{i=1}^{2} \frac{\partial g_i(x)}{\partial x} u_i \right) \Big|_0 \right) = 0, \quad j = 1, 2 \end{aligned} \tag{5.5}$$

Löst man diese Gleichung auf, so ergibt sich

$$\begin{aligned} &\sum_{i=1}^{2} \left(\int_0^L \rho \cdot A \cdot g_j \cdot g_i \cdot dx \frac{\partial^2 u_i}{\partial t^2} + \int_0^L E \cdot A \frac{\partial g_j}{\partial x} \cdot \frac{\partial g_i}{\partial x} dx \cdot u_i \right) = \left(\int_0^L g_j \cdot p_x \cdot dx \right) \\ &+ \left(F_2 \cdot g_j(L) + F_1 \cdot g_j(0) \right) \qquad\qquad j = 1, 2\,. \end{aligned} \tag{5.6}$$

Interpretiert man die Ausdrücke in dieser Gleichung, so ist die gesuchte *Schwingungs-differentialgleichung*

$$\underline{\mathbf{m}} \cdot \ddot{\underline{\mathbf{u}}} + \underline{\mathbf{k}} \cdot \underline{\mathbf{u}} = \underline{\mathbf{p}}_0 + \underline{\mathbf{p}}_K \tag{5.7}$$

in diskretisierter Form zu erkennen. Ausgeschrieben lautet diese Gleichung auch:

$$\begin{bmatrix} m_{11} & m_{12} \\ m_{21} & m_{22} \end{bmatrix} \cdot \begin{bmatrix} \ddot{u}_1 \\ \ddot{u}_2 \end{bmatrix} + \begin{bmatrix} k_{11} & k_{12} \\ k_{21} & k_{22} \end{bmatrix} \cdot \begin{bmatrix} u_1 \\ u_2 \end{bmatrix} = \begin{bmatrix} P_1 \\ P_2 \end{bmatrix}_0 + \begin{bmatrix} F_1 \\ F_2 \end{bmatrix}_K . \tag{5.8}$$

Aus Gl. (5.6) sind weiter die Vorschriften zu entnehmen, wie die entsprechenden Matrizen oder Vektoren zu bilden sind, und zwar

---

*)Anmerkung: Im allgemeinen Ansatz für das *Stab*-Element bezeichnet $\underline{\mathbf{u}}^t = [u_1 \quad u_2]$

– die *Koeffizienten* der Elementmassenmatrix $\underline{\mathbf{m}}$ als

$$m_{ji} = \int_{o}^{L} \rho \cdot A \cdot g_j \cdot g_i \; dx, \qquad j, i = 1, 2 \tag{5.9}$$

– die *Koeffizienten* der Elementsteifigkeitsmatrix $\underline{k}$ als

$$k_{ji} = \int_{o}^{L} E \cdot A \cdot g_j{}' \cdot g_i{}' \; dx \qquad j, i = 1, 2 \tag{5.10}$$

– die *Komponenten* des Oberflächenlastvektors

$$P_j = \int_{o}^{L} g_j \cdot p_x \cdot dx, \qquad j = 1, 2^{*)} \tag{5.11}$$

– der Knotenlastvektor

$$\underline{\mathbf{p}}_K = \begin{bmatrix} F_1 \\ F_2 \end{bmatrix}. \tag{5.12}$$

mit den Randbedingungen

$$\begin{aligned} F_1 &= -E \cdot A \frac{\partial u}{\partial x}\Big|_0 = -E \cdot A \left(\sum_{i=1}^{2} \frac{\partial g_i(x)}{\partial x} u_i \right)\Big|_0, \\ F_2 &= E \cdot A \frac{\partial u}{\partial x}\Big|_L = E \cdot A \left(\sum_{i=1}^{2} \frac{\partial g_i(x)}{\partial x} u_i \right)\Big|_L. \end{aligned} \tag{5.13}$$

Wählt man für das *Stab*-Element jetzt lineare Formfunktionen (shape functions) der Art

$$g_1 = 1 - \frac{x}{L} \quad \text{und} \quad g_2 = \frac{x}{L},$$

so gilt für den Verschiebungsansatz (s. Gl. (5.4))

$$u(x, t) = \left(1 - \frac{x}{L}\right) \cdot u_1 + \frac{x}{L} \cdot u_2 \qquad , \tag{5.14}$$

womit die Verschiebungs- und Kraftrandbedingungen erfüllt werden. Der Verlauf dieser Ansatzfunktionen über die normierte Stablänge zeigt Bild 5.4 zu einem beliebigen Zeitpunkt.

---

*) Anmerkung: Zu Gl. (5.11) ist anzumerken, daß der Ausdruck eine Vorschrift enthält, wie verteilte Lasten - die zwischen Knoten eingeleitet werden - bezüglich der Formfunktionen konsistent auf die Knoten zu vermieren sind.

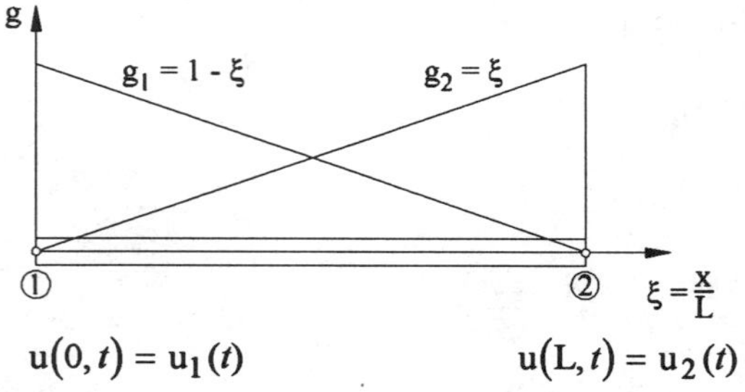

Bild 5.4:
Formfunktionen für das *Stab*-Element mit normierter Länge

Somit ist es jetzt möglich, die Koeffizienten der interessierenden Matrizen

$$m_{11} = \rho \cdot A \int_0^L g_1 \cdot g_1 \, dx = \rho \cdot A \int_0^L \left(1 - 2\frac{x}{L} + \frac{x^2}{L^2}\right) dx = \frac{\rho \cdot A}{3} L,$$

$$m_{21} = \rho \cdot A \int_0^L g_1 \cdot g_2 \, dx = \rho \cdot A \int_0^L \left(\frac{x}{L} - \frac{x^2}{L^2}\right) dx = \frac{\rho \cdot A}{6} L,$$

$$m_{22} = \rho \cdot A \int_0^L g_2 \cdot g_2 \, dx = \rho \cdot A \int_0^L \frac{x^2}{L^2} \, dx = \frac{\rho \cdot A}{3} L,$$

$$k_{11} = E \cdot A \int_0^L g_1' \cdot g_1' \, dx = E \cdot A \int_0^L \frac{1}{L^2} \, dx = \frac{E \cdot A}{L},$$

$$k_{21} = E \cdot A \int_0^L g_1' \cdot g_2' \, dx = E \cdot A \int_0^L -\frac{1}{L^2} \, dx = -\frac{E \cdot A}{L},$$

$$k_{22} = E \cdot A \int_0^L g_2' \cdot g_2' \, dx = E \cdot A \int_0^L \frac{1}{L^2} dx = \frac{E \cdot A}{L},$$

zu berechnen. Werden diese nun eingesetzt, so können die Matrizen ausformuliert werden zu

$$\underline{\mathbf{m}} = \rho \cdot A \cdot L \begin{bmatrix} \frac{1}{3} & \frac{1}{6} \\ \frac{1}{6} & \frac{1}{3} \end{bmatrix} \tag{5.15}$$

und

$$\underline{\mathbf{k}} = \frac{E \cdot A}{L} \begin{bmatrix} 1 & -1 \\ -1 & 1 \end{bmatrix}. \tag{5.16}$$

Des weiteren findet man für die Kraftvektoren

$$\underline{\mathbf{p}}_0 = \begin{bmatrix} P_1 \\ P_2 \end{bmatrix}_0 \equiv \begin{bmatrix} \frac{p_x \cdot L}{2} \\ \frac{p_x \cdot L}{2} \end{bmatrix}_0 \tag{5.17}$$

und

$$\underline{\mathbf{p}}_K = \begin{bmatrix} F_1 \\ F_2 \end{bmatrix}_K \equiv E \cdot A \begin{bmatrix} -\frac{\partial g_1}{dx}\Big|_0 & -\frac{\partial g_2}{dx}\Big|_0 \\ \frac{\partial g_1}{dx}\Big|_L & \frac{\partial g_2}{dx}\Big|_L \end{bmatrix} \cdot \begin{bmatrix} u_1 \\ u_2 \end{bmatrix}, \tag{5.18}$$

womit wieder das Gleichgewicht zu den Schnittgrößen N_j deutlich wird.

5.3.2 Ebenes Dreh-Stab-Element

Um die zugehörigen Beziehungen für den Drehfreiheitsgrad herleiten zu können, soll im Bild 5.5 ein *Dreh-Stab*-Element eingeführt werden. Zufolge von eingeleiteten Knotendrehmomenten T_i und eines längsverteilten Drehmomentes m_t wird sich dann unter der Steifigkeitsproportionalität an den Knoten eine Verdrehung Φ_i einstellen.

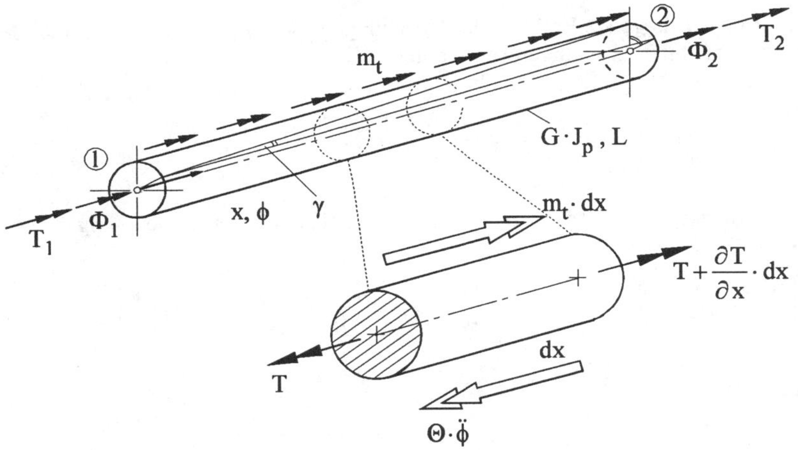

Bild 5.5: Lineares *Dreh-Stab*-Element*)

Bildet man jetzt unter den gezeigten Verhältnissen an einem infinitesimalen Elementchen das Gleichgewicht, so folgt hieraus

*) Anmerkung: Vorstehend bezeichnet $\phi(x)$ einen beliebigen Drehwinkel an der Stelle x, aber Φ_1, Φ_2 bezeichnen jeweils Verdrehungen an den Knoten.

$$\Theta \cdot \ddot{\phi} - \frac{\partial T}{\partial x} dx - m_t \cdot dx = 0. \tag{5.19}$$

Durch Einsetzen von

$$\Theta = \rho \cdot J_p \cdot dx$$

für das Massenträgheitsmoment und der Beziehung

$$T = G \cdot J_p \cdot \frac{\partial \phi}{\partial x}$$

für das Drehmoment kann die vorstehende Gl. (5.19) umgeformt werden zu

$$\rho \cdot J_p \frac{\partial^2 \phi}{\partial t^2} - G \cdot J_p \frac{\partial^2 \phi}{\partial x^2} - m_t = 0. \tag{5.20}$$

Wird hierauf wieder der Galerkinsche Formalismus angewandt, so erhält man die Gleichung

$$\int_o^L \left(\rho \cdot J_p \cdot g_j \frac{\partial^2 \phi}{\partial t^2} - G \cdot J_p \cdot g_j \frac{\partial^2 \phi}{\partial x^2} - g_j \cdot m_t \right) dx = 0, \qquad j = 1, 2 \tag{5.21}$$

Da auch für das vorliegende Problem der Gleichungstyp (5.2) maßgebend ist, muß der mittlere Term in bekannter Weise umgeformt werden zu

$$\frac{\partial}{\partial x}\left(G \cdot J_p \cdot g_j \frac{\partial \phi}{\partial x} \right) = G \cdot J_p \cdot g_j \frac{\partial^2 \phi}{\partial x^2} + G \cdot J_p \frac{\partial g_j}{\partial x} \cdot \frac{\partial \phi}{\partial x},$$

wird dies berücksichtigt, so erhält man die zu Gl. (5.21) äquivalente Gleichung

$$\int_o^L \left(\rho \cdot J_p \cdot g_j \frac{\partial^2 \phi}{\partial t^2} + G \cdot J_p \frac{\partial g_j}{\partial x} \cdot \frac{\partial \phi}{\partial x} - g_j \cdot m_t \right) dx - \left(G \cdot J_p \cdot g_j \frac{\partial \phi}{\partial x} \right) \Bigg|_o^L = 0. \tag{5.22}$$

Durch den Ansatz

$$\phi(x, t) = \sum_{i=1}^{2} g_i(x) \cdot \Phi_i(t) \tag{5.23}$$

bzw. mit den entsprechenden Ableitungen

$$\frac{\partial^2 \phi}{\partial t^2} = \sum_{i=1}^{2} g_i \cdot \frac{\partial^2 \Phi_i}{\partial t^2}, \qquad \frac{\partial \phi}{\partial x} = \sum_{i=1}^{2} \frac{\partial g_i}{dx} \cdot \Phi_i$$

folgt auch für Gl. (5.22)

$$\sum_{i=1}^{2}\int_{o}^{L}\left(\rho\cdot J_p\cdot g_j\cdot g_i\frac{\partial^2\Phi_i}{\partial t^2}+G\cdot J_p\frac{\partial g_j}{\partial x}\cdot\frac{\partial g_i}{\partial x}\Phi_i\right)dx-\left(\int_{o}^{L}g_j\cdot m_t\cdot dx\right)$$

$$-\sum_{i=1}^{2}\left(G\cdot J_p\; g_j\frac{\partial g_i}{\partial x}\right)\Bigg|_{o}^{L}\cdot\Phi_i=0\,,\qquad j=1,2\,. \tag{5.24}$$

Damit liegt wieder die diskretisierte DGL

$$\underline{\underline{\Theta}}\cdot\ddot{\underline{\Phi}}+\underline{\underline{c}}\cdot\underline{\Phi}=\underline{m}_0+\underline{m}_K \tag{5.25}$$

vor, die entwickelt lautet:

$$\begin{bmatrix}\Theta_{11} & \Theta_{12}\\ \Theta_{21} & \Theta_{22}\end{bmatrix}\cdot\begin{bmatrix}\ddot{\Phi}_1\\ \ddot{\Phi}_2\end{bmatrix}+\begin{bmatrix}c_{11} & c_{12}\\ c_{21} & c_{22}\end{bmatrix}\cdot\begin{bmatrix}\Phi_1\\ \Phi_2\end{bmatrix}=\begin{bmatrix}M_1\\ M_2\end{bmatrix}_0+\begin{bmatrix}T_1\\ T_2\end{bmatrix}_K. \tag{5.26}$$

Die Berechnungsvorschriften für die vorstehenden Ausdrücke findet man wieder in Gl. (5.24), und zwar

– für die *Koeffizienten* der Elementträgheitsmatrix

$$\Theta_{ji}=\int_{o}^{L}\rho\cdot J_p\cdot g_j\cdot g_i\cdot dx\,,\qquad j,i=1,2, \tag{5.27}$$

– für die *Koeffizienten* der Elementdrehsteifigkeitsmatrix

$$c_{ji}=\int_{o}^{L}G\cdot J_p\cdot g_j'\cdot g_i'\cdot dx\,,\qquad j,i=1,2, \tag{5.28}$$

– für den *Oberflächenlastvektor* eines verteilten Momentes

$$\underline{m}_0=\begin{bmatrix}M_1\\ M_2\end{bmatrix}_0=\begin{bmatrix}\int_{o}^{L}g_1\cdot m_t\;dx\\ \int_{o}^{L}g_2\cdot m_t\;dx\end{bmatrix}_0=\begin{bmatrix}\dfrac{m_t\cdot L}{2}\\ \dfrac{m_t\cdot L}{2}\end{bmatrix}_0 \tag{5.29}$$

und für den *Knotenlastvektor* von eingeleiteten Momenten

$$\underline{m}_K=\begin{bmatrix}T_1\\ T_2\end{bmatrix}_K\,, \tag{5.30}$$

mit den Randbedingungen

$$T_1 = -G \cdot J_p \cdot \frac{\partial\phi}{\partial x}\Big|_0 = -G \cdot J_p \cdot \left(\sum_{i=1}^{2} \frac{\partial g_i(x)}{\partial x} \Phi_i \right)\Big|_0$$

$$T_2 = G \cdot J_p \cdot \frac{\partial\phi}{\partial x}\Big|_L = G \cdot J_p \cdot \left(\sum_{i=1}^{2} \frac{\partial g_i(x)}{\partial x} \Phi_i \right)\Big|_L$$

Da das *Dreh-Stab*-Element auch wieder linear mit den gleichen Ansatzfunktionen wie in Gl. (5.14) angesetzt werden kann, ergeben sich zu Gl. (5.15) und (5.16) ähnlichen Matrizen.

5.3.3 Ebenes Balkenelement

In Analogie zu den stabartigen Elementen soll nun das *Balken*-Element beschrieben werden. Wir wollen hierbei die Bernoulli-Hypothese zugrunde legen, die unter reiner Biegung von Schubverzerrungsfreiheit und gerade bleibenden Querschnitten ausgeht. Die im allgemeinen Fall auftretenden Verhältnisse zeigt das untere Bild 5.6.

Zur Ermittlung der beschreibenden Differentialgleichung gehe man wieder von der Gleichgewichtsgleichung an einem Balkenelementchen aus

$$\sum K_z = 0: -Q - \rho \cdot A \cdot \ddot{w} \cdot dx + Q + \frac{dQ}{dx} dx + q_z \cdot dx = 0 \ , \tag{5.31}$$

dies führt zu der DGL

$$\rho \cdot A \cdot \ddot{w} - \frac{dQ}{dx} - q_z = 0 \ . \tag{5.32}$$

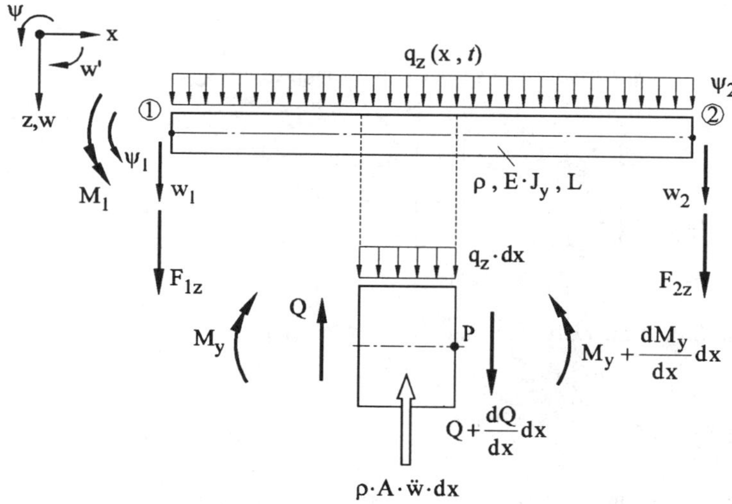

Bild 5.6: Einfaches Biege-*Balken*-Element mit den Verschiebungsgrößen $(\psi = -w')$

Hierin gilt es aber noch, die Ableitung der Querkraft durch die Verschiebung zu ersetzen. Dazu kann noch die Momentenbedingung

$$\sum M_p = 0: - M_y - Q \cdot dx + q_z \cdot dx \cdot \frac{dx}{2} - \rho \cdot A \cdot \ddot{w} \cdot dx \cdot \frac{dx}{2} + M_y + \frac{dM_y}{dx} dx = 0 \tag{5.33}$$

ausgenutzt werden. Vernachlässigt man dabei alle kleinen Größen zweiter Ordnung, so führt dies auf die Beziehung

$$Q = M_y{}' \quad \text{oder} \quad Q' = M_y{}'' .$$

Unter weiterer Berücksichtigung der Biegeliniengleichung $M_y = -E \cdot J_y \cdot w''$ folgt aus Gl. (5.33) also

$$Q' = -E \cdot J_y \cdot w^{IV} . \tag{5.34}$$

Wird diese Gleichung nun vorstehend eingeführt, so erhält man als DGL der Biegeschwingung

$$\rho \cdot A \cdot \ddot{w} + E \cdot J_y \cdot w^{IV} - q_z = 0 . \tag{5.35}$$

Auf diese DGL wird jetzt wieder das Galerkin-Verfahren angewandt, wodurch folgendes Funktional entsteht:

$$\int_0^L \left(\rho \cdot A \cdot g_j \cdot \ddot{w} + \underline{E \cdot J_y \cdot g_j \cdot w^{IV}} - g_j \cdot q_z \right) dx = 0 \qquad j = 1, \ldots, 4. \tag{5.36}$$

Zur Erniedrigung der Ordnung des mittleren Terms gilt es wieder die Produktregeln anzuwenden, und zwar zunächst folgendermaßen:

$$\frac{\partial}{\partial x}\left(E \cdot J_y \cdot g_j \cdot w'''\right) = \underline{E \cdot J_y \cdot g_j \cdot w^{IV}} + E \cdot J_y \cdot g_j{}' \cdot w''' ,$$

$$\underline{E \cdot J_y \cdot g_j \cdot w^{IV}} = \left(E \cdot J_y \cdot g_j \cdot w'''\right)' - \underline{E \cdot J_y \cdot g_j{}' \cdot w'''} . \tag{5.37}$$

Diese Ordnungserniedrigung ist so lange durchzuführen, bis die Durchbiegung w in der zweiten Ordnung vorliegt, also ist die Produktregel noch einmal anzuwenden auf

$$\underline{E \cdot J_y \cdot g_j{}' \cdot w'''} = \left(E \cdot J_y \cdot g_j{}' \cdot w''\right)' - E \cdot J_y \cdot g_j{}'' \cdot w'' .$$

Damit kann jetzt folgende Ersetzung des Terms vorgenommen werden:

$$E \cdot J_y \cdot g_j \cdot w^{IV} = \left(E \cdot J_y \cdot g_j \cdot w'''\right)' - \left(E \cdot J_y \cdot g_j' \cdot w''\right)' + \left(E \cdot J_y \cdot g_j'' \cdot w''\right) \quad (5.38)$$

Wird dies in Gl. (5.36) berücksichtigt, so liegt das Funktional in der Form

$$\int_o^L \left(\rho \cdot A \cdot g_j \cdot \ddot{w} + E \cdot J_y \cdot g_j'' \cdot w'' - g_j \cdot q_z\right) dx + \left[\left(E \cdot J_y \cdot g_j \cdot w'''\right) - \left(E \cdot J_y \cdot g_j' \cdot w''\right)\right]\Big|_o^L = 0 \quad (5.39)$$

vor. Es ist im weiteren jedoch zweckmäßig, von folgender Gleichung auszugehen:

$$\int_o^L \left(\rho \cdot A \cdot g_j \cdot \ddot{w} + E \cdot J_y \cdot g_j'' \cdot w''\right) dx = \int_o^L g_j \cdot q_z \, dx + \left[E \cdot J_y \left(g_j' \cdot w'' - g_j \cdot w'''\right)\right]\Big|_o^L . \quad (5.40)$$

Für die Verschiebungen soll jetzt wieder ein Ansatz gemacht werden, und zwar

$$w(x,t) = \sum_{i=1}^{4} g_i(x) \cdot d_i(t), \quad (5.41)$$

worin der *Knotenverschiebungsvektor* sich folgendermaßen zusammensetzt:

$$\underline{d}^t = [\, w_1 \quad \psi_1 \quad w_2 \quad \psi_2 \,] \, .^{*)} \quad (5.42)$$

Führt man den Ansatz mit seinen Ableitungen

$$\ddot{w} = \sum_{i=1}^{4} g_i \cdot \ddot{d}_i,$$
$$w'' = \sum_{i=1}^{4} g_i'' \cdot d_i,$$
$$w''' = \sum_{i=1}^{4} g_i''' \cdot d_i$$

ein, so ergibt sich

$$\sum_{i=1}^{4}\left(\int_o^L \rho \cdot A \cdot g_j \cdot g_i \, dx\right) \cdot \ddot{d}_i + \sum_{i=1}^{4}\left(\int_o^L E \cdot J_y \cdot g_j'' \cdot g_i'' \, dx\right) \cdot d_i$$
$$= \int_o^L g_j \cdot q_z \, dx + \sum_{i=1}^{4}\left[E \cdot J_y \left(g_j' \cdot g_i'' - g_j \cdot g_i'''\right)\right]\Big|_o^L \cdot d_i, \qquad j = 1, \cdots, 4. \quad (5.43)$$

Diese Gleichung stellt somit wieder die Schwingungs-DGL eines *Balken*-Elements dar

---

*) Anmerkung: $\psi[°] = \arctan(\psi)$ mit $\psi = -w'$

$$\underline{\mathbf{m}} \cdot \ddot{\underline{\mathbf{d}}} + \underline{\mathbf{k}} \cdot \underline{\mathbf{d}} = \underline{\mathbf{p}}_0 + \underline{\mathbf{p}}_K, \tag{5.44}$$

ausgeschrieben lautet diese Gleichung:

$$\begin{bmatrix} m_{11} & m_{12} & m_{13} & m_{14} \\ m_{21} & m_{22} & m_{23} & m_{24} \\ m_{31} & m_{32} & m_{33} & m_{34} \\ m_{41} & m_{42} & m_{43} & m_{44} \end{bmatrix} \cdot \begin{bmatrix} \ddot{w}_1 \\ \ddot{\Psi}_1 \\ \ddot{w}_2 \\ \ddot{\Psi}_2 \end{bmatrix} + \begin{bmatrix} k_{11} & k_{12} & k_{13} & k_{14} \\ k_{21} & k_{22} & k_{23} & k_{24} \\ k_{31} & k_{32} & k_{33} & k_{34} \\ k_{41} & k_{42} & k_{43} & k_{44} \end{bmatrix} \cdot \begin{bmatrix} w_1 \\ \Psi_1 \\ w_2 \\ \Psi_2 \end{bmatrix} = \begin{bmatrix} F_{z1} \\ M_{y1} \\ F_{z2} \\ M_{y2} \end{bmatrix}_0 + \begin{bmatrix} F_{z1} \\ M_{y1} \\ F_{z2} \\ M_{y2} \end{bmatrix}_K \tag{5.45}$$

Die Vorschriften, wie die Matrizen und Vektoren zu bilden sind, sind ebenfalls wieder aus Gl. (5.43) zu entnehmen:

– für die *Koeffizienten* der Elementmassenmatrix findet man somit

$$m_{ji} = \int_o^L \rho \cdot A \cdot g_j \cdot g_i \, dx, \qquad j, i = 1, \ldots, 4, \tag{5.46}$$

– für die *Koeffizienten* der Elementsteifigkeitsmatrix findet sich entsprechend

$$k_{ji} = \int_o^L E \cdot J_y \cdot g_j'' \cdot g_i'' \, dx, \qquad j, i = 1, \ldots, 4, \tag{5.47}$$

– die *Vektorkomponenten* der Streckenlast als Knotengrößen ergeben sich zu

$$\underline{\mathbf{p}}_0 = \begin{bmatrix} F_{z1} \\ M_{y1} \\ F_{z2} \\ M_{y2} \end{bmatrix}_0 = \begin{bmatrix} \int_o^L g_1 \cdot q_z \, dx \\ \int_o^L g_2 \cdot q_z \, dx \\ \int_o^L g_3 \cdot q_z \, dx \\ \int_o^L g_4 \cdot q_z \, dx \end{bmatrix}_0, \tag{5.48}$$

und

– die *Vektorkomponenten* des Gleichgewichts an den Knoten zufolge angreifender Einzellasten und Momente

$$\underline{\mathbf{p}}_K = \begin{bmatrix} F_{z1} \\ M_{y1} \\ F_{z2} \\ M_{y2} \end{bmatrix}_K = E \cdot J_y \cdot \begin{bmatrix} \sum_{i=1}^{4} \left(g_1{}' \cdot g_i{}'' - g_1 \cdot g_i{}''' \right) \Big|_o^L \cdot d_i \\ \sum_{i=1}^{4} \left(g_2{}' \cdot g_i{}'' - g_2 \cdot g_i{}''' \right) \Big|_o^L \cdot d_i \\ \sum_{i=1}^{4} \left(g_3{}' \cdot g_i{}'' - g_3 \cdot g_i{}''' \right) \Big|_o^L \cdot d_i \\ \sum_{i=1}^{4} \left(g_4{}' \cdot g_i{}'' - g_4 \cdot g_i{}''' \right) \Big|_o^L \cdot d_i \end{bmatrix} \tag{5.49}$$

Offen ist aber jetzt noch, wie die Formfunktionen zu wählen sind. Im vorliegenden Fall wollen wir diese so bestimmen, daß die Biegelinie mit ihren Randbedingungen erfüllt wird. Demzufolge gehen wir von der folgenden DGL aus

$$w^{IV}(x) = 0 \text{ .}^{*)} \tag{5.50}$$

Die Durchbiegung w erhält man nun durch viermalige Integration über die Stufen

$$w''' = c_3,$$

$$w'' = c_2 + c_3 \cdot x,$$

$$w' = c_1 + c_2 \cdot x + c_3 \cdot \frac{x^2}{2},$$

$$w = c_o + c_1 \cdot x + c_2 \cdot \frac{x^2}{2} + c_3 \cdot \frac{x^3}{6} \text{ .} \tag{5.51}$$

Werden hierin die Randbedingungen des Elements, d. h. an den Stellen x, L, die Knotenfreiheitsgrade eingesetzt, so kommt man zu den Integrationskonstanten

$$w(x = 0) = c_o \equiv w_1 \text{ ,} \tag{5.52}$$

$$w'(x = 0) = c_1 \equiv -\psi_1 \text{ ,} \tag{5.53}$$

$$w(x = L) = w_1 - \psi_1 \cdot L + c_2 \cdot \frac{L^2}{2} + c_3 \cdot \frac{L^3}{6} \equiv w_2, \tag{5.54}$$

$$w'(x = L) = -\psi_1 + c_2 \cdot L + c_3 \cdot \frac{L^2}{2} \equiv -\psi_2 \text{ .} \tag{5.55}$$

Die beiden unbekannten Konstanten c_2, c_3 gewinnt man aus den letzten beiden Gleichungen durch elementare Umformung ((5.54) + (5.55) · (-L/2) → c_3, c_3 in (5.54) → c_2)) zu

*) Anmerkung: Die DGL ist hier gültig, weil Streckenlasten nicht direkt auftreten. Die Streckenlasten werden durch Gl. (5.48) als Punktlasten berücksichtigt.

$$c_3 = \frac{12}{L^3}\left(w_1 - w_2 - \frac{\psi_1 \cdot L}{2} - \frac{\psi_2 \cdot L}{2}\right) \tag{5.56}$$

und

$$c_2 = \frac{2}{L^2}\left(-3\,w_1 + 3\,w_2 + 2\,\psi_1 \cdot L + \psi_2 \cdot L\right). \tag{5.57}$$

Durch Einsetzen in Gl. (5.51) folgt letztendlich

$$\begin{aligned} w(x) = {} & \left(1 - \frac{3x^2}{L^2} + \frac{2x^3}{L^3}\right) \cdot w_1 + \left(-\frac{x}{L} + \frac{2x^2}{L^2} - \frac{x^3}{L^3}\right) L \cdot \psi_1 \\ & + \left(\frac{3x^2}{L^2} - \frac{2x^3}{L^3}\right) \cdot w_2 \quad + \left(\frac{x^2}{L^2} - \frac{x^3}{L^3}\right) L \cdot \psi_2 \,, \end{aligned} \tag{5.58}$$

d. h. eine Beziehung, wie die Durchbiegung an einer beliebigen Stelle x mit den festen Knotengrößen w_1, ψ_1, w_2, ψ_2 verknüpft ist. Nimmt man weiter Bezug zu Gl. (5.41), so wird offensichtlich, daß die Formfunktionen vorstehend bestimmt sind als

$$\begin{aligned} g_1 &= \left(1 - \frac{3x^2}{L^2} + \frac{2x^3}{L^3}\right), \\ g_2 &= \left(-\frac{x}{L} + \frac{2x^2}{L^2} - \frac{x^3}{L^3}\right) L, \\ g_3 &= \left(\frac{3x^2}{L^2} - \frac{2x^3}{L^3}\right), \\ g_4 &= \left(\frac{x^2}{L^2} - \frac{x^3}{L^3}\right) L. \end{aligned} \tag{5.59}$$

Bezogen auf die normierte Koordinate

$$\xi = \frac{x}{L}$$

zeigt umseitige das Bild 5.7 den Verlauf dieser Formfunktionen (Hermite Polynome).

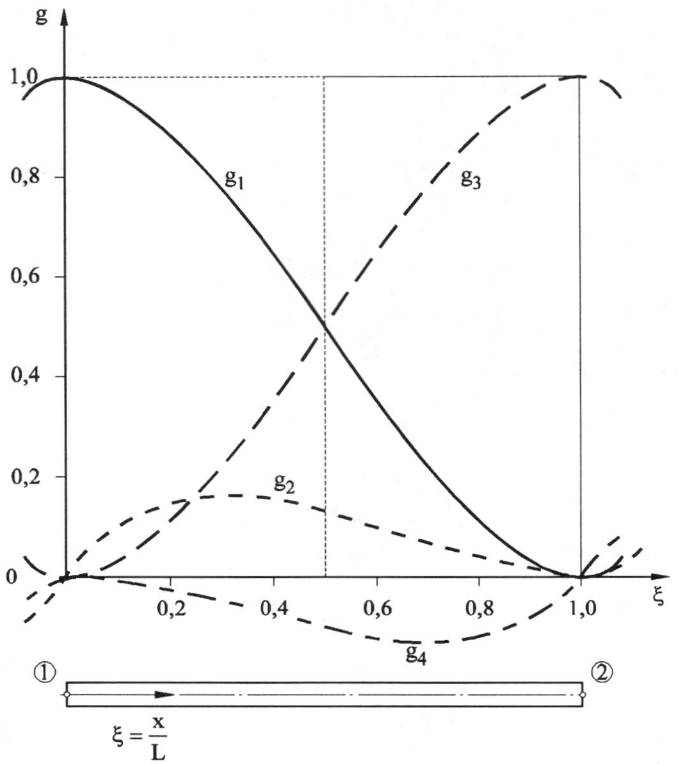

Bild 5.7:
Ansatzfunktionen für das *Balken*-Element

Für die Bestimmung der hier interessierenden Massen- und Steifigkeitsmatrizen müssen jetzt noch die zu Gl. (5.40) zugehörigen Ableitungen gebildet werden, und zwar

$$
\begin{aligned}
g_1' &= -\frac{6x}{L^2}+\frac{6x^2}{L^3}, \\
g_2' &= \left(-\frac{1}{L}+\frac{4x}{L^2}-\frac{3x^2}{L^3}\right)L, \\
g_3' &= \frac{6x}{L^2}-\frac{6x^2}{L^3}, \\
g_4' &= \left(\frac{2x}{L^2}-\frac{3x^2}{L^3}\right)L,
\end{aligned}
\quad (5.60)
$$

$$
\begin{aligned}
g_1'' &= -\frac{6}{L^2}+\frac{12x}{L^3}, \\
g_2'' &= \left(\frac{4}{L^2}-\frac{6x}{L^3}\right)L, \\
g_3'' &= \frac{6}{L^2}-\frac{12x}{L^3}, \\
g_4'' &= \left(\frac{2}{L^2}-\frac{6x}{L^3}\right)L,
\end{aligned}
\quad (5.61)
$$

$$
\begin{aligned}
g_1''' &= \frac{12}{L^3}, \\
g_2''' &= -\frac{6}{L^2}, \\
g_3''' &= -\frac{12}{L^3}, \\
g_4''' &= -\frac{6}{L^2},
\end{aligned}
\quad (5.62)
$$

Mit den somit vollständig vorhandenen Formfunktionen sollen jetzt gemäß Gl. (5.46) und (5.47) exemplarisch einige Matrizenkoeffizienten berechnet werden:

$$m_{11} = \rho \cdot A \int_o^L \left(1 - \frac{3x^2}{L^2} + \frac{2x^3}{L^3}\right)^2 dx = \rho \cdot A \int_o^L \left(1 - \frac{6x^2}{L^2} + \frac{4x^3}{L^3} + \frac{9x^4}{L^4} - \frac{12x^5}{L^5} + \frac{4x^6}{L^6}\right) dx$$

$$= \rho \cdot A \left[x - \frac{2x^3}{L^2} + \frac{x^4}{L^3} + \frac{9x^5}{5L^4} - \frac{2x^6}{L^5} + \frac{4x^7}{7L^6} \right]_o^L = \frac{156}{420} \rho \cdot A \cdot L,$$

$$m_{12} = \rho \cdot A \int_o^L \left(1 - \frac{3x^2}{L^2} + \frac{2x^3}{L^3}\right) \cdot \left(-\frac{x}{L} + \frac{2x^2}{L^2} - \frac{x^3}{L^3}\right) L \cdot dx = -\frac{22}{420} \rho \cdot A \cdot L^2,$$

$$m_{44} = \rho \cdot A \int_o^L \left(\frac{x^2}{L^2} - \frac{x^3}{L^3}\right)^2 \cdot L^2 \cdot dx = \frac{4}{420} \rho \cdot A \cdot L^3 \; ;$$

$$k_{11} = E \cdot J_y \int_o^L \left(-\frac{6x}{L^2} + \frac{12x}{L^3}\right)^2 dx = E \cdot J_y \int_o^L \left(\frac{36}{L^4} - \frac{144x}{L^5} + \frac{144x^2}{L^6}\right) dx$$

$$= E \cdot J_y \left(\frac{36x}{L^4} - \frac{72x^2}{L^4} + \frac{48x^3}{L^6}\right)^2 \Bigg|_o^L = 12 \frac{E \cdot J_y}{L^3},$$

$$k_{12} = E \cdot J_y \cdot L \int_o^L \left(-\frac{6}{L^2} + \frac{12x}{L^3}\right) \cdot \left(\frac{4}{L^2} - \frac{6x}{L^3}\right) dx = E \cdot J_y \cdot L \int_o^L \left(-\frac{24}{L^4} + \frac{84x}{L^5} - \frac{72x^2}{L^6}\right) dx$$

$$= E \cdot J_y \cdot L \left[-\frac{24x}{L^4} + \frac{42x^2}{L^5} - \frac{24x^3}{L^6} \right]_o^L = -6 \frac{E \cdot J_y}{L^2},$$

$\vdots$

$$k_{44} = E \cdot J_y \cdot L^2 \int_o^L \left(\frac{x^2}{L^2} - \frac{x^3}{L^3}\right)^2 dx = 4 \frac{E \cdot J_y}{L}.$$

Würde man nun alle Kombinationen von Indizes bilden, so erhielte man jeweils vollständig

- die *Massenmatrix*

$$\underline{\mathbf{m}} = \frac{\rho \cdot A \cdot L}{420} \begin{bmatrix} 156 & -22L & 54 & 13L \\ & 4L^2 & -13L & -3L^2 \\ & & 156 & 22L \\ \text{sym.} & & & 4L^2 \end{bmatrix} \tag{5.63}$$

und

– die *Steifigkeitsmatrix*

$$\underline{\mathbf{k}} = \frac{E \cdot J_y}{L^3} \begin{bmatrix} 12 & -6\,L & -12 & -6\,L \\ & 4\,L^2 & 6\,L & 2\,L^2 \\ & & 12 & 6\,L \\ \text{sym.} & & & 4\,L^2 \end{bmatrix} \qquad (5.64)$$

des ebenen *Balken*-Elements im x,z-System.

5.4 Prinzipieller Verfahrensablauf

Nachdem jetzt beispielhaft die Massen- und Steifigkeitsmatrizen sowie die Lastvektoren für zwei Elementtypen bekannt sind, wollen wir uns der Ablauffolge von den Einzelelementen zum Gesamtmodell zuwenden. Wir beschränken uns hierbei auf den linearen elasto-mechanischen Fall, wohl wissend, daß der lineare dynamische Fall völlig identisch zu behandeln ist.

5.4.1 Steifigkeitstransformation

Die zuvor hergeleiteten Steifigkeitsmatrizen gelten ausschließlich für das festgelegte lokale (elementeigene) Koordinatensystem des betrachteten *Stab*- und *Balken*-Elements. In Strukturen eingebaut werden aber diese Elemente beliebige Lagen einnehmen, weshalb für eine Gesamtaussage dann nur transformierte Steifigkeiten maßgebend sind. Diesen Zusammenhang kann man sich sehr anschaulich an dem einfachen *Stab*-Element klarmachen, für das die lokale Kraft-Steifigkeits-Verschiebungs-Beziehung

$$\begin{bmatrix} F_1 \\ F_2 \end{bmatrix} = \frac{E \cdot A}{L} \begin{bmatrix} 1 & -1 \\ -1 & 1 \end{bmatrix} \cdot \begin{bmatrix} u_1 \\ u_2 \end{bmatrix}$$

lautete. Die Elementsteifigkeit verknüpft dabei die Knotenkräfte mit den Knotenverschiebungen in Wirkrichtung. Kommt ein Element anders zu der Wirkrichtung zum Liegen, so wird auch die Steifigkeit anders sein.

Um diesen Sachverhalt wieder allgemeingültig beschreiben zu können, betrachten wir das Transformationsproblem eines Vektors. Der Vektor steht stellvertretend für eine Kraft oder eine Verschiebung. Die durchzuführende Vektortransformation ist exemplarisch im Bild 5.8 dargestellt.

Der hierin abgebildete ebene Vektor $\underline{\mathbf{v}}$ soll nun global-lokal transformiert werden, d. h. vom globalen $\overline{x}$, $\overline{y}$-Koordinatensystem in das lokale x, y-Koordinatensystem.

Die entsprechenden Vektorkomponenten sind demgemäß

$$v_x = \overline{v}_x \cdot \cos\alpha + \overline{v}_y \cdot \sin\alpha,$$

$$v_y = -\overline{v}_x \cdot \sin\alpha + \overline{v}_y \cdot \cos\alpha,$$

zweckmäßiger ist es aber, diese Gleichung matriziell anzugeben als

$$\begin{bmatrix} v_x \\ v_y \end{bmatrix} = \begin{bmatrix} \cos\alpha & \sin\alpha \\ -\sin\alpha & \cos\alpha \end{bmatrix} \cdot \begin{bmatrix} \bar{v}_x \\ \bar{v}_y \end{bmatrix} . \tag{5.56}$$

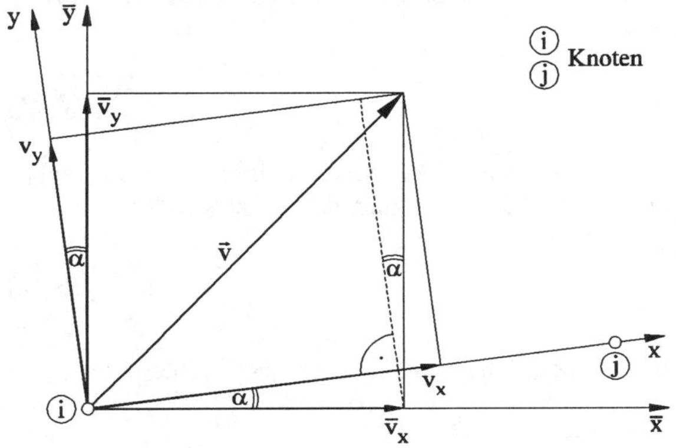

Bild 5.8:
Global-lokale Transformation eines Knotenvektors

Wir wollen diese Transformationsbeziehung nun übertragen auf die Knotengrößen *Kraft* und *Verschiebung*, die sich somit ergeben zu

$$\begin{bmatrix} F_{xi} \\ F_{yi} \end{bmatrix} = \begin{bmatrix} \cos\alpha & \sin\alpha \\ -\sin\alpha & \cos\alpha \end{bmatrix} \cdot \begin{bmatrix} \bar{F}_{xi} \\ \bar{F}_{yi} \end{bmatrix} \tag{5.66}$$

und

$$\begin{bmatrix} u_i \\ v_i \end{bmatrix} = \begin{bmatrix} \cos\alpha & \sin\alpha \\ -\sin\alpha & \cos\alpha \end{bmatrix} \cdot \begin{bmatrix} \bar{u}_i \\ \bar{v}_i \end{bmatrix} . \tag{5.67}$$

Diese beiden Matrizengleichungen können auch symbolisch geschrieben werden als

$$\underline{\mathbf{p}} = \underline{\mathbf{T}} \cdot \underline{\bar{\mathbf{p}}} \tag{5.68}$$

und

$$\underline{\mathbf{d}} = \underline{\mathbf{T}} \cdot \underline{\bar{\mathbf{d}}} . \tag{5.69}$$

Weil hierin aber zwei Knoten zusammengefaßt sind, muß auch die Transformationsmatrix erweitert werden zu

$$\underline{\mathbf{T}} = \left[\begin{array}{cc|cc} \cos\alpha & \sin\alpha & 0 & 0 \\ -\sin\alpha & \cos\alpha & 0 & 0 \\ \hline 0 & 0 & \cos\alpha & \sin\alpha \\ 0 & 0 & -\sin\alpha & \cos\alpha \end{array}\right] . \tag{5.70}$$

Eine wichtige Eigenschaft dieser Transformationsmatrix ist die Gleichheit der inversen Transformierten zur transponierten Transformierten

$$\underline{\mathbf{T}}^{-1} = \underline{\mathbf{T}}^{t} . \tag{5.71}$$

Diese Aussage kann bestätigt werden aus der *Invarianz der äußeren Arbeit,* die als skalare Größe in allen Koordinatensystemen gleich sein muß. Daher kann angesetzt werden

$$W_a = \underline{\mathbf{p}}^{t} \cdot \underline{\mathbf{d}} = \underline{\overline{\mathbf{p}}}^{t} \cdot \underline{\overline{\mathbf{d}}} . \tag{5.72}$$

Berücksichtigt man hierin die Transformationsbeziehung, so darf auch geschrieben werden

$$\underline{\mathbf{p}}^{t} \cdot \underline{\mathbf{d}} = \left(\underline{\mathbf{T}} \cdot \underline{\overline{\mathbf{p}}}\right)^{t} \cdot \left(\underline{\mathbf{T}} \cdot \underline{\overline{\mathbf{d}}}\right) = \underline{\overline{\mathbf{p}}}^{t} \cdot \underline{\mathbf{T}}^{t} \cdot \underline{\mathbf{T}} \cdot \underline{\overline{\mathbf{d}}} . \tag{5.73}$$

Wegen der uneingeschränkten Gültigkeit der Arbeitsaussage muß somit

$$\underline{\mathbf{T}}^{t} \cdot \underline{\mathbf{T}} = \underline{\mathbf{I}} , \tag{5.74}$$

also gleich der Einheitsmatrix sein, was Aussage der Gl. (5.71) war.

Unter Nutzung der bisherigen Beziehungen wollen wir jetzt die Transformation der Elementsteifigkeitsmatrix vornehmen. Dazu gehen wird von der finiten Gleichung

$$\underline{\mathbf{p}} = \underline{\mathbf{k}} \cdot \underline{\mathbf{d}} \tag{5.75}$$

aus und führen darin Gl. (5.68) und (5.69) ein, es folgt hieraus

$$\underline{\mathbf{T}} \cdot \underline{\overline{\mathbf{p}}} = \underline{\mathbf{k}} \cdot \underline{\mathbf{T}} \cdot \underline{\overline{\mathbf{d}}} \tag{5.76}$$

und nach zusätzlicher Linksmultiplikation mit der transponierten Transformierten

$$\underline{\mathbf{T}}^{t} \cdot \underline{\mathbf{T}} \cdot \underline{\overline{\mathbf{p}}} = \underline{\mathbf{T}}^{t} \cdot \underline{\mathbf{k}} \cdot \underline{\mathbf{T}} \cdot \underline{\overline{\mathbf{d}}} \tag{5.77}$$

bzw.

$$\underline{\overline{\mathbf{p}}} = \underline{\overline{\mathbf{k}}} \cdot \underline{\overline{\mathbf{d}}}$$

mit der *transformierten Einzelsteifigkeitsmatrix*

$$\bar{\underline{\mathbf{k}}} = \underline{\mathbf{T}}^t \cdot \underline{\mathbf{k}} \cdot \underline{\mathbf{T}} \,. \tag{5.78}$$

Dies soll nunmehr beispielhaft an einem *Stab*-Element gezeigt werden, welches dazu um fiktive Knotenfreiheitsgrade v_i in y-Richtung erweitert wird:

$$\underline{\mathbf{p}} = \begin{bmatrix} F_{x1} \\ F_{y1} \\ F_{x2} \\ F_{y2} \end{bmatrix} = \frac{E \cdot A}{L} \begin{bmatrix} 1 & 0 & -1 & 0 \\ 0 & 0 & 0 & 0 \\ -1 & 0 & 1 & 0 \\ 0 & 0 & 0 & 0 \end{bmatrix} \cdot \begin{bmatrix} u_1 \\ v_1 \\ u_2 \\ v_2 \end{bmatrix} = \underline{\mathbf{k}} \cdot \underline{\mathbf{d}} \,. \tag{5.79}$$

Für die durchzuführende Transformation kürzen wir die Koeffizienten der Matrix mit $c = \cos\alpha$ und $s = \sin\alpha$ ab, somit ist folgende Rechnung erforderlich:

$$\begin{bmatrix} c & -s & 0 & 0 \\ s & c & 0 & 0 \\ 0 & 0 & c & -s \\ 0 & 0 & s & c \end{bmatrix} \cdot \begin{bmatrix} 1 & 0 & -1 & 0 \\ 0 & 0 & 0 & 0 \\ -1 & 0 & 1 & 0 \\ 0 & 0 & 0 & 0 \end{bmatrix} \cdot \begin{bmatrix} c & s & 0 & 0 \\ -s & c & 0 & 0 \\ 0 & 0 & c & s \\ 0 & 0 & -s & c \end{bmatrix} = \underline{\mathbf{T}}^t \cdot \underline{\mathbf{k}}' \cdot \underline{\mathbf{T}} \,.$$

Dies führt zu

$$\bar{\underline{\mathbf{k}}} = \frac{E \cdot A}{L} \begin{bmatrix} c^2 & s \cdot c & -c^2 & -s \cdot c \\ s \cdot c & s^2 & -s \cdot c & -s^2 \\ -c^2 & -s \cdot c & c^2 & s \cdot c \\ -s \cdot c & -s^2 & s \cdot c & s^2 \end{bmatrix} . \tag{5.80}$$

Würde man ein *Stab*-Element jetzt um $\alpha = 90°$ drehen, so wäre das Ergebnis von Gl. (5.80), daß die Elementsteifigkeit dann in y-Richtung umorientiert wäre.

5.4.2 Äquivalente Knotenkräfte

Bei den vorherigen Betrachtungen ist schon deutlich geworden, daß die an einem finiten Modell angreifenden Kräfte über die Knoten eingeleitet werden müssen. Diesbezüglich ist anzustreben, daß die Knoten immer so plaziert werden, daß sie unterhalb der Kraftangriffspunkte zu Liegen kommen. Falls dies nicht möglich ist, müssen gemäß Gl. (5.11) und Gl. (5.48) die angreifenden Kräfte auf *alle* Knotenfreiheitsgrade verschmiert werden. Dafür gilt es, folgendes Prinzip zu wahren:

> *"Alle nicht an einem Knoten eines finiten Elementes angreifenden Kräfte müssen so auf die Freiheitsgrade verteilt werden, daß die angreifenden Kräfte mit ihren Verschiebungen dieselbe virtuelle Arbeit leisten, wie die Knotenkräfte mit ihren örtlichen Verschiebungen".*

Anm.: $\underline{\mathbf{k}} = \underline{\mathbf{c}} \cdot \underline{\mathbf{k}}'$

Bezeichnen wir nun die verschmierten Kräfte als äquivalente Kräfte $\underline{\mathbf{p}}_{ä}$, so muß die virtuelle Arbeit folgendermaßen angesetzt werden

$$\delta \mathbf{W}_a = \delta \underline{\mathbf{d}}^t \cdot \underline{\mathbf{p}}_{ä} = \int_V \delta \underline{\mathbf{u}}^t \cdot \underline{\mathbf{p}} \, dV + \int_0 \delta \underline{\mathbf{u}}^t \cdot \underline{\mathbf{q}} \, d0 + \delta \underline{\mathbf{u}}^t \cdot \underline{\mathbf{F}} \, . \tag{5.81}$$

Wird hierin wieder der Verschiebungsansatz mit

$$\delta \underline{\mathbf{u}}^t = \delta \underline{\mathbf{d}}^t \cdot \underline{\mathbf{G}}^t$$

eingeführt, so gilt für die äquivalente Knotenkraft eines Elements

$$\underline{\mathbf{p}}_{ä} = \int_V \underline{\mathbf{G}}^t \cdot \underline{\mathbf{p}} \, dV + \int_0 \underline{\mathbf{G}}^t \cdot \underline{\mathbf{q}} \, d0 + \underline{\mathbf{G}}^t \cdot \underline{\mathbf{F}} \, , \tag{5.82}$$

oder als Erkenntnis, daß das *Verschmieren jeweils durch Multiplikation mit dem Ansatz* durchgeführt wird.

Diese Vorgehensweise wollen wir kurz am *Stab-* und *Balken-*Element demonstrieren.

– *Stab-*Element unter einer verteilten Längskraft (z. B. Eigengewicht) gemäß Bild 5.9.

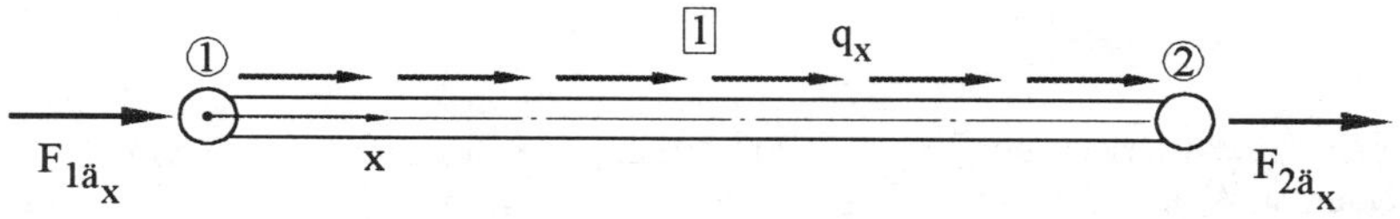

Bild 5.9: Äquivalente Knotenkräfte am *Stab-*Element

Aus dem abgewandelten Ansatz von Gl. (5.82) folgt

$$\underline{\mathbf{p}}_{ä} = \begin{bmatrix} F_{1ä_x} \\ F_{2ä_x} \end{bmatrix} = \int_0^L \begin{bmatrix} 1 - \dfrac{x}{L} \\ \dfrac{x}{L} \end{bmatrix} \cdot q_x \, dx = q_x \begin{bmatrix} x - \dfrac{x^2}{2L} \\ \dfrac{x^2}{2L} \end{bmatrix}_0^L = q_x \cdot L \begin{bmatrix} \dfrac{1}{2} \\ \dfrac{1}{2} \end{bmatrix} . \tag{5.83}$$

Das formale Vorgehen führt hier auf eine Lösung, die natürlich auf der Hand lag. Im nachfolgenden Fall ist dies jedoch nicht sofort ersichtlich.

- *Balken*-Element unter einer verteilten konstanten Oberflächenkraft (z. B. Streckenlast) gemäß Bild 5.10

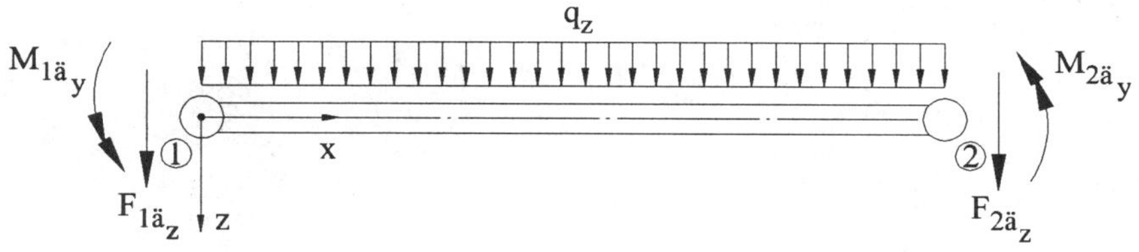

Bild 5.10: Äquivalente Knotenkräfte am *Balken*-Element

Als Ansatz hierfür gilt

$$\underline{p}_{ä} = \begin{bmatrix} F_{1ä_z} \\ M_{1ä_y} \\ F_{2ä_z} \\ M_{2ä_y} \end{bmatrix} = \int_0^L \begin{bmatrix} 1 - \frac{3x^2}{L^2} + \frac{2x^3}{L^3} \\ -x + \frac{2x^2}{L} - \frac{x^3}{L^2} \\ \frac{3x^2}{L^2} - \frac{2x^3}{L^3} \\ \frac{x^2}{L} - \frac{x^3}{L^2} \end{bmatrix} \cdot q_z \, dx = q_z \begin{bmatrix} x - \frac{x^3}{L^2} + \frac{x4}{2\,L^3} \\ -\frac{x^2}{2} + \frac{2x^3}{3\,L} - \frac{x^4}{4\,L^2} \\ \frac{x^3}{L^2} - \frac{x^4}{2\,L^3} \\ \frac{x^3}{3\,L} - \frac{x^4}{4\,L^2} \end{bmatrix} \Bigg|_o^L$$

oder

$$\underline{p}_{ä} = q_z \cdot L \begin{bmatrix} \frac{1}{2} \\ -\frac{L}{12} \\ \frac{1}{2} \\ \frac{L}{12} \end{bmatrix}, \qquad (5.84)$$

d. h., die Streckenlast muß auf alle Knoten-FHG's verschmiert werden.

5.4.3 Zusammenbau und Randbedingungen

Es gibt verschiedene Möglichkeiten des Zusammenbaus von Einzelelementen zur Gesamtstruktur. Wir wollen hier aber eine formale Methode unter Zuhilfenahme der sogenannten Booleschen Zuordnungsmatrix wählen, die programmtechnisch leicht zu verwalten ist und immer zum Ziel führt. Der Ablauf gestaltet sich hierbei folgendermaßen: Alle Steifigkeiten und Massen der vorkommenden n Einzelelemente werden im ersten Schritt in *Diagonal-hypermatrizen* zusammengefaßt

$$\underline{\boldsymbol{K}} = \begin{bmatrix} \underline{\bar{k}}_1 & & & \underline{0} \\ & \underline{\bar{k}}_2 & & \\ & & \ddots & \\ \underline{0} & & & \underline{\bar{k}}_n \end{bmatrix} \equiv \lceil \; \underline{\bar{\mathbf{k}}}_1 \quad \underline{\bar{\mathbf{k}}}_2 \quad \cdots \quad \underline{\bar{\mathbf{k}}}_n \; \rfloor \tag{5.85}$$

und

$$\underline{\boldsymbol{M}} = \lceil \; \underline{\bar{\mathbf{m}}}_1 \quad \underline{\bar{\mathbf{m}}}_2 \quad \cdots \quad \underline{\bar{\mathbf{m}}}_n \; \rfloor . \tag{5.86}$$

Genauso verfahre man mit den Knotenverschiebungen und Knotenkräften, die demzufolge zu *Spaltenhypervektoren* zusammenzufassen sind

$$\underline{\rho}^t = \lceil \; \underline{\mathbf{d}}_1{}^t \quad \underline{\mathbf{d}}_2{}^t \quad \cdots \quad \underline{\mathbf{d}}_n{}^t \; \rfloor , \tag{5.87}$$

$$\underline{\boldsymbol{R}}^t = \lceil \; \underline{\mathbf{p}}_1{}^t \quad \underline{\mathbf{p}}_2{}^t \quad \cdots \quad \underline{\mathbf{p}}_n{}^t \; \rfloor . \tag{5.88}$$

Hiermit können dann die Gleichungssysteme der *ungebundenen Struktur* angegeben werden zu

$$\underline{\boldsymbol{K}} \cdot \underline{\rho} = \underline{\boldsymbol{R}} \tag{5.89}$$

oder zu

$$\underline{\boldsymbol{M}} \cdot \underline{\ddot{\rho}} + \underline{\boldsymbol{K}} \cdot \underline{\rho} = \underline{\boldsymbol{R}} . \tag{5.90}$$

Das Merkmal ist bisher, daß es noch keine strukturelle Verknüpfung der Elemente untereinander gibt. Aufgabenstellung ist aber, die Abhängigkeit zwischen der ungebundenen und gebundenen Struktur (Numerierung der Knoten) herzustellen. Man spricht demnach vom Zusammenbinden der Elemente. Bei der hier darzustellenden Technik gehen wir von der Existenz einer Beziehung

$$\underline{\rho} = \underline{\boldsymbol{A}} \cdot \underline{\mathbf{U}} \tag{5.91}$$

aus.

Dabei ist $\underline{\rho}$ der sogenannte Knotenverschiebungsvektor der *ungebundenen* Elementauflistung, $\underline{\mathbf{U}}$ der globale Knotenverschiebungsvektor der gebundenen Elementstruktur und $\underline{\boldsymbol{A}}$ die *Boolesche Matrix* oder sogenannte Inzidenzmatrix. Die Koeffizienten der Booleschen Matrix sind entweder 0 oder 1, wobei die Eins die Gleichheit der Verschiebungskomponenten zwischen ungebundener und gebundener Struktur ausdrückt.

Im Bild 5.11 ist der Aufbau einer Booleschen Matrix am Beispiel eines beliebigen, ebenen finiten Gebietes dargestellt. Das Gebiet sei ein Ausschnitt aus einem großen Netz, bei dem ein *Rechteck*-Element an ein *Dreieck*-Element anstößt. Aufgabe ist es hier, den lokal-globalen Zusammenhang zwischen den Knoten herzustellen, der einmal durch die globale Numerierung am Bauteil und einmal durch die lokale Numerierung an dem finiten Element besteht.

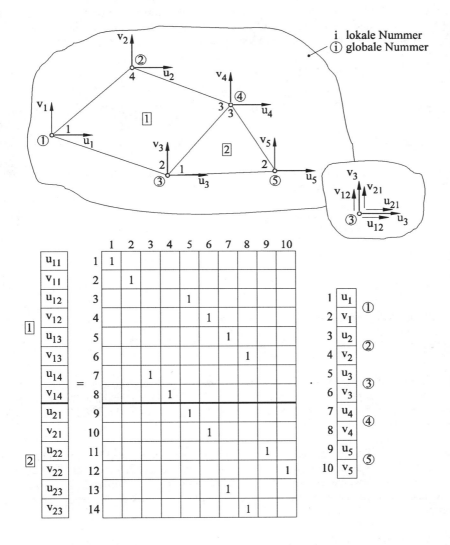

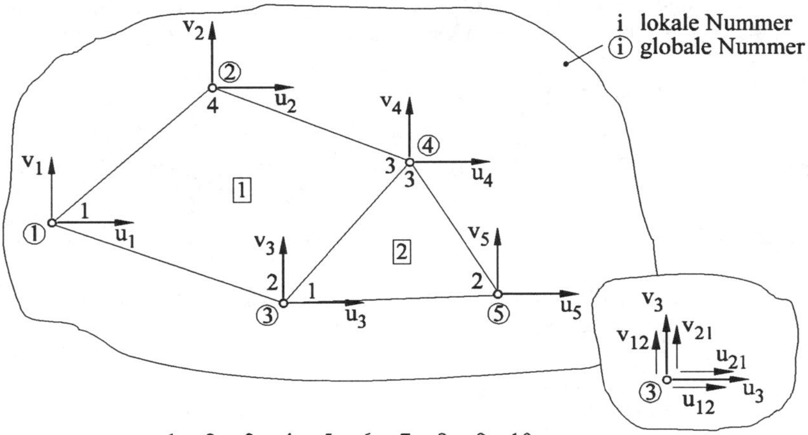

Element	ρ		1	2	3	4	5	6	7	8	9	10
1	u_{11}	1	1									
	v_{11}	2		1								
	u_{12}	3					1					
	v_{12}	4						1				
	u_{13}	5							1			
	v_{13}	6								1		
	u_{14}	7			1							
	v_{14}	8				1						
2	u_{21}	9					1					
	v_{21}	10						1				
	u_{22}	11									1	
	v_{22}	12										1
	u_{23}	13							1			
	v_{23}	14								1		

= (Matrix) ·

	U	Knoten
1	u_1	①
2	v_1	
3	u_2	②
4	v_2	
5	u_3	③
6	v_3	
7	u_4	④
8	v_4	
9	u_5	⑤
10	v_5	

Bild 5.11: Lokal-globale Knotenfreiheitsgradzuweisung über Boolesche Matrix

Der Vektor $\underline{\rho}$ ist in diesem Fall die Auflistung aller FHG's der Elemente und $\underline{\mathbf{U}}$ die Auflistung aller zu den 5 Knoten gehörenden FHG's. Durch den Vergleich am Knoten kann dann über $\underline{\boldsymbol{A}}$ der Zusammenhang hergestellt werden. Beispielsweise am Knoten ③:

- Die FHG's u_{12}, v_{12} des *Rechteck*-Elements fallen mit den FHG's u_3, v_3 zusammen, welches in den Spalten 5, 6 von $\underline{\boldsymbol{A}}$ markiert ist.
- Gleichzeitig fallen mit den FHG's u_3, v_3 auch die FHG's u_{21}, v_{21} des *Dreieck*-Elements zusammen, welches ebenfalls in den Spalten 5, 6 von $\underline{\boldsymbol{A}}$ festgehalten ist.

Einen entsprechenden Zusammenhang gilt es auch für die Kräfte herzustellen. Die Forderung muß hierbei sein, daß die auf eine gebundene oder ungebundene Struktur einwirkende virtuelle Arbeit als skalare Größe gleich groß sein muß, somit kann angesetzt werden:

$$\delta \underline{\mathbf{U}}^t \cdot \underline{\mathbf{P}} = \delta \, \underline{\boldsymbol{\rho}}^t \cdot \underline{\boldsymbol{R}} = \delta \underline{\mathbf{U}}^t \cdot \underline{\boldsymbol{A}}^t \cdot \underline{\boldsymbol{R}} \tag{5.92}$$

Hieraus läßt sich die zu Gl. (5.91) duale Beziehung

$$\underline{\mathbf{P}} = \underline{\boldsymbol{A}}^t \cdot \underline{\boldsymbol{R}} \tag{5.93}$$

für die Einbindung der Kräfte gewinnen. Setzt man jetzt hierin der Reihe nach Gl. (5.89) und Gl. (5.91) ein, so folgt daraus die finite Gesamtgleichung

$$\underline{\mathbf{P}} = \underline{\boldsymbol{A}}^t \cdot \underline{\boldsymbol{R}} = \underline{\boldsymbol{A}}^t \cdot \underline{\boldsymbol{K}} \cdot \underline{\boldsymbol{\rho}} = \underline{\boldsymbol{A}}^t \cdot \underline{\boldsymbol{K}} \cdot \underline{\boldsymbol{A}} \cdot \underline{\mathbf{U}} = \underline{\mathbf{K}} \cdot \underline{\mathbf{U}} \ . \tag{5.94}$$

Die Gesamtsteifigkeitsmatrix ist somit als

$$\underline{\mathbf{K}} = \underline{\boldsymbol{A}}^t \cdot \underline{\boldsymbol{K}} \cdot \underline{\boldsymbol{A}} \tag{5.95}$$

zu bilden. Entsprechendes gilt für die Gesamtmassenmatrix

$$\underline{\mathbf{M}} = \underline{\boldsymbol{A}}^t \cdot \underline{\boldsymbol{M}} \cdot \underline{\boldsymbol{A}} \ . \tag{5.96}$$

Ein Kennzeichen beider Matrizen ist ihre Symmetrie und ihre ausgeprägte Bandstruktur (außerhalb der Hauptdiagonalen schwach besetzt). Da aber noch keine Randbedingungen berücksichtigt wurden, sind beide Matrizen singulär, d. h., physikalisch sind noch Starrkörperbewegungen möglich.

In einem weiteren Schritt muß es nun darum gehen, die vorgegebenen Randbedingungen einzuarbeiten. Um dies algorithmisch durchführen zu können, erinnern wir uns an dieser Stelle an die in Kapitel 4 entwickelte Prozedur. Wir hatten dort ein Problem aufgespalten in unbekannte und bekannte Größen. Im Rahmen der FEM ist jetzt aber folgende Nomenklatur zweckmäßig:

- $\underline{\mathbf{U}}_u$ als unbekannte Verschiebungen,
- $\underline{\mathbf{U}}_s$ als bekannte Verschiebungen,
- $\underline{\mathbf{F}}_u$ als bekannte äußere Kräfte

und

- $\underline{\mathbf{F}}_s$ als unbekannte Reaktionskräfte.

Das Gleichungssystem (5.84) muß demnach aufgespalten werden in

$$\underline{\mathbf{P}} = \begin{bmatrix} \underline{\mathbf{F}}_u \\ \underline{\mathbf{F}}_s \end{bmatrix} = \begin{bmatrix} \underline{\mathbf{K}}_{uu} & \underline{\mathbf{K}}_{us} \\ \underline{\mathbf{K}}_{su} & \underline{\mathbf{K}}_{ss} \end{bmatrix} \cdot \begin{bmatrix} \underline{\mathbf{U}}_u \\ \underline{\mathbf{U}}_s \end{bmatrix}, \tag{5.97}$$

was wieder zu den beiden Gleichungen

$$\begin{aligned} \underline{\mathbf{F}}_u &= \underline{\mathbf{K}}_{uu} \cdot \underline{\mathbf{U}}_u + \underline{\mathbf{K}}_{us} \cdot \underline{\mathbf{U}}_s \\ \underline{\mathbf{F}}_s &= \underline{\mathbf{K}}_{su} \cdot \underline{\mathbf{U}}_u + \underline{\mathbf{K}}_{ss} \cdot \underline{\mathbf{U}}_s \end{aligned} \tag{5.98}$$

führt. Da vielfach an den Auflagern vorgeschriebene Verschiebungen $\underline{\mathbf{U}}_s = \underline{\mathbf{0}}$ existieren, vereinfachen sich die Beziehungen zu

$$\underline{\mathbf{K}}_{uu} \cdot \underline{\mathbf{U}}_u = \underline{\mathbf{F}}_u \tag{5.99}$$

und

$$\underline{\mathbf{F}}_s = \underline{\mathbf{K}}_{su} \cdot \underline{\mathbf{U}}_u = \underline{\mathbf{K}}_{su} \cdot \underline{\mathbf{K}}_{uu}^{-1} \cdot \underline{\mathbf{F}} . \tag{5.100}$$

Will man diesen Formalismus nun programmtechnisch realisieren, so sind im wesentlichen die folgenden Schritte durchzuführen:

- Entsprechend der auftretenden Freiheitsgradanzahl kann der Speicherplatz für die Gesamtsteifigkeitsmatrix $\underline{\mathbf{K}}$ reserviert werden.
- Über die Anzahl der Randbedingungen ist weiter bekannt, welche Speicherplätze die Untermatrizen $\underline{\mathbf{K}}_{uu}$ und $\underline{\mathbf{K}}_{su}$ einnehmen werden.
- Die Matrix $\underline{\mathbf{K}}$ wird aufgefüllt, in dem die randbedingungsbehafteten Freiheitsgrade an das Ende der Matrix umgespeichert werden. Damit liegen alle Untermatrizen $\left(\underline{\mathbf{K}}_{uu}, \underline{\mathbf{K}}_{us}, \underline{\mathbf{K}}_{su}, \underline{\mathbf{K}}_{ss}\right)$ vor.
- Danach können die Gleichungssysteme (5.89) und (5.90) ausgewertet werden.

Die erforderlichen Auffüll- und Umspeicheroperationen sind mit den geläufigen Programmiersprachen FORTRAN und C relativ einfach durchführbar.

5.4.4 Sonderrandbedingungen

Neben den zuvor eingeführten einfachen Auflagerrandbedingungen wird man in der Praxis auch auf andere Randbedingungen stoßen. Im wesentlichen werden dies die im nachfolgenden Bild 5.12 gezeigten Sonderrandbedingungen sein. Um diese erfassen zu können, ist teilweise sogar ein iteratives Vorgehen erforderlich.

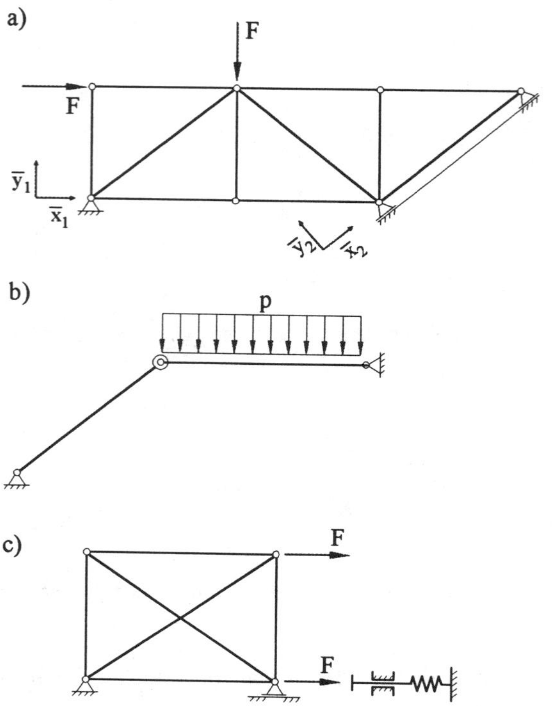

Um den Rahmen dieser Einführung aber nicht zu sprengen, wollen wir hier nur die simple schiefe Auflagerrandbedingung diskutieren. Um dabei übersichtlich zu bleiben, wählen wir ein ganz einfaches Beispiel. Dieses Beispiel mag der im folgenden gezeigte schief abgestützte Balken sein. An dem schiefen Lager interessieren jetzt die Verschiebungen in Richtung des Lagers.

Würde man ein derartiges System ganz normal global beschreiben, so wäre hierfür wieder die finite Systemgleichung

$$\underline{\bar{\mathbf{K}}} \cdot \underline{\bar{\mathbf{U}}} = \underline{\bar{\mathbf{P}}}$$

maßgebend.

Bild 5.12: Sonderrandbedingungen
a) schiefe Auflager
b) Gelenk
c) Kontakt

Die Verschiebungen $\underline{\bar{\mathbf{U}}}$ lägen also in Richtung der gewählten globalen Koordinaten vor. Am schiefen Auflager ist jetzt aber eine Transformation der Knotenfreiheitsgrade erforderlich, und zwar folgendermaßen

$$\begin{bmatrix} \bar{u}_2 \\ \bar{w}_2 \end{bmatrix} = \begin{bmatrix} \cos\alpha & -\sin\alpha \\ \sin\alpha & \cos\alpha \end{bmatrix} \cdot \begin{bmatrix} u_2 \\ w_2 \end{bmatrix}$$

bzw.

$$\underline{\bar{\mathbf{u}}} = \underline{\mathbf{T}}_{\mathbf{K}}{}^{\mathbf{T}} \cdot \underline{\mathbf{u}} \,. \tag{5.101}$$

Dies gilt so wie im Bild 5.13 herausgestellt natürlich auch für ein System. Entsprechend ist hier anzusetzen

$$\underline{\bar{\mathbf{K}}} \cdot \underline{\mathbf{T}}^* \cdot \underline{\mathbf{U}} = \underline{\bar{\mathbf{P}}} \,. \tag{5.102}$$

Man erkennt, daß in der Transformationsmatrix $\underline{\mathbf{T}}^*$ die unbeeinflußten Freiheitsgrade auf der Diagonalen mit einer Eins belegt sind bzw. die anderen Freiheitsgrade mit dem Richtungswinkel α_i gedreht werden. Somit liegen alle Verschiebungen im Benutzerformat vor.

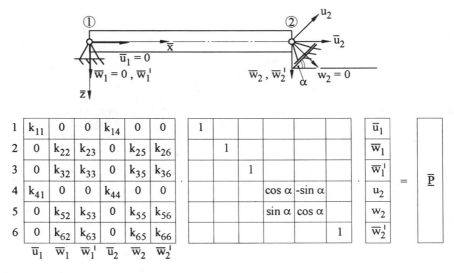

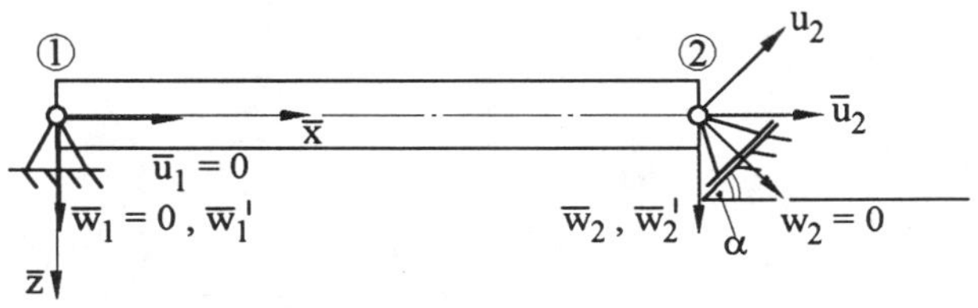

$$
\begin{array}{c}1\\2\\3\\4\\5\\6\\ \\ \end{array}
\begin{array}{|c|c|c|c|c|c|}
\hline k_{11} & 0 & 0 & k_{14} & 0 & 0 \\
\hline 0 & k_{22} & k_{23} & 0 & k_{25} & k_{26} \\
\hline 0 & k_{32} & k_{33} & 0 & k_{35} & k_{36} \\
\hline k_{41} & 0 & 0 & k_{44} & 0 & 0 \\
\hline 0 & k_{52} & k_{53} & 0 & k_{55} & k_{56} \\
\hline 0 & k_{62} & k_{63} & 0 & k_{65} & k_{66} \\
\hline \multicolumn{1}{c}{\bar{u}_1} & \multicolumn{1}{c}{\bar{w}_1} & \multicolumn{1}{c}{\bar{w}_1'} & \multicolumn{1}{c}{\bar{u}_2} & \multicolumn{1}{c}{\bar{w}_2} & \multicolumn{1}{c}{\bar{w}_2'}
\end{array}
\cdot
\begin{array}{|c|c|c|c|c|c|}
\hline 1 & & & & & \\
\hline & 1 & & & & \\
\hline & & 1 & & & \\
\hline & & & \cos\alpha & -\sin\alpha & \\
\hline & & & \sin\alpha & \cos\alpha & \\
\hline & & & & & 1 \\
\hline
\end{array}
\cdot
\begin{array}{|c|}
\hline \bar{u}_1 \\
\hline \bar{w}_1 \\
\hline \bar{w}_1' \\
\hline u_2 \\
\hline w_2 \\
\hline \bar{w}_2' \\
\hline
\end{array}
=
\begin{array}{|c|}
\hline \\ \\ \\ \underline{\bar{P}} \\ \\ \\ \\
\hline
\end{array}
$$

<u>Bild 5.13:</u> Einbau schiefer Randbedingungen

5.4.5 Lösung des Gleichungssystems

Zur Lösung der finiten Gleichung werden wegen der Größe des Gleichungssystems nur numerische Strategien[*)] eingesetzt. Die bekanntesten direkten Lösungsverfahren sind das Gauß- und das Cholesky-Eliminationsverfahren. Das Cholesky-Verfahren ist meist aber vorteilhafter anzuwenden, weshalb wir uns bei der Darstellung auf dieses Verfahren beschränken wollen.

Für die Anwendung sei vorausgesetzt, daß die Koeffizientenmatrix $\underline{\mathbf{K}}$ symmetrisch und positiv definit sei. Demnach muß erfüllt sein

- $k_{ij} = k_{ji}$ (Symmetrie) für i, j = 1, ..., n

und

- $k_{ii} > 0$ (positive Hauptdiagonale)

  sowie alle det $\left| \underline{\mathbf{K}}_{ij} \right| > 0$ (alle Unterdeterminanten positiv).

Falls dies vorliegt, kann die Koeffizientenmatrix in die zwei Dreiecksmatrizen

$$\underline{\mathbf{K}} = \underline{\mathbf{L}} \cdot \underline{\mathbf{L}}^t \qquad (5.103)$$

zerlegt werden. Die Auflösung der Gleichung $\underline{\mathbf{K}} \cdot \underline{\mathbf{U}} = \underline{\mathbf{P}}$

[*)] Neuere FEM-Systeme verwenden zunehmend iterative Lösungsverfahren wie das Gauß-Seidel-Verfahren oder die Methode der konjugierten Gradienten (CG- oder PCG-Verfahren), die gegenüber den direkten Verfahren etwa um 2,5-fach schneller (CPU-Zeit) sind.

erfolgt dann zweistufig unter Ausnutzung des Hilfsfaktors $\underline{\mathbf{y}}$

$$\underline{\mathbf{L}} \cdot \underline{\mathbf{y}} = \underline{\mathbf{P}} \rightarrow \underline{\mathbf{y}} \tag{5.104}$$

$$\underline{\mathbf{L}}^{t} \cdot \underline{\mathbf{U}} = \underline{\mathbf{y}} \rightarrow \underline{\mathbf{U}} \,. \tag{5.105}$$

Wie dies prinzipiell abläuft, ist im Schema von Bild 5.14 dargestellt. Hierzu muß aber noch angegeben werden, wie die Koeffizienten der Dreiecksmatrix $\underline{\mathbf{L}}$ bestimmt werden. Man unterschiedet dabei die Koeffiziententypen

$$\ell_{ii} = \left(k_{ii} - \sum_{j=1}^{i-1} \ell_{ji}^{2} \right)^{\frac{1}{2}} \qquad i = 1, \ldots, n \tag{5.106}$$

und

$$\ell_{ki} = \frac{1}{\ell_{kk}} \left(k_{ki} - \sum_{j=1}^{k-1} \ell_{jk} \cdot \ell_{ji} \right)^{\frac{1}{2}} \qquad k = 1, \ldots, i-1 \tag{5.107}$$

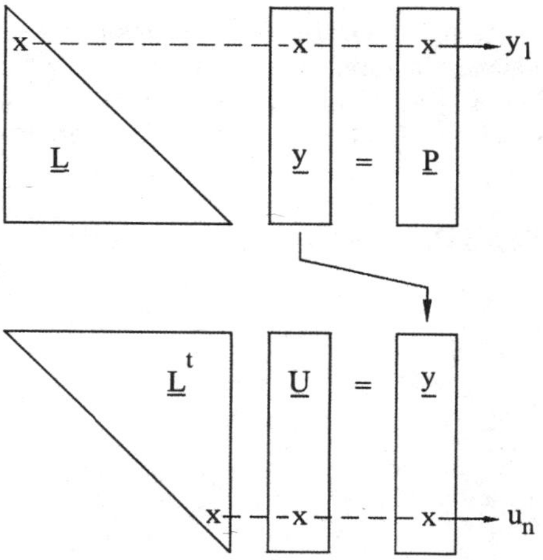

Bild 5.14:
Ablauf des Cholesky-Verfahrens

So wie vorstehend gezeigt, wird nun zuerst der Hilfsvektor ausgerechnet, und zwar

$$y_1 = \frac{F_1}{\ell_{11}}, \tag{5.108}$$

$$y_j = \frac{1}{\ell_{jj}} \left(F_j - \sum_{i=1}^{j-1} \ell_{ji} \cdot y_i \right). \tag{5.109}$$

Hieran schließt sich die Bestimmung der tatsächlichen Unbekannten an zu

$$u_n = \frac{y_n}{\ell_{nn}}, \tag{5.110}$$

$$u_{n-j} = \frac{1}{\ell_{n-j,n-j}}\left(y_{n-j} - \ell_{n-j+1,n-j} \cdot u_{n-j+1} - \cdots \ell_{n,n-j} \cdot u_n\right) \quad j = 1, ..., n-1 \tag{5.111}$$

Daß dieses Verfahren leicht praktizierbar ist, möge das folgende kurze Beispiel zeigen, bei dem der Lösungsvektor $\underline{\mathbf{U}}$ gesucht ist:

$$\begin{bmatrix} 4 & 1 \\ 1 & 3 \end{bmatrix} \cdot \begin{bmatrix} u_1 \\ u_2 \end{bmatrix} = \begin{bmatrix} 6 \\ 7 \end{bmatrix}.$$

Der Test zeigt sofort, daß die Koeffizientenmatrix symmetrisch und positiv *definit* ist. Somit kann das Cholesky-Verfahren schrittweise ablaufen:

– Bestimmung der Dreiecksmatrix $\underline{\mathbf{L}}^T$

$\underline{i = 1}$

$$k = 0: \ell_{11} = \sqrt{k_{11}} = 2$$

$\underline{i = 2}$

$$k = 1: \ell_{12} = \frac{k_{12}}{\ell_{11}} = \frac{1}{2}$$

$$\ell_{22} = \sqrt{k_{22} - \ell_{12}^2} = \sqrt{3 - \left(\frac{1}{2}\right)^2} = \frac{\sqrt{11}}{2}$$

woraus folgt

$$\underline{\mathbf{L}}^T = \begin{bmatrix} 2 & \frac{1}{2} \\ 0 & \frac{\sqrt{11}}{2} \end{bmatrix}.$$

– Gegenprüfung gemäß Gl. (5.103)

$$\underline{\mathbf{L}} \cdot \underline{\mathbf{L}}^t = \begin{bmatrix} 2 & 0 \\ \frac{1}{2} & \frac{\sqrt{11}}{2} \end{bmatrix} \cdot \begin{bmatrix} 2 & \frac{1}{2} \\ 0 & \frac{\sqrt{11}}{2} \end{bmatrix} = \begin{bmatrix} 4 & 1 \\ 1 & 3 \end{bmatrix}.$$

– Bestimmung des Hilfsvektors $\underline{\mathbf{y}}$

$$y_1 = \frac{F_1}{\ell_{11}} = \frac{6}{2} = 3,$$

$$y_2 = \frac{1}{\ell_{22}}\left(F_2 - \ell_{21} \cdot y_1\right) = \frac{2}{\sqrt{11}}\left(7 - \frac{1}{2} \cdot 3\right) = \frac{2}{\sqrt{11}} \cdot \frac{11}{2} = \sqrt{11}.$$

– Bestimmung der Unbekannten $\underline{\mathbf{U}}$

$$u_2 = \frac{y_2}{\ell_{22}} = \sqrt{11} \cdot \frac{2}{\sqrt{11}} = 2,$$

$$u_1 = \frac{1}{\ell_{11}}\left(y_1 - \ell_{21} \cdot u_2\right) = \frac{1}{2}\left(3 - \frac{1}{2} \cdot 2\right) = 1$$

für den Lösungsvektor erhält man so

$$\underline{\mathbf{u}}^t = [1 \quad 2]\,.$$

5.4.6 Berechnung der Spannungen

Im Nachgang zur Auflösung des Gleichungssystems können jetzt mit den berechneten Verschiebungen auf *Elementebene* die Spannungen bestimmt werden. Wir wollen im folgenden voraussetzen, daß über Gl. (5.90) wieder eine lokale Zuordnung erfolgen kann. Für unsere beiden Demonstrationselemente *Stab* und *Balken* gestaltet sich dann die Rechnung folgendermaßen:

– *Stab*-Element
  Definition und Auswertung der Dehnung:

$$\varepsilon_x = \frac{\partial \underline{\mathbf{u}}}{\partial x} = \frac{\partial \underline{\mathbf{G}}}{\partial x} \cdot \underline{\mathbf{d}} = \frac{\partial}{\partial x}\left[\left(1 - \frac{x}{L}\right) \;\vdots\; \frac{x}{L}\right] \cdot \begin{bmatrix} u_1 \\ u_2 \end{bmatrix}$$

$$= \begin{bmatrix} -\frac{1}{L} & \frac{1}{L} \end{bmatrix} \cdot \begin{bmatrix} u_1 \\ u_2 \end{bmatrix} = \frac{u_2 - u_1}{L},$$

Anwendung des Werkstoffgesetzes:

$$\sigma_x = E \cdot \varepsilon_x = E \cdot \frac{u_2 - u_1}{L}\,. \qquad (5.112)$$

– *Balken*-Element
Verzerrungsansatz für den Bernoulli-Balken (s. auch Bild 5.15)

$$u(x) = -z \cdot w'(x) \tag{5.113}$$

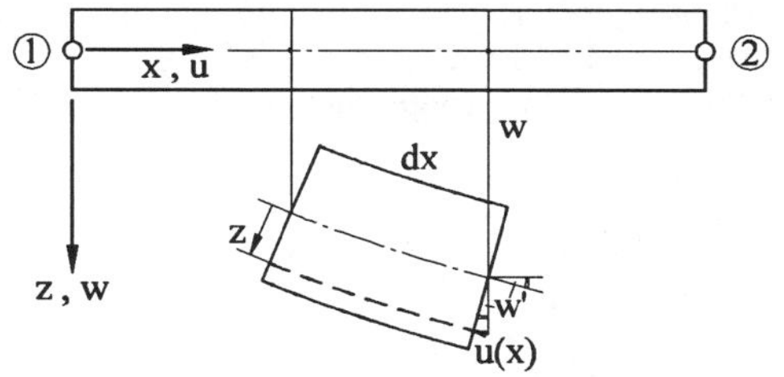

Bild 5.15: Definition der Verformung am *Balken*-Element

Definition der Dehnung:

$$\varepsilon_x = \frac{\partial u}{\partial x} = -z \cdot w''(x) = -z \cdot \underline{G}'' \cdot \underline{d} \tag{5.114}$$

oder mit Gl. (5.61) folgt

$$\varepsilon_x = -z \left[\left(-\frac{6}{L^2} + \frac{12x}{L^3} \right) \middle| \left(\frac{4}{L^2} - \frac{6x}{L^3} \right) \cdot L \middle| \left(\frac{6}{L^2} - \frac{12x}{L^3} \right) \middle| \left(\frac{2}{L^2} - \frac{6x}{L^3} \right) \cdot L \right] \cdot \begin{bmatrix} w_1 \\ \psi_1 \\ w_2 \\ \psi_2 \end{bmatrix} .$$

Wegen der Koordinatenabhängigkeit muß diese Gleichung knotenweise ausgewertet werden, und zwar zu

$$\varepsilon_x(0) = z \left\{ \frac{6}{L^2}(w_1 - w_2) - \frac{2}{L}(2 \cdot \psi_1 + \psi_2) \right\}$$

bzw.

$$\varepsilon_x(L) = z \left\{ \frac{6}{L^2}(-w_1 + w_2) + \frac{2}{L}(\psi_1 + 2 \cdot \psi_2) \right\} .$$

Entsprechendes gilt für das Werkstoffgesetz:

$$\begin{aligned} \sigma_x(0) &= E \cdot \varepsilon_x(0) \\ \sigma_x(L) &= E \cdot \varepsilon_x(L) . \end{aligned} \tag{5.115}$$

Vorstellung war hier zu zeigen, daß die Spannungen immer elementweise, und zwar mit dem jeweiligen Verschiebungsansatz zu bilden sind.

5.4.7 Systematische Problembehandlung

Aufbauend auf die vorausgegangenen Kapitel wollen wir nunmehr an einem einfachen Strukturbeispiel die Vorgehensweise der FEM trainieren. Dieses Strukturbeispiel sei dem Stahlbau entlehnt und in seiner Funktion im Bild 5.16 gezeigt.

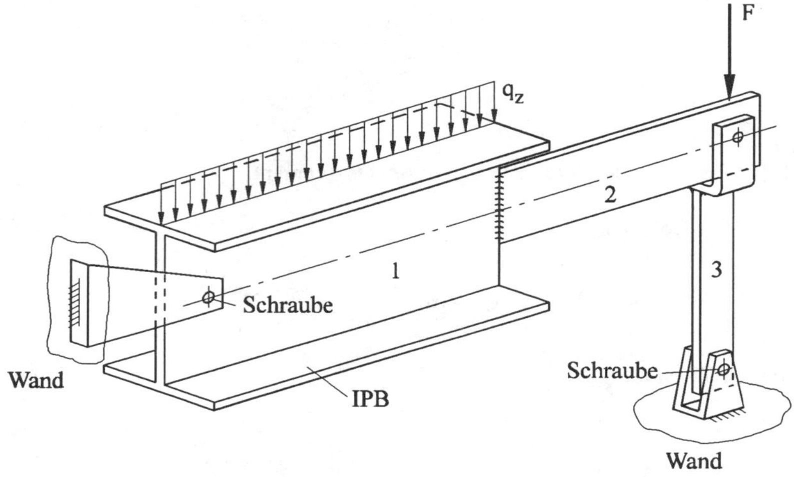

Daten:
$q_z = 10\ N / mm$
$F\ = 1.000\ N$

$L_1 = 120\ mm$	$E \cdot J_{y1} = 36282000\ Nmm^2$
$L_2 = 80\ mm$	$E \cdot J_{y2} = 21504000\ Nmm^2$
$L_3 = 100\ mm$	$E \cdot A_3 = 1{,}65 \cdot 10^6\ N$

Bild 5.16: Tragkonstruktion

Als materielles Gebilde muß diese Konstruktion im weiteren FEM-gerecht aufbereitet werden. Am einfachsten bieten sich hierzu *Balken-* und *Stab*-Elemente an, so wie dies im Bild 5.17 dargestellt ist. Bei einer derartigen Idealisierung können aber nur globale Aussagen über die Elemente gemacht werden. Wollte man beispielsweise Näheres über die Schweißnaht in der Konstruktion wissen, so müßte flächig in Scheibenelemente modelliert werden. Die Ablaufschritte bei der gewählten einfacheren Idealisierung gestaltet sich dann wie folgt:

1. Schritt: Idealisierung

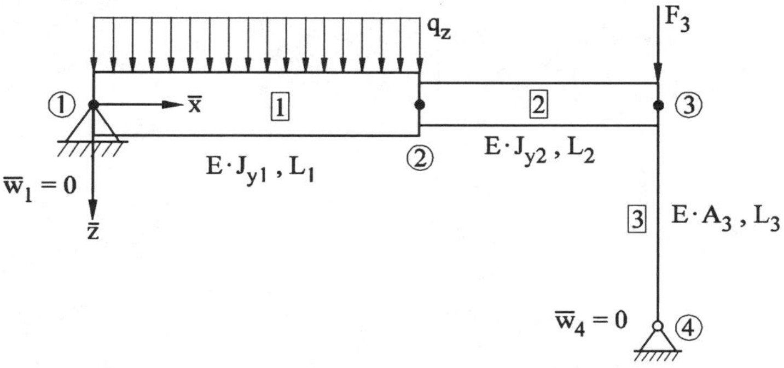

Bild 5.17: Finites Modell der Tragkonstruktion

Innerhalb der Idealisierung werden zunächst die Elemente geometrisch $\left(\bar{x}_i, \bar{z}_i \;/\; A_i, J_i\right)$ und physikalisch (E, ...) definiert. Die geometrische Definition erfolgt hierbei in dem globalen $\bar{x}, \bar{z}$-Koordinatensystem.

2. Schritt: Randbedingungen*

Gemäß den Stützungen der Struktur müssen jetzt die Randbedingungen eingeführt werden. Im vorliegenden Fall sei die Tragkonstruktion an zwei Punkten mit dem Mauerwerk starr verschraubt. Aus diesem Grunde sei hier angesetzt

am Knoten 1	am Knoten 4
$\bar{w}_1 = 0$	$\bar{w}_4 = 0$

3. Schritt: Krafteinleitung

Die verteilte Streckenlast q_z muß weiter auf die Knoten ①, ② des *Balken*-Elements 1 verschmiert werden, und zwar durch

$$\begin{bmatrix} Q_{1ä} \\ M_{1ä} \\ Q_{2ä} \\ M_{2ä} \end{bmatrix} = q_z \cdot L_1 \begin{bmatrix} \frac{1}{2} \\ -\frac{L_1}{12} \\ \frac{1}{2} \\ \frac{L_1}{12} \end{bmatrix} = \begin{bmatrix} 600\text{ N} \\ -12.000\text{ Nmm} \\ 600\text{ N} \\ 12.000\text{ Nmm} \end{bmatrix}$$

*) Anmerkung: Im Beispiel seien vereinfacht nur reine *Stab*- und *Balken*-Elemente zugelassen.

4. Schritt: Bilden der Elementsteifigkeitsmatrizen

$$\bar{\underline{k}}_1 = 21 \begin{bmatrix} 12 & -720 & -12 & -720 \\ & 57600 & 720 & 28800 \\ & & 12 & 720 \\ & & & 57600 \end{bmatrix},$$

$$\bar{\underline{k}}_2 = 42 \begin{bmatrix} 12 & -480 & -12 & -480 \\ & 25600 & 480 & 12800 \\ & & 12 & 480 \\ & & & 25600 \end{bmatrix},$$

$$\bar{\underline{k}}_3 = 1{,}65 \cdot 10^4 \begin{bmatrix} 1 & -1 \\ -1 & 1 \end{bmatrix}$$

5. Schritt: Lokal-globale Beziehung der FHG's

Entsprechend der gewählten Knotennumerierung ist im Bild 5.18 die Zuordnung der Einzelelemente zum System gezeigt.

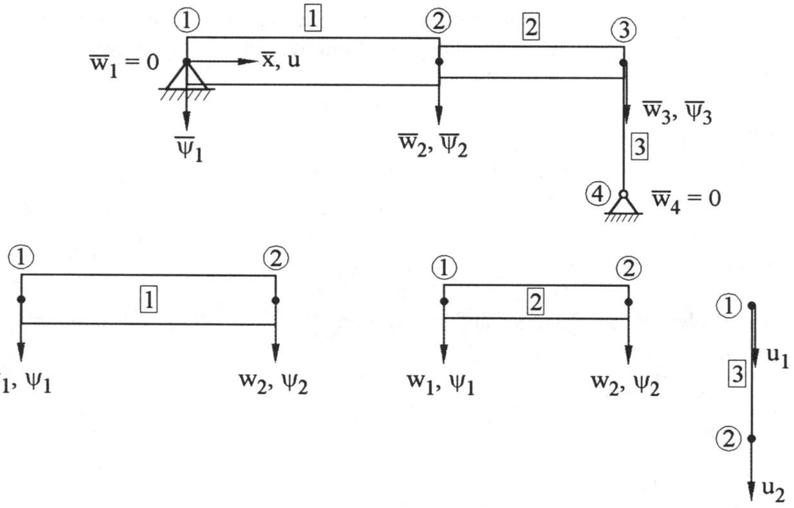

Bild 5.18: Aufgeschnittenes finites Modell

Diese Zuordnung muß auch durch die Boolesche Matrix wiedergegeben werden.

$\underline{\rho}$			1	2	3	4	5			
w_1		1	0	0	0	0	0			
ψ_1		2	1							
w_2		3		1						
ψ_2		4			1				1	$\overline{\psi}_1$
w_1	=	5		1				·	2	$\overline{w}_2$
ψ_1		6			1				3	$\overline{\psi}_2$
w_2		7				1			4	$\overline{w}_3$
ψ_2		8					1		5	$\overline{\psi}_3$
u_1		9				1				
u_2		10	0	0	0	0	0			

$$\underline{\rho} = \underline{A} \cdot \underline{U}$$

<u>6. Schritt:</u> Zusammenbau der Systemsteifigkeitsmatrix

Der Zusammenbau soll formal über die Boolesche Matrix vorgenommen werden. Hierzu ist die folgende Rechenoperation durchzuführen:

	1	2	3	4	5	6	7	8	9	10
1		1								
2			1		1					
3				1		1				
4							1		1	
5								1		

·

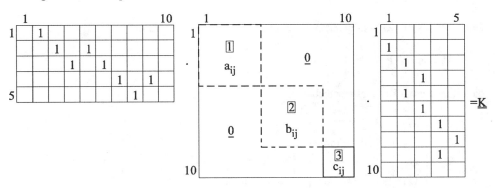

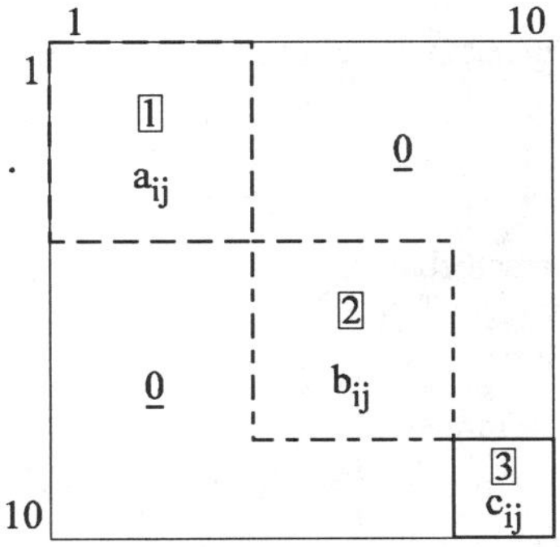

·

	1	2	3	4	5
1					
2	1				
3		1			
4			1		
5		1			
6			1		
7				1	
8					1
9				1	
10					

$= \underline{K}$

Das Ergebnis ist die Gesamtsteifigkeitsmatrix

$\underline{K} =$

a_{22}	a_{23}	a_{24}	0	0
a_{32}	$a_{33}+b_{11}$	$a_{34}+b_{12}$	b_{13}	b_{14}
a_{42}	$a_{43}+b_{21}$	$a_{44}+b_{22}$	b_{23}	b_{24}
0	b_{31}	b_{32}	$b_{33}+c_{11}$	b_{34}
0	b_{41}	b_{42}	b_{43}	b_{44}

Anhand einzelner Plätze in der Matrix kann diese Matrizenmultiplikation leicht kontrolliert werden. Führt man jetzt die Belegung wie zuvor gezeigt durch, so folgt für die Matrix

$$\underline{\mathbf{K}} = \begin{bmatrix} 1.209.600 & 15.120 & 604.800 & 0 & 0 \\ & 756 & -5.040 & -504 & -20.160 \\ & & 2.284.800 & 20.160 & 537.600 \\ & & & 17.004 & 20.160 \\ & & & & 1.075.200 \end{bmatrix}$$

7. Schritt: Aufbau des globalen Lastvektors

Korrespondierend zur Krafteinleitung an den Knoten lautet der Lastvektor:

$$\underline{\mathbf{P}} = \begin{matrix} 1 \\ 2 \\ 3 \\ 4 \\ 5 \end{matrix} \begin{bmatrix} -12.000 \text{ Nmm} \\ 600 \text{ N} \\ 12.000 \text{ Nmm} \\ 1.000 \text{ N} \\ 0 \end{bmatrix}$$

8. Schritt: Lösung des Gleichungssystems

Durch Inversion der Steifigkeitsmatrix können über die Multiplikation

$$\underline{\mathbf{U}} = \underline{\mathbf{K}}^{-1} \cdot \underline{\mathbf{P}}$$

die unbekannten Knotenverschiebungen zu

$$\underline{\mathbf{U}} = \begin{bmatrix} \overline{\psi}_1 \\ \overline{w}_2 \\ \overline{\psi}_2 \\ \overline{w}_3 \\ \overline{\psi}_3 \end{bmatrix} = \begin{bmatrix} -0{,}071 \\ 4{,}24 \text{ mm} \\ 0{,}016 \\ 0{,}082 \text{ mm} \\ 0{,}07 \end{bmatrix} = \begin{bmatrix} -4{,}06° \\ 4{,}24 \text{ mm} \\ +0{,}92° \\ 0{,}082 \text{ mm} \\ +4{,}0° \end{bmatrix}$$

bestimmt werden. Es ist zu beachten, daß $\overline{\psi}\,[°] = \arctan\,[\,\overline{\psi}\,]$ gilt!

9. Schritt: Berechnung der Spannungen

10. Schritt: Rückrechnung zu den Reaktionskräften

6 Wahl der Ansatzfunktionen

Auf die Bedeutung der Verschiebungsansätze wurde in den vorausgegangenen Betrachtungen zur Methode schon hingewiesen. Vor diesem Hintergrund stellt sich einem Anwender somit die Frage, nach welchen Regeln erfüllende Ansätze zu bilden sind. Im wesentlichen müssen Verschiebungsansätze die folgenden drei Bedingungen /6.1/ erfüllen:

1. Die Ansatzfunktion darf keine Verzerrungen oder Spannungen hervorrufen, wenn ein Element nur *Starrkörperbewegungen* vollführt.
2. Die Ansatzfunktion muß *stetig* sein. Stetigkeit ist im Inneren und auf dem Rand zu verlangen, falls das Element mit einem Element desselben Typs oder mit Elementen desselben Ansatztyps in Berührung kommt.

und

3. Die Ansatzfunktion soll zumindest *Konstantglieder* enthalten, damit auch ein konstanter Verzerrungs- und Spannungszustand dargestellt werden kann.

Die sich hinter diesen Definitionen verbergenden Verhaltensweisen wollen wir nun kurz erläutern.

Für die *erste Regel* soll dazu Bild 6.1 herangezogen werden. Zunächst sind dort die Verschiebungsmodi Translation und Drehung dargestellt, die ein verstarrtes Element ausführen können muß, ohne daß in ihm Verzerrungen und Spannungen hervorgerufen werden.

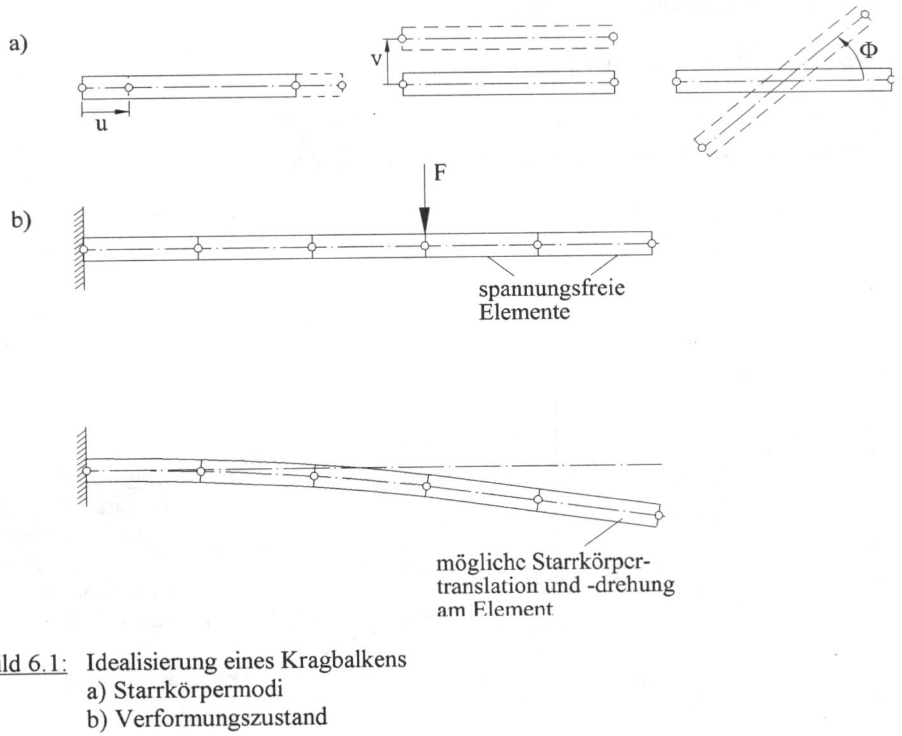

Bild 6.1: Idealisierung eines Kragbalkens
a) Starrkörpermodi
b) Verformungszustand

Der Grund, weshalb ein Element in der Lage sein muß, diese Starrkörperbewegungen zu ermöglichen, erkennt man an dem Verformungsbild des Kragbalkenbeispiels, bei dem die rechts vom Kraftangriff liegenden Elemente unbeansprucht sind und trotzdem der Form der Biegelinie folgen müssen.

Bei den beiden bisher verwandten Ansatzfunktionen war dies gewährleistet, wie folgende Abschätzung zeigt:

- *Stab*-Element

Dehnung:
$$\varepsilon_x = -\frac{u_1}{L} + \frac{u_2}{L}, \tag{6.1}$$

Starrkörperbewegung: $u_1 = u_2 = u$,

woraus $\varepsilon_x = 0$ und $\sigma_x = 0$ folgt.

- *Balken*-Element

Dehnung:
$$\varepsilon_x(0) = z\left\{\frac{6}{L^2}(w_1 - w_2) + \frac{2}{L}(2\,\psi_1 - \psi_2)\right\}, \tag{6.2}$$

Starrkörperbewegungen: $w_1 = w_2 = w$, $\psi_1 = \psi_2 = 0$,

woraus $\varepsilon_x = 0$ und $\sigma_x = 0$ folgt.

Die Wirkung der *zweiten Regel* erkennt man deutlich im Bild 6.2.

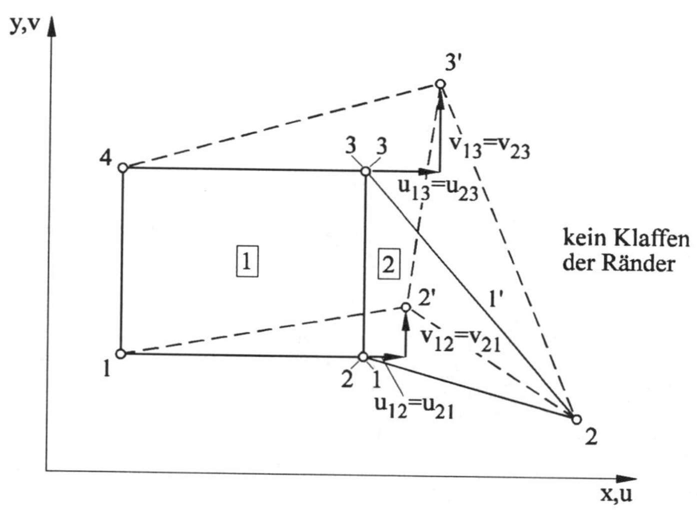

Bild 6.2: Kompatibilität zwischen Elementen für den ebenen Spannungszustand (nach /6.2/)

Kompatibilität bedeutet in diesem Fall, daß die Verschiebungen im Inneren und auf den Rändern der Elemente kontinuierlich sein müssen. Hierdurch wird sichergestellt, daß bei einer belasteten Elementgruppierung kein Klaffen der Elementränder auftritt. Diese Forderung ist bei den Elementen leicht zu gewährleisten, bei denen nur translatorische Freiheitsgrade (*Stab*-Element, *Viereck*-Scheibenelement) auftreten oder die Elemente nur über einen Knoten (*Stab*-mit *Balken*-Element) gekoppelt sind.

Schwieriger ist hingegen die Kompatibilität bei den Elementen (*Platten*-, *Schalen*-Elemente) sicherzustellen, bei denen Dehnungen aus der ersten Ableitung der translatorischen Verschiebungen folgen. Wie wir später noch erkennen werden, unterscheidet man demgemäß kompatible und nichtkompatible Elemente. Aus dieser Regel kann abgeleitet werden, daß die Ansatzfunktion so viele Glieder haben muß, wie Freiheitsgrade in einem Element vorkommen, und das die Ansatzfunktion so oft differenzierbar sein muß, wie die höchste Ableitung des Variationsfunktionals es erfordert.

Die *dritte Regel* bezüglich der Konstantglieder kann physikalisch leicht begründet werden. Stellt man sich vor, daß in einem betrachteten Gebiet die Elemente immer mehr verkleinert werden, so müssen letztlich im Grenzfall eines sehr kleinen Elements die Verzerrungen und damit Spannungen im Element konstante Werte annehmen. Hierdurch wird wiederum die Voraussetzung geschaffen, daß mit sehr kleinen Elementen jeder beliebig komplexe Verzerrungszustand in einem Gebiet darstellbar wird.

Die hier aufgeführten Forderungen lassen sich gut mit Polynome des Typs

$$\alpha_i \cdot x^j \cdot y^k , \qquad \text{für i, j, k} = 1, 2, \ldots, \text{n-FHG} \tag{6.3}$$

befriedigen. Der Grad des Polynoms ist j + k, bis zudem bei kompatiblen Elementen das Polynom vollständig sein muß.

Diese einfachen Ansatzbauformen kommen insgesamt der mathematischen Beschreibung der FE-Methode sehr entgegen, da wiederholt differenziert und integriert werden muß. Eine einfache Entwicklungsmöglichkeit für die Aufstellung derartiger Polynome bietet das im Bild 6.3 dargestellte sogenannte *Pascalsche Dreieck*, welches zwei- und dreidimensional aufgebaut werden kann.

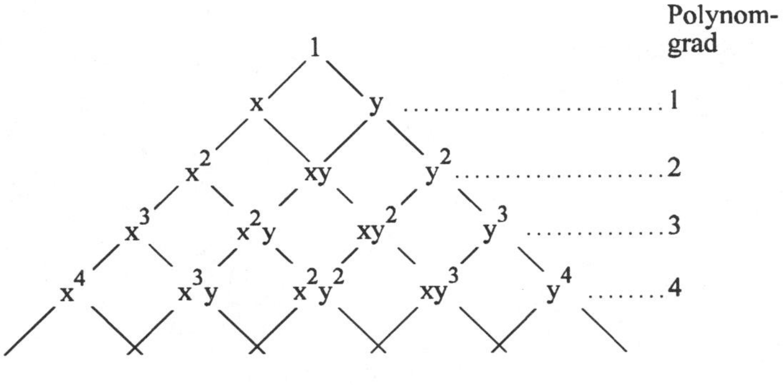

Bild 6.3:
Polyterme für ein- und zweidimensionale Ansatzfunktionen

Aus dem Pascalschen Dreieck lassen sich die benötigten Ansätze für bestimmte Elementverhaltensweisen ableiten, z. B.

- eindimensionales *Stab*-Element

$$u(x) = \alpha_1 + \alpha_2 \cdot x \ , \tag{6.4}$$

- eindimensionales *Balken*-Element

$$w(x) = \alpha_1 + \alpha_2 \cdot x + \alpha_3 \cdot x^2 + \alpha_4 \cdot x^3 \ , \tag{6.5}$$

- zweidimensionales *Dreieck*-Scheibenelement

$$\begin{aligned} u(x,y) &= \alpha_1 + \alpha_2 \cdot x + \alpha_3 \cdot y \\ v(x,y) &= \alpha_4 + \alpha_5 \cdot x + \alpha_6 \cdot y \end{aligned} \tag{6.6}$$

usw.

Hierin sind die Konstanten α_i noch unbekannt und müssen aus der Geometrie des Elements und den Knotenbedingungen bestimmt werden, welches beispielhaft für den *Stab*-Ansatz gezeigt werden soll:

$$u(x = 0) \equiv u_1 = \alpha_1, \tag{6.7}$$

$$u(x = L) \equiv u_2 = u_1 + \alpha_2 \cdot L \ ,$$

$$\alpha_2 = \frac{u_2 - u_1}{L} \ . \tag{6.8}$$

Wird dies in Gl. (6.4) eingesetzt, so folgt daraus

$$u(x) = u_1 + \frac{u_2 - u_1}{L} \cdot x = \left(1 - \frac{x}{L}\right) u_1 + \frac{x}{L} u_2 \ . \tag{6.9}$$

Diesen auf die Knotenverschiebungen bezogenen Ansatz haben wir zuvor schon in Kapitel 5.3 bei der Herleitung des *Stab*-Elements benutzt.

7 Elementkatalog für elastostatische Probleme

Die kommerziell verfügbaren FEM-Programmsysteme bieten eine Vielzahl von Elementen an, die typisiert werden können in *Stab-*, *Balken-*, *Scheiben-*, *Platten-*, *Schalen-*, *Volumen-* und *Kreisring*-Elemente. Diese Elemente werden überwiegend dreidimensional beschrieben und durch Sperren einzelner Freiheitsgrade dann ein- oder zweidimensionalen Problemen angepaßt. Im folgenden wollen wir uns exemplarisch mit einigen Elementen auseinandersetzen, um grundsätzliche Prinzipien zu erkennen. Aus diesem Grund sind hier unterschiedliche Beschreibungsmöglichkeiten gewählt worden.

7.1 3D-Balken-Element

Im Bild 7.1 ist ein sogenanntes 3D-*Balken*-Element mit 6 Freiheitsgraden dargestellt, bei dem die Stab- und Balkeneigenschaften zusammengefaßt sind. Demgemäß kann ein derartiges Element Axialkräfte (F_i), Drehmomente (T_i) sowie in zwei Ebenen Querkräfte (Q_{yi}, Q_{zi}) und Biegemomente (M_{yi}, M_i) übertragen und ist somit zur Analyse von Stab- und Rahmenstrukturen universell verwendbar.

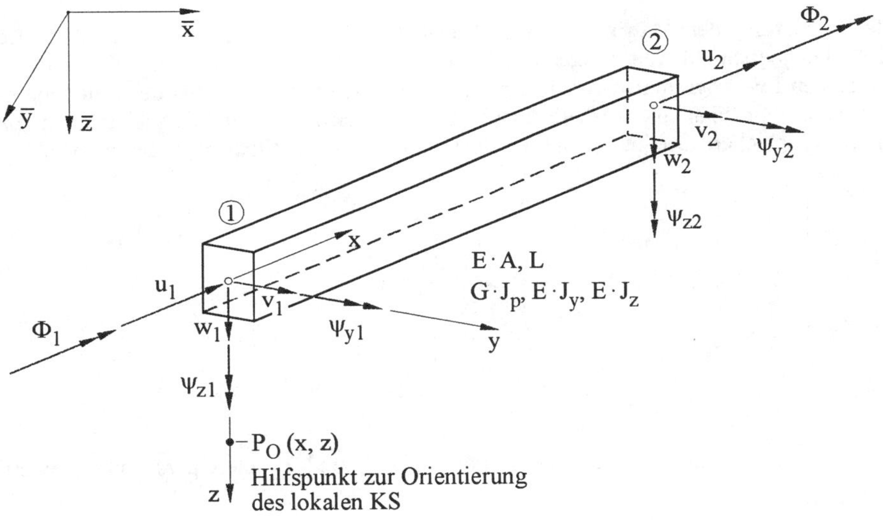

Bild 7.1: Lineares 3D-*Balken*-Element (nach /7.1/)

Bei der Aufstellung der zugehörigen Elementsteifigkeitsmatrix wollen wir hier von der Blockaddition Gebrauch machen, da im Kapitel 5.3 schon alle benötigten Teilergebnisse hergeleitet worden sind, d. h., im vorliegenden Fall kann man so tun, als wenn das 3D-*Balken*-Element selbst die Systemmatrix des *Stab-*, *Dreh-Stab-* und *Balken*-Elements wäre, womit die Steifigkeitsanteile der entsprechenden Freiheitsgrade nur richtig plaziert werden brauchen. Wie die Plazierung im einzelnen durchzuführen ist, erkennt man im umseitigen Schema:

$$
\begin{array}{c|cccccccccccc|}
 & 1 & 2 & 3 & 4 & 5 & 6 & 7 & 8 & 9 & 10 & 11 & 12 \\
\hline
1 & a & & & & & & -a & & & & & \\
2 & & b & & & & & & -b & & & & \\
3 & & & 12c & 6cL & & & & & -12c & 6cL & & \\
4 & & & 6cL & 4cL^2 & & & & & -6cL & 2cL^2 & & \\
5 & & & & & 12d & -6dL & & & & & -12d & -6dL \\
6 & & & & & -6dL & 4dL^2 & & & & & 6dL & 2dL^2 \\
7 & -a & & & \underline{0} & & & a & & & & & \\
8 & & -b & & & & & & b & & & & \\
9 & & & & & & & & & 12c & -6cL & & \\
10 & & & & & & & & & -6cL & 4cL^2 & & \\
11 & & & & & & & & & & & 12d & 6dL \\
12 & & & & & & & & & & & 6dL & 4dL^2 \\
\hline
\end{array}
\cdot
\begin{bmatrix} u_1 \\ \Phi_1 \\ v_1 \\ \Psi_{z1} \\ w_1 \\ \Psi_{y1} \\ u_2 \\ \Phi_2 \\ v_2 \\ \Psi_{z2} \\ w_2 \\ \Psi_{y2} \end{bmatrix}
=
\begin{bmatrix} N_1 \\ T_1 \\ Q_{y1} \\ M_{z1} \\ Q_{z1} \\ M_{y1} \\ N_2 \\ T_2 \\ Q_{y2} \\ M_{z2} \\ Q_{z2} \\ M_{y2} \end{bmatrix}
$$

$$
a = \frac{E \cdot A}{L}, \quad b = \frac{G \cdot J_p}{L}, \quad c = \frac{E \cdot J_z}{L^3}, \quad d = \frac{E \cdot J_y}{L^3}
$$

(7.1)

Für die Sortierung der Matrixgleichung ist eine bestimmte physikalische Logik benutzt worden, die jedoch für ein allgemeingültiges Programmsystem zu individuell ist. In kommerziellen FE-Programmen versucht man, eine strenge Systematik bei der Belegung der Speicherplätze einzuhalten, weshalb man immer blockweise die Verschiebungen und Drehungen abspeichert. Die knotenweise Belegung beim *Balken*-Element ist demgemäß

$$
\begin{bmatrix} u \\ v \\ w \\ \Phi_x \\ \Psi_y \\ \Psi_z \end{bmatrix}_i .
$$

Zu der Gl. (7.1) ist noch zu bemerken, daß über A, $J_{y,z}$ und J_p die Querschnittsgeometrie des Elements eingeht.

In komfortablen Programmen sind die üblichen Standardgeometrien (Winkel-, U-, T-, Hut-, Rechteck-, Sechskant-, Kreis- und Rohrprofil) fest abgespeichert, so daß über die beschreibenden Parameter die benötigten Eingabewerte sofort zur Verfügung gestellt werden können. Desweiteren bieten einige Programme als Zusatzleistung noch an, daß man die Standardprofile miteinander verschmelzen oder freie Geometrien im Zeichenmodus erstellen kann, was manchmal eine erhebliche Arbeitserleichterung darstellt.

Aus dem *Balken* kann auch eine Elementfamilie begründet werden, wie im Bild 7.2 hervorgehoben ist.

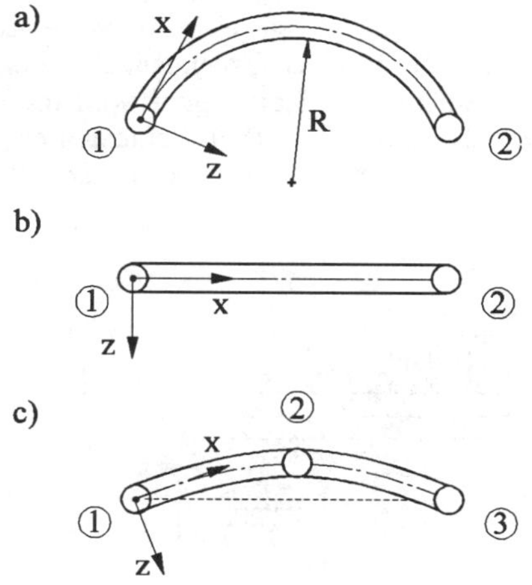

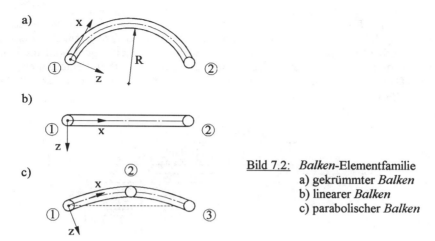

Bild 7.2: *Balken*-Elementfamilie
a) gekrümmter *Balken*
b) linearer *Balken*
c) parabolischer *Balken*

Das gekrümmte *Balken*-Element kann überall dort eingesetzt werden, wo die Mittellinie mit einem definierten Radius R ausgebogen ist. Viel variabler kann dagegen das parabolische Element genutzt werden, da der Mittenknoten beliebig gesetzt werden kann. Klar ist in diesem Umfeld, daß das lineare Element stets eine gerade Mittellinie haben muß. In diesem Zusammenhang ist auch noch einmal auf die Krafteinleitung einzugehen. Im Bild 7.3 sind einige Möglichkeiten gezeigt, die ebenfalls von Programmen geboten werden. Diese bestehen darin, Kräfte sowohl im globalen als auch im lokalen Koordinatensystem einleiten zu können. Falls eine Kraft im globalen System eingegeben wird, erfolgt mittels der im Kapitel 5.4.1 hergeleiteten Transformationsmatrix eine Umorientierung in das lokale System.

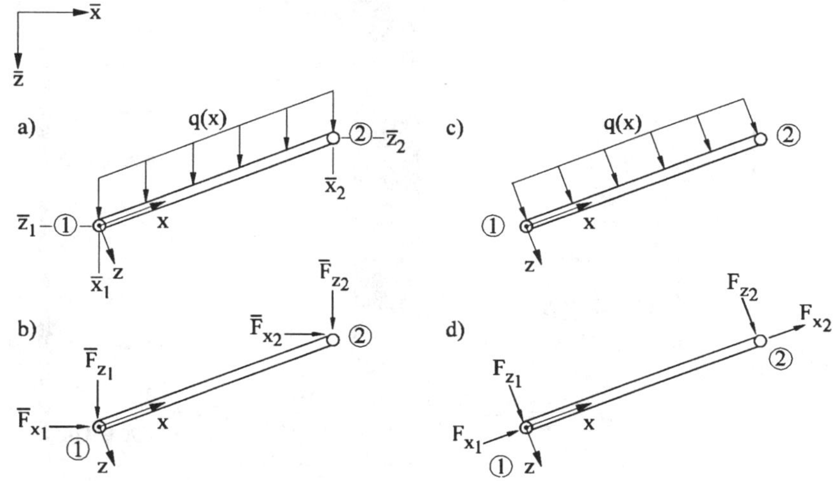

Bild 7.3: Krafteinleitung in ein *Balken*-Element
a), b) Einleitung bezogen auf das globale KS,
c), d) Einleitung bezogen auf das lokale KS

Für die Anwendung ist als letztes noch die Konvergenz des *Balken*-Elements von Interesse. An dem einfachen Beispiel der Tragkonstruktion im Bild 7.4 soll eine Konvergenzuntersuchung durchgeführt werden. Die Tragkonstruktion sei mit einer Streckenlast beaufschlagt und der Querschnitt sei ein Doppel-T. Für die Feststellung der Konvergenz wird die Länge der Tragkonstruktion in eine unterschiedliche Anzahl von finiten *Balken*-Elementen eingeteilt und die Annäherung an die exakten Lösungswerte für die Durchbiegung, das Moment und die Querkraft festgestellt.

a)

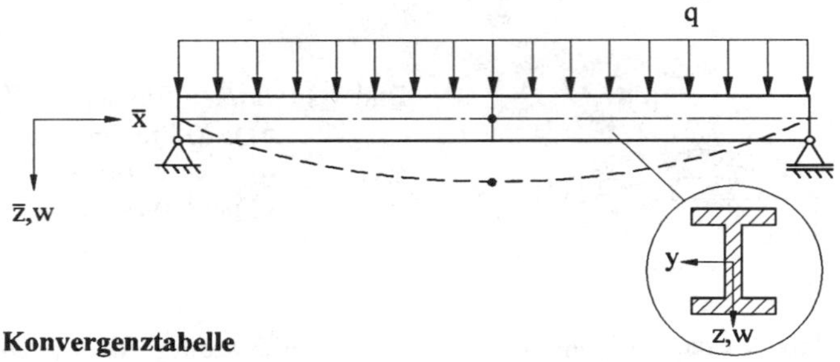

b) **Konvergenztabelle**

Anzahl Elemente	$w_{theor.} = \frac{5\,q \cdot L^4}{384\,E \cdot I} = 3{,}8024$	$M_{theor.} = \frac{q \cdot L^2}{8} = 2.250.000$	$Q_{theor.} = \frac{q \cdot L}{2} = 15.000$
2 EL	3,9772	2.250.000,3	15.000
4 EL	3,9772	2.250.000,3	15.000
8 EL	3,9772	2.250.000,3	15.000

c)

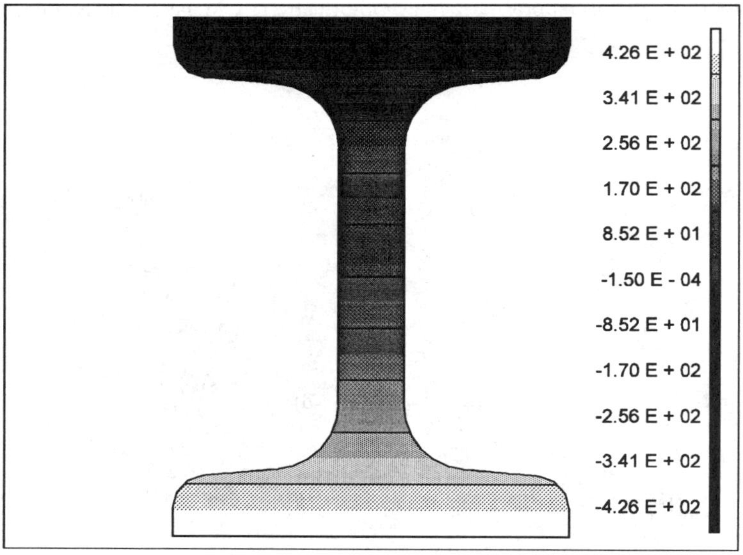

Bild 7.4: Konvergenzbetrachtung mit einem *Balken*-Element
a) Lastfall
b) Konvergenzanalyse
c) Spannungsauswertung im Querschnitt

Aus der Tabelle erkennt man, daß bereits mit zwei Elementen die exakte Durchbiegung und die exakten Schnittgrößen bestimmt werden können. Eine Erhöhung der Elementzahl bedeutet im weiteren keine Genauigkeitserhöhung, damit gilt für ein *Balken*-Element augenscheinlich nicht die Regel, daß durch eine Erhöhung der Elementanzahl eine bessere Konvergenz erreicht werden kann. Diesbezüglich ist zu hinterfragen, warum dies so ist.

Die Verhaltensweise eines Elements ist bekanntlich durch den Ansatz gegeben: Beim *Balken*-Element haben wir für den Ansatz die exakte Lösung der DGL ermitteln können, insofern ist ein exaktes Element geschaffen worden.

7.2 Scheibenelemente

7.2.1 Belastungs- und Beanspruchungszustand

Dünnwandige, ebene Bleche, die in ihrer Mittelebene belastet werden, bezeichnet man als Scheiben. Das Merkmal Dünnwandigkeit ist dabei gegeben, wenn die Dickenabmessung viel kleiner ist als die beiden anderen Längenausdehnungen. In Scheiben tritt dann der schon in Kapitel 3 charakterisierte ebene Spannungszustand (ESZ) ein, der hier noch einmal im Bild 7.5 dargestellt ist.

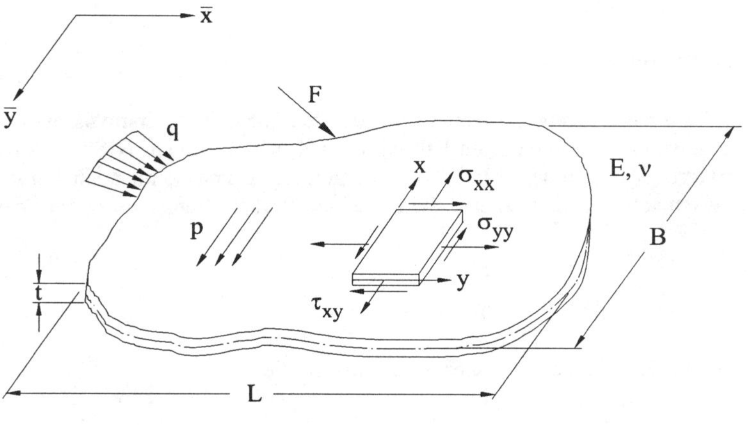

Bild 7.5: Scheibenartiges Bauteil

Durch die Vernachlässigung der $\bar{z}$-Koordinate erhält man somit ein ebenes Problem, wenn die Eigenschaften auf die Mittelebene überführt werden. Um nachfolgend geeignete finite Elemente herleiten zu können, gilt es, vorab die wesentlichen Beziehung zu definieren, und zwar

– der Verzerrungsvektor als

$$\underline{\varepsilon}^t = \begin{bmatrix} \varepsilon_{xx} & \varepsilon_{yy} & \gamma_{xy} \end{bmatrix}, \tag{7.2}$$

– der Spannungsvektor als

$$\underline{\sigma}^t = \begin{bmatrix} \sigma_{xx} & \sigma_{yy} & \tau_{xy} \end{bmatrix} \tag{7.3}$$

und

– die Elastizitätsmatrix als

$$\underline{\mathbf{E}} = \frac{E}{1-\nu^2} \begin{bmatrix} 1 & \nu & 0 \\ \nu & 1 & 0 \\ 0 & 0 & \frac{1-\nu}{2} \end{bmatrix} . \tag{7.4}$$

Als Belastungen sind Einzelkräfte F_i und verteilte Oberflächen- $\left(q_{ix,y}\right)$ sowie Massenkräfte $\left(p_{ix,y}\right)$ zugelassen. Zur Idealisierung scheibenförmiger Beanspruchungszustände werden gewöhnlich *Dreieck*- und *Viereck*-Elemente herangezogen. Mit *Dreieck*-Elementen können im allgemeinen Randkonturen besser erfaßt werden, während *Viereck*-Elemente besser konvergieren.

7.2.2 Dreieck-Element

Am Beispiel des ebenen *Dreieck*-Elements wurde die FE-Methode erstmals bei Kontinuumsproblemen angewandt. Im einfachsten Fall wird ein Konstantelement (CST = constant strain triangle) definiert, das im Inneren konstante Verzerrungen und somit auch konstante Spannungen aufweisen soll. Um dies zu erreichen, muß ein Verschiebungsansatz der Form

$$\begin{aligned} u(x,y) &= \alpha_1 + \alpha_2 \cdot x + \alpha_3 \cdot y \\ v(x,y) &= \alpha_4 + \alpha_5 \cdot x + \alpha_6 \cdot y \end{aligned} \tag{7.5}$$

angesetzt werden. Für die Verzerrungen erhält man somit

$$\varepsilon_{xx} = \frac{\partial u}{\partial x} = \alpha_2 \, ,$$

$$\varepsilon_{yy} = \frac{\partial v}{\partial y} = \alpha_6$$

und

$$\gamma_{xy} = \frac{\partial u}{\partial y} + \frac{\partial v}{\partial x} = \alpha_3 + \alpha_5 \, , \tag{7.6}$$

also konstante Größen. Um die Eigenschaften nun beschreiben zu können, müssen im weiteren die unbekannten Koeffizienten α_i bestimmt werden. Hierzu schreiben wir für ein *Dreieck*-Element folgendes Gleichungssystem auf:

$$\begin{bmatrix} u \\ \hline v \end{bmatrix} = \left[\begin{array}{ccc|ccc} 1 & x & y & 0 & 0 & 0 \\ \hline 0 & 0 & 0 & 1 & x & y \end{array}\right] \cdot \begin{bmatrix} \alpha_1 \\ \alpha_2 \\ \alpha_3 \\ \hline \alpha_4 \\ \alpha_5 \\ \alpha_6 \end{bmatrix} . \tag{7.7}$$

Dieses Gleichungssystem muß für jeden Knoten des im Bild 7.6 gezeigten Elements gelten. Für drei Knoten erhält man so die sechs Gleichungen

$$\begin{bmatrix} u_1 \\ u_2 \\ u_3 \\ \hline v_1 \\ v_2 \\ v_3 \end{bmatrix} = \left[\begin{array}{ccc|ccc} 1 & x_1 & y_1 & & & \\ 1 & x_2 & y_2 & & \underline{0} & \\ 1 & x_3 & y_3 & & & \\ \hline & & & 1 & x_1 & y_1 \\ & \underline{0} & & 1 & x_2 & y_2 \\ & & & 1 & x_3 & y_3 \end{array}\right] \cdot \begin{bmatrix} \alpha_1 \\ \alpha_2 \\ \alpha_3 \\ \hline \alpha_4 \\ \alpha_5 \\ \alpha_6 \end{bmatrix} = \underline{\mathbf{N}} \cdot \underline{\alpha} . \tag{7.8}$$

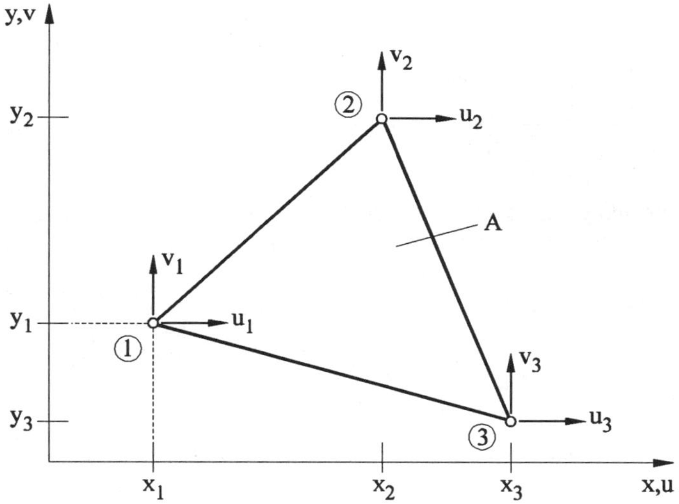

Bild 7.6: Lineares *Dreieck*-Element in allgemeiner Lage

Aus Gl. (7.7) gilt es nun, durch Einsetzen der Koordinaten x_i, y_i die Koeffizienten α_i zu bestimmen. Wenn diese bekannt sind, muß wieder ein Zusammenhang zwischen dem Verschiebungsfeld im Inneren und den drei Knotenverschiebungen hergestellt werden.

Im weiteren ist es ausreichend, nur das reduzierte Gleichungssystem

$$\begin{bmatrix} u_1 \\ u_2 \\ u_3 \end{bmatrix} = \begin{bmatrix} 1 & x_1 & y_1 \\ 1 & x_2 & y_2 \\ 1 & x_3 & y_3 \end{bmatrix} \cdot \begin{bmatrix} \alpha_1 \\ \alpha_2 \\ \alpha_3 \end{bmatrix} = \underline{\mathbf{N}}_o \cdot \underline{\alpha} \tag{7.9}$$

zu betrachten, da die Koeffizienten α_{4-6} genauso ermittelt werden können. Für die Gleichungslösung wollen wir hier die sogenannte *Cramersche Regel* benutzen, die eine sofortige Auflösung gestattet zu

$$\alpha_1 = \frac{\begin{vmatrix} u_1 & x_1 & y_1 \\ u_2 & x_2 & y_2 \\ u_3 & x_3 & y_3 \end{vmatrix}}{\det \underline{\mathbf{N}}_o} = \frac{1}{2A}\left[(x_2\, y_3 - x_3\, y_2)u_1 + (x_3\, y_1 - x_1\, y_3)u_2 + (x_1\, y_2 - x_2\, y_1)u_3\right], \tag{7.10}$$

$$\alpha_2 = \frac{\begin{vmatrix} 1 & u_1 & y_1 \\ 1 & u_2 & y_2 \\ 1 & u_3 & y_3 \end{vmatrix}}{\det \underline{\mathbf{N}}_o} = \frac{1}{2A}\left[(y_2 - y_3)u_1 + (y_3 - y_1)u_2 + (y_1 - y_2)u_3\right], \tag{7.11}$$

$$\alpha_3 = \frac{\begin{vmatrix} 1 & x_1 & u_1 \\ 1 & x_2 & u_2 \\ 1 & x_3 & u_3 \end{vmatrix}}{\det \underline{\mathbf{N}}_o} = \frac{1}{2A}\left[(x_3 - x_2)u_1 + (x_1 - x_3)u_2 + (x_2 - x_1)u_3\right]. \tag{7.12}$$

Da die Koeffizienten etwas längliche Ausdrücke annehmen, wollen wir diese durch folgende Vereinbarung etwas abkürzen, und zwar bedeutet jetzt

$$\begin{aligned} a_i &= x_j \cdot y_k - x_k \cdot y_j\,, \\ b_i &= y_j - y_k\,, \qquad\qquad i, j, k = (1, 2, 3), (2, 3, 1), (3, 1, 2) \\ c_i &= x_k - x_j\,. \end{aligned} \tag{7.13}$$

Damit kann dann angegeben werden

$$\begin{aligned} \alpha_1 &= \frac{1}{2A}(a_1 \cdot u_1 + a_2 \cdot u_2 + a_3 \cdot u_3), & \alpha_4 &= \frac{1}{2A}(a_1 \cdot v_1 + a_2 \cdot v_2 + a_3 \cdot v_3), \\ \alpha_2 &= \frac{1}{2A}(b_1 \cdot u_1 + b_2 \cdot u_2 + b_3 \cdot u_3), & \alpha_5 &= \frac{1}{2A}(b_1 \cdot v_1 + b_2 \cdot v_2 + b_3 \cdot v_3), \\ \alpha_3 &= \frac{1}{2A}(c_1 \cdot u_1 + c_2 \cdot u_2 + c_3 \cdot u_3), & \alpha_6 &= \frac{1}{2A}(c_1 \cdot v_1 + c_2 \cdot v_2 + c_3 \cdot v_3). \end{aligned}$$

Durch Einsetzen in den Ansatz von Gl. (7.5) erhält man den gewünschten Zusammenhang

$$u(x,y) = \frac{1}{2A}\left[(a_1 \cdot u_1 + a_2 \cdot u_2 + a_3 \cdot u_3) + (b_1 \cdot u_1 + b_2 \cdot u_2 + b_3 \cdot u_3)x + (c_1 \cdot u_1 + c_2 \cdot u_2 + c_3 \cdot u_3)y\right]$$

oder sortiert

$$u(x,y) = \frac{1}{2A}\left[(a_1 + b_1 \cdot x + c_1 \cdot y)u_1 + (a_2 + b_2 \cdot x + c_2 \cdot y)u_2 + (a_3 + b_3 \cdot x + c_3 \cdot y)u_3\right]$$

bzw.

$$v(x,y) = \frac{1}{2A}\left[(a_1 + b_1 \cdot x + c_1 \cdot y)v_1 + (a_2 + b_2 \cdot x + c_2 \cdot y)v_2 + (a_3 + b_3 \cdot x + c_3 \cdot y)v_3\right]. \tag{7.14}$$

Die in diesem Verschiebungsansatz auftretenden Funktionen

$$g_i = \frac{1}{2A}(a_i + b_i \cdot x + c_i \cdot y), \qquad i = 1, 2, 3 \tag{7.15}$$

sind die vorher schon erwähnten Formfunktionen, die man nun wie im Bild 7.7 gezeigt deuten kann.

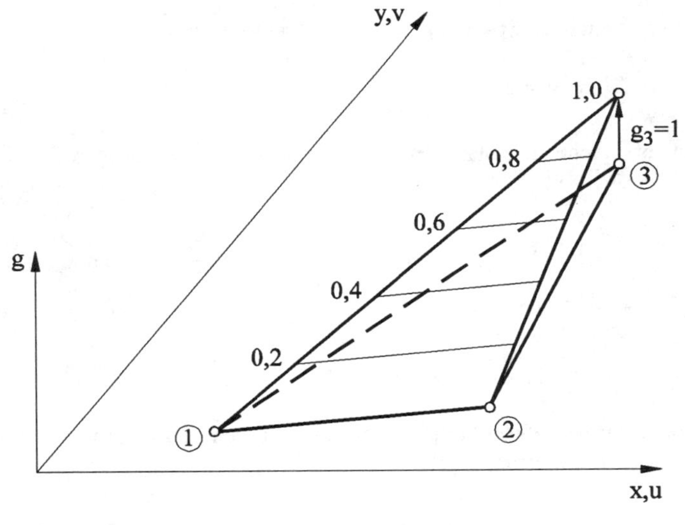

Bild 7.7: Lineares Verhalten eines *Dreieck*-Scheiben-Elements infolge einer Einheitsverschiebung

Unter Benutzung dieses Ansatzes wollen wir weiter die in Gl. (7.6) angegebenen Verzerrungen ermitteln. Hierzu sind nachfolgende Ableitungen durchzuführen:

$$\begin{aligned}
\varepsilon_{xx} &= \frac{\partial u}{\partial x} = \frac{b_1 \cdot u_1 + b_2 \cdot u_2 + b_3 \cdot u_3}{2A} = \text{konst.}, \\
\varepsilon_{yy} &= \frac{\partial v}{\partial y} = \frac{c_1 \cdot v_1 + c_2 \cdot v_2 + c_3 \cdot v_3}{2A} = \text{konst.}, \\
\gamma_{xy} &= \frac{\partial u}{\partial y} + \frac{\partial v}{\partial x} = \frac{c_1 \cdot u_1 + c_2 \cdot u_2 + c_3 \cdot u_3 + b_1 \cdot v_1 + b_2 \cdot v_2 + b_3 \cdot v_3}{2A} = \text{konst.},
\end{aligned} \tag{7.16}$$

dies konnte auch schon zuvor bewiesen werden. Sortiert man hierin die auftretenden Ausdrücke für die bekannte matrizielle Gleichung

$$\underline{\varepsilon} = \underline{\mathbf{D}} \cdot \underline{\mathbf{G}} \cdot \underline{\mathbf{d}} = \underline{\mathbf{B}} \cdot \underline{\mathbf{d}} ,$$

so folgt

$$\begin{bmatrix} \varepsilon_{xx} \\ \varepsilon_{yy} \\ \gamma_{xy} \end{bmatrix} = \frac{1}{2A} \left[\begin{array}{cc|cc|cc} b_1 & 0 & b_2 & 0 & b_3 & 0 \\ 0 & c_1 & 0 & c_2 & 0 & c_3 \\ c_1 & b_1 & c_2 & b_2 & c_3 & b_3 \end{array}\right] \cdot \left[\begin{array}{c} u_1 \\ v_1 \\ \hline u_2 \\ v_2 \\ \hline u_3 \\ v_3 \end{array}\right] . \tag{7.17}$$

Damit können dann auch die Spannungen angesetzt werden zu

$$\underline{\sigma} = \underline{\mathbf{E}} \cdot \underline{\varepsilon} = \underline{\mathbf{E}} \cdot \underline{\mathbf{B}} \cdot \underline{\mathbf{d}} = \underline{\mathbf{S}} \cdot \underline{\mathbf{d}} .$$

Führt man die entsprechenden Matrizenoperationen durch, so erhält man für die Spannungsmatrix

$$\underline{\mathbf{S}} = \frac{E}{2A\left(1-\nu^2\right)} \left[\begin{array}{cc|cc|cc} b_1 & \nu c_1 & b_2 & \nu c_2 & b_3 & \nu c_3 \\ \nu b_1 & c_1 & \nu b_2 & c_2 & \nu b_3 & c_3 \\ \frac{1-\nu}{2} c_1 & \frac{1-\nu}{2} b_1 & \frac{1-\nu}{2} c_2 & \frac{1-\nu}{2} b_2 & \frac{1-\nu}{2} c_3 & \frac{1-\nu}{2} b_3 \end{array}\right] \tag{7.18}$$

Wegen der vorausgesetzten konstanten Verzerrung müssen sich natürlich auch die Spannungen σ_{xx}, σ_{yy}, τ_{xy} als konstant ergeben.

Nachdem nun die Grundbeziehungen klar sind, wollen wir uns der Berechnung der Steifigkeitsmatrix zuwenden. Ganz allgemein gehen wir dabei von der folgenden Gleichung aus:

$$\underline{\mathbf{k}} = \int_V \left(\underline{\mathbf{D}} \cdot \underline{\mathbf{G}}\right)^t \cdot \underline{\mathbf{E}} \cdot \left(\underline{\mathbf{D}} \cdot \underline{\mathbf{G}}\right) dV = \int_V \underline{\mathbf{B}}^t \cdot \underline{\mathbf{E}} \cdot \underline{\mathbf{B}} \, dV .$$

Da die hierin eingehende $\underline{\mathbf{B}}$-Matrix selbst nur konstante Koeffizienten beinhaltet, kann diese auch vorgezogen werden, man findet so

$$\underline{\mathbf{k}} = \underline{\mathbf{B}}^t \cdot \underline{\mathbf{E}} \cdot \underline{\mathbf{B}} \iint_{xy} t \cdot dA = A \cdot t \left(\underline{\mathbf{B}}^t \cdot \underline{\mathbf{E}} \cdot \underline{\mathbf{B}} \right). \tag{7.19}$$

Um diese Gleichung einfach auswerten zu können, haben wir schon die $\underline{\mathbf{B}}$-Matrix knotenweise partitioniert, dies ermöglicht uns durch

$$\underline{\mathbf{k}}_{ij} = A \cdot t \left(\underline{\mathbf{B}}_i^t \cdot \underline{\mathbf{E}} \cdot \underline{\mathbf{B}}_j \right) \equiv A \cdot t \cdot \frac{1}{2A} \underline{\mathbf{B}}_i^{*t} \cdot \frac{E}{1-\nu^2} \underline{\mathbf{E}}^* \cdot \frac{1}{2A} \cdot \underline{\mathbf{B}}_j^* = \frac{E \cdot t}{4A\left(1-\nu^2\right)} \underline{\mathbf{B}}_i^{*t} \cdot \underline{\mathbf{E}}^* \cdot \underline{\mathbf{B}}_j^* \tag{7.20}$$

folgende Untermatrizen der Elementsteifigkeitsmatrix berechnen zu können

$$\underline{\mathbf{k}} = \begin{bmatrix} \underline{\mathbf{k}}_{11} & \underline{\mathbf{k}}_{12} & \underline{\mathbf{k}}_{13} \\ \underline{\mathbf{k}}_{21} & \underline{\mathbf{k}}_{22} & \underline{\mathbf{k}}_{23} \\ \underline{\mathbf{k}}_{31} & \underline{\mathbf{k}}_{32} & \underline{\mathbf{k}}_{33} \end{bmatrix}. \tag{7.21}$$

Die schrittweisen Ausmultiplikationen ergeben so die Untermatrizen

$$\begin{array}{ccc} & \begin{bmatrix} 1 & \nu & 0 \\ \nu & 1 & 0 \\ 0 & 0 & \frac{1-\nu}{2} \end{bmatrix} & \begin{bmatrix} b_j & 0 \\ 0 & c_j \\ c_j & b_j \end{bmatrix} \\ \begin{bmatrix} b_i & 0 & c_i \\ 0 & c_i & b_i \end{bmatrix} \cdot & \left[\begin{array}{c:c:c} b_i & \nu b_i & \frac{1-\nu}{2} c_i \\ \hdashline \nu b_i & c_i & \frac{1-\nu}{2} b_i \end{array}\right] \cdot & \left[\begin{array}{c:c} b_i b_j + \frac{1-\nu}{2} c_i c_j & \nu b_i c_j + \frac{1-\nu}{2} b_j c_i \\ \hdashline \nu b_j c_i + \frac{1-\nu}{2} b_i b_j & c_i c_j + \frac{1-\nu}{2} b_i b_j \end{array}\right] = \end{array}$$

$$= \underline{\mathbf{B}}_i^{*t} \cdot \underline{\mathbf{E}}^* \cdot \underline{\mathbf{B}}_j$$

$$\text{mit} \qquad i, j = 1,2,3$$

$$\underline{\mathbf{k}}_{ij} = \frac{E \cdot t}{4A\left(1-\nu^2\right)} \begin{bmatrix} b_i \cdot b_j + \frac{1-\nu}{2} c_i \cdot c_j & \nu b_i \cdot c_j + \frac{1-\nu}{2} b_j \cdot c_i \\ \nu b_j \cdot c_i + \frac{1-\nu}{2} b_i \cdot b_j & c_i \cdot c_j + \frac{1-\nu}{2} b_i \cdot b_j \end{bmatrix} \tag{7.22}$$

Über alle Kombinationen i, j führt dies zur Elementsteifigkeitsmatrix des *Dreieck*-Scheiben-Elements (s. auch /7.2/), welche umseitig aufgestellt worden ist.

$$
\underline{k} = \frac{E \cdot t}{4A\left(1-\nu^2\right)}
\left[\begin{array}{cc|cc|cc}
\multicolumn{2}{c|}{i=1,\ j=1} & \multicolumn{2}{c|}{i=1,\ j=2} & \multicolumn{2}{c}{i=1,\ j=3} \\
b_1^2 + \frac{1-\nu}{2} c_1^2 & \nu\, b_1 c_1 + \frac{1-\nu}{2} b_1 c_1 & b_1 b_2 + \frac{1-\nu}{2} c_1 c_2 & \nu\, b_1 c_2 + \frac{1-\nu}{2} b_2 c_1 & b_1 b_3 + \frac{1-\nu}{2} c_1 c_3 & \nu\, b_1 c_3 + \frac{1-\nu}{2} b_3 c_1 \\
\nu\, b_1 c_1 + \frac{1-\nu}{2} b_1 c_1 & c_1^2 + \frac{1-\nu}{2} b_1^2 & \nu\, b_2 c_1 + \frac{1-\nu}{2} b_1 c_2 & c_1 c_2 + \frac{1-\nu}{2} b_1 b_2 & \nu\, b_3 c_1 + \frac{1-\nu}{2} b_1 c_3 & c_1 c_3 + \frac{1-\nu}{2} b_1 b_3 \\
\hline
 & & \multicolumn{2}{c|}{i=2,\ j=2} & \multicolumn{2}{c}{i=2,\ j=3} \\
 & & b_2^2 + \frac{1-\nu}{2} c_2^2 & \nu\, b_2 c_2 + \frac{1-\nu}{2} b_2 c_2 & b_2 b_3 + \frac{1-\nu}{2} c_2 c_3 & \nu\, b_2 c_3 + \frac{1-\nu}{2} b_3 c_2 \\
 & & \nu\, b_2 c_2 + \frac{1-\nu}{2} b_2 c_2 & c_2^2 + \frac{1-\nu}{2} b_2^2 & \nu\, b_3 c_2 + \frac{1-\nu}{2} b_2 c_3 & c_2 c_3 + \frac{1-\nu}{2} b_2 c_3 \\
\hline
 & & & & \multicolumn{2}{c}{i=3,\ j=3} \\
 & & & & b_3^2 + \frac{1-\nu}{2} c_3^2 & \nu\, b_3 c_3 + \frac{1-\nu}{2} b_3 c_3 \\
 & & & & \nu\, b_3 c_3 + \frac{1-\nu}{2} b_3 c_3 & c_3^2 + \frac{1-\nu}{2} b_3^2
\end{array}\right]
\tag{7.23}
$$

Auch beim *Dreieck*-Element wollen wir wieder kurz auf die Konvergenz eingehen. Als Testproblem sei dazu eine Scheibe mit Mittenloch unter Gleichspannung gewählt, so wie sie im Bild 7.8 dargestellt ist.

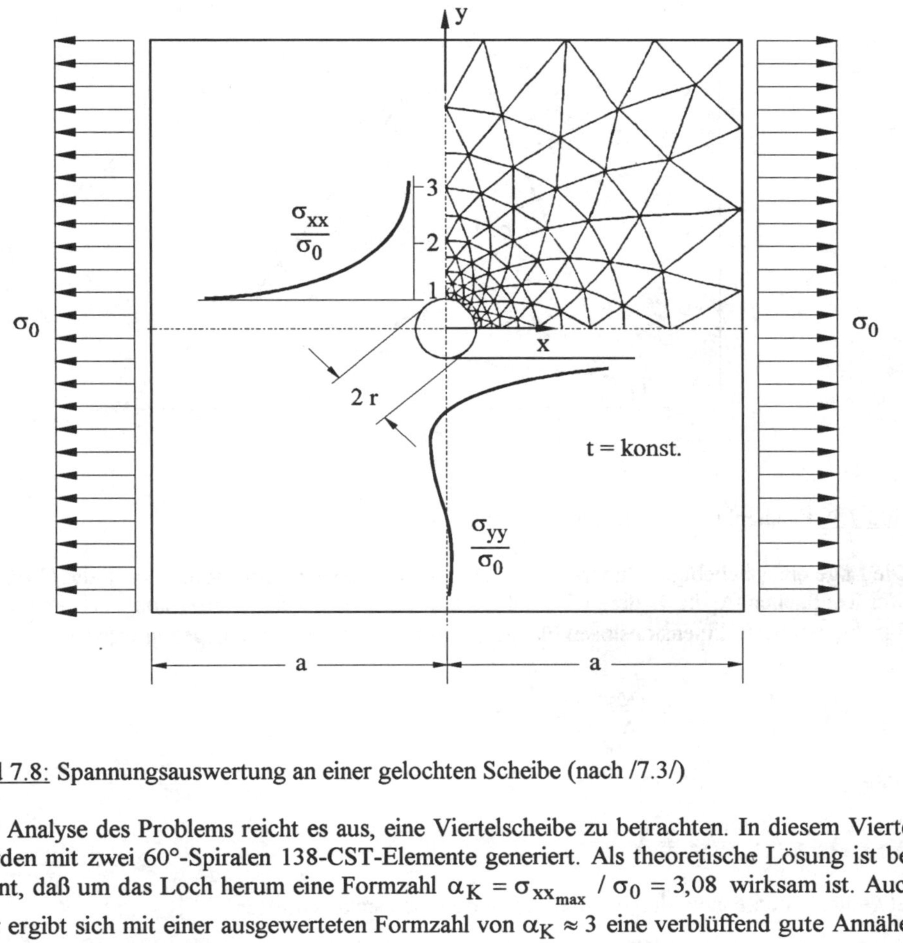

Bild 7.8: Spannungsauswertung an einer gelochten Scheibe (nach /7.3/)

Zur Analyse des Problems reicht es aus, eine Viertelscheibe zu betrachten. In diesem Viertel werden mit zwei 60°-Spiralen 138-CST-Elemente generiert. Als theoretische Lösung ist bekannt, daß um das Loch herum eine Formzahl $\alpha_K = \sigma_{xx_{max}} / \sigma_0 = 3{,}08$ wirksam ist. Auch hier ergibt sich mit einer ausgewerteten Formzahl von $\alpha_K \approx 3$ eine verblüffend gute Annäherung. Quintessenz dieses Beispiels ist somit, daß mit dem beschriebenen einfachen *Dreieck*-Element gute Ergebnisse zu erzielen sind, wenn das Spannungskonzentrationsgebiet sehr fein eingeteilt wird.

7.2.3 Flächenkoordinaten

Eine vielfach in der Literatur benutzte Darstellung zur Herleitung des *Dreieck*-Scheibenelements benutzt Flächenkoordinaten, da so die Beschreibung unabhängig von der Gestalt und der Orientierung des Dreiecks wird. In diesem Sinne bezeichnet man auch die Flächenkoordinaten als die homogenen Koordinaten.

Wie man beim *Dreieck*-Element die Flächenkoordinaten festlegt, zeigt Bild 7.9.

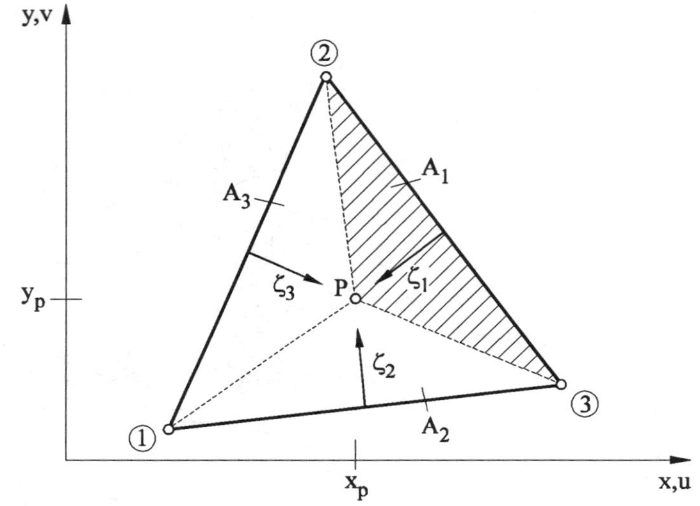

Bild 7.9: Flächenkoordinaten des *Dreieck*-Elements

Die Lage eines beliebigen Punktes P im Inneren des Dreiecks kann somit durch die Größe der drei Teilflächen A_i bzw. deren Verhältnis zur Gesamtdreieckfläche A ausgedrückt werden. Für die demnach dimensionslosen Flächenkoordinaten kann also angegeben werden:

$$\zeta_1 = \frac{A_1}{A}, \quad \zeta_2 = \frac{A_2}{A}, \quad \zeta_3 = \frac{A_3}{A} . \tag{7.24}$$

Wegen

$$A_1 + A_2 + A_3 = A$$

ist weiter zu erkennen, daß die drei definierten Flächenkoordinaten

$$\zeta_1 + \zeta_2 + \zeta_3 = 1 \tag{7.25}$$

nicht unabhängig voneinander sind. Um die Lage eines Punktes im Dreieckinneren festzulegen, genügen nämlich nur zwei Koordinaten. Die hier eingehenden Flächen kann man über folgende Determinanten bestimmen:

$$A_1 = \frac{1}{2}\begin{vmatrix} 1 & x_P & y_P \\ 1 & x_2 & y_2 \\ 1 & x_3 & y_3 \end{vmatrix}, \quad A_2 = \frac{1}{2}\begin{vmatrix} 1 & x_1 & y_1 \\ 1 & x_P & y_P \\ 1 & x_3 & y_3 \end{vmatrix}, \quad A_3 = \frac{1}{2}\begin{vmatrix} 1 & x_1 & y_1 \\ 1 & x_2 & y_2 \\ 1 & x_P & y_P \end{vmatrix} \tag{7.26}$$

und

$$A = \frac{1}{2}\begin{vmatrix} 1 & x_1 & y_1 \\ 1 & x_2 & y_2 \\ 1 & x_3 & y_3 \end{vmatrix}, \qquad (7.27)$$

so daß wieder Gl. (7.25) erfüllt wird. Dies sei für ζ_1 hier beispielhaft angedeutet:

$$\zeta_1 = \frac{1}{2A}\begin{vmatrix} 1 & x_P & y_P \\ 1 & x_2 & y_2 \\ 1 & x_3 & y_3 \end{vmatrix} = \frac{1}{2A}\begin{vmatrix} 1 & x_P & y_P & 1 & x_P \\ 1 & x_2 & y_2 & 1 & x_2 \\ 1 & x_3 & y_3 & 1 & x_3 \end{vmatrix} =$$

$$\frac{1}{2A}\left(x_2\, y_3 + x_P\, y_2 + y_P\, x_3 - x_2\, y_P - x_3\, y_2 - x_P\, y_3\right) =$$

$$\frac{1}{2A}\left(x_2\, y_3 - x_3\, y_2\right) + \left(y_2 - y_3\right)x_P + \left(x_3 - x_2\right)y_P .$$

Läßt man jetzt den Index P bei den Koordinaten weg und benutzt wieder die Abkürzungen

$$a_i = x_j \cdot y_k - x_k \cdot y_j, \quad b_i = y_j - y_k, \quad c_i = x_k - x_j$$

mit

$$i, j, k = 1, 2, 3; \qquad 2, 3, 1; \qquad 3, 1, 2,$$

so kann für die Flächenkoordinate auch angegeben werden

$$\zeta_1 = \frac{1}{2A}\left(a_1 + b_1 \cdot x + c_1 \cdot y\right) .$$

Führt man diese Operation für die drei bezogenen Koordinaten durch, so besteht folgende Zuordnung:

$$\begin{bmatrix} \zeta_1 \\ \zeta_2 \\ \zeta_3 \end{bmatrix} = \frac{1}{2A}\begin{bmatrix} a_1 & b_1 & c_1 \\ a_2 & b_2 & c_2 \\ a_3 & b_3 & c_3 \end{bmatrix} \cdot \begin{bmatrix} 1 \\ x \\ y \end{bmatrix}, \qquad (7.28)$$

bzw. gilt auch die folgende Umkehrung

$$\begin{bmatrix} 1 \\ x \\ y \end{bmatrix} = \begin{bmatrix} 1 & 1 & 1 \\ x_1 & x_2 & x_3 \\ y_1 & y_2 & y_3 \end{bmatrix} \cdot \begin{bmatrix} \zeta_1 \\ \zeta_2 \\ \zeta_3 \end{bmatrix} . \qquad (7.29)$$

An den Beziehungen ist zu erkennen, daß die Zusammenhänge zwischen den Flächen- und kartesischen Koordinaten linear sind, d. h., eine Ansatzfunktion als x,y-Polynom wird ein ζ-Polynom desselben Grades.

Die im weiteren zur Darstellung der Elementeigenschaften erforderlichen Differentiationen und Integrationen lassen sich mit Flächenkoordinaten ebenfalls recht einfach darstellen. Nehmen wir an, daß mit ζ_1, ζ_2 die unabhängigen Koordinaten benannt sind, so erfolgt die Differentiation nach der Produktregel zu

$$\frac{\partial}{\partial \zeta_i} = \frac{\partial}{\partial x} \cdot \frac{\partial x}{\partial \zeta_i} + \frac{\partial}{\partial y} \cdot \frac{\partial y}{\partial \zeta_i} .$$

Für die beiden Koordinaten kann dies wie folgt in Matrixform angegeben werden:

$$\begin{bmatrix} \frac{\partial}{\partial \zeta_1} \\ \frac{\partial}{\partial \zeta_2} \end{bmatrix} = \begin{bmatrix} \frac{\partial x}{\partial \zeta_1} & \frac{\partial y}{\partial \zeta_1} \\ \frac{\partial x}{\partial \zeta_2} & \frac{\partial y}{\partial \zeta_2} \end{bmatrix} \cdot \begin{bmatrix} \frac{\partial}{\partial x} \\ \frac{\partial}{\partial y} \end{bmatrix} = \underline{\mathbf{J}} \begin{bmatrix} \frac{\partial}{\partial x} \\ \frac{\partial}{\partial y} \end{bmatrix} . \tag{7.30}$$

Mit $\underline{\mathbf{J}}$ ist hierin die sogenannte *Jacobi*-Matrix oder Funktionsmatrix eingeführt worden, die auch als

$$\underline{\mathbf{J}} = \left[\frac{\partial(x, y)}{\partial(\zeta_1, \zeta_2)} \right] \tag{7.31}$$

verkürzt geschrieben werden kann. Im vorliegenden Fall läßt sich zeigen, daß die Jacobi-Determinante gleich ist der doppelten Dreieckfläche

$$\det \underline{\mathbf{J}} = \left(\frac{\partial x}{\partial \zeta_1} \cdot \frac{\partial y}{\partial \zeta_2} - \frac{\partial x}{\partial \zeta_2} \cdot \frac{\partial y}{\partial \zeta_1} \right) = 2\,A , \tag{7.32}$$

worin die Dreieckfläche anzusetzen ist als

$$2A = \begin{vmatrix} 1 & x_1 & y_1 \\ 1 & x_2 & y_2 \\ 1 & x_3 & y_3 \end{vmatrix} = x_2\, y_3 + x_1\, y_2 + x_3\, y_1 - x_2\, y_1 - x_3\, y_2 - x_1\, y_3$$

oder unter Benutzung der vorherigen Koeffizienten

$$2A = c_2 \cdot b_1 - c_1 \cdot b_2 = c_3 \cdot b_2 - c_2 \cdot b_3 = c_1 \cdot b_3 - c_3 \cdot b_1 . \tag{7.33}$$

Damit ist dann auch die Jacobi-Matrix gegeben zu

$$\underline{\mathbf{J}} = \begin{bmatrix} c_2 & -b_2 \\ -c_1 & b_1 \end{bmatrix} = \begin{bmatrix} c_3 & -b_3 \\ -c_2 & b_2 \end{bmatrix} = \begin{bmatrix} c_1 & -b_1 \\ -c_3 & b_3 \end{bmatrix} . \tag{7.34}$$

Somit kann auch der zu Gl. (7.30) erforderliche umgekehrte Zusammenhang aufgestellt werden:

$$\begin{bmatrix} \frac{\partial}{\partial x} \\ \frac{\partial}{\partial y} \end{bmatrix} = \underline{\mathbf{J}}^{-1} \begin{bmatrix} \frac{\partial}{\partial \zeta_1} \\ \frac{\partial}{\partial \zeta_2} \end{bmatrix} = \frac{1}{\det \underline{\mathbf{J}}} \begin{bmatrix} \frac{\partial y}{\partial \zeta_2} & -\frac{\partial y}{\partial \zeta_1} \\ -\frac{\partial x}{\partial \zeta_2} & \frac{\partial x}{\partial \zeta_1} \end{bmatrix} \cdot \begin{bmatrix} \frac{\partial}{\partial \zeta_1} \\ \frac{\partial}{\partial \zeta_2} \end{bmatrix} \equiv \frac{1}{2A} \begin{bmatrix} b_1 & b_2 \\ c_1 & c_2 \end{bmatrix} \cdot \begin{bmatrix} \frac{\partial}{\partial \zeta_1} \\ \frac{\partial}{\partial \zeta_2} \end{bmatrix} \quad (7.35)$$

Die Integrationen bezüglich x und y müssen dann ebenfalls nach ζ_1 und ζ_2 transformiert werden. Für ein Flächenteilchen ergibt sich so

$$dA = dx\, dy = \det \underline{\mathbf{J}}\; d\,\zeta_1\; d\,\zeta_2 \equiv 2\,A \cdot d\,\zeta_1 \cdot d\,\zeta_2\ . \quad (7.36)$$

Hierin treten typische Integrale von der Form /7.4/

$$\int \zeta_1{}^R \cdot \zeta_2{}^S \cdot \zeta_3{}^T\, dA = 2\,A \frac{R! \cdot S! \cdot T!}{(2 + R + S + T)!} \quad (7.37)$$

auf, worin R, S, T positive ganze Zahlen darstellen. Für eine Koordinate erhielte man so beispielsweise

$$\int \zeta_1\, dA = 2\,A \frac{1!}{3!} = \frac{A}{3}\ .$$

Der Verschiebungsansatz für ein in Flächenkoordinaten zu beschreibendes *Dreieck*-Element kann somit aufgestellt werden zu

$$\begin{aligned} u(x,y) &= \zeta_1 \cdot u_1 + \zeta_2 \cdot u_2 + \zeta_3 \cdot u_3 \\ v(x,y) &= \zeta_1 \cdot v_1 + \zeta_2 \cdot v_2 + \zeta_3 \cdot v_3 \end{aligned}$$

oder in Matrixform

$$\underline{\mathbf{u}} = \begin{bmatrix} u \\ v \end{bmatrix} = \left[\begin{array}{cc:cc:cc} \zeta_1 & 0 & \zeta_2 & 0 & \zeta_3 & 0 \\ 0 & \zeta_1 & 0 & \zeta_2 & 0 & \zeta_3 \end{array} \right] \cdot \begin{bmatrix} \underline{\mathbf{d}}_1 \\ \underline{\mathbf{d}}_2 \\ \underline{\mathbf{d}}_3 \end{bmatrix}\ . \quad (7.38)$$

Die Formfunktionen sind dabei

$$g_1 = \zeta_1, \quad g_2 = \zeta_2, \quad g_3 = \zeta_3\ .$$

In der Übertragung auf andere Elemente erweist sich die Flächenkoordinaten-Darstellung meist auch als sehr vorteilhaft.

7.2.4 Erweiterungen des Dreieck-Elements

Für manche Probleme ist das lineare *Dreieck*-Element einfach unzweckmäßig, und zwar dann, wenn es sich einem gekrümmten Rand anpassen muß, oder wenn die Genauigkeit des Elements in einem Gebiet erhöht werden soll.

Die immer feinere Unterteilung eines Gebiets in finite Elemente stößt auch heute noch an Grenzen. Diese Grenzen sind durch die Number-Crunching-Leistung (Rechengeschwindigkeit) und das Speichervermögen (Hauptspeicher) des verfügbaren Computers gegeben. So zeigt sich, daß die Rechenzeit etwa exponentiell mit der Elementezahl ansteigt und bei sehr feinen Netzen oft unakzeptable Laufzeiten anfallen. Insofern bleibt nur die Alternative, die Knotenzahl der Elemente zu erhöhen, um genauere Ergebnisse zu erhalten. Beim *Dreieck*-Element ist diesbezüglich die im Bild 7.10 gezeigte Elementfamilie entwickelt worden.

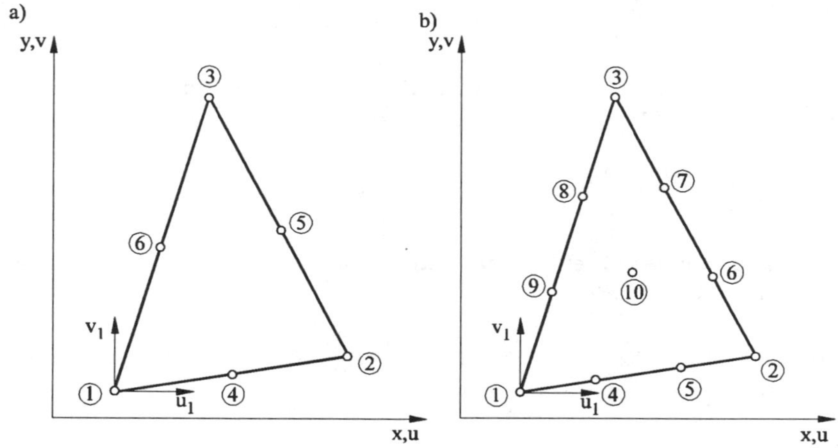

Bild 7.10: *Dreieck*-Elemente höherer Ordnung (nach /7.5/)
a) parabolisches Element mit 6 Knoten, b) kubisches Element mit 10 Knoten

Wie man erkennt ist hier sowohl die Möglichkeit vorhanden, quadratische und kubische Elemente zu beschreiben. Ohne auf die Herleitung dieser Elemente näher einzugehen, sollen ein paar allgemeine Eigenschaften andiskutiert werden:

- Das 6knotige Element mit Mittenknoten auf den Seitenmitten hat insgesamt 12 Freiheitsgrade. Demnach ist als Verschiebungsansatz ein vollständiges Polynom zweiten Grades zu wählen, und zwar

$$u(x,y) = \alpha_1 + \alpha_2 \cdot x + \alpha_3 \cdot y + \alpha_4 \cdot x^2 + \alpha_5 \cdot x \cdot y + \alpha_6 \cdot y^2$$
$$v(x,y) = \alpha_7 + \alpha_8 \cdot x + \alpha_9 \cdot y + \alpha_{10} \cdot x^2 + \alpha_{11} \cdot x \cdot y + \alpha_{12} \cdot y^2 .$$

  Somit ergibt sich längs der Elementseiten eine parabolische Verschiebungsverteilung, die durch die drei Knotenpunkte je Seite eindeutig bestimmt ist. Der Rand kann demzufolge auch gebogen werden, wodurch die Kontur stückchenweise einer Kurve folgen kann.

- Das 10knotige Element mit zwei Zwischenknoten auf jeder Dreieckseite und einem Mittenknoten weist insgesamt 20 Freiheitsgrade auf. Insofern ist hierfür folgender Ansatz

$$
\begin{aligned}
u(x,y) &= \alpha_1 + \alpha_2 \cdot x + \alpha_3 \cdot y + \alpha_4 \cdot x^2 + \alpha_5 \cdot x \cdot y + \alpha_6 \cdot y^2 + \alpha_7 \cdot x^3 + \alpha_8 \cdot x^2 \cdot y \\
&\quad + \alpha_9 \cdot x \cdot y^2 + \alpha_{10} \cdot y^3 \\
v(x,y) &= \alpha_{11} + \alpha_{12} \cdot x + \alpha_{13} \cdot y + \alpha_{14} \cdot x^2 + \alpha_{15} \cdot x \cdot y + \alpha_{16} \cdot y^2 + \alpha_{17} \cdot x^3 \\
&\quad + \alpha_{18} \cdot x^2 \cdot y + \alpha_{19} \cdot x \cdot y^2 + \alpha_{20} \cdot y^3 .
\end{aligned}
\tag{7.39}
$$

  maßgebend. Die Verschiebungen einer Dreieckseite gehorchen damit einer kubischen Parabel, die eindeutig durch die vier Stützstellen festgelegt sind. Durch die Anzahl der Stützstellen wird der Geometriefehler bei der Anpassung an einen Rand relativ gering gehalten. Ein weiterer Vorteil ist, daß das Gebiet nur grob idealisiert werden braucht.

- Eine gänzlich andere Möglichkeit, das Elementverhalten festzulegen, besteht darin, am Knoten außer den Verschiebungen auch die Ableitungen der Verschiebungen als Unbekannte einzuführen. Dem liegt somit eine komplizierte Ansatzfunktion zugrunde, die wiederum auch zu einer aufwendigen Elementbeschreibung führt. Im Element ergibt sich dadurch eine quadratische Verzerrungs- und Spannungsverteilung, weshalb bei der Idealisierung mit großen Elementen gearbeitet werden kann. Ein weiterer Vorteil ist, daß bei einem derart formulierten Element außer Einzelkräfte auch Momente in die Knoten eingeleitet werden können.

Diese Kurzbeschreibung mag zu der *Dreieck*-Elementfamilie ausreichen, da meist eine nähere Erläuterung in den einschlägigen Programmhandbüchern zu finden ist. Als Hinweis sei jedoch noch gegeben, daß die drei Elementtypen nicht mit anderen einfachen Elementen verbunden werden können, d. h. ein Gebiet muß dann konsequent mit den entsprechend höheren Elementen idealisiert werden.

7.2.5 Rechteck-Element

Ein anderes einfaches Element zur Behandlung von Scheibenproblemen ist das *Rechteck*-Element /7.6/, welches zwar nur eine beschränkte Anwendung hat, hier aber exemplarisch betrachtet werden soll. Die Darstellung des Elements zeigt Bild 7.11.

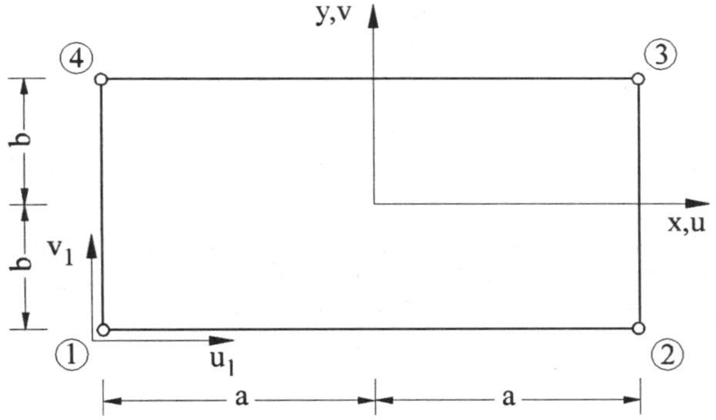

Bild 7.11: *Rechteck*-Scheibenelement

Gemäß den vorausgegangenen Ausführungen soll der Verschiebungszustand je Koordinatenrichtung durch folgenden Ansatz beschrieben werden:

$$\begin{aligned} u(x,y) &= \alpha_1 + \alpha_2 \cdot x + \alpha_3 \cdot y + \alpha_4 \cdot x \cdot y \\ v(x,y) &= \alpha_5 + \alpha_6 \cdot x + \alpha_7 \cdot y + \alpha_8 \cdot x \cdot y \, . \end{aligned} \tag{7.40}$$

Die Ansatzkoeffizienten α_i bestimmen wir wieder aus der Plazierung des Elements in seinem elementeigenen Koordinatensystem. Dieses legen wir hier genau mittig, so daß sich einige Vereinfachungen ergeben.

Mit den entsprechenden Knotenkoordinaten führt dies zu folgenden Gleichungen:

– am Knoten ④
ist x_4 = -a, y_4 = b
und so

$$\begin{aligned} u_4 &= \alpha_1 - \alpha_2 \cdot a + \alpha_3 \cdot b - \alpha_4 \cdot ab \\ v_4 &= \alpha_5 - \alpha_6 \cdot a + \alpha_7 \cdot b - \alpha_8 \cdot ab \end{aligned}$$

- am Knoten ③
ist x_3 = a, y_3 = b
und so

$$\begin{aligned} u_3 &= \alpha_1 + \alpha_2 \cdot a + \alpha_3 \cdot b + \alpha_4 \cdot ab \\ v_3 &= \alpha_5 + \alpha_6 \cdot a + \alpha_7 \cdot b + \alpha_8 \cdot ab \end{aligned}$$

– am Knoten ①
ist x_1 = -a, y_1 = -b
und so

$$\begin{aligned} u_1 &= \alpha_1 - \alpha_2 \cdot a - \alpha_3 \cdot b + \alpha_4 \cdot ab \\ v_1 &= \alpha_5 - \alpha_6 \cdot a - \alpha_7 \cdot b + \alpha_8 \cdot ab \end{aligned}$$

- am Knoten ②
ist x_2 = a, y_2 = -b
und so

$$\begin{aligned} u_2 &= \alpha_1 + \alpha_2 \cdot a - \alpha_3 \cdot b - \alpha_4 \cdot ab \\ v_2 &= \alpha_5 + \alpha_6 \cdot a - \alpha_7 \cdot b - \alpha_8 \cdot ab \end{aligned}$$

Sortiert man nun diese Gleichungen, so erkennt man über das matrizielle Schema den Zusammenhang etwas besser

$$\begin{bmatrix} u_1 \\ u_2 \\ u_3 \\ u_4 \\ \hline v_1 \\ v_2 \\ v_3 \\ v_4 \end{bmatrix} = \left[\begin{array}{cccc|cccc} 1 & -a & -b & ab & & & & \\ 1 & a & -b & -ab & & \underline{0} & & \\ 1 & a & b & ab & & & & \\ 1 & -a & b & -ab & & & & \\ \hline & & & & 1 & -a & -b & ab \\ & \underline{0} & & & 1 & a & -b & -ab \\ & & & & 1 & a & b & ab \\ & & & & 1 & -a & b & -ab \end{array}\right] \cdot \begin{bmatrix} \alpha_1 \\ \alpha_2 \\ \alpha_3 \\ \alpha_4 \\ \hline \alpha_5 \\ \alpha_6 \\ \alpha_7 \\ \alpha_8 \end{bmatrix} . \tag{7.41}$$

Zur Bestimmung der Koeffizienten ist es hierbei ausreichend, nur eine Teilmatrix zu invertieren. Wir wollen dies beispielhaft mit dem Gaußschen Algorithmus tun. Zielsetzung ist es dabei zu einer Dreiecksmatrix zu kommen, die von unten her auflösbar ist.

$$\begin{array}{cccc|c}
1 & -a & -b & ab & u_1 \\
1 & a & -b & -ab & u_2 \\
1 & a & b & ab & u_3 \\
1 & -a & b & -ab & u_4 \\
\hdashline
1 & -a & -b & ab & u_1 \\
0 & 2a & 0 & -2ab & u_2 - u_1 \\
0 & 2a & 2b & 0 & u_3 - u_1 \\
0 & 0 & 2b & -2ab & u_4 - u_1 \\
\hdashline
1 & -a & -b & ab & u_1 \\
0 & 2a & 0 & -2ab & u_2 - u_1 \\
0 & 0 & 2b & 2ab & u_3 - u_1 - u_2 + u_1 \\
0 & 0 & 0 & -4ab & u_4 - u_1 - u_3 + u_1 + u_2 - u_1 \\
\hdashline
\end{array}$$

$$\alpha_4 = \frac{u_1 - u_2 + u_3 - u_4}{4\, a \cdot b},$$

$$2\, b \cdot \alpha_3 + 2\, a \cdot b \cdot \alpha_4 = u_3 - u_2$$

$$\alpha_3 = \frac{-u_1 - u_2 + u_3 + u_4}{4\, b},$$

$$2\, a \cdot \alpha_2 - 2\, a \cdot b \cdot \alpha_4 = u_2 - u_1$$

$$\alpha_2 = \frac{-u_1 + u_2 + u_3 - u_4}{4\, a},$$

$$\alpha_1 - a \cdot \alpha_2 - b \cdot \alpha_3 + a \cdot b \cdot \alpha_4 = u_1$$

$$\alpha_1 = \frac{u_1 + u_2 + u_3 + u_4}{4}.$$

Wie sich die Gleichungen ergeben, sieht man an den Umformungen der rechten Seite des Gaußschen Schemas. Die entsprechenden Beziehungen für α_5 bis α_8 folgen aus einfachem Austauschen der u- gegen die v-Verschiebungen.

Führt man jetzt die Koeffizienten in den Verschiebungsansatz (7.39) ein, so kann z. B. folgende Zuordnung erstellt werden:

$$u(x,y) = \frac{u_1 + u_2 + u_3 + u_4}{4} - \frac{u_1 - u_2 - u_3 + u_4}{4\, a} \cdot x - \frac{u_1 + u_2 - u_3 - u_4}{4\, b} \cdot y + \frac{u_1 - u_2 + u_3 - u_4}{4\, a \cdot b} x \cdot y. \tag{7.42}$$

Wird diese Gleichung wieder sortiert, so wird sofort der Zusammenhang mit den Knotengrößen sichtbar:

$$
\begin{aligned}
u(x,y) &= \frac{1}{4\,a\cdot b}\left[(a-x)(b-y)u_1 + (a+x)(b-y)u_2 + (a+x)(b+y)u_3 \right.\\
&\quad \left. + (a-x)(b+y)u_4\right] \\
v(x,y) &= \frac{1}{4\,a\cdot b}\left[(a-x)(b-y)v_1 + (a+x)(b-y)v_2 + (a+x)(b+y)v_3 \right.\\
&\quad \left. + (a-x)(b+y)v_4\right].
\end{aligned}
\tag{7.43}
$$

Um die weiteren Herleitungen noch allgemeingültiger ausführen zu können, wollen wir ab jetzt mit den beiden dimensionslosen Koordinaten $\xi = x/a$ und $\eta = y/b$ arbeiten. Der vorstehende Ansatz lautet dann:

$$
\begin{aligned}
u(\xi,\eta) &= \frac{1}{4}\left[(1-\xi)(1-\eta)u_1 + (1+\xi)(1-\eta)u_2 + (1+\xi)(1+\eta)u_3 + (1-\xi)(1+\eta)u_4\right] \\
v(\xi,\eta) &= \frac{1}{4}\left[(1-\xi)(1-\eta)v_1 + (1+\xi)(1-\eta)v_2 + (1+\xi)(1+\eta)v_3 + (1-\xi)(1+\eta)v_4\right]
\end{aligned}
\tag{7.44}
$$

Hier tauchen nun folgende Formfunktionen auf

$$
\begin{aligned}
g_1 &= \frac{1}{4}(1-\xi)(1-\eta), \quad & g_2 &= \frac{1}{4}(1+\xi)(1-\eta), \\
g_3 &= \frac{1}{4}(1+\xi)(1+\eta), \quad & g_4 &= \frac{1}{4}(1-\xi)(1+\eta).
\end{aligned}
\tag{7.45}
$$

Die Eigenschaften dieser Formfunktion entnehme man Bild 7.12, welches beispielsweise die Verhaltensweise am Knoten 3 wiedergibt.

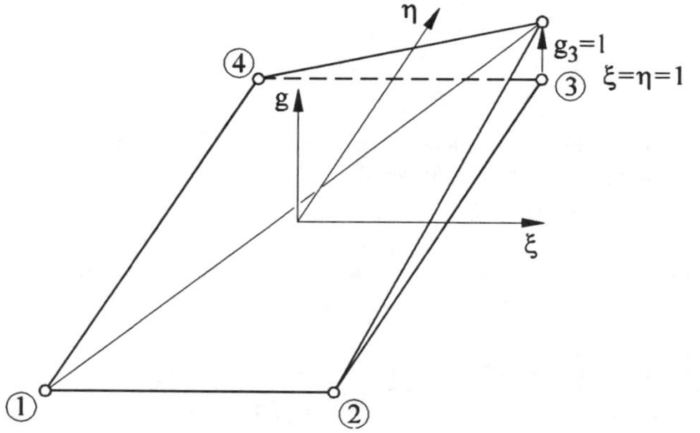

Bild 7.12:
Darstellung der Formfunktion $g_3(\xi,\eta)$ am *Rechteck*-Element

Nachdem nun die Verschiebungen definiert sind, können als nächstes die Verzerrungen ermittelt werden. Dazu greifen wir auf den dimensionslosen Verschiebungsansatz zurück und formulieren

$$\varepsilon_{xx} = \frac{\partial u}{\partial x} = \frac{\partial u}{\partial \xi} \cdot \frac{\partial \xi}{\partial x} = \frac{1}{a} \cdot \frac{\partial u}{\partial \xi},$$

$$\varepsilon_{yy} = \frac{\partial v}{\partial y} = \frac{\partial v}{\partial \eta} \cdot \frac{\partial \eta}{\partial y} = \frac{1}{b} \cdot \frac{\partial v}{\partial \eta}$$

und

$$\gamma_{xy} = \frac{\partial u}{\partial y} + \frac{\partial v}{\partial x} = \frac{1}{b} \cdot \frac{\partial u}{\partial \eta} + \frac{1}{a} \cdot \frac{\partial v}{\partial \xi} \,.$$

Diese Gleichung überführen wir wieder in eine matrizielle Form und setzt gleich den Ansatz ein. Man erhält dann

$$\begin{bmatrix} \varepsilon_{xx} \\ \varepsilon_{yy} \\ \gamma_{xy} \end{bmatrix} = \begin{bmatrix} \frac{1}{a} \cdot \frac{\partial}{\partial \xi} & 0 \\ 0 & \frac{1}{b} \cdot \frac{\partial}{\partial \eta} \\ \frac{1}{b} \cdot \frac{\partial}{\partial \eta} & \frac{1}{a} \cdot \frac{\partial}{\partial \xi} \end{bmatrix} \cdot \left[\begin{array}{cc|cc|cc|cc} g_1 & 0 & g_2 & 0 & g_3 & 0 & g_4 & 0 \\ 0 & g_1 & 0 & g_2 & 0 & g_3 & 0 & g_4 \end{array} \right] \cdot \begin{bmatrix} u_1 \\ v_1 \\ u_2 \\ v_2 \\ u_3 \\ v_3 \\ u_4 \\ v_4 \end{bmatrix}$$

oder

$$\underline{\boldsymbol{\varepsilon}} = \underline{\mathbf{B}} \cdot \underline{\mathbf{d}} \,. \tag{7.46}$$

Multipliziert man insbesondere die Gl. (7.46) knotenweise aus, so entsteht folgender Verschiebungs-Verzerrungs-Zustand am Knoten i

$$\underline{\mathbf{B}}_i = \begin{bmatrix} \frac{1}{a} \cdot \frac{\partial g_i}{\partial \xi} & 0 \\ 0 & \frac{1}{b} \cdot \frac{\partial g_i}{\partial \eta} \\ \frac{1}{b} \cdot \frac{\partial g_i}{\partial \eta} & \frac{1}{a} \cdot \frac{\partial g_i}{\partial \xi} \end{bmatrix} . \tag{7.47}$$

Führt man dies für alle vier Knoten aus, so liegen unter Berücksichtigung der Bauformen der g_i (s. Gl. (7.45)) die nachfolgenden Teilmatrizen vor:

$$\underline{\mathbf{B}}_1 = \frac{1}{4}\begin{bmatrix} -\frac{1-\eta}{a} & 0 \\ 0 & -\frac{1-\xi}{b} \\ -\frac{1-\xi}{b} & -\frac{1-\eta}{a} \end{bmatrix}, \quad \underline{\mathbf{B}}_2 = \frac{1}{4}\begin{bmatrix} \frac{1-\eta}{a} & 0 \\ 0 & -\frac{1+\xi}{b} \\ -\frac{1+\xi}{b} & \frac{1-\eta}{a} \end{bmatrix},$$

$$\underline{\mathbf{B}}_3 = \frac{1}{4}\begin{bmatrix} \frac{1+\eta}{a} & 0 \\ 0 & \frac{1+\xi}{b} \\ \frac{1+\xi}{b} & \frac{1+\eta}{a} \end{bmatrix}, \quad \underline{\mathbf{B}}_4 = \frac{1}{4}\begin{bmatrix} -\frac{1+\eta}{a} & 0 \\ 0 & \frac{1-\xi}{b} \\ \frac{1-\xi}{b} & -\frac{1+\eta}{a} \end{bmatrix}. \tag{7.48}$$

Hiermit können sofort die Elementverzerrungen angegeben werden mit

$$\underline{\varepsilon} = \begin{bmatrix} \varepsilon_{xx} \\ \varepsilon_{yy} \\ \gamma_{xy} \end{bmatrix} = \frac{1}{4}\left[\begin{array}{cc|cc|cc|cc} -\frac{1-\eta}{a} & 0 & \frac{1-\eta}{a} & 0 & \frac{1+\eta}{a} & 0 & -\frac{1+\eta}{a} & 0 \\ 0 & -\frac{1-\xi}{b} & 0 & -\frac{1+\xi}{b} & 0 & \frac{1+\xi}{b} & 0 & \frac{1-\xi}{b} \\ -\frac{1-\xi}{b} & -\frac{1-\eta}{a} & -\frac{1+\xi}{b} & \frac{1-\eta}{a} & \frac{1+\xi}{b} & \frac{1+\eta}{a} & \frac{1-\xi}{b} & -\frac{1+\eta}{a} \end{array}\right] \cdot \begin{bmatrix} \underline{d}_1 \\ \underline{d}_2 \\ \underline{d}_3 \\ \underline{d}_4 \end{bmatrix} \tag{7.49}$$

Die Diskussion von Gl. (7.49) zeigt, daß für die Koordinatenrichtung x mit η = konst. und für die Koordinatenrichtung y mit ξ = konst. jeweils auch konstante Verzerrungen vorliegen.

Für die Elementsteifigkeitsmatrix kann so formuliert werden:

$$\underline{\mathbf{k}} = \int_V \underline{\mathbf{B}}^t \cdot \underline{\mathbf{E}} \cdot \underline{\mathbf{B}}\, dV = a \cdot b \cdot t \int_{-1}^{1}\int_{-1}^{1} \sum_{i=1}^{4} \sum_{j=1}^{4} \underline{\mathbf{B}}_i^{\,t} \cdot \underline{\mathbf{E}} \cdot \underline{\mathbf{B}}_j \, d\xi\, d\eta . \tag{7.50}$$

Zweckmäßiger ist hier aber eine knotenweise Auswertung von Untermatrizen $\underline{\mathbf{k}}_{ij}$. Für einen Knoten ergibt sich dann die folgende Untermatrix:

$$\underline{\mathbf{k}}_{ij} = \frac{a \cdot b \cdot t}{16} \cdot \frac{E}{1-\nu^2} \int_{-1}^{1}\int_{-1}^{1} \begin{bmatrix} \xi_i \frac{1+\eta\cdot\eta_i}{a} & 0 & \eta_i \frac{1+\xi\cdot\xi_i}{b} \\ 0 & \eta_i \frac{1+\xi\cdot\xi_i}{b} & \xi_i \frac{1+\eta\cdot\eta_i}{a} \end{bmatrix} \cdot \begin{bmatrix} 1 & \nu & 0 \\ \nu & 1 & 0 \\ 0 & 0 & \frac{1-\nu}{2} \end{bmatrix}$$

$$\cdot \begin{bmatrix} \xi_j \frac{1+\eta\cdot\eta_i}{a} & 0 \\ 0 & \eta_j \frac{1+\xi\cdot\xi_j}{b} \\ \eta_j \frac{1+\xi\cdot\xi_i}{b} & \xi_j \frac{1+\eta\cdot\eta_j}{a} \end{bmatrix} d\xi \cdot d\eta \qquad (7.51)$$

darin sind mit $\xi_{i,j}$ und $\eta_{i,j}$ die jeweiligen Knotenkoordinaten einzusetzen. Die bei der Integration auftretenden Integrale sind dabei recht einfach auszuwerten, und zwar zu

$$\xi_i^2 \int_{-1}^{1}\int_{-1}^{1} (1+\eta\cdot\eta_i)^2 \, d\xi \cdot d\eta = \frac{16}{3}\xi_i^2 ,$$

$$\eta_i^2 \int_{-1}^{1}\int_{-1}^{1} (1+\xi\cdot\xi_i)^2 \, d\xi \cdot d\eta = \frac{16}{3}\eta_i^2$$

und

$$\xi_i \cdot \eta_i \int_{-1}^{1}\int_{-1}^{1} (1+\xi\cdot\xi_i)\cdot(1+\eta\cdot\eta_i) \, d\xi \cdot d\eta = 4\,\xi_i \cdot \eta_i ,$$

womit dann letztlich die nachfolgende Steifigkeitsmatrix erstellt werden kann.

$$\underline{k}=\frac{E\cdot t}{12\left(1-\nu^2\right)}\left[\begin{array}{c|c|c|c}
\begin{array}{c} i=1,\ j=1 \\ \begin{array}{cc} 4\frac{b}{a}+2(1-\nu)\frac{a}{b} & \frac{3}{2}(1+\nu) \\ \frac{3}{2}(1+\nu) & 4\frac{a}{b}+2(1-\nu)\frac{b}{a} \end{array}\end{array} &
\begin{array}{c} i=1,\ j=2 \\ \begin{array}{cc} -4\frac{b}{a}+(1-\nu)\frac{a}{b} & -\frac{3}{2}(1-3\nu) \\ \frac{3}{2}(1-3\nu) & 2\frac{a}{b}-2(1-\nu)\frac{b}{a} \end{array}\end{array} &
\begin{array}{c} i=1,\ j=3 \\ \begin{array}{cc} -2\frac{b}{a}-(1-\nu)\frac{a}{b} & -\frac{3}{2}(1+\nu) \\ -\frac{3}{2}(1+\nu) & -2\frac{a}{b}-(1-\nu)\frac{b}{a} \end{array}\end{array} &
\begin{array}{c} i=1,\ j=4 \\ \begin{array}{cc} 2\frac{b}{a}-2(1-\nu)\frac{a}{b} & \frac{3}{2}(1-3\nu) \\ -\frac{3}{2}(1-3\nu) & -4\frac{a}{b}+(1-\nu)\frac{b}{a} \end{array}\end{array} \\ \hline
 &
\begin{array}{c} i=2,\ j=2 \\ \begin{array}{cc} 4\frac{b}{a}+2(1-\nu)\frac{a}{b} & -\frac{3}{2}(1+\nu) \\ -\frac{3}{2}(1+\nu) & 4\frac{a}{b}+2(1-\nu)\frac{b}{a} \end{array}\end{array} &
\begin{array}{c} i=2,\ j=3 \\ \begin{array}{cc} 2\frac{b}{a}-2(1-\nu)\frac{a}{b} & -\frac{3}{2}(1-3\nu) \\ \frac{3}{2}(1-3\nu) & -4\frac{a}{b}+(1-\nu)\frac{b}{a} \end{array}\end{array} &
\begin{array}{c} i=2,\ j=4 \\ \begin{array}{cc} -2\frac{b}{a}-(1-\nu)\frac{a}{b} & \frac{3}{2}(1+\nu) \\ \frac{3}{2}(1+\nu) & -2\frac{a}{b}-(1-\nu)\frac{b}{a} \end{array}\end{array} \\ \hline
\text{sym.} & &
\begin{array}{c} i=3,\ j=3 \\ \begin{array}{cc} 4\frac{b}{a}+2(1-\nu)\frac{a}{b} & \frac{3}{2}(1+\nu) \\ \frac{3}{2}(1+\nu) & 4\frac{a}{b}+2(1-\nu)\frac{b}{a} \end{array}\end{array} &
\begin{array}{c} i=3,\ j=4 \\ \begin{array}{cc} -4\frac{b}{a}+(1-\nu)\frac{a}{b} & -\frac{3}{2}(1-3\nu) \\ \frac{3}{2}(1-3\nu) & 2\frac{a}{b}-2(1-\nu)\frac{b}{a} \end{array}\end{array} \\ \hline
 & & &
\begin{array}{c} i=4,\ j=4 \\ \begin{array}{cc} 4\frac{b}{a}+2(1-\nu)\frac{a}{b} & -\frac{3}{2}(1+\nu) \\ -\frac{3}{2}(1+\nu) & 4\frac{a}{b}+2(1-\nu)\frac{b}{a} \end{array}\end{array}
\end{array}\right] \qquad (7.52)$$

7.2.6 Konvergenz Balken-Scheiben-Elemente

Bei einigen praktischen Anwendungsfällen besteht oft alternativ die Möglichkeit mit *Balken-* oder *Scheiben*-Elementen zu rechnen. Dies ist meist dann gegeben, wenn es sich um dünne, schlanke Tragstrukturen handelt. Im folgenden Beispiel sei ein derartiger Fall konstruiert. Vorgegeben sei ein dünner, hochstehender Blechstreifen, der in der Art eines Kragbalkens belastet sei. Von Interesse soll hierbei die Durchbiegung am Ende sein. Zur Lösung des Problems sollen einmal *Balken*-Elemente und einmal *Dreieck-* bzw. *Viereck-Scheiben-*Elemente eingesetzt werden. Die Auswertung dieser Aufgabenstellung zeigt Bild 7.13.

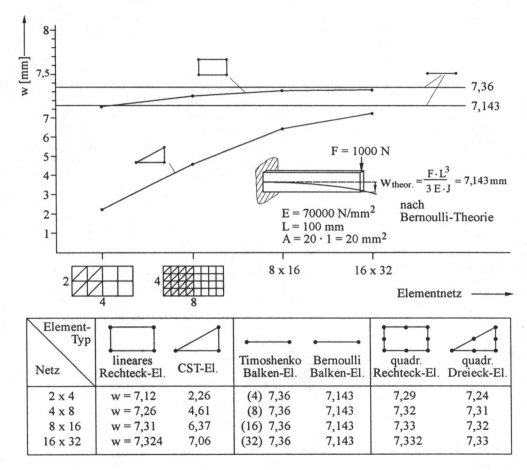

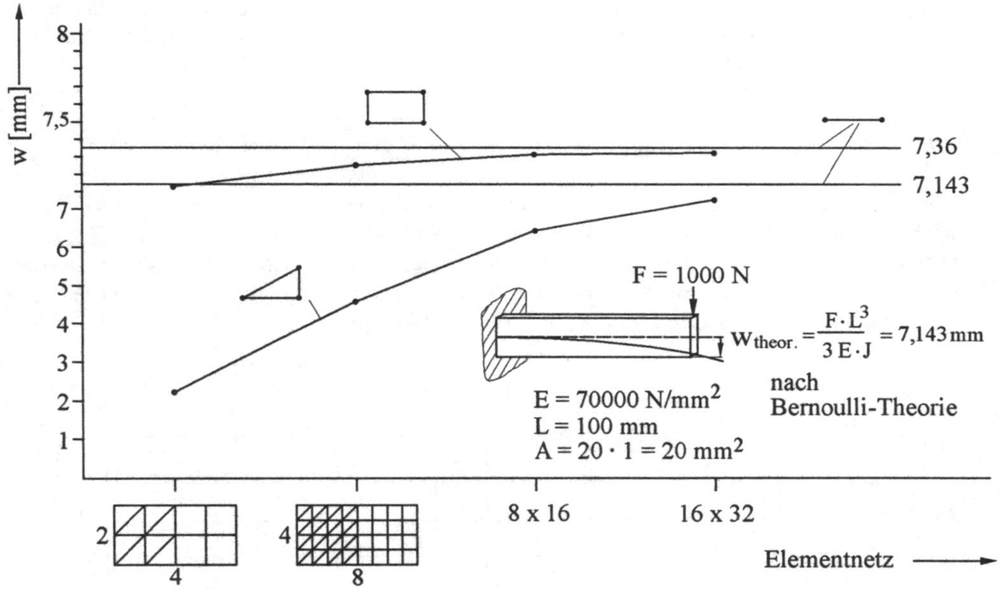

Element-Typ / Netz	lineares Rechteck-El.	CST-El.	Timoshenko Balken-El.	Bernoulli Balken-El.	quadr. Rechteck-El.	quadr. Dreieck-El.
2 x 4	w = 7,12	2,26	(4) 7,36	7,143	7,29	7,24
4 x 8	w = 7,26	4,61	(8) 7,36	7,143	7,32	7,31
8 x 16	w = 7,31	6,37	(16) 7,36	7,143	7,33	7,32
16 x 32	w = 7,324	7,06	(32) 7,36	7,143	7,332	7,33

Bild 7.13: Konvergenzverhalten zwischen *Balken*-Elementen und *Dreieck-* bzw. *Rechteck-*Scheibenelementen

Idealisiert man die Aufgabe als Balkenproblem und zieht für die Lösung die Euler-Bernoulli-Theorie (Ebenbleiben der Querschnitte) heran, so ergibt sich nach der bekannten Formel für die Durchbiegung w = 7,143 mm, welches aber nicht die exakte Lösung sein wird, da bei der Absenkung des Blechstreifens auch Schubverformungen eine Rolle spielen werden.

Die gleiche Aussage erhält man somit durch die Wahl des (schubstarren) *Bernoulli-Balken-*Elements, welches unabhängig vom Diskretisierungsgrad ebenfalls w = 7,143 mm ausweist. Will man hingegen den Effekt der Schubdurchsenkung auch erfassen, so muß das (schubweiche) *Timoshenko-Balken*-Element herangezogen werden, welches mit w = 7,36 mm 3,5 % größere Werte errechnet.

Die Schubverformung wird bei Scheibenelemente durch die Gleitungen (γ_{xy}) miterfaßt, so daß die Scheibenlösung eigentlich genauer sein müßte. Als problematisch erweist sich jedoch die Wahl des Elements, wie die Konvergenzanalyse belegt: Das *lineare Rechteck*-Scheibenelement konvergiert recht schnell zu einem Wert w = 7,324 mm, während sich das *Dreieck*-Scheibenelement als recht ungenau erweist. Durch die Wahl von quadratischen *Rechteck*-Elementen läßt sich das Ergebnis nur unwesentlich verbessern, während das quadratische *Dreieck*-Element ebenfalls recht gut konvergiert.

7.2.7 Exkurs Schubverformung

Wie zuvor festgestellt, kann in vielen Anwendungsfällen (kurzer Balken, dicke Platte, Sandwichelement) Schubverformung auftreten, die dann für eine weitestgehend exakte Ergebnisermittlung berücksichtigt werden muß. In Ergänzung zur Beschreibung des 2D-*Balken*-Elements soll im folgenden ein *schubweiches*, *ebenes* Balken-Element diskutiert werden. Die Verformung eines derartigen Elements ist im Bild 7.14 dargestellt.

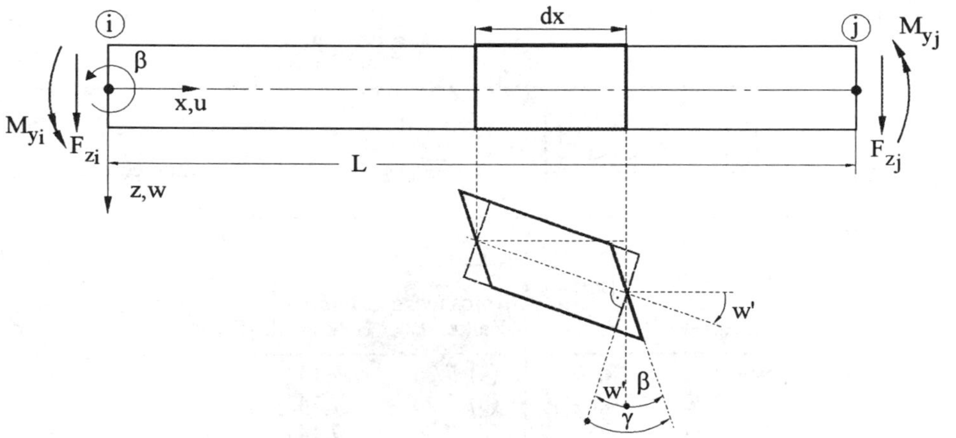

Bild 7.14: Verformung eines Balken-Elements infolge Biegung und Schub

Aus dem Bild 7.14 entnimmt man für den Verdrehwinkel der Querschnittsfläche β die Beziehung

$$\beta(x) = -w'(x) + \gamma(x). \tag{7.53}$$

Der Verdrehwinkel β folgt aus der Beziehung (s. Seite 49)

$$M_{by} = E \cdot J_y \cdot \frac{d\beta}{dx},$$

worin die Krümmung κ statt aus der 2-maligen Ableitung der Durchsenkung w ($\kappa \approx -w''$) nun durch die resultierende Krümmung $\kappa = \beta'$ zu ersetzen ist (Vorzeichen siehe Bild 7.14!).

Die Schubverformung γ ist das Resultat der nun berücksichtigten Querkraft

$$Q = G \cdot A_S \cdot \gamma .$$

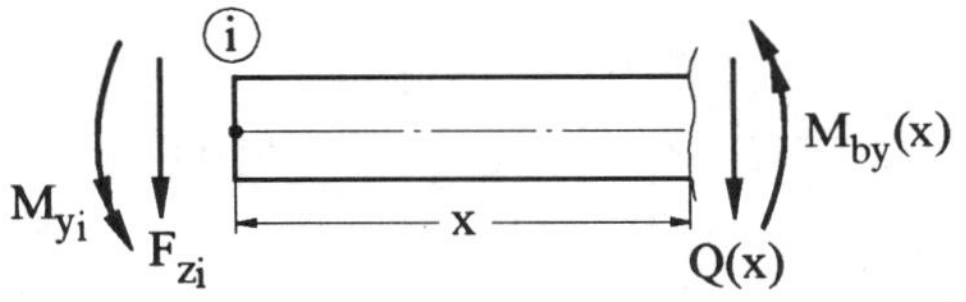

Bild 7.15: Schnittgrößen am ebenen Balken-Element

Für die Schnittgrößen Q(x) und $M_{by}(x)$ gilt nach Bild 7.15

$$Q + F_{zi} = 0, \tag{7.54}$$

und

$$M_{by} + M_{yi} + F_{zi} \cdot x = 0 . \tag{7.55}$$

Wird jetzt die Querkraft in die Gl. (7.54) eingesetzt, so führt dies auf den Schubwinkel γ

$$G \cdot A_S \cdot \gamma + F_{zi} = 0$$

$$\gamma = -\frac{F_{zi}}{G \cdot A_S}, \tag{7.56}$$

und das Einsetzen der Biegemomentbeziehung in Gl. (7.55) ergibt eine Beziehung für den Verdrehwinkel β

$$E \cdot J_y \cdot \beta' + M_{yi} + F_{zi} \cdot x = 0$$

$$\beta' = -\frac{F_{zi}}{E \cdot J_y} \cdot x - \frac{M_{yi}}{E \cdot J_y} . \tag{7.57}$$

Einmalige Integration von Gl. (7.57) liefert

$$\beta = -\frac{1}{2} \cdot \frac{F_{zi}}{E \cdot J_y} \cdot x^2 - \frac{M_{yi}}{E \cdot J_y} \cdot x + C_1. \tag{7.58}$$

Mit Gl. (7.56), Gl. (7.58) und der Gl. (7.53) läßt sich jetzt die Biegelinie w berechnen. Aus Gl. (7.53) folgt:

$$w' = \gamma - \beta .$$

$$w' = -\frac{F_{zi}}{G \cdot A_S} + \frac{1}{2} \cdot \frac{F_{zi}}{E \cdot J_y} \cdot x^2 + \frac{M_{yi}}{E \cdot J_y} \cdot x + C_1 .$$

$$w = -\frac{F_{zi}}{G \cdot A_S} \cdot x + \frac{1}{6} \cdot \frac{F_{zi}}{E \cdot J_y} \cdot x^3 + \frac{1}{2} \cdot \frac{M_{yi}}{E \cdot J_y} \cdot x^2 + C_1 \cdot x + C_2 . \tag{7.59}$$

Die Integrationskonstanten C_1 und C_2 ergeben sich aus den Randbedingungen in Bild 7.16.

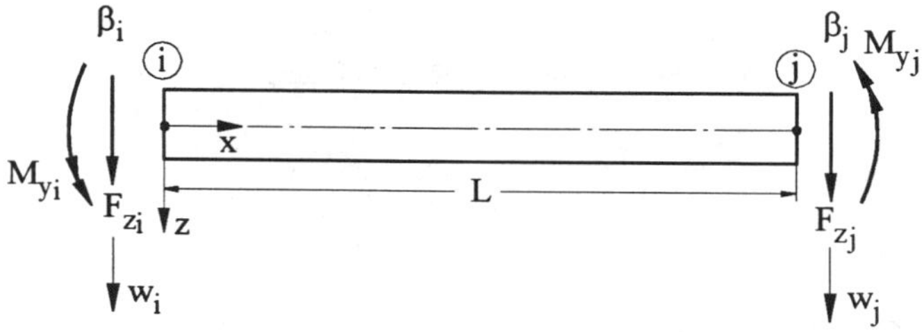

Bild 7.16: Randbedingungen am Balkenelement

Unter Belastung verschiebt sich der Knoten $i(j)$ um den Weg $w_i(w_j)$ in z-Richtung, und die Querschnittsfläche neigt sich dort um den Winkel $\beta_i(\beta_j)$:

$$w(x = 0) = w_i \qquad \beta(x = 0) = \beta_i ,$$
$$w(x = L) = w_j \qquad \beta(x = L) = \beta_j .$$

Mit den Randbedingungen ermitteln sich die Konstanten in Gl. (7.59) zu

$$C_1 = \beta_i \qquad C_2 = w_i . \tag{7.60}$$

Damit folgt für die Funktion des Verdrehwinkels $\beta(x)$ und die Verschiebungsfunktion $w(x)$:

$$\beta(x) = -\frac{1}{2} \cdot \frac{F_{zi}}{E \cdot J_y} \cdot x^2 - \frac{M_{yi}}{E \cdot J_y} \cdot x + \beta_i \tag{7.61}$$

$$w(x) = -\frac{F_{zi}}{G \cdot A_S} \cdot x + \frac{1}{6} \cdot \frac{F_{zi}}{E \cdot J_y} \cdot x^3 + \frac{1}{2} \cdot \frac{M_{yi}}{E \cdot J_y} \cdot x^2 + \beta_i \cdot x + w_i \tag{7.62}$$

Es sind von den beiden Gleichungen Gl. (7.61) und Gl. (7.62) aber auch die Randbedingungen zu erfüllen:

$$\beta_j = -\frac{1}{2} \cdot \frac{F_{zi}}{E \cdot J_y} \cdot L^2 - \frac{M_{yi}}{E \cdot J_y} \cdot L + \beta_i, \tag{7.63}$$

$$w_j = -\frac{F_{zi}}{G \cdot A_S} \cdot L + \frac{1}{6} \cdot \frac{F_{zi}}{E \cdot J_y} \cdot L^3 + \frac{1}{2} \cdot \frac{M_{yi}}{E \cdot J_y} \cdot L^2 + \beta_i \cdot L + w_i. \tag{7.64}$$

Das Umformen von Gl. (7.63) nach dem Ausdruck $(M_{yi} \cdot L)/(E \cdot J_y)$ und Einsetzen in die Gl. (7.64) führt auf eine Beziehung zwischen der Kraft F_{zi} und den Randwerten w_i, w_j, β_i und β_j

$$F_{zi} = \frac{12 \cdot \frac{E \cdot J_y}{L^3}}{1 + \frac{12 \cdot E \cdot J_y}{L^2 \cdot G \cdot A_S}} \cdot w_i - \frac{12 \cdot \frac{E \cdot J_y}{L^3}}{1 + \frac{12 \cdot E \cdot J_y}{L^2 \cdot G \cdot A_S}} \cdot w_j - \frac{6 \cdot \frac{E \cdot J_y}{L^2}}{1 + \frac{12 \cdot E \cdot J_y}{L^2 \cdot G \cdot A_S}} \cdot \beta_i - \frac{6 \cdot \frac{E \cdot J_y}{L^2}}{1 + \frac{12 \cdot E \cdot J_y}{L^2 \cdot G \cdot A_S}} \cdot \beta_j. \tag{7.65}$$

Mit dem Schubparameter $\psi = \frac{1}{1 + \frac{12 \cdot E \cdot J_y}{L^2 \cdot G \cdot A_S}}$ lautet Gl. (7.65) somit auch

$$F_{zi} = 12 \cdot \frac{E \cdot J_y}{L^3} \cdot \psi \cdot w_i - 12 \cdot \frac{E \cdot J_y}{L^3} \cdot \psi \cdot w_j - 6 \cdot \frac{E \cdot J_y}{L^2} \cdot \psi \cdot \beta_i - 6 \cdot \frac{E \cdot J_y}{L^2} \cdot \psi \cdot \beta_j. \tag{7.66}$$

Bildet man weiter am Balkenelement nach Bild 7.16 das Kräfte- und Momentengleichgewicht, so erhält man die beiden Beziehungen

$$F_{zj} = -F_{zi},$$

und

$$M_{yj} = -M_{yi} - F_{zi} \cdot L. \tag{7.67}$$

Folglich gilt für die Knotenkraft F_{zj}

$$F_{zj} = -12 \cdot \frac{E \cdot J_y}{L^3} \cdot \psi \cdot w_i + 12 \cdot \frac{E \cdot J_y}{L^3} \cdot \psi \cdot w_j + 6 \cdot \frac{E \cdot J_y}{L^2} \cdot \psi \cdot \beta_i + 6 \cdot \frac{E \cdot J_y}{L^2} \cdot \psi \cdot \beta_j . \tag{7.68}$$

Mit Gl. (7.63) und Gl. (7.66) bestimmt man das Biegemoment M_{yi}

$$M_{yi} = -6 \cdot \frac{E \cdot J_y}{L^2} \cdot \psi \cdot w_i + 6 \cdot \frac{E \cdot J_y}{L^2} \cdot \psi \cdot w_j + \frac{E \cdot J_y}{L} \cdot (1 + 3 \cdot \psi) \cdot \beta_i + \frac{E \cdot J_y}{L} \cdot (-1 + 3 \cdot \psi) \cdot \beta_j , \tag{7.69}$$

und mit Gl. (7.68) erhält man schließlich auch das Biegemoment M_{yj}

$$M_{yj} = -6 \cdot \frac{E \cdot J_y}{L^2} \cdot \psi \cdot w_i + 6 \cdot \frac{E \cdot J_y}{L^2} \cdot \psi \cdot w_j + \frac{E \cdot J_y}{L} \cdot (-1 + 3 \cdot \psi) \cdot \beta_i + \frac{E \cdot J_y}{L} \cdot (1 + 3 \cdot \psi) \cdot \beta_j \tag{7.70}$$

Die Gleichungen (7.66), (7.68), (7.69) und (7.70) können dann zu der Matrizengleichung

$$\begin{bmatrix} F_{zi} \\ F_{zj} \\ M_{yi} \\ M_{yj} \end{bmatrix} = \frac{E \cdot J_y}{L^3} \cdot \begin{bmatrix} 12 \cdot \psi & -12 \cdot \psi & -6 \cdot L \cdot \psi & -6 \cdot L \cdot \psi \\ -12 \cdot \psi & 12 \cdot \psi & 6 \cdot L \cdot \psi & 6 \cdot L \cdot \psi \\ -6 \cdot L \cdot \psi & 6 \cdot L \cdot \psi & L^2 \cdot (1 + 3 \cdot \psi) & L^2 \cdot (-1 + 3 \cdot \psi) \\ -6 \cdot L \cdot \psi & 6 \cdot L \cdot \psi & L^2 \cdot (-1 + 3 \cdot \psi) & L^2 \cdot (1 + 3 \cdot \psi) \end{bmatrix} \cdot \begin{bmatrix} w_i \\ w_j \\ \beta_i \\ \beta_j \end{bmatrix}$$

bzw. Elementsteifigkeit des Timoshenko-Balkens

$$\begin{matrix} & w_i & \beta_i & w_j & \beta_j \end{matrix}$$

$$\underline{\mathbf{k}}_{TB} = \frac{E \cdot J_y}{L^3} \cdot \begin{bmatrix} 12 \cdot \psi & -6L \cdot \psi & -12 \cdot \psi & -6L \cdot \psi \\ & (1 + 3 \cdot \psi)L^2 & 6L \cdot \psi & (-1 + 3 \cdot \psi)L^2 \\ & & 12 \cdot \psi & 6L \cdot \psi \\ \text{sym.} & & & (1 + 3 \cdot \psi)L^2 \end{bmatrix} \tag{7.71}$$

zusammengefaßt werden.

Die Matrix hierin stellt die gesuchte Elementsteifigkeitsmatrix des *schubweichen*, *ebenen* Balken-Elements dar.

7.2.8 Viereck-Element

Ein allgemeines *Viereck*-Element ist in der Anwendung dann zweckmäßig, wenn ein unregelmäßiges Gebiet idealisiert werden muß. Im Bild 7.17 ist ein derartiges *Viereck*-Element in seinem natürlichen Koordinatensystem gezeigt.

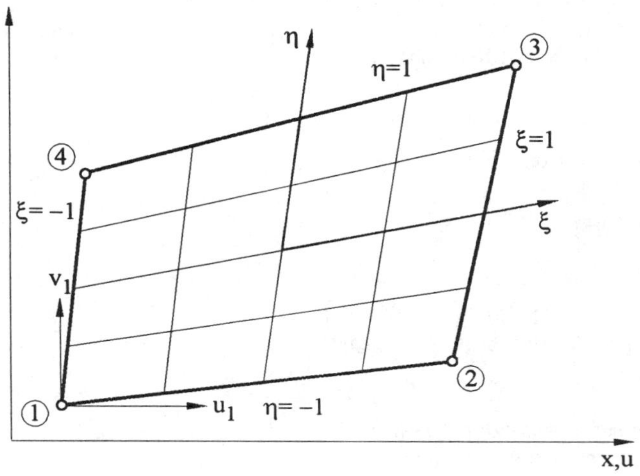

Bild 7.17: Allgemeines Viereck-Element (nach /7.7/)

Zwischen den dimensionslosen ξ,η-Flächenkoordinaten und den kartesischen x,y-Koordinaten besteht der folgende lineare Zusammenhang:

$$\begin{aligned} x(\xi,\eta) &= \alpha_1 + \xi\cdot\alpha_2 + \eta\cdot\alpha_3 + \xi\cdot\eta\cdot\alpha_4\,, \\ y(\xi,\eta) &= \alpha_5 + \xi\cdot\alpha_6 + \eta\cdot\alpha_7 + \xi\cdot\eta\cdot\alpha_8\,. \end{aligned} \tag{7.72}$$

Wendet man hierauf wieder den zuvor beschriebenen Gaußschen Lösungsalgorithmus an, so erhält man zu Gl. (7.42) äquivalente Beziehungen, und zwar

$$\begin{aligned} x &= \frac{x_1+x_2+x_3+x_4}{4} - \frac{x_1-x_2-x_3+x_4}{4}\cdot\xi - \frac{x_1+x_2-x_3-x_4}{4}\cdot\eta \\ &\quad + \frac{x_1-x_2+x_3-x_4}{4}\cdot\xi\cdot\eta\,, \\ y &= \frac{y_1+y_2+y_3+y_4}{4} - \frac{y_1-y_2-y_3+y_4}{4}\cdot\xi - \frac{y_1+y_2-x_3-y_4}{4}\cdot\eta \\ &\quad + \frac{y_1-y_2+y_3-y_4}{4}\cdot\xi\cdot\eta\,, \end{aligned}$$

die man weiter sortieren kann zu

$$x = \frac{1}{4}\left[(1-\xi)(1-\eta)x_1 + (1+\xi)(1-\eta)x_2 + (1+\xi)(1+\eta)x_3 + (1-\xi)(1+\eta)x_4\right], \quad (7.73)$$

entsprechend ergibt sich auch y.

Für die Verschiebungen machen wir jetzt wieder einen linearen Ansatz. Dabei zeigt sich eine Übereinstimmug zur Koordinatenbeziehung. Wegen der Identität der beiden Bauformen spricht man hier auch von einem *isoparametrischen Ansatz*. Dabei sind die Knotenpunktverschiebungen auf das lokale Koordinatensystem ausgerichtet. Der Ansatz lautet somit:

$$\begin{aligned} u(\xi,\eta) &= \alpha_1 + \alpha_2 \cdot \xi + \alpha_3 \cdot \eta + \alpha_4 \cdot \xi \cdot \eta, \\ v(\xi,\eta) &= \alpha_5 + \alpha_6 \cdot \xi + \alpha_7 \cdot \eta + \alpha_8 \cdot \xi \cdot \eta \end{aligned} \quad (7.74a)$$

bzw. in Matrixform

$$\begin{bmatrix} u \\ v \end{bmatrix} = \begin{bmatrix} 1 & \xi & \eta & \xi\eta & 0 & 0 & 0 & 0 \\ 0 & 0 & 0 & 0 & 1 & \xi & \eta & \xi\eta \end{bmatrix} \cdot \begin{bmatrix} \alpha_1 \\ \alpha_2 \\ \vdots \\ \alpha_8 \end{bmatrix}. \quad (7.74b)$$

Dies ist der gleiche Ansatztyp wie beim Rechteck-Element, so daß Gl. (7.44) als Verschiebungsansatz übernommen werden kann mit

$$\begin{aligned} u &= \frac{1}{4}\left[(1-\xi)(1-\eta)u_1 + (1+\xi)(1-\eta)u_2 + (1+\xi)(1+\eta)u_3 + (1-\xi)(1+\eta)u_4\right], \\ v &= \frac{1}{4}\left[(1-\xi)(1-\eta)v_1 + (1+\xi)(1-\eta)v_2 + (1+\xi)(1+\eta)v_3 + (1-\xi)(1+\eta)v_4\right]. \end{aligned} \quad (7.75)$$

Hierin erkennt man die Formfunktionen zu

$$g_i = \frac{1}{4}(1 + \xi_i \cdot \xi) \cdot (1 + \eta_i \cdot \eta).$$

Weiter können wieder die Verzerrungen angegeben werden zu

$$\underline{\varepsilon} = \underline{\mathbf{D}} \cdot \underline{\mathbf{G}} \cdot \underline{\mathbf{d}} = \underline{\mathbf{B}} \cdot \underline{\mathbf{d}}$$

mit

$$\underline{\mathbf{B}}_i = \begin{bmatrix} \frac{\partial g_i}{\partial x} & 0 \\ 0 & \frac{\partial g_i}{\partial y} \\ \frac{\partial g_i}{\partial y} & \frac{\partial g_i}{\partial x} \end{bmatrix} \qquad i = 1, \ldots, 4 \;. \quad (7.76)$$

Da es ausgesprochen aufwendig ist, die Formfunktionen im x,y-Koordinatensystem darzustellen, gehen wir jetzt auch bei den Ableitungen über in das ξ,η-Koordinatensystem. Für die Umrechnung gilt wieder

$$\begin{bmatrix} \frac{\partial}{\partial \xi} \\ \frac{\partial}{\partial \eta} \end{bmatrix} = \begin{bmatrix} \frac{\partial x}{\partial \xi} & \frac{\partial y}{\partial \xi} \\ \frac{\partial x}{\partial \eta} & \frac{\partial y}{\partial \eta} \end{bmatrix} \cdot \begin{bmatrix} \frac{\partial}{\partial x} \\ \frac{\partial}{\partial y} \end{bmatrix} = \underline{J} \cdot \begin{bmatrix} \frac{\partial}{\partial x} \\ \frac{\partial}{\partial y} \end{bmatrix} \tag{7.77}$$

bzw.

$$\begin{bmatrix} \frac{\partial}{\partial x} \\ \frac{\partial}{\partial y} \end{bmatrix} = \underline{J}^{-1} \cdot \begin{bmatrix} \frac{\partial}{\partial \xi} \\ \frac{\partial}{\partial \eta} \end{bmatrix} = \frac{1}{\det \underline{J}} \cdot \begin{bmatrix} \frac{\partial y}{\partial \eta} & -\frac{\partial y}{\partial \xi} \\ -\frac{\partial x}{\partial \eta} & \frac{\partial x}{\partial \xi} \end{bmatrix} \cdot \begin{bmatrix} \frac{\partial}{\partial \xi} \\ \frac{\partial}{\partial \eta} \end{bmatrix} \tag{7.78}$$

Die Jacobische Determinante ist hierin

$$\det \underline{J} = \frac{\partial x}{\partial \xi} \cdot \frac{\partial y}{\partial \eta} - \frac{\partial x}{\partial \eta} \cdot \frac{\partial y}{\partial \xi} \; . \tag{7.79}$$

Damit können nun die in der Untermatrix Gl. (7.76) erforderlichen Operationen ausgeführt werden. Diese ergeben sich zu

$$\begin{aligned} \frac{\partial g_i}{\partial x} &= [1 \quad 0] \cdot \underline{J}^{-1} \cdot \begin{bmatrix} \frac{\partial g_i}{\partial \xi} \\ \frac{\partial g_i}{\partial \eta} \end{bmatrix} = \frac{\frac{\partial g_i}{\partial \xi} \cdot \frac{\partial y}{\partial \eta} - \frac{\partial g_i}{\partial \eta} \cdot \frac{\partial y}{\partial \xi}}{\frac{\partial x}{\partial \xi} \cdot \frac{\partial y}{\partial \eta} - \frac{\partial x}{\partial \eta} \cdot \frac{\partial y}{\partial \xi}} , \\ \frac{\partial g_i}{\partial y} &= [0 \quad 1] \cdot \underline{J}^{-1} \cdot \begin{bmatrix} \frac{\partial g_i}{\partial \xi} \\ \frac{\partial g_i}{\partial \eta} \end{bmatrix} = \frac{\frac{\partial g_i}{\partial \eta} \cdot \frac{\partial x}{\partial \xi} - \frac{\partial g_i}{\partial \xi} \cdot \frac{\partial x}{\partial \eta}}{\frac{\partial x}{\partial \xi} \cdot \frac{\partial y}{\partial \eta} - \frac{\partial x}{\partial \eta} \cdot \frac{\partial y}{\partial \xi}} . \end{aligned} \tag{7.80}$$

Unter Berücksichtigung von Gl. (7.73) folgt sodann für die Jacobi-Matrix

$$\underline{J} = \frac{1}{4} \begin{bmatrix} -(1-\eta) & 1-\eta & 1+\eta & -(1+\eta) \\ -(1-\xi) & -(1+\xi) & 1+\xi & 1-\xi \end{bmatrix} \cdot \begin{bmatrix} x_1 & y_1 \\ x_2 & y_2 \\ x_3 & y_3 \\ x_4 & y_3 \end{bmatrix} \tag{7.81}$$

und für die entsprechende Determinante

$$\det \underline{J} = \frac{1}{8}\left[x_{13} \cdot y_{24} - x_{24} \cdot y_{13} + \left(x_{21} \cdot y_{34} - x_{34} \cdot y_{12}\right)\xi + \left(x_{41} \cdot y_{23} - x_{23} \cdot y_{41}\right)\eta\right] . \tag{7.82}$$

Hierbei wurden folgende Abkürzungen benutzt:

$$x_{ij} = x_i - x_j , \quad y_{ij} = y_i - y_j .$$

Somit können nach längerer Rechnung die Ableitungen der Formfunktionen gebildet werden. Für g_1 ergibt sich dann beispielsweise

$$\frac{\partial g_1}{\partial x} = \frac{y_{24} + y_{43} \cdot \xi + y_{32} \cdot \eta}{8 \det \underline{J}}$$

bzw. (7.83)

$$\frac{\partial g_1}{\partial y} = \frac{x_{42} + x_{34} \cdot \xi + x_{23} \cdot \eta}{8 \det \underline{J}} ,$$

wodurch letztlich die $\underline{\mathbf{B}}$-Matrix gegeben ist. Dies ermöglichst es nun, auch die Steifigkeitsmatrix

$$\underline{\mathbf{k}} = t \int\int_{xy} \underline{\mathbf{B}}^t \cdot \underline{\mathbf{E}} \cdot \underline{\mathbf{B}} \, dx \, dy$$

aufzustellen, worin noch die Integration in dx dy ersetzt werden muß durch

$$dx \cdot dy = \det \underline{J} \cdot d\xi \cdot d\eta . \tag{7.84}$$

Nach dem Ersetzen erhält man

$$\underline{\mathbf{k}} = t \int_{-1}^{1} \int_{-1}^{1} \underline{\mathbf{B}}^t \cdot \underline{\mathbf{E}} \cdot \underline{\mathbf{B}} \det \underline{J} \, d\xi \cdot d\eta . \tag{7.85}$$

Aus der Ausmultiplikation ergeben sich recht komplizierte Integrale der Form

$$\int_{-1}^{1} \int_{-1}^{1} \frac{\left(a_1 + b_1 \cdot \xi + c_1 \cdot \eta\right) \cdot \left(a_2 + b_2 \cdot \xi + c_2 \cdot \eta\right)}{\left(a_3 + b_3 \cdot \xi + c_3 \cdot \eta\right)} d\xi \, d\eta ,$$

die effektiv nur noch numerisch gelöst werden können. Auf die numerische Integration finiter Gebiete soll aber zu einem späteren Zeitpunkt eingegangen werden.

7.2.9 Isoparametrische Elemente

Ein wesentliches Ziel der Modellierung muß es sein, die äußere Geometrie eines Bauteils so exakt wie möglich zu erfassen. In der Praxis wird dies mit ausschließlich gerade berandeten

Elemente nicht möglich sein, da technische Konturen in der Regel nicht ausschließlich gerade, sondern viel öfter gekrümmt sind. Um hier bessere Möglichkeiten der Abbildung zu haben, müssen Elemente mit flexibel angepaßten Rändern, sogenannte *isoparametrische Elemente*, definiert werden. Diese Aufgabenstellung ist nicht trivial, da bei der Elementbeschreibung über das umschließende Gebiet integriert werden muß. Man kann sich das Problem aber erleichtern, in dem man zur Randbeschreibung die gleiche Funktion nimmt, mit der der Ansatz des Elements gebildet wird. Dies ist somit ein entscheidendes Merkmal der isoparametrischen Elemente.

Seitens der Nomenklatur gibt es jetzt folgende Zuordnung:

Elementtyp	Zahl der Zwischenknoten	Polynomgrad der Seitengeometrie
linear	0	linear
quadratisch	1	quadratische Parabel
kubisch	2	kubische Parabel
parabolisch	3	Parabel 4. Ordnung
parabolisch	4	Parabel 5. Ordnung
	⋮	⋮
	n	Parabel n+1Ordnung

Bild 7.18: Typisierung der isoparametrischen Elemente

Die Funktionsweise des isoparametrischen Konzeptes wollen wir jetzt an einfach nachvollziehbaren Elementen studieren.

Im Kapitel 7.2.3 haben wir zuvor schon die Darstellung des *Dreieck*-Scheibenelements in Flächenkoordinaten (siehe insbesondere Gl. (7.29)) diskutiert. Bei der Koordinatentransformation haben wir dabei von der Beziehung

$$x = x_1 \cdot \zeta_1 + x_2 \cdot \zeta_2 + x_3 \cdot \zeta_3$$
$$y = y_1 \cdot \zeta_1 + y_2 \cdot \zeta_2 + y_3 \cdot \zeta_3$$

Gebrauch gemacht. Diese Beziehung ist von der Bauform völlig identisch zum Verschiebungsansatz (siehe Gl. (7.38))

$$u(\zeta) = \zeta_1 \cdot u_1 + \zeta_2 \cdot u_2 + \zeta_3 \cdot u_3$$
$$v(\zeta) = \zeta_1 \cdot v_1 + \zeta_2 \cdot v_2 + \zeta_3 \cdot v_3,$$

so daß wir es zuvor schon mit einem linearen, isoparametrischen Element zu tun hatten.

Gleiches gilt für das *Viereck*-Scheibenelement. Wir hatten hier für die Koordinatentransformation

$$x = \frac{1}{4}\left[(1-\xi)(1-\eta)\,x_1 + (1+\xi)(1-\eta)\,x_2 + (1+\xi)(1+\eta)\,x_3 + (1-\xi)(1+\eta)\,x_4\right]$$

$$y = \frac{1}{4}\left[(1-\xi)(1-\eta)\,y_1 + (1+\xi)(1-\eta)\,y_2 + (1+\xi)(1+\eta)\,y_3 + (1-\xi)(1+\eta)\,y_4\right]$$

gefunden. Nach Umformung erhielten wir für den Verschiebungsansatz

$$u(\xi,\eta) = \frac{1}{4}\left[(1-\xi)(1-\eta)\,u_1 + (1+\xi)(1-\eta)\,u_2 + (1+\xi)(1+\eta)\,u_3 + (1-\xi)(1+\eta)\,u_4\right]$$

$$v(\xi,\eta) = \frac{1}{4}\left[(1-\xi)(1-\eta)\,v_1 + (1+\xi)(1-\eta)\,v_2 + (1+\xi)(1+\eta)\,v_3 + (1-\xi)(1+\eta)\,v_4\right]$$

Noch einmal wiederholt:

> Bei beiden Elementen ist also die Darstellungsfunktion für die Geometrie und die Ansatzfunktion für das Deformationsverhalten von der gleichen Bauform. Genau in diesem Fall spricht man von *isoparametrischen Elementen*.

Durch weiteren Vergleich, z. B. zwischen dem *Rechteck*-Element in Kapitel 7.2.5 und dem *Viereck*-Element in Kapitel 7.2.8, ist als weiterer Vorteil festzustellen, daß bei Benutzung von natürlichen Koordinaten immer sofort der Zusammenhang zwischen den Knotenverschiebungen und dem Verschiebungsfeld im Elementinneren gegeben ist.

Auch führen die Formulierungen stets noch auf analytisch auswertbare Integrale. Insofern ist es naheliegend, diese Vorgehensweise auf krummlinig berandete Elemente auszuweiten, da diese bei der Netzbildung sehr vorteilhaft anwendbar sind.

Wir wollen nun dieses Konzept an den beiden im umseitigen Bild 7.19 gezeigten quadratischen Scheibenelementen kurz darlegen. Der hier eingeführte Seitenmittenknoten ist deshalb notwendig, um mit einer quadratischen Funktion gekrümmte Ränder näherungsweise nachbilden zu können. Entsprechend ist das Knotenbild zu erweitern, wenn noch höhergradige Polynome verwendet werden sollen. Dies kann erforderlich sein, wenn auf einem Elementrand auch Krümmungswechsel zulässig sind.

Dies darf aber nicht zu dem Mißverständnis führen, daß jetzt beliebige Konturen der exakten Körpergeometrie nachgebildet werden können. Soll beispielsweise ein Bohrungsrand modelliert werden, so wird mit isoparametrischen Elementen der Rand stückchenweise durch ein Polynom erfaßt; der Geometriefehler ist zwar klein, aber dennoch vorhanden. Mit höhergradigem Polynom reduziert sich dieser Fehler jedoch immer mehr, so daß er praktisch für die Steifigkeit und die Spannungsverteilung in einem Körper keine Rolle spielt. Diese Geometrieabweichung wird aber allgemein zu den Fehlerquellen der FEM gezählt, welches den Näherungscharakter der Methode ausmacht.

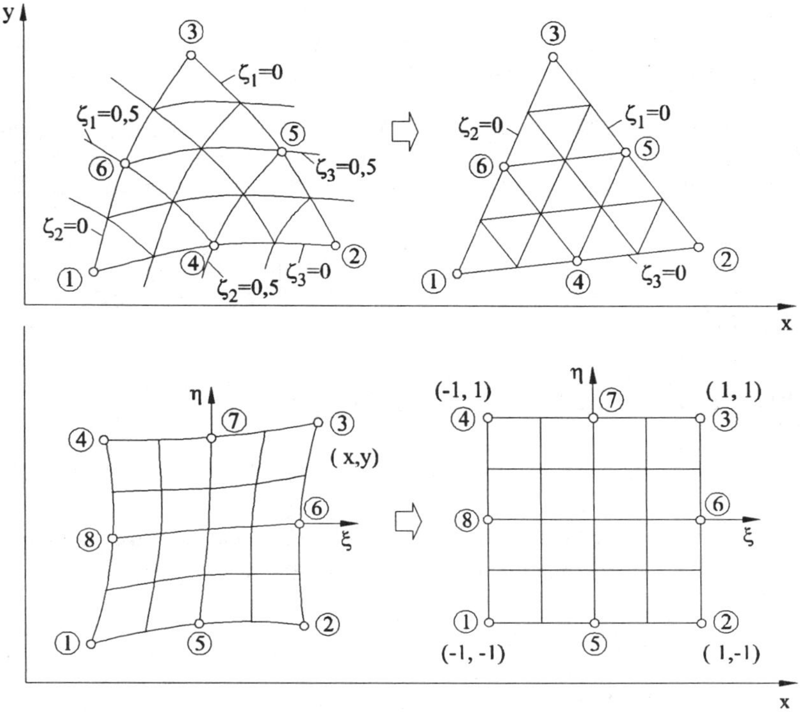

Bild 7.19: Abbildung krummliniger isoparametrischer Elemente auf ein Einheitselement

Der maßgebende quadratische Ansatz für das *Dreieck*-Element mit sechs Knoten lautet für eine Richtung:

$$u(\zeta)=\underline{g}^t\cdot\underline{d}=\left[\zeta_1(2\zeta_1-1)\;\zeta_2(2\zeta_2-1)\;\zeta_3(2\zeta_3-1)\;4\zeta_1\zeta_2\;\;4\zeta_2\zeta_3\;\;4\zeta_1\zeta_3\right]\cdot\hat{\underline{d}}. \tag{7.86}$$

Beim *Viereck*-Element ist es hingegen günstiger, im normierten Koordinatensystem zu arbeiten. Die verallgemeinerte Ansatzfunktionen für die acht Knoten lautet:

$$u(\xi,\eta)=g_1\cdot u_1+g_2\cdot u_2+g_3\cdot u_3+g_4\cdot u_4+g_5\cdot u_5+g_6\cdot u_6+g_7\cdot u_7+g_8\cdot u_8 \tag{7.87}$$

mit den speziellen Formfunktionen

$$\begin{aligned}
g_i &= \frac{1}{4}(1+\xi_i\cdot\xi)(1+\eta_i\cdot\eta)(\xi_i\cdot\xi+\eta_i\cdot\eta-1) && \text{für } i=1,2,3,4\\
g_i &= \frac{1}{2}(1+\eta_i\cdot\eta)\left(1-\xi^2\right) && \text{für } i=5,7\\
g_i &= \frac{1}{2}(1+\xi_i\cdot\xi)\left(1-\eta^2\right) && \text{für } i=6,8.
\end{aligned} \tag{7.88}$$

Sowohl der Ansatz von Gl. (7.86) sowie der mit Gl. (7.87) zu bildende Ansatz erfüllt die im Kapitel 6 formulierten Steifigkeits-, Starrkörperverschiebungs- und Konstantdehnungsbedingungen, insofern können auch die isoparametrischen Elemente verträglich formuliert werden.

Da die Vorgehensweise beim *Viereck*-Element für eine ganze Elementklasse repräsentativ ist, sollen die weiteren Ausführungen nun auf das *Viereck*-Element angepaßt werden. Gemäß den vorausgegangenen Darlegungen ist es zweckmäßig, den Verschiebungsansatz folgendermaßen zu spezialisieren:

$$\underline{\mathbf{u}}(\xi,\eta)=\begin{bmatrix} u \\ v \end{bmatrix}=\underline{\mathbf{G}}(\xi,\eta)\cdot\underline{\mathrm{d}}=\left[\begin{array}{c|c} \underline{\mathbf{g}}^{t}(\xi,\eta) & \underline{0} \\ \hline 0 & \underline{\mathbf{g}}^{t}(\xi,\eta) \end{array}\right]\cdot\underline{\mathbf{d}}\,. \tag{7.89}$$

Hierbei ist der Knotenverschiebungsvektor eingeführt als

$$\underline{\mathbf{d}}^{t}=\left[u_1 \;\; u_2 \;\; u_3 \;\; u_4 \;\; u_5 \;\; u_6 \;\; u_7 \;\; u_8 \;\vdots\; v_1 \;\; v_2 \;\; v_3 \;\; v_4 \;\; v_5 \;\; v_6 \;\; v_7 \;\; v_8\right].$$

Demgemäß ist die Formfunktionsmatrix zu partitionieren in die Zeilenvektoren $\underline{\mathbf{g}}^{t}$. Für die Geometrie des isoparametrischen Elements wird der gleiche Ansatz gemacht, und zwar

$$\begin{bmatrix} x \\ y \end{bmatrix}=\left[\begin{array}{c|c} \underline{\mathbf{g}}^{t}(\xi,\eta) & \underline{0} \\ \hline \underline{0} & \underline{\mathbf{g}}^{t}(\xi,\eta) \end{array}\right]\cdot\begin{bmatrix} \underline{\mathbf{x}} \\ \underline{\mathbf{y}} \end{bmatrix}. \tag{7.90}$$

Damit kann jetzt die Elementsteifigkeitsmatrix berechnet werden aus

$$\underline{\mathbf{k}}=\int_{A}\underline{\mathbf{B}}^{t}\cdot\underline{\mathbf{E}}\cdot\underline{\mathbf{B}}\cdot t\,\mathrm{d}A=\int_{-1}^{1}\int_{-1}^{1}\underline{\mathbf{B}}^{t}\cdot\underline{\mathbf{E}}\cdot\underline{\mathbf{B}}\cdot t\,\det\underline{\mathbf{J}}\,\mathrm{d}\xi\,\mathrm{d}\eta\,. \tag{7.91}$$

Zur Auflösung dieser Gleichung muß aber noch die $\underline{\mathbf{B}}$-Matrix bestimmt werden. Diese ergibt zunächst zunächst formal zu

$$\underline{\mathbf{B}}=\underline{\mathbf{D}}\cdot\underline{\mathbf{G}}=\begin{bmatrix} \frac{\partial}{\partial x} & 0 \\ 0 & \frac{\partial}{\partial y} \\ \frac{\partial}{\partial y} & \frac{\partial}{\partial x} \end{bmatrix}\cdot\begin{bmatrix} \underline{\mathbf{g}}^{t} & \underline{0} \\ \underline{0} & \underline{\mathbf{g}}^{t} \end{bmatrix}.$$

Da aber die Differentiationen nach ξ und η auszuführen sind, müssen gemäß des vorstehenden Zusammenhangs die Differentialoperatoren ersetzt bzw. zuvor geschickt mit einer Zuweisungsmatrix zerlegt werden. Dies erfolgt mit der Operation

$$\underline{\mathbf{B}} = \begin{bmatrix} 1 & 0 & 0 & 0 \\ 0 & 0 & 0 & 1 \\ 0 & 1 & 1 & 0 \end{bmatrix} \cdot \begin{bmatrix} \frac{\partial}{\partial x} & 0 \\ \frac{\partial}{\partial y} & 0 \\ 0 & \frac{\partial}{\partial x} \\ 0 & \frac{\partial}{\partial y} \end{bmatrix} \cdot \begin{bmatrix} \underline{\mathbf{g}}^t & \underline{0} \\ \underline{0} & \underline{\mathbf{g}}^t \end{bmatrix} . \tag{7.92}$$

Wird dies nun berücksichtigt, so folgt weiter

$$\underline{\mathbf{B}} = \begin{bmatrix} 1 & 0 & 0 & 0 \\ 0 & 0 & 0 & 1 \\ 0 & 1 & 1 & 0 \end{bmatrix} \cdot \begin{bmatrix} \underline{\mathbf{J}}^{-1} & \underline{0} \\ \underline{0} & \underline{\mathbf{J}}^{-1} \end{bmatrix} \cdot \begin{bmatrix} \frac{\partial}{\partial \xi} & 0 \\ \frac{\partial}{\partial \eta} & 0 \\ 0 & \frac{\partial}{\partial \xi} \\ 0 & \frac{\partial}{\partial \eta} \end{bmatrix} \cdot \begin{bmatrix} \underline{\mathbf{g}}^t & \underline{0} \\ \underline{0} & \underline{\mathbf{g}}^t \end{bmatrix}$$

$$= \begin{bmatrix} 1 & 0 & 0 & 0 \\ 0 & 0 & 0 & 1 \\ 0 & 1 & 1 & 0 \end{bmatrix} \cdot \begin{bmatrix} \underline{\mathbf{J}}^{-1} & \underline{0} \\ \underline{0} & \underline{\mathbf{J}}^{-1} \end{bmatrix} \cdot \begin{bmatrix} \frac{\partial}{\partial \xi}\underline{\mathbf{g}}^t & 0 \\ \frac{\partial}{\partial \eta}\underline{\mathbf{g}}^t & 0 \\ 0 & \frac{\partial}{\partial \xi}\underline{\mathbf{g}}^t \\ 0 & \frac{\partial}{\partial \eta}\underline{\mathbf{g}}^t \end{bmatrix} \tag{7.93}$$

Hierin muß noch die Jacobi-Matrix bzw. die invertierte Matrix eingesetzt werden zu

$$\underline{\mathbf{J}} = \begin{bmatrix} \frac{\partial}{\partial \xi} \\ \frac{\partial}{\partial \eta} \end{bmatrix} \cdot \begin{bmatrix} \underline{\mathbf{x}} & \underline{\mathbf{y}} \end{bmatrix}, \tag{7.94}$$

$$\underline{\mathbf{J}}^{-1} = \frac{1}{\det J} \begin{bmatrix} \frac{\partial y}{\partial \eta} & -\frac{\partial y}{\partial \xi} \\ -\frac{\partial x}{\partial \eta} & \frac{\partial x}{\partial \xi} \end{bmatrix} \text{ mit} \tag{7.95}$$

$$\det \underline{\mathbf{J}} = \frac{\partial x}{\partial \xi} \cdot \frac{\partial y}{\partial \eta} - \frac{\partial x}{\partial \eta} \cdot \frac{\partial y}{\partial \xi} .$$

Der Algorithmus ist bis jetzt so allgemeingültig, daß mit $\underline{g}$ Formfunktionen für eine ganze Elementklasse (1. oder 2. oder 3. Ordnung etc.) eingesetzt werden können. Insofern ist es angebracht, die Gl. (7.91) numerisch auszuwerten. Im Vorgriff auf das nachfolgende Kapitel gilt es also, mit einer Quadraturformel folgenden Ausdruck auszuwerten:

$$\int_{-1}^{1}\int_{-1}^{1} F(\xi,\eta)\,d\xi\,d\eta \approx \sum_{i=1}^{n} w_i \cdot F(\xi_i,\eta_i) \equiv \sum_{i=1}^{n} w_i \cdot \underline{\mathbf{B}}^t \cdot \underline{\mathbf{E}} \cdot \underline{\mathbf{B}} \cdot t \det \underline{\mathbf{J}} . \tag{7.96}$$

Mit ξ_i, η_i sind hier die Stützstellen und mit w_i die Wichtungsfaktoren der Quadraturformel eingeführt worden.

7.2.10 Numerische Integration

Als ein wesentlicher Aspekt der bei den vorhergehend eingeführten verallgemeinerten Elementen ist die Integration der Steifigkeitsmatrix zu sehen, die wegen der teils komplizierten Koeffizienten und des unregelmäßig berandeten Gebiets nur numerisch durchgeführt werden kann. Wir wollen jetzt diese Problematik aufgreifen und für den ein- und zweidimensionalen Fall kurz diskutieren.

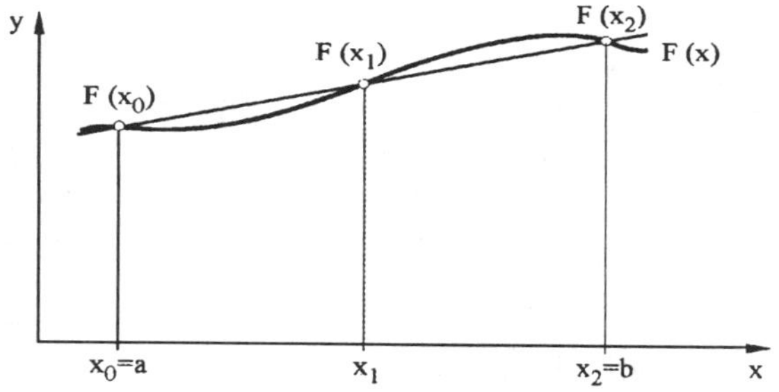

Der eindimensionale Fall dient hier mehr der Anschauung. Unterstellen wir es sei der im Bild 7.20 skizzierte Funktionsverlauf gegeben, und es sei die Fläche unter dieser Funktion zu bestimmen.

n=1, Trapezregel

$$\int_a^b F(x)\,dx = \frac{b-a}{2}\left(F_0 + F_2\right);$$

n=2, Simpsonsche Regel

$$\int_a^b F(x)\,dx = \frac{b-a}{6}\left(F_0 + 4F_1 + F_2\right);$$

n=3

$$\int_a^b F(x)\,dx = \frac{b-a}{8}\left(F_0 + 3F_1 + 3F_2 + F_3\right);$$

n=4

$$\int_a^b F(x)\,dx = \frac{b-a}{90}\left(7F_0 + 32F_1 + 12F_2 + 32F_3 + 7F_4\right).$$

Bild 7.20:
Integration einer Funktion mit einem Interpolationspolynom 2. Grades

Der einfachste Weg besteht dann darin, das Integrationsintervall in n äquidistante Abschnitte zu unterteilen und durch die n+1-Stützstellen $F(x_i)$ ein Interpolationspolynom n-ten Grades zu legen und darunter zu integrieren. Für die Ordnung n = 1 führt dies zur Trapezregel und für die Ordnung n = 2 zur Simpsonschen Regel. Die sich somit für unterschiedliche Ordnungen (n = 1 bis n = 4) ergebenden Formeln werden als *Newton-Cotes*-Quadraturen bezeichnet. In FEM-Programmen werden aber bevorzugt die *Gaußschen* Quadraturformeln verwendet, da sie in der Regel ein genaueres Ergebnis liefern.

Der grundsätzliche Unterschied zu den einfachen Integrationsformeln besteht darin, daß bei den Gaußschen Quadraturformeln ein gewichteter Ansatz gemacht wird und die Stützstellen optimiert sind. Allgemein lautet der Ansatz:

$$I = \int_a^b F(x) \cdot dx \approx \frac{b-a}{2} \sum_{i=1}^{n} w_i \cdot F(x_i) . \tag{7.97}$$

Es liegen somit 2 (n+1)-Freiwerte, nämlich n+1-Stützstellen und n+1-Gewichtskoeffizienten w_i, vor. Demnach kann ein Polynom 2(n + 1)-ten Grades exakt integriert werden.

Die Hauptanwendung der numerischen Integration ist die Bestimmung der eingeschlossenen Fläche bei isoparametrischen Elementen. Deshalb empfiehlt es sich von einem normierten Intervall ($-1 \le \xi \le 1$) auszugehen und das Integral

$$I = \int_{-1}^{1} F(\xi) \cdot d\xi = \sum_{i=1}^{n} w_i \cdot F(\xi_i) \tag{7.98}$$

zugrunde zu legen. Dies ist auch insofern vorteilhaft, da für das normierte Intervall bereits die günstigsten Stützstellen und die Wichtungsfaktoren tabelliert vorliegen. Einen kleinen Ausschnitt aus einer derartigen Tabelle zeigt Bild 7.21.

n	ξ_i	w_i
1. −1 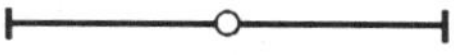 1	0,0000 0000 0000	2,0000 0000 0000
2. −1  1	± 0,5773 5026 9190	1,0000 0000 0000
3. −1 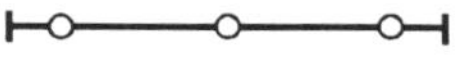 1	0,0000 0000 0000 ± 0,7745 9666 9241	0,8888 8888 8889 0,5555 5555 5556

Bild 7.21: Stützstellen und Wichtungskoeffizienten der eindimensionalen Gaußschen Quadraturformel (nach /7.8/)

Die Festlegung auf ein Einheitsintervall stellt aber keine Beschränkung der Allgemeingültigkeit dar, da mittels der Transformation

$$x = \frac{b-a}{2}\xi + \frac{b+a}{2}$$

auf jedes andere Intervall umgerechnet werden kann.

Von weit größerer Wichtigkeit ist hier aber die Behandlung von Doppelintegralen für die Integration von Dreieck- und Viereckbereichen. Diese Integrale liegen in der Form

$$I = \int_c^d \int_a^b F(x, y)\, dx\, dy \; . \tag{7.99}$$

vor. Man erkennt, daß die Näherung durch zweimalige Anwendung der Quadraturregel entsteht und deshalb auch auf Flächen ausgedehnt werden kann. Die Anzahl der Integrationspunkte kann dabei ohne weiteres in beiden Richtungen unterschiedlich sein.

Bei der praktischen Anwendung der Quadraturformel auf Rechteckbereiche empfiehlt es sich, analog zum Einheitsintervall von einem Einheitsquadrat (s. Bild 7.22) auszugehen.

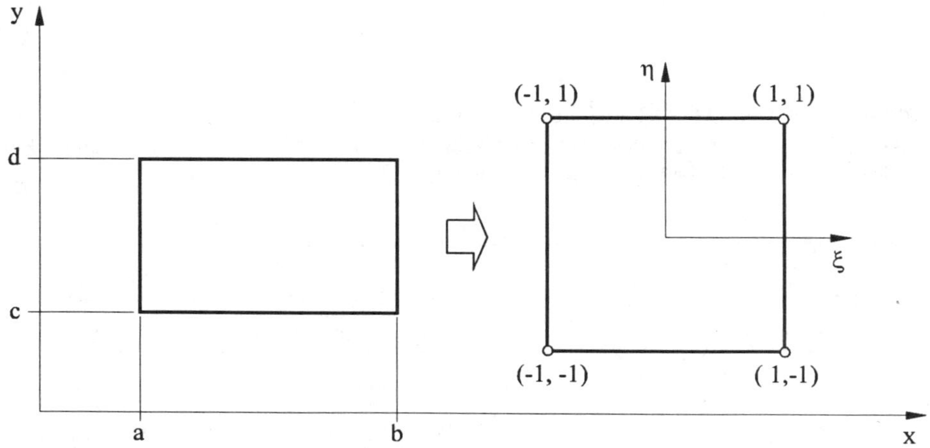

Bild 7.22: Transformation eines Rechteckbereichs auf ein Einheitsquadrat

Durch die Transformation

$$\begin{aligned} x_i &= \frac{b-a}{2}\xi_i + \frac{b+a}{2}, \\ y_i &= \frac{d-c}{2}\eta_i + \frac{d+c}{2} \end{aligned} \tag{7.100}$$

kann nunmehr das Integral Gl. (7.99) für ein beliebiges Gebietsintervall angenähert werden durch

$$I = \int_c^d \int_a^b F(x,y)\,dx\,dy \approx \frac{(b-a)(d-c)}{4} \sum_{j=1}^{m} \sum_{i=1}^{n} w_j \cdot w_i \cdot F(\xi_i, \eta_i) \qquad (7.101)$$

oder für gleiche Stützstellen (m = n) im Einheitsquadrat angenähert werden durch

$$I \approx \frac{(b-a)(d-c)}{2} \sum_{i=1}^{n} w_i \cdot F(\xi_i, \eta_i)\,. \qquad (7.102)$$

Für den häufig benutzten Fall mit drei richtungsabhängigen Stützstellen n = m = 3 weist Bild 7.23 die sogenannte Neun-Punkte-Formel aus, die Polynome bis zur 5. Ordnung exakt integrieren kann.

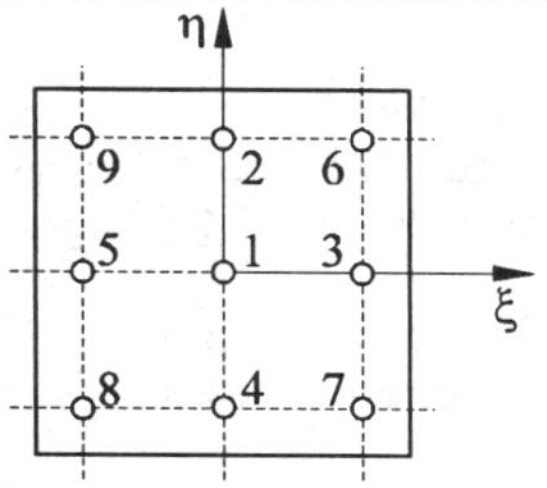

i	ξ_i	η_i	w_i
1	0	0	64/81 = 0,7901 2345 6790 1235
2	0	h	40/81 = 0,4938 2716 4938 2716
3	h	0	
4	0	-h	
5	-h	0	
6	h	h	25/81 = 0,3086 4197 5308 6420
7	h	-h	
8	-h	-h	
9	-h	h	
mit h = 0,7745 9666 9241 4834			

Bild 7.23: Gauß-Punkte im Einheitsquadrat (nach /7.9/)

Bei der Integration über Dreieckbereiche kann wieder sehr vorteilhaft von der Flächenkoordinatendarstellung Gebrauch gemacht werden. Wie hiermit sehr einfach die Integration von

Polynomausdrücken erfolgen kann, weist beispielsweise Gl. (7.37) aus. Für kompliziertere Integrationen ist es jedoch auch hier zwingend numerisch auszuwerten, um überhaupt die vielfältige Elementtopologie erfassen zu können. Wie gezeigt sind die Integrale für Dreieckbereiche von der Form

$$I = \int_A F(x,y)\, dA \approx 2\, A \sum_{i=1}^{n} w_i \cdot F(x_i, y_i) \tag{7.103}$$

bzw.

$$I \approx \sum_{i=1}^{n} w_i \cdot F(\zeta_1, \zeta_2, \zeta_3)\ . \tag{7.104}$$

Die Fläche ist dabei wieder gegeben zu

$$2\, A = (x_2 - x_1)(y_3 - y_1) - (x_3 - x_1)(y_2 - y_1)\ ,$$

worin die Koordinatenpaare $(x_1, y_1), (x_2, y_2)$ und (x_3, y_3) die Eckpunkte eines Dreiecks im lokalen kartesischen Koordinatensystem sind. Zwei Möglichkeiten der Integration unter Benutzung von Gauß-Punkten sind im nachfolgenden Bild 7.24 dargestellt.

Das erläuterte Konzept ist auch geeignet, beliebig krummlinig umrandete Gebiete zu erfassen. Hierzu müssen allerdings die benutzten Transformationsbeziehungen entsprechend erweitert werden.

2. Ordnung

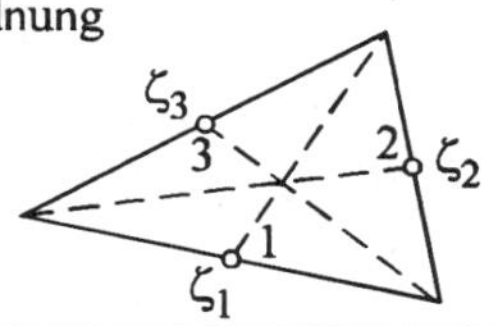

i	ζ_1	ζ_2	ζ_3	$2\,w_i$
1	0,5	0,5	0	
2	0	0,5	0,5	0,3333 3333
3	0,5	0	0,5	

5. Ordnung

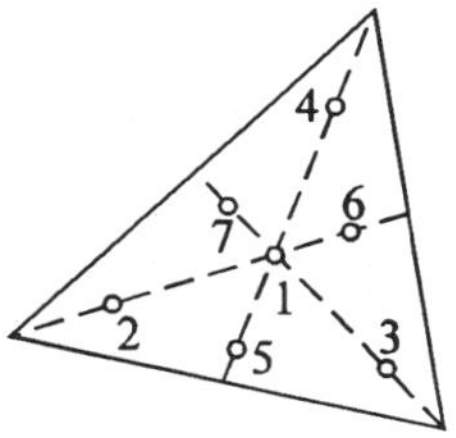

i	ζ_1	ζ_2	ζ_3	$2\,w_i$
1	1/3	1/3	1/3	0,2250 0000
2	a	b	b	
3	b	a	b	0,1259 3918
4	b	b	a	
5	c	c	b	
6	d	c	c	0,1323 9415
7	c	d	c	

a = 0,7974 2699

b = 0,1012 8651

c = 0,4701 4206

d = 0,0596 1587

Bild 7.24: Gauß-Punkte in zwei Dreieckbereichen (nach /7.10/)

7.3 Plattenelemente

7.3.1 Belastungs- und Beanspruchungszustand

Eine Platte ist in Wirklichkeit ein dreidimensionaler Körper mit entsprechenden räumlichen Abmaßen. Um diesen einfach betrachten zu können, wird er mittels einiger Vereinfachungen in ein zweidimensionales Problem überführt. Im weitesten Sinne kann eine Platte auch als ein zweidimensionaler Balken aufgefaßt werden, was beispielsweise ab Seitenverhältnissen kleiner von 0,3 zulässig wäre.

Das wesentliche Merkmal der Platte ist, daß die äußeren Kräfte $(F_z,\ p_z)$ senkrecht zur Mittelebene eingeleitet werden und demzufolge eine *Absenkung* (w) wie auch *Neigung* (ϕ_x, ϕ_y) der Mittelebene auftritt. Dies ist im folgenden Bild 7.25 prinziphaft dargestellt.

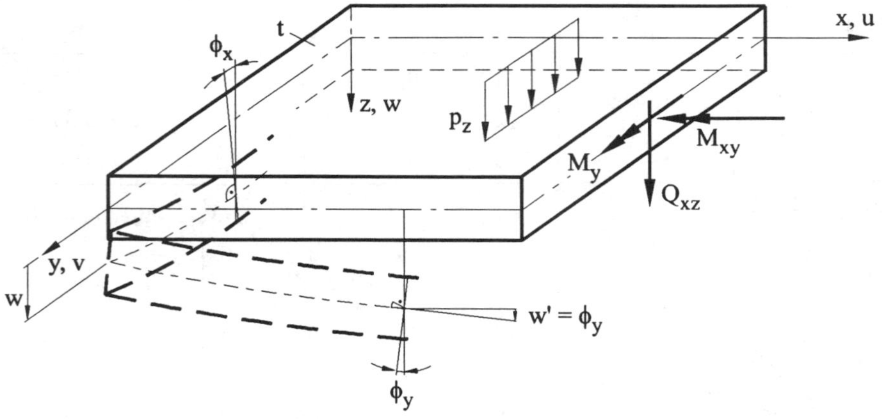

Bild 7.25: Verformungsannahmen an einer Platte

An den Rändern treten mit der Querkraft Q_{xz}, dem Biegemoment M_y und dem Torsionsmoment M_{xy} zu den Verschiebungen äquivalente Schnittgrößen auf.

Wie beim Balken kann auch der Verformungszustand der Platte allein aus der Durchbiegung der Mittelebene bestimmt werden. Mit dem hierfür gültigen Verzerrungszustand von Gl. (5.113) und den Annahmen der *Kirchhoffschen Theorie dünner Platten* /7.12/ können dann folgende Verschiebungsgrößen definiert werden:

$$w = w(x, y)$$

und (7.105)

$$u = -z \cdot \frac{\partial w}{\partial x}, \quad v = -z \cdot \frac{\partial w}{\partial y} .$$

Die hierin vorkommenden Ableitungen sind die Querschnittsverdrehungen um die x- bzw. y-Achse

$$\phi_x = \frac{\partial w}{\partial y}, \quad \phi_y = -\frac{\partial w}{\partial x} .$$

Für die Verzerrungen erhält man somit

$$\begin{bmatrix} \varepsilon_{xx} \\ \varepsilon_{yy} \\ \gamma_{xy} \end{bmatrix} = \begin{bmatrix} \dfrac{\partial u}{\partial x} \\ \dfrac{\partial v}{\partial y} \\ \dfrac{\partial u}{\partial y} + \dfrac{\partial v}{\partial x} \end{bmatrix} = z \begin{bmatrix} -\dfrac{\partial^2 w}{\partial x^2} \\ -\dfrac{\partial^2 w}{\partial y^2} \\ -2\dfrac{\partial^2 w}{\partial x\, \partial y} \end{bmatrix} . \tag{7.106}$$

Wie sich leicht überprüfen läßt, folgt weiter $\gamma_{yz} = 0$ und $\gamma_{xz} = 0$. Die zweiten Ableitungen werden gewöhnlich als Krümmungen

$$\kappa_x = -\frac{\partial^2 w}{\partial x^2}, \quad \kappa_y = -\frac{\partial^2 w}{\partial y^2} \tag{7.107a}$$

und die gemischte Ableitung als Verwindung

$$\kappa_{xy} = -\frac{\partial^2 w}{\partial x\, \partial y} \tag{7.107b}$$

bezeichnet. Mit dem Hookeschen Gesetz für den ESZ $\left(\sigma_{zz} = 0,\ \tau_{xz} = \tau_{yz} = 0\right)$ folgen dann für die Spannungen

$$\begin{bmatrix} \sigma_{xx} \\ \sigma_{yy} \\ \tau_{xy} \end{bmatrix} = \frac{E \cdot z}{1-\nu^2} \begin{bmatrix} 1 & \nu & 0 \\ \nu & 1 & 0 \\ 0 & 0 & \frac{1-\nu}{2} \end{bmatrix} \cdot \begin{bmatrix} \kappa_x \\ \kappa_y \\ 2\,\kappa_{xy} \end{bmatrix}. \tag{7.108}$$

Diese Spannungen müssen als Resultierende aufgefaßt werden, aus denen man durch Integration über der Plattendicke so die Schnittgrößen Biege- und Torsionsmomente pro Längeneinheit erhält:

$$\begin{aligned} m_y &= \int_{-t/2}^{t/2} \sigma_{xx} \cdot z\, dz, \quad m_x = \int_{-t/2}^{t/2} \sigma_{yy} \cdot z\, dz, \quad m_{xy} = m_{yx} = \int_{-t/2}^{t/2} \tau_{xy} \cdot z \cdot dz, \\ q_x &= \int_{-t/2}^{t/2} \tau_{xz} \cdot dz, \quad q_y = \int_{-t/2}^{t/2} \tau_{yz} \cdot dz, \quad q_{xy} = q_{yx} = \int_{-t/2}^{t/2} \tau_{xy} \cdot dz. \end{aligned} \tag{7.109}$$

Wie sich diese Schnittgrößen ergeben, zeigt Bild 7.26.

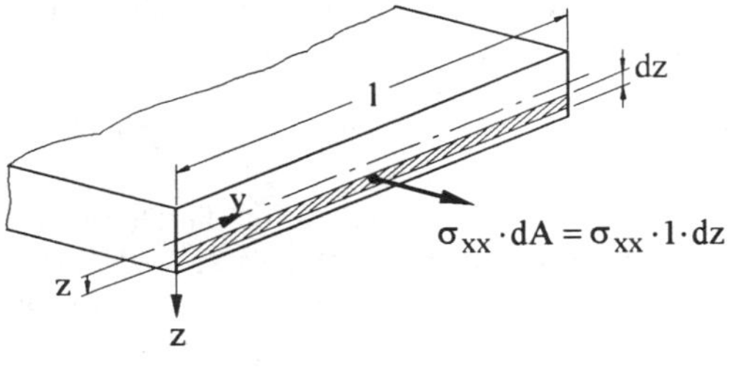

Bild 7.26:
Zur Bestimmung der Schnittgrößen (nach /7.13/)

Anmerkung: Für das Vorzeichen ist eingeführt: positive Durchbiegung nach unten und positives Moment erzeugt negative Krümmung.

Das Gleichgewicht (Σ aller Kräfte und Σ aller Momente gleich Null) liefert

$$\frac{\partial q_x}{\partial x} + \frac{\partial q_y}{\partial y} + p_{z(x,y)} = 0,$$

$$\frac{\partial m_y}{\partial y} + \frac{\partial m_{xy}}{\partial x} - q_y = 0, \tag{7.110}$$

$$\frac{\partial m_x}{\partial x} + \frac{\partial m_{yx}}{\partial y} - q_x = 0.$$

Aus den Gleichgewichtsbedingungen Gl. (7.110) folgt durch Einsetzen die Drei-Momentengleichung

$$\frac{\partial m_x{}^2}{\partial x^2} + 2 \cdot \frac{\partial m_{xy}{}^2}{\partial x \partial y} + \frac{\partial m_y{}^2}{\partial y^2} + p_{z(x,y)} = 0. \tag{7.111}$$

Unter Verwendung der Beziehungen Gl. (7.107) bis (7.109) erhält man weiter

$$m_x = \frac{E}{1-\nu^2} \cdot \left(\kappa_x + \nu \cdot \kappa_y\right) \cdot \int_{-t/2}^{t/2} z^2 \, dz = -\frac{E \cdot t^3}{12 \cdot \left(1-\nu^2\right)} \cdot \left(\frac{\partial w^2}{\partial x^2} + \nu \cdot \frac{\partial w^2}{\partial y^2}\right)$$

$$m_y = \frac{E}{1-\nu^2} \cdot \left(\nu \cdot \kappa_x + \kappa_y\right) \cdot \int_{-t/2}^{t/2} z^2 \, dz = -\frac{E \cdot t^3}{12 \cdot \left(1-\nu^2\right)} \cdot \left(\nu \cdot \frac{\partial w^2}{\partial x^2} + \frac{\partial w^2}{\partial y^2}\right) \tag{7.112}$$

$$m_{xy} = m_{yx} = \frac{E}{1+\nu} \cdot \kappa_{xy} \cdot \int_{-t/2}^{t/2} z^2 \, dz = -\frac{E \cdot t^3}{12 \cdot (1+\nu)} \cdot \frac{\partial w^2}{\partial x \partial y}.$$

Das Einsetzen von Gl. (7.112) in Gl. (7.111) führt auf die partielle Differentialgleichung der *Plattenbiegung*

$$\frac{\partial w^4}{\partial x^4} + 2 \cdot \frac{\partial w^4}{\partial x^2 \partial y^2} + \frac{\partial w^4}{\partial y^4} = \frac{12 \cdot \left(1-\nu^2\right)}{E \cdot t^3} \cdot p_z(x,y). \tag{7.113}$$

Die Lösung dieser inhomogenen DGL ist mit der FE-Methode relativ einfach möglich.

7.3.2 Problematik der Plattenelemente

Zuvor wurde festgestellt, daß die Deformation einer Platte allein durch die Durchbiegung w der Mittelebene bestimmt ist, die nun über die Knotenpunktparameter ausgedrückt werden muß. Als Knotenpunktparameter sind diesbezüglich die Durchbiegung und die entsprechenden Ableitungen anzusehen.

Die im Kapitel 6 für zulässige Ansätze formulierten Bedingungen müssen jedoch bei der Platte eine Erweiterung erfahren, und zwar ist jetzt zu fordern, daß die Durchbiegung $w(x, y)$ sowie auch ihre Normalenableitung $\partial w / \partial n$ an den Elementrändern stetig auf die Nachbarelemente /7.14/ übergehen. Dies ist dann gegeben, wenn sowohl die Durchbiegung wie auch die Normalenableitung an jedem Elementrand eindeutig durch die Knotenpunktparameter bestimmt sind. Mittels dieser Forderung ist gleichzeitig gewährleistet, daß der Materialzusammenhalt zwischen den Elementen bestehen bleibt und kein Knick beim Übergang von einem Element in das benachbarte auftritt.

Die für die *Platten*-Elemente aufzustellenden Ansätze haben diesbezüglich zu erfüllen /7.15/:

- Vollständigkeit des Verschiebungsansatzes zur Gewährleistung der Konvergenz

und

- Einschluß der Glieder 1, x, y, x^2, xy, y^2, um Zustände veränderlicher Verzerrungen, Krümmungen sowie auch Starrkörperverschiebungen erfassen zu können.

Mit dem *Pascalschen* Dreieck wurden einführend schon Polynome zusammengestellt, die die vorstehenden Bedingungen erfüllen. Im Fall der *Platten*-Elemente stoßen wir hier aber auf eine neue Schwierigkeit. Beim *Balken*-Element ist herausgestellt worden, daß die Biegung mit einem vollständigen Polynom 3. Ordnung beschrieben werden kann. Wie wir aus dem Bild 7.27 aber entnehmen können hat ein Polynom 3. Ordnung jedoch zehn Glieder. Unter der Voraussetzung, daß ein *Platten*-Element pro Knoten drei Freiheitsgrade hat, wäre also beim *Rechteck*-Element ein zwölfgliedriger Ansatz und beim *Dreieck*-Element ein neungliedriger Ansatz erforderlich. In der üblichen Bauform wäre dieser aber nur unvollständig oder überzählig aufzustellen.

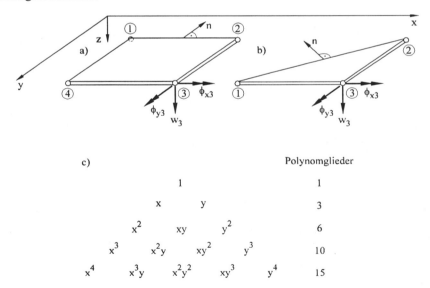

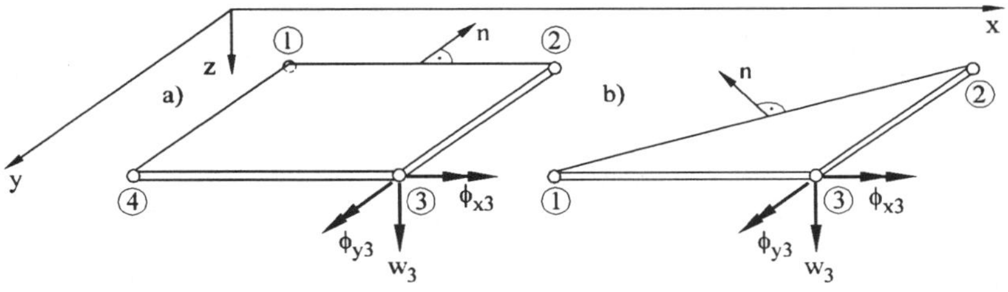

c)

	Polynomglieder
1	1
x y	3
x^2 xy y^2	6
x^3 x^2y xy^2 y^3	10
x^4 x^3y x^2y^2 xy^3 y^4	15

Bild 7.27: Freiheitsgrade an *Platten*-Elementen
a) rechteckiges Element mit 12 FHG's, b) dreieckiges Element mit 9 FHG's,
c) Pascalsches Dreieck mit Ansatzfunktionen

Entsprechend des Aufbaus des Ansatzes entstehen nunmehr zwei Gattungen von Plattenelementen /7.16/, und zwar

- *verträgliche* (sogenannte konforme) Elemente, bei denen die Verschiebung und die Verdrehung stetig zu den Nachbarelementen übergeht

und

- *nichtverträgliche* (sogenannte nichtkonforme) Elemente, die nur die Stetigkeit der Verschiebungen verlangt, während die Verdrehung die Stetigkeitsforderung verletzen darf.

Die dadurch bei der Elementformulierung entstehenden Probleme wollen wir nachfolgend nur kurz ansprechen. Vor der eigentlichen Elementbeschreibung soll aber noch einmal zusammenfassend der auf *Platten*-Elemente angepaßte FE-Formalismus dargelegt werden. Wie schon ausgeführt wird dabei für die Durchbiegung mit

$$w(x,y) = \underline{G}(x,y) \cdot \underline{d} \tag{7.114}$$

in bekannter Weise ein Ansatz gemacht. Die Verschiebungsgrößen an den Knoten wählen wir zu

$$\underline{d}_i^{\,t} = \begin{bmatrix} w_i & \phi_{xi} & \phi_{yi} \end{bmatrix} \tag{7.115}$$

und die zugehörigen Knotenkräfte zu

$$\underline{p}_i^{\,t} = \begin{bmatrix} Q_{zi} & M_{xi} & M_{yi} \end{bmatrix}. \tag{7.116}$$

Die Definition dieser Größen zeigt noch einmal Bild 7.28.

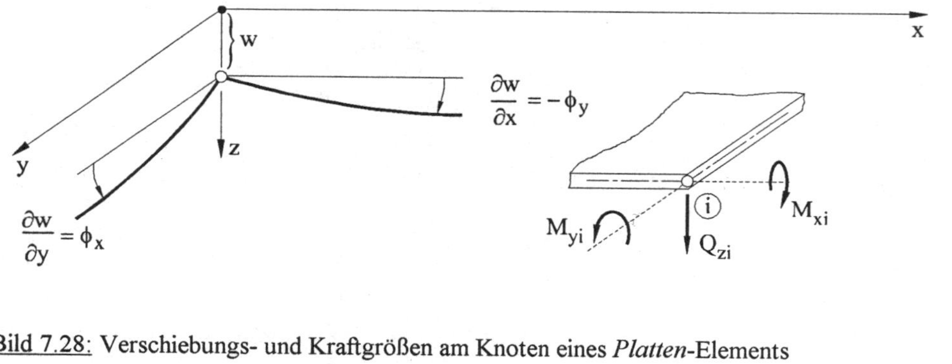

Bild 7.28: Verschiebungs- und Kraftgrößen am Knoten eines *Platten*-Elements

Für die Verzerrungen (s. auch Gl. (7.106)) kann so wieder der Zusammenhang

$$\underline{\varepsilon} = z \cdot \underline{D} \cdot w$$

hergestellt werden. Wird darin der vorstehende Ansatz eingeführt, so wird daraus

$$\underline{\varepsilon} = z \cdot \underline{\mathbf{D}} \cdot \underline{\mathbf{G}} \cdot \underline{\mathbf{d}} = z \cdot \underline{\mathbf{B}} \cdot \underline{\mathbf{d}} \,. \tag{7.117}$$

Hierin lautet die $\underline{\mathbf{B}}$-Matrix für einen Knoten:

$$\underline{\mathbf{B}}_i = \begin{bmatrix} -\dfrac{\partial^2}{\partial x^2} \\ -\dfrac{\partial^2}{\partial y^2} \\ -2\,\dfrac{\partial^2}{\partial x\,\partial y} \end{bmatrix} \cdot \underline{\mathbf{G}} \,. \tag{7.118}$$

Damit sind wir jetzt gemäß Gl. (7.109) in der Lage, als weitere Beziehung die Verknüpfung der Schnittmomente mit den Verzerrungen anzugeben, und zwar zu

$$\underline{\mathbf{m}} = \int_{-t/2}^{t/2} \underline{\sigma} \cdot z \, dz \,. \tag{7.119}$$

Wird hierin die Spannung durch

$$\underline{\sigma} = \underline{\mathbf{E}}_{ESZ} \cdot \underline{\varepsilon} = z \cdot \underline{\mathbf{E}}_{ESZ} \cdot \underline{\mathbf{B}} \cdot \underline{\mathbf{d}}$$

ersetzt und dies in Gl. (7.119) berücksichtigt, so folgt

$$\underline{\mathbf{m}} = \int_{-t/2}^{t/2} \underline{\mathbf{E}}_{ESZ} \cdot z^2 \, dz \cdot \underline{\mathbf{B}} \cdot \underline{\mathbf{d}} = \frac{t^3}{12} \underline{\mathbf{E}}_{ESZ} \cdot \underline{\mathbf{B}} \cdot \underline{\mathbf{d}} = \underline{\mathbf{E}}_P \cdot \underline{\mathbf{B}} \cdot \underline{\mathbf{d}} \,. \tag{7.120}$$

Die Elementsteifigkeitsmatrix kann so wieder unter Heranziehung des Energieprinzips gewonnen werden, und zwar gilt für die innere Formänderungsarbeit der Platte

$$W_i = \frac{1}{2} \int_A \underline{\varepsilon}^t \cdot \underline{\mathbf{E}}_P \cdot \underline{\varepsilon} \, dA \tag{7.121}$$

bzw. für eine virtuelle Verzerrung

$$\delta W_i = \int_A \delta\, \underline{\varepsilon}^t \cdot \underline{\mathbf{E}}_P \cdot \underline{\varepsilon} \, dA = \int_A \int_{-t/2}^{t/2} \delta\, \underline{\varepsilon}^t \cdot \underline{\mathbf{E}}_{ESZ} \cdot z^2 \, dz \cdot \underline{\varepsilon} \, dA = \int_A \delta\, \underline{\varepsilon}^t \cdot \underline{\mathbf{m}} \, dA. \tag{7.122}$$

Gleichgewicht liegt vor, wenn die äußere Arbeit der Knotenkräfte gleich der inneren Arbeit ist:

$$\delta \underline{\mathbf{d}}^t \cdot \underline{\mathbf{p}} = \delta \underline{\mathbf{d}}^t \int_A \underline{\mathbf{B}}^t \cdot \underline{\mathbf{E}}_P \cdot \underline{\mathbf{B}} \, dA \cdot \underline{\mathbf{d}} \,. \tag{7.123}$$

Damit liegt die Beziehung zur Bildung der Elementsteifigkeitsmatrix mit

$$\underline{\mathbf{k}} = \int\limits_x\int\limits_y \underline{\mathbf{B}}^t \cdot \underline{\mathbf{E}}_P \cdot \underline{\mathbf{B}}\, dy\, dx \tag{7.124}$$

fest.

7.3.3 Rechteck-Platten-Element

Auf das einfache 4-knotige *Rechteck-Platten*-Element gehen die ersten Bemühungen zurück, Plattenprobleme mit der FEM zu berechnen. Ein derartiges Element zeigt das Bild 7.29.

Mit den eingeführten Knotenparametern (s. Gl. (7.115)) liegen somit 12 Freiheitsgrade vor, für die es ein Ansatz zu machen gilt. Unter Berücksichtigung der zuvor formulierten Ansatzbedingungen bietet es sich zunächst an, ein unvollständiges Polynom 4. Grades mit 12 Koeffizienten zu wählen. Im Pascalschen Dreieck sind dies die folgenden Glieder:

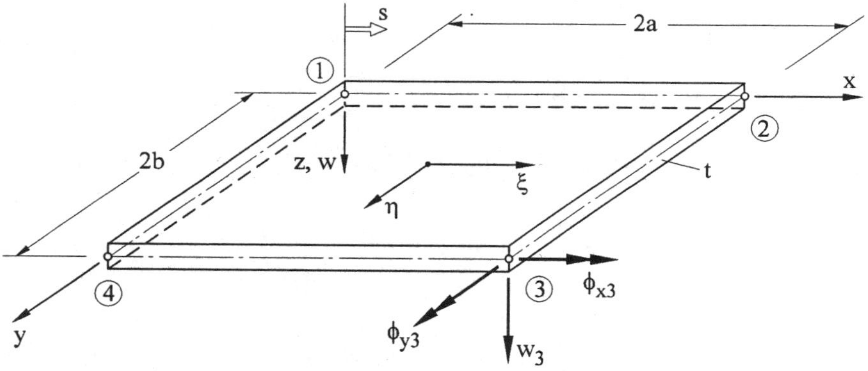

Bild 7.29: *Rechteck-Platten*-Element (nach /7.17/)

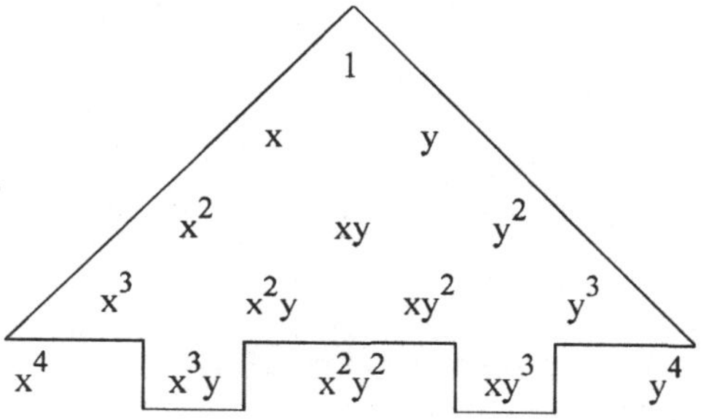

womit der Ansatz

$$w(x,y) = \alpha_1 + \alpha_2 \cdot x + \alpha_3 \cdot y + \alpha_4 \cdot x^2 + \alpha_5 \cdot x \cdot y + \alpha_6 \cdot y^2$$
$$+ \alpha_7 \cdot x^3 + \alpha_8 \cdot x^2 \cdot y + \alpha_9 \cdot x \cdot y^2 + \alpha_{10} \cdot y^3 \qquad (7.125a)$$
$$+ \alpha_{11} \cdot x^3 \cdot y + \alpha_{12} \cdot x \cdot y^3$$

erstellt werden kann. Dieser kann symbolisch auch als

$$w(x,y) = \underline{\mathbf{N}}^t \cdot \underline{\alpha} \qquad (7.125b)$$

mit

$$\underline{\mathbf{N}}^t = \begin{bmatrix} 1 & x & y & x^2 & xy & y^2 & x^3 & x^2y & xy^2 & y^3 & x^3y & xy^3 \end{bmatrix} \qquad (7.126)$$

geschrieben werden. Im weiteren wollen wir kurz untersuchen, ob dieser Ansatz stetig und somit zu anderen Elementen kompatibel ist. Aus Gl. (7.126) folgt, daß sich an einem Elementrand y = 0 die Durchbiegung als kubisches Polynom

$$w(x,0)_{Rand} = \beta_1 + \beta_2 \cdot s + \beta_3 \cdot s^2 + \beta_4 \cdot s^3 \qquad (7.127)$$

ergibt. Die hierin auftretenden vier Koeffizienten c_i können dabei eindeutig aus den vier Knotenbedingungen $w_1(o,o)$, $w_1'(o,o)$, $w_2(2\,a,o)$ und $w_2'(2\,a,o)$ bestimmt werden. Für die Normalenableitung

$$\left(\frac{\partial w(x,o)}{\partial n}\right)_{Rand} = \gamma_1 + 2\gamma_2 \cdot s + 3\gamma_3 \cdot s^2 \qquad (7.128)$$

nimmt man hingegen ein quadratisches Polynom, welches durch die zwei verfügbaren Knotengrößenableitungen jedoch nicht eindeutig bestimmt ist. Insofern liegt also eine Unstetigkeit der Randneigungen beim Übergang zu den Nachbarelementen vor. Deshalb spricht man hier von einem sogenannten *nichtverträglichen Element*, obwohl man bei seiner Anwendung aus- reichend gute Genauigkeiten erzielt hat.

Die dargelegte Schwierigkeit läßt sich umgehen, wenn man die Knotenfreiheitsgrade des *Platten*-Elements erhöht. Als Möglichkeit besteht dazu noch, die gemischten zweiten Ableitungen zu berücksichtigen. Der Knotenverschiebungsvektor lautet somit:

$$\underline{\mathbf{d}}_i^t = \begin{bmatrix} w_i & \phi_{xi} & \phi_{yi} & \kappa_{xyi} \end{bmatrix}. \qquad (7.129)$$

Das Element weist demzufolge 16 Freiheitsgrade auf und erfordert einen 16gliedrigen Ansatz. In der Literatur schlägt man hierfür ein unvollständiges Polynom 6. Grades folgender Bauform vor:

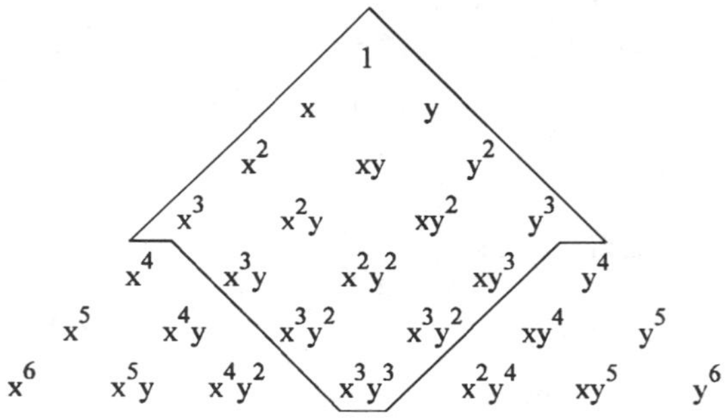

(7.130)

Die Ansatzfunktion lautet somit:

$$\underline{N}^t = \begin{bmatrix} 1 & x & y & x^2 & xy & y^2 & x^3 & x^2y & xy^2 & y^3 & x^3y & x^2y^2 & xy^3 & x^3y^2 & x^2y^3 & x^3y^3 \end{bmatrix} \quad . \tag{7.131}$$

Prüft man auch hierfür die Stetigkeit, so stellt man wieder fest, daß für die Randdurchbiegung ein kubisches Polynom und für die Normalenableitung am Rand ein quadratisches Polynom maßgebend ist. Im Gegensatz zu vorher stehen jetzt aber ausreichend viele Knotengrößen zur Verfügung, so daß alle Koeffizienten c_i, $\bar{c}_i$ eindeutig bestimmt werden können. Da nun die Durchbiegung und die Randableitungen stetig auf die Nachbarelemente übergehen, spricht man hier von einem *vollverträglichen Element*.

Die zu dem Freiheitsgrad κ_{xyi} korrespondierende Kraftgröße hat hingegen keine direkte physikalische Bedeutung, da sie weder Kraft- noch Momentencharakter aufweist.

Auf die weiteren Schritte bis zur Herleitung der Elementsteifigkeit soll hier nicht eingegangen werden, weil diese sich in dem bekannten Schema vollzieht. Der Vollständigkeit halber sei jedoch umseitig die *Biegesteifigkeitsmatrix* des Platten-Elements mit 12 FHG's angegeben.

$$\underline{k}_B = \frac{E \cdot t^3}{1.440\left(1-\nu^2\right) a \cdot b}$$

	w_1	ϕ_{x1}	ϕ_{y1}	w_2	ϕ_{x2}	ϕ_{y2}
1	$120\left(\beta^2+\gamma^2\right)-24\nu+84$					
2	$\left[10\beta^2+(1+4\nu)\right]12b$	$-160a^2+32(1-\nu)b^2$				
3	$-10\left[10\gamma^2+(1+4\nu)\right]12a$	$-120\nu a\cdot b$	$160b^2+32(1-\nu)a^2$			
4	$60\left(\gamma^2-2\beta^2\right)+24\nu-84$	$-\left[10\beta^2+(1-\nu)\right]12b$	$\left[-5\gamma^2+(1+4\nu)\right]12a$	$120\left(\beta^2+\gamma^2\right)-24\nu+84$		
5	$\left[10\beta^2+(1-\nu)\right]12b$	$80a^2-8(1-\nu)b^2$	0	$-\left[10\beta^2+(1+4\nu)\right]12b$	$160a^2+32(1-\nu)b^2$	
6	$\left[-5\gamma^2+(1+4\nu)\right]12a$	0	$80b^2-32(1-\nu)a^2$	$-\left[10\gamma^2+(1+4\nu)\right]12a$	$120\nu a\cdot b$	$160b^2+32(1-\nu)a^2$
7	$-60\left(\gamma^2+\beta^2\right)-24\nu+84$	$-\left[5\beta^2+(1-\nu)\right]12b$	$\left[5\gamma^2-(1-\nu)\right]12a$	$-60\left(2\gamma^2-\beta^2\right)+24\nu-84$	$\left[-5\beta^2+(1+4\nu)\right]12b$	$\left[10\gamma^2+(1-\nu)\right]12a$
8	$\left[5\beta^2-(1-\nu)\right]12b$	$40a^2+8(1-\nu)b^2$	0	$\left[-5\beta^2+(1+4\nu)\right]12b$	$80a^2-32(1-\nu)b^2$	0
9	$\left[-5\gamma^2+(1-\nu)\right]12a$	0	$40b^2+8(1-\nu)a^2$	$-\left[10\gamma^2+(1-\nu)\right]12a$	0	$80b^2-8(1-\nu)a^2$
10	$-60\left(2\gamma^2-\beta^2\right)+24\nu-84$	$\left[-5\beta^2+(1+4\nu)\right]12b$	$\left[10\gamma^2+(1-\nu)\right]12a$	$-60\left(\beta^2+\gamma^2\right)-24\nu+84$	$\left[5\beta^2-(1-\nu)\right]12b$	$\left[5\gamma^2-(1-\nu)\right]12a$
11	$\left[5\beta^2-(1+4\nu)\right]12b$	$80a^2-16(1-\nu)b^2$	0	$\left[-5\beta^2+(1-\nu)\right]12b$	$40a^2+8(1-\nu)b^2$	0
12	$-\left[10\gamma^2+(1-\nu)\right]12a$	0	$80b^2-8(1-\nu)a^2$	$\left[-5\gamma^2+(1-\nu)\right]12a$	0	$40b^2+8(1-\nu)a^2$

	w_3	ϕ_{x3}	ϕ_{y3}	w_4	ϕ_{x4}	ϕ_{y4}
1						
2						
3						
4						
5						
6						
7	$120(\beta^2+\gamma^2)-24\nu+84$					
8	$-[10\beta^2+(1+4\nu)]12b$	$160a^2+32(1-\nu)b^2$				
9	$[10\gamma^2+(1+4\nu)]12a$	$-120\nu a\cdot b$	$160b^2+32(1-\nu)a^2$			
10	$60(\gamma^2-2\beta^2)+24\nu-84$	$[10\beta^2+(1-\nu)]12b$	$[5\gamma^2-(1+4\nu)]12a$	$120(\beta^2+\gamma^2)-24\nu+84$		
11	$-[10\beta^2+(1-\nu)]12b$	$80a^2-8(1-\nu)b^2$	0	$[10\beta^2+(1+4\nu)]12b$	$160a^2+32(1-\nu)b^2$	
12	$[5\gamma^2-(1+4\nu)]12a$	0	$80b^2-32(1-\nu)a^2$	$[10\gamma^2+(1+4\nu)]12a$	$120\nu a\cdot b$	$160b^2+32(1-\nu)a^2$

$$\text{mit } \beta=\frac{a}{b},\quad \gamma=\frac{b}{a} \tag{7.132}$$

7.3.4 Dreieck-Platten-Element

Wie bei Scheibenaufgaben gilt auch für die Plattenproblematik, daß rechteckige Elemente nur sehr begrenzt einsetzbar sind. Eine größere Variabilität in der Modellierung bieten naturgemäß *Dreieck*-Elemente.

In Analogie zum vorausgegangenen Kapitel wollen wir hier zunächst ein *Dreieck*-Element (s. auch Bild 7.27 mit drei Knoten, also 9 Freiheitsgraden, betrachten. Als Knotenverschiebungsvektor ist dann wieder Gl. (7.115) maßgebend. Seitens der Ansatzfunktionsbildung zeichnet sich dabei nur die Möglichkeit ab, einen kubischen Durchbiegungsansatz mit

$$\begin{aligned} w(x,y) &= \alpha_1 + \alpha_2 \cdot x + \alpha_3 \cdot y + \alpha_4 \cdot x^2 + \alpha_5 \cdot x \cdot y + \alpha_6 \cdot y^2 \\ &+ \alpha_7 \cdot x^3 + \alpha_8 \cdot x^2 \cdot y + \alpha_9 \cdot x \cdot y^2 + \alpha_{10} \cdot y^3 \end{aligned} \tag{7.133}$$

und 10 Koeffizienten zu wählen. Ein Koeffizient ist hierbei überzählig und muß geschickt eliminiert werden. Elementformulierungen, bei denen ein Koeffizient weggelassen wurde, haben sich im Test als unbrauchbar erwiesen. Strategien, bei denen bestimmte Koeffizienten zusammengefaßt wurden, zeigten hingegen gute Ergebnisse. Bewährt hat sich in diesem Sinne der Ansatz

$$\begin{aligned} w(x,y) &= \alpha_1 + \alpha_2 \cdot x + \alpha_3 \cdot y + \alpha_4 \cdot x^2 + \alpha_5 \cdot x \cdot y + \alpha_6 \cdot y^2 \\ &+ \alpha_7 \cdot x^3 + \alpha_8 \left(x^2 \cdot y + x \cdot y^2\right) + \alpha_9 \cdot y^3 , \end{aligned} \tag{7.134}$$

der für jeden Freiheitsgrad einen Koeffizienten aufweist und insofern vollständig ist. Führen wir an diesem Ansatz nun auch wieder die Stetigkeitsprüfung durch, so liegt für die Randdurchbiegung ein kubisches und für die Randableitung ein quadratisches Polynom vor. Mit den angesetzten Knotenfreiheitsgraden kann also auch hier die Randübergangsbedingung nicht stetig gehalten werden. Das 3knotige *Dreieck-Platten*-Element mit einem Ansatzpolynom 3. Grades ist somit als *nichtverträglich* einzustufen.

Wie bis jetzt erkannt wurde, ist die Normalenableitung $\partial w / \partial n$ maßgebend für die Nichtkonformität der Elemente. Es hat in der Forschung aber nicht an Bemühungen gefehlt, konforme *Dreieck-Platten*-Elemente zu entwickeln. Auf diese Möglichkeiten soll an dieser Stelle jedoch nicht tiefer eingegangen werden.

Ein bekannter Weg, verträgliche Elemente zu gewinnen, besteht allgemein darin, die Knotenfreiwerte zu erhöhen. Wählen wir wie im Bild 7.30 dargestellt ein 6-knotiges Element und führen hierfür folgende Freiheitsgrade

$$\underline{\mathbf{d}}_i^t = \begin{bmatrix} w_i & \phi_{xi} & \phi_{yi} & \kappa_{xi} & \kappa_{yi} & \kappa_{xyi} \end{bmatrix} \qquad \text{für Knoten } i = 1, 2, 3 \tag{7.135a}$$

und

$$\underline{\mathbf{d}}_j^t = \begin{bmatrix} \dfrac{\partial w_j}{\partial n} \end{bmatrix} \qquad \text{für Knoten } j = 4, 5, 6 \tag{7.135b}$$

ein, so liegt ein Element mit insgesamt 21 Freiheitsgraden vor.

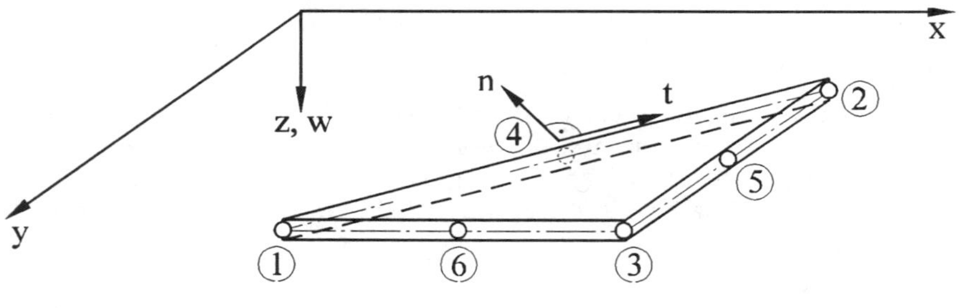

Bild 7.30: *Dreieck-Platten*-Element mit 6 Knoten

Den höheren Knotenableitungen können aber wieder keine physikalisch deutbaren Kraft- oder Momentengrößen zugeordnet werden.

Mit den 21 Freiheitsgraden besteht jetzt aber die Möglichkeit, ein vollständiges Polynom 5. Grades (s. Gl. (7.130)) mit genau 21 Koeffizienten anzusetzen. Auf einem Rand verändert sich somit die Durchbiegung w_{Rand} ebenfalls nach dem Polynom 5. Grades, dessen sechs Koeffizienten aber mit den hier verfügbaren sechs Knotengrößen $\left(w(x,o)_{i,j},\ w'(x,o)_{i,j}\right.$ und $\left.\kappa_{xy,i,j}\right)$ bestimmt werden können. Die Normalenableitung $(\partial w / \partial n)_{Rand}$ verläuft hingegen nach einem Polynom 4. Grades, dessen fünf Koeffizienten durch die Ableitungen $(\partial w / \partial n)_{i,j}$, $\left(\partial^2 w / \partial n \cdot \partial t\right)_{i,j}$ am Eckknoten und durch $(\partial w / \partial n)_k$ am Zwischenknoten gegeben sind. Die Normalenableitungen am Knoten bildet man nach der impliziten Differentiation

$$\frac{\partial w}{\partial n} = \frac{\partial w}{\partial x} \cdot \frac{\partial x}{\partial n} + \frac{\partial w}{\partial y} \cdot \frac{\partial y}{\partial n} \,. \tag{7.136}$$

Damit wollen wir die Problematik der Elementformulierungen zunächst ruhen lassen, um uns praktischeren Fragestellungen zuwenden zu können.

7.3.5 Konvergenz

Von allgemeinem Interesse ist es bei der Lösung von Plattenproblemen abzuwägen, ob man besser *Dreieck-* oder *Rechteck*-Elemente für eine Idealisierung verwendet.

Im Bild 7.31 ist eine derartige Konvergenzbetrachtung an einer fest eingespannten Platte unter Flächenlast bezüglich der Durchbiegung in der Mitte durchgeführt worden.

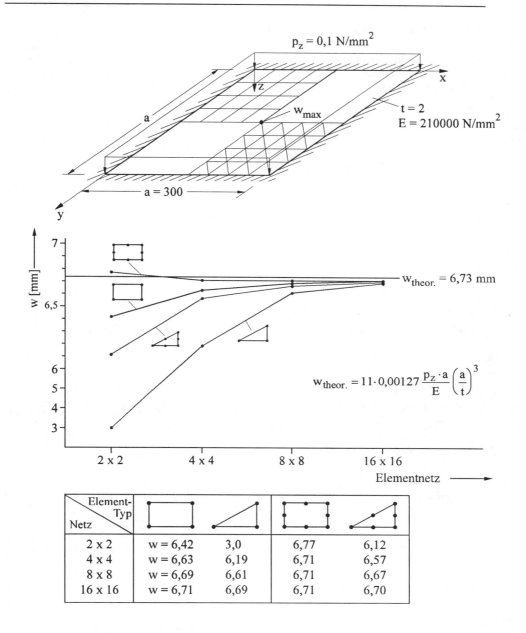

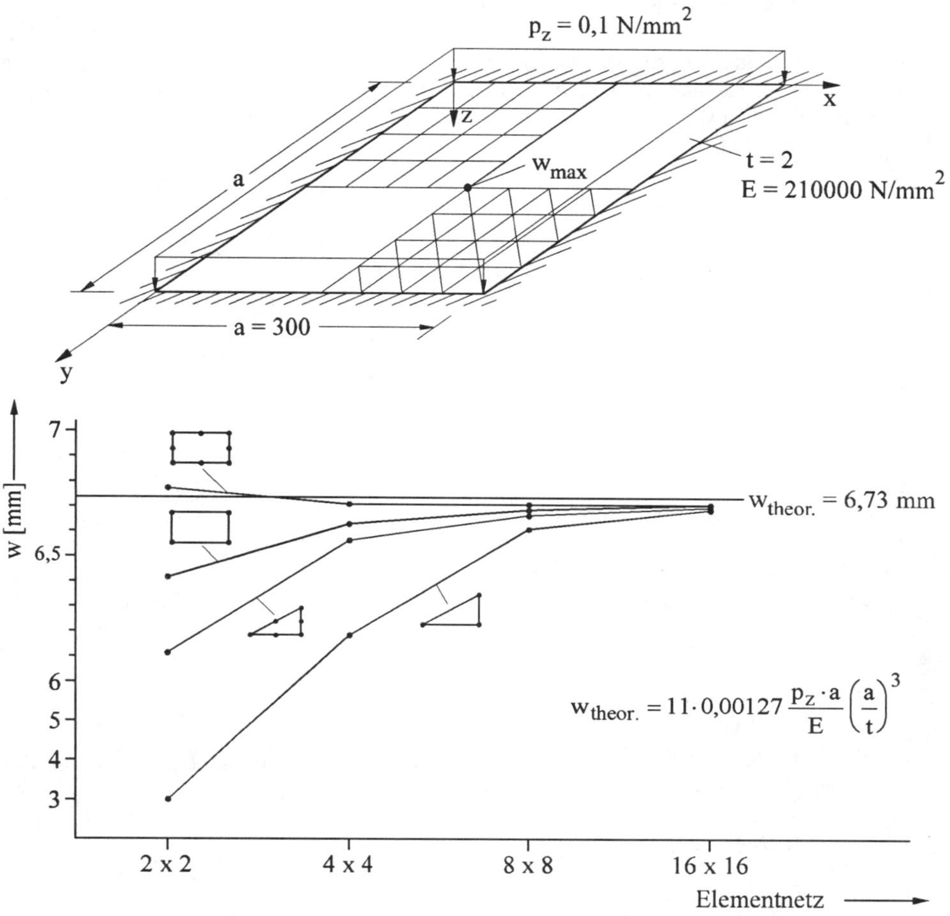

Element-Typ / Netz				
2 x 2	w = 6,42	3,0	6,77	6,12
4 x 4	w = 6,63	6,19	6,71	6,57
8 x 8	w = 6,69	6,61	6,71	6,67
16 x 16	w = 6,71	6,69	6,71	6,70

Bild 7.31: Konvergenzrechnung mit *Platten*-Elementen

Am Ergebnis der Auswertungen erkennt man bei einer Idealisierung der Viertelsymmetrie der Platte mit verschiedenen Verfeinerungsgraden, daß hier selbst das einfache *Rechteck-Platten*-Element sehr schnell und gut konvergiert. Demgegenüber zeigt das einfache *Dreieck-Platten*-Element deutlich schlechteres Verhalten, wodurch sich eine grobe Richtschnur für die Elementwahl abzeichnet.

7.3.6 Schubverformung am Plattenstreifen

Wie beim Balken-Elemente sollte auch bei dicken, kurzen Platten-Elementen die Schubverformung nicht vernachlässigt werden. Um das Problem für die Darstellung zu vereinfachen, wählen wir wie im Bild 7.32 gezeigt einen Plattenstreifen, an dem man später die Gleichungen für die Ebene verifizieren kann.

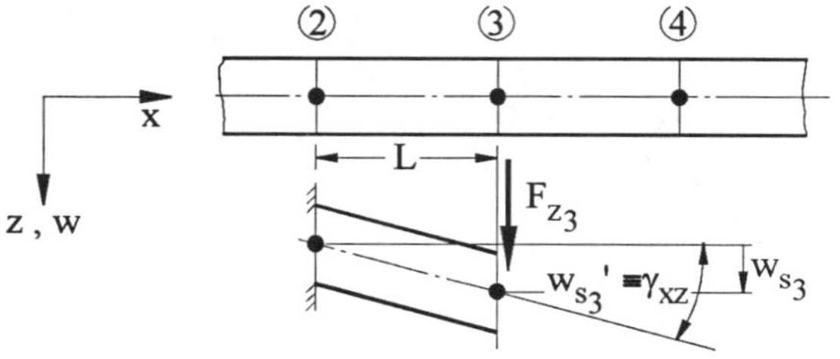

Bild 7.32: Schubverformung am Plattenstreifen (nach /7.18/)

Das Modell für das schmale Plattenelement soll sein, daß das Element am Knoten ② wie ein Kragarm gelagert ist und die Durchbiegung im Knoten ③ infolge Schub allein durch

$$\gamma_{xz} \cdot L = \frac{2\left(1+\nu\right) F_{z3} \cdot L}{A_s \cdot E} \tag{7.137}$$

gegeben ist. Damit kann die folgende Flexibilitätsgleichung für das Element unter Berücksichtigung der Biege- und Schubnachgiebigkeit aufgestellt werden:

$$\begin{bmatrix} w_3 \\ \phi_{y3} \end{bmatrix} = \left[\begin{array}{c|c} \dfrac{L^3}{3\,E \cdot J_y} + \dfrac{2\left(1+\nu\right) \cdot L}{A_s \cdot E} & \dfrac{L^2}{2\,E \cdot J_y} \\ \hline \dfrac{L^2}{2\,E \cdot J_y} & \dfrac{L}{E \cdot J_y} \end{array}\right] \cdot \begin{bmatrix} F_{z3} \\ M_{y3} \end{bmatrix}. \tag{7.138}$$

Invertiert man diese Beziehung, so erhält man beispielsweise für den ersten Koeffizienten der Steifigkeitsmatrix

$$k_{11} = \frac{12\,E \cdot J_y}{L^3} \cdot \frac{1}{\left[1 + 24\left(1+\nu\right) \dfrac{J_y}{A_s \cdot L^2}\right]}, \tag{7.139}$$

womit jetzt Biegung und Schub in der Elementsteifigkeit berücksichtigt ist.

Schubverformung spielt insbesondere bei schubweichen Konstruktionen wie Sandwichplatten eine große Rolle. Um dies auszutesten, wählen wir als Beispiel einen Sandwich-Plattenstreifen, den wir mit geeigneten *Sandwich-Elementen* erfassen wollen. Wichtig ist hierbei, daß

Schichten unterschiedlicher Steifigkeit beschrieben werden können, welches die meisten Programmsysteme beherrschen.

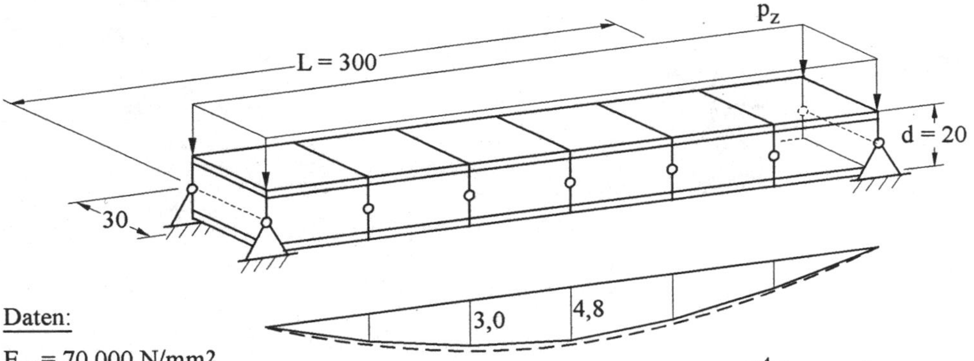

Daten:

$E_H = 70.000$ N/mm2

$\nu_H = 0,33$

$G_K = 450$ N/mm^2

$\nu_K = 0,36$

$p_z = 0,5$ N/mm2

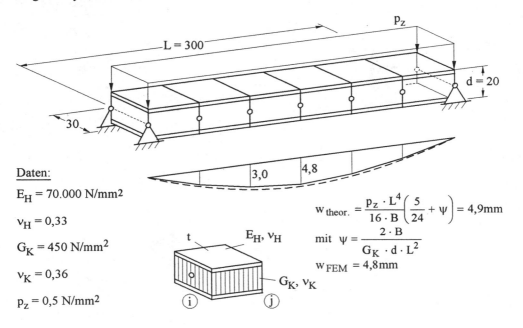

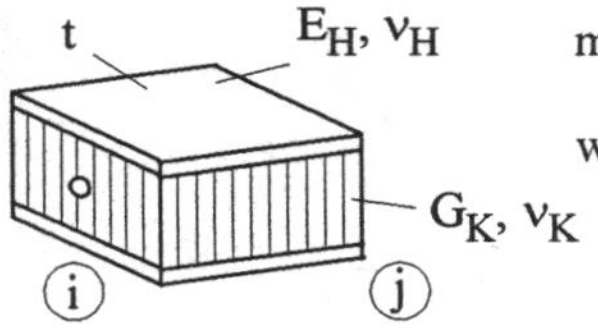

$$w_{theor.} = \frac{p_z \cdot L^4}{16 \cdot B}\left(\frac{5}{24} + \psi\right) = 4{,}9\text{mm}$$

$$\text{mit } \psi = \frac{2 \cdot B}{G_K \cdot d \cdot L^2}$$

$$w_{FEM} = 4{,}8\text{mm}$$

Bild 7.33: Konvergenzrechnung mit sogenannten Sandwichplatten-Elementen am Plattenstreifen

Im Bild 7.33 soll die Durchsenkung aus Biegung und Schub nachgebildet werden und das Ergebnis gegen eine theoretische Lösung verglichen werden. Die Rechnung zeigt, das bereits mit wenigen Elementen eine recht gute Konvergenz zur theoretischen Lösung hergestellt werden kann.

7.3.7 Beulproblematik

Als ein grundlegendes Problem der Plattentheorie gilt die Erfassung der Beulung.

Würde man hier streng physikalisch klassifizieren, so tritt Beulen eigentlich bei druckbelasteten dünnen Scheiben auf, bei denen die Mittelfläche unter der Einwirkung von Randkräften ausbiegt. Die elastischen Verhältnisse können dabei allerdings nur erfaßt werden, wenn wir von einem Plattenzustand ausgehen.

Der Unterschied in der Betrachtungsweise zwischen Plattenbiegung und Beulen sei im Bild 7.34 hervorgehoben.

a)

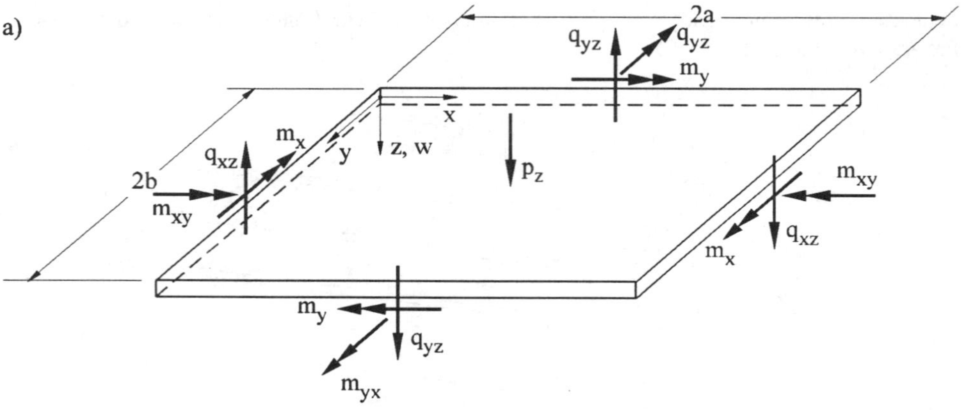

b)

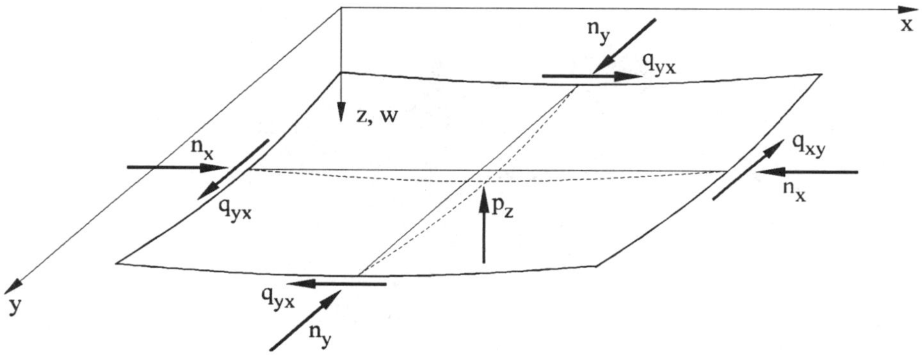

Bild 7.34: Unterschiede in den Kraftwirkungen bei Plattenbiegung und Beulen (nach /7.19/)
a) Kraftrichtungen bei Biegung
b) Kraftrichtungen bei Beulen

Bei der Plattenbiegung wirkt mit $p_z(x, y)$ eine positive äußere Kraft, die mit den entsprechenden Schnittkräften im Gleichgewicht steht. Bei der Plattenbeulung wird hingegen von einer ausgelenkten Mittelebene ausgegangen und die Kraftgröße $-p_z(x, y)$ bestimmt, die die Beulung zurückformt. Die dabei wirkenden Druck-Schnittkräfte können hier als äußere Lasten angesetzt werden, die die Verformung bewirkt haben. Diese werden gewöhnlich linienhaft definiert zu

Anmerkung: m_x, m_y bezeichnen Biegemomente je Seitenlänge

m_{xy}, m_{yx} bezeichnen Drillmomente je Seitenlänge

n_x, n_y bezeichnen Normalkräfte je Seitenlänge

$$\sigma_{xx} = \frac{N_x}{2\,b \cdot t} = \frac{n_x}{t} \quad \rightarrow \quad n_x = \sigma_{xx} \cdot t,$$

$$\sigma_{yy} = \frac{N_y}{2\,a \cdot t} = \frac{n_y}{t} \quad \rightarrow \quad n_y = \sigma_{yy} \cdot t, \qquad (7.140)$$

$$\tau_{xy} = \frac{Q_{xy}}{2\,b \cdot t} = \frac{Q_{yx}}{2\,a \cdot t} = \frac{q_{xy}}{t} \quad \rightarrow \quad q_{xy} = \tau_{xy} \cdot t.$$

Unter der weiteren Annahme, daß wir es mit kleinen Auslenkungen (lineare Theorie) der Platte zu tun haben, kann für die Durchbiegung die *St. Venantsche DGL* (nach /7.20/)

$$B \cdot \Delta\Delta w = p_z(x,y) - \left(n_x \cdot \frac{\partial^2 w}{\partial x^2} + 2\, q_{xy} \cdot \frac{\partial^2 w}{\partial x\, \partial y} + n_y \cdot \frac{\partial^2 w}{\partial y^2} \right) \qquad (7.141)$$

mit der Plattenbiegesteifigkeit

$$B = \frac{E \cdot t^3}{12\left(1 - \nu^2\right)} \qquad (7.142)$$

zugrunde gelegt werden. Hierbei werden jetzt die äußeren Druckkräfte positiv gezählt.

Infolge der angenommenen Anfangsdurchbiegung der Platte ergeben sich die großen Verzerrungen*) der Mittelebene beim Beulen zu

$$\varepsilon_{xx} = \frac{1}{2}\left(\frac{\partial w}{\partial x}\right)^2,$$

$$\varepsilon_{yy} = \frac{1}{2}\left(\frac{\partial w}{\partial y}\right)^2$$

und

$$\gamma_{xy} = \frac{\partial w}{\partial x} \cdot \frac{\partial w}{\partial y}. \qquad (7.143)$$

*) Anmerkung: Verzerrungen bei großen Verformungen setzen sich aus einem linearen Anteil und einem geometrisch nichtlinearen Anteil wie folgt zusammen:

$$\varepsilon_{xx} = \frac{\partial u}{\partial x} + \frac{1}{2}\left(\frac{\partial w}{\partial x}\right)^2,$$

$$\varepsilon_{yy} = \frac{\partial v}{\partial y} + \frac{1}{2}\left(\frac{\partial w}{\partial y}\right)^2,$$

$$\gamma_{xy} = \left(\frac{\partial u}{\partial y} + \frac{\partial v}{\partial x}\right) + \left(\frac{\partial w}{\partial x} \cdot \frac{\partial w}{\partial y}\right)$$

Dieser Anfangsverformungszustand muß durch eine zusätzliche elastische Formänderungsenergie /7.20/ aufrechterhalten werden, die von der Größe

$$W_R = \frac{1}{2}\int_A \left\{ n_x \left(\frac{\partial w}{\partial x}\right)^2 + 2\, q_{xy} \cdot \left(\frac{\partial w}{\partial x}\right) \cdot \left(\frac{\partial w}{\partial y}\right) + n_y \left(\frac{\partial w}{\partial y}\right)^2 \right\} dA \tag{7.144}$$

ist. Diese Gleichung kann auch matriziell geschrieben werden als

$$W_R = \frac{1}{2}\int_A \begin{bmatrix} \frac{\partial w}{\partial x} & \frac{\partial w}{\partial y} \end{bmatrix} \cdot \begin{bmatrix} n_x & q_{xy} \\ q_{xy} & n_y \end{bmatrix} \cdot \begin{bmatrix} \frac{\partial w}{\partial x} \\ \frac{\partial w}{\partial y} \end{bmatrix} dA\,. \tag{7.145}$$

Machen wir jetzt wieder mit

$$w(x,y) = \underline{\mathbf{G}}(x,y) \cdot \underline{\mathbf{d}}$$

unseren bekannten Ansatz, so können die vorstehend benötigten Ableitungen ersetzt werden durch

$$\begin{bmatrix} \frac{\partial w}{\partial x} \\ \frac{\partial w}{\partial y} \end{bmatrix} = \begin{bmatrix} \frac{\partial}{\partial x} \\ \frac{\partial}{\partial y} \end{bmatrix} \cdot \underline{\mathbf{G}} \cdot \underline{\mathbf{d}} = \begin{bmatrix} \underline{\mathbf{G}}' & \underline{\dot{\mathbf{G}}} \end{bmatrix} \cdot \underline{\mathbf{d}} = \underline{\tilde{\mathbf{G}}} \cdot \underline{\mathbf{d}}\,. \tag{7.146}$$

Damit lautet Gl. (7.144) auch:

$$W_R = \frac{1}{2}\int_A \underline{\mathbf{d}}^t \cdot \underline{\tilde{\mathbf{G}}}^t \begin{bmatrix} n_x & q_{xy} \\ q_{xy} & n_y \end{bmatrix} \underline{\tilde{\mathbf{G}}} \cdot \underline{\mathbf{d}}\, dA \equiv \frac{1}{2}\underline{\mathbf{p}}^t \cdot \underline{\mathbf{d}} = \frac{1}{2}\underline{\mathbf{d}}^t \cdot \underline{\mathbf{k}}_G \cdot \underline{\mathbf{d}}\,. \tag{7.147}$$

Mit

$$\underline{\mathbf{k}}_G = \int_A \underline{\tilde{\mathbf{G}}}^t \begin{bmatrix} n_x & q_{xy} \\ q_{xy} & n_y \end{bmatrix} \underline{\tilde{\mathbf{G}}}\, dA \equiv \underline{\mathbf{k}}_{Gx} + \underline{\mathbf{k}}_{Gy} + \underline{\mathbf{k}}_{Gxy} \tag{7.148}$$

wurde hierbei eine Matrix abgespalten, die *geometrische Steifigkeitsmatrix* heißt. Vielfach wird in der Literatur auch die Bezeichnung Anfangsspannungsmatrix benutzt, um auszudrücken, daß diese Matrix nicht nur von der Geometrie, sondern auch von dem Anfangsverformungszustand abhängig ist.

Die geometrische Steifigkeit macht sich besonders im richtungsabhängigen Widerstand gegen Beulen bemerkbar. Demzufolge lassen sich in Richtung der Seitenlängen die Steifigkeiten $\underline{\mathbf{k}}_{Gx}$, $\underline{\mathbf{k}}_{Gy}$ und die Diagonalsteifigkeit $\underline{\mathbf{k}}_{Gxy}$ definieren. Ohne nähere Ausrechnung sind diese drei Matrizen umseitig aufgeführt worden.

$$\underline{k}_{Gx} = \frac{\sigma_{xx} \cdot t \cdot b}{1.260 \cdot a} \cdot$$

	w_1	ϕ_{x1}	ϕ_{y1}	w_2	ϕ_{x2}	ϕ_{y2}	w_3	ϕ_{x3}	ϕ_{y3}	w_4	ϕ_{x4}	ϕ_{y4}
1	552											
2	$132 \cdot b$	$48 \cdot b^2$										
3	$-84 \cdot a$	0	$224 \cdot a^2$									
4	204	$78 \cdot b$	$-42 \cdot a$	552								
5	$-78 \cdot b$	$-36 \cdot b^2$	0	$-66 \cdot b$	$48 \cdot b^2$							
6	$-42 \cdot b$	0	$112 \cdot a^2$	$-84 \cdot a$	0	$224 \cdot a^2$						
7	-204	$-78 \cdot b$	$42 \cdot a$	-552	$132 \cdot b$	$84 \cdot a$	552					
8	$78 \cdot b$	$36 \cdot b^2$	0	$132 \cdot b$	$-48 \cdot b^2$	0	$-132 \cdot b$	$48 \cdot b^2$				
9	$-42 \cdot a$	0	$-28 \cdot a^2$	$-84 \cdot a$	0	$-56 \cdot a^2$	$84 \cdot a$	0	$224 \cdot a^2$			
10	-552	$-132 \cdot b$	$84 \cdot a$	-204	$78 \cdot b$	$42 \cdot a$	204	$-78 \cdot b$	$42 \cdot a$	552		
11	$-132 \cdot b$	$-48 \cdot b$	0	$-78 \cdot b$	$36 \cdot b$	0	$78 \cdot b$	$-36 \cdot b^2$	0	$132 \cdot b$	$48 \cdot b^2$	
12	$-84 \cdot a$	0	$-64 \cdot a^2$	$-42 \cdot a$	0	$-28 \cdot a^2$	$42 \cdot a$	0	$112 \cdot a^2$	$84 \cdot a$	0	$224 \cdot a^2$

(7.149)

$$\underline{k}_{Gy} = \frac{\sigma_{yy} \cdot t \cdot b}{1.260 \cdot a} \cdot$$

	w_1	ϕ_{x1}	ϕ_{y1}	w_2	ϕ_{x2}	ϕ_{y2}	w_3	ϕ_{x3}	ϕ_{y3}	w_4	ϕ_{x4}	ϕ_{y4}
1	552											
2	$84 \cdot b$	$224 \cdot b^2$										
3	$-132 \cdot a$	0	$48 \cdot a^2$									
4	−552	$-84 \cdot b$	$132 \cdot a$	552								
5	$84 \cdot b$	$-56 \cdot b^2$	0	$-84 \cdot b$	$224 \cdot b^2$							
6	$132 \cdot a$	0	$-48 \cdot a^2$	$-132 \cdot a$	0	$48 \cdot a^2$						
7	−204	$-42 \cdot b$	$78 \cdot a$	204	$-42 \cdot b$	$-78 \cdot a$	552					
8	$42 \cdot b$	$-28 \cdot b^2$	0	$-42 \cdot b$	$112 \cdot b^2$	0	$-84 \cdot b$	$224 \cdot b^2$				
9	$-78 \cdot a$	0	$36 \cdot a^2$	$78 \cdot a$	0	$-36 \cdot a^2$	$132 \cdot a$	0	$48 \cdot a^2$			
10	204	$42 \cdot b$	$-78 \cdot a$	−204	$42 \cdot b$	$78 \cdot a$	−552	$84 \cdot b$	$-132 \cdot a$	552		
11	$42 \cdot b$	$112 \cdot b^2$	0	$-42 \cdot b$	$-28 \cdot b^2$	0	$-84 \cdot b$	$-56 \cdot b^2$	0	$84 \cdot b$	$224 \cdot b^2$	
12	$78 \cdot a$	0	$-36 \cdot a^2$	$-78 \cdot a$	0	$36 \cdot a^2$	$-132 \cdot a$	0	$-48 \cdot a^2$	$132 \cdot a^2$	0	$48 \cdot a^2$

(7.150)

$$\underline{k}_{Gxy} = \frac{\tau_{xy} \cdot t \cdot b}{1.260 \cdot a} \cdot$$

	w_1	ϕ_{x1}	ϕ_{y1}	w_2	ϕ_{x2}	ϕ_{y2}	w_3	ϕ_{x3}	ϕ_{y3}	w_4	ϕ_{x4}	ϕ_{y4}
1	180											
2	0	0										
3	0	$-20 \cdot ab$	0									
4	0	0	$-72 \cdot a$	-180								
5	0	0	$20 \cdot ab$	0	0							
6	$72 \cdot a$	$20 \cdot ab$	0	0	$-20 \cdot ab$	0						
7	-180	$-72 \cdot b$	$72 \cdot a$	0	$72 \cdot b$	0	180					
8	$72 \cdot b$	$24 \cdot b^2$	$-20 \cdot ab$	$-72 \cdot b$	0	$20 \cdot ab$	0	0				
9	$-72 \cdot a$	$-20 \cdot ab$	$24 \cdot a^2$	0	$20 \cdot ab$	0	0	$-20 \cdot ab$	0			
10	0	$72 \cdot b$	0	180	$-72 \cdot b$	$-72 \cdot a$	0	0	$72 \cdot a$	-180		
11	$-72 \cdot b$	0	$20 \cdot ab$	$72 \cdot b$	$-24 \cdot b^2$	$-20 \cdot ab$	0	0	$20 \cdot ab$	0	0	
12	0	$20 \cdot ab$	0	$72 \cdot a$	$-20 \cdot ab$	$-24 \cdot a^2$	$-72 \cdot a$	$20 \cdot ab$	0	0	$-20 \cdot ab$	0

(7.151)

Setzt man jetzt weiter für das Beulproblem das Prinzip der virtuellen Arbeit an, so gilt

$$\delta W = \delta W_B - \delta W_R \;^{*)} \tag{7.152}$$

oder für ein Element die Steifigkeitsbeziehung

$$\underline{\mathbf{p}} = \left(\underline{\mathbf{k}}_B - \underline{\mathbf{k}}_G\right) \cdot \underline{\mathbf{d}} \,. \tag{7.153}$$

Hierin wird mit $\underline{\mathbf{k}}_B$ gemäß Gl. (7.132) die normale Biegesteifigkeitsmatrix bezeichnet.

Mit diesem Elementzusammenhang kann dann auch in bekannter Weise der Systemzusammenhang

$$\left(\underline{\mathbf{K}}_B - \underline{\mathbf{K}}_G\right) \cdot \underline{\mathbf{U}} = \underline{\mathbf{P}} \tag{7.154}$$

hergestellt werden.

Wie das allseits bekannte Knicken stellt auch Beulen ein Instabilitätsproblem dar. Eigenart jedes Instabilitätsproblems ist, daß nach dem ersten Eigenwert der konstruktiven Ausführungsform gefragt wird, wobei die äußere Kraft keine Rolle spielt und daher zu Null gesetzt wird. Im vorliegenden Fall gilt es ja, n_x, n_y und q als äußere Lasten zu betrachten. Mit proportionalem Anwachsen dieser Lasten um $\lambda \cdot n_x$, $\lambda \cdot n_y$, $\lambda \cdot q$ wird jedoch die Ausbiegung größer werden, weil so die geometrische Steifigkeit anwächst. In diesem Sinne ist also das folgende spezielle Eigenwertproblem

$$\left(\underline{\mathbf{K}}_B - \lambda \cdot \underline{\mathbf{K}}_G\right) \cdot \underline{\mathbf{U}} = \underline{\mathbf{0}} \tag{7.155}$$

zu lösen. Ein Ausbeulen der Platte tritt somit ein, wenn für ein bestimmtes λ eine nichttriviale Lösung von Gl. (7.155) existiert. Der niedrigste λ-Wert ergibt dann die kleinste Beullast.

Für die Lösung von Eigenwertproblemen der vorstehenden Art gibt es numerische Standardlöser, die nach Umformung der vorliegenden Gleichung rezeptmäßig anwendbar sind. Um diese Grundform zu erreichen, machen wir zuerst wieder von der Dreieckzerlegung (s. auch Gl. (5.104)) bei der Matrix

$$\underline{\mathbf{K}}_G = \underline{\mathbf{L}}^t \cdot \underline{\mathbf{L}} \tag{7.156}$$

Gebrauch. Als nächstes multiplizieren wir die Gl. (7.148) von links mit der inversen transponierten Dreieckmatrix und Klammern noch geeignet aus, so daß folgende Gleichung

$$\left(\underline{\mathbf{L}}^{t^{-1}} \cdot \underline{\mathbf{K}}_B \cdot \underline{\mathbf{L}}^{-1} - \lambda \cdot \underline{\mathbf{I}}\right) \underline{\mathbf{L}} \cdot \underline{\mathbf{U}} = \underline{\mathbf{0}} \tag{7.157}$$

---

*) Anmerkung: Gesamtbiegezustand minus Anfangsdurchbiegung = Verformungsarbeit

bzw. die Universalform

$$\left(\underline{\mathbf{A}}^* - \lambda \cdot \underline{\mathbf{I}}\right) \underline{\mathbf{X}}^* = \underline{\mathbf{0}} \tag{7.158}$$

vorliegt. Die Lösung erfolgt sodann für den Eigenvektor $\underline{\mathbf{X}}^*$, der mittels der Rücktransformation /7.21/

$$\underline{\mathbf{U}} = \underline{\mathbf{L}}^{-1} \cdot \underline{\mathbf{X}}^* \tag{7.159}$$

wieder dem Problem angepaßt wird. Über dem Verschiebungsvektor $\underline{\mathbf{U}}$, der hier noch auf Eins normiert wird, können so alle Beulgrundformen ermittelt werden.

Ein typisches Anwendungsproblem hierzu zeigt Bild 7.35. Aufgabenstellung ist es dabei, die verschiedenen Beulformen eines eingespannten Profilstabes unter einseitigem Druck zu bestimmen.

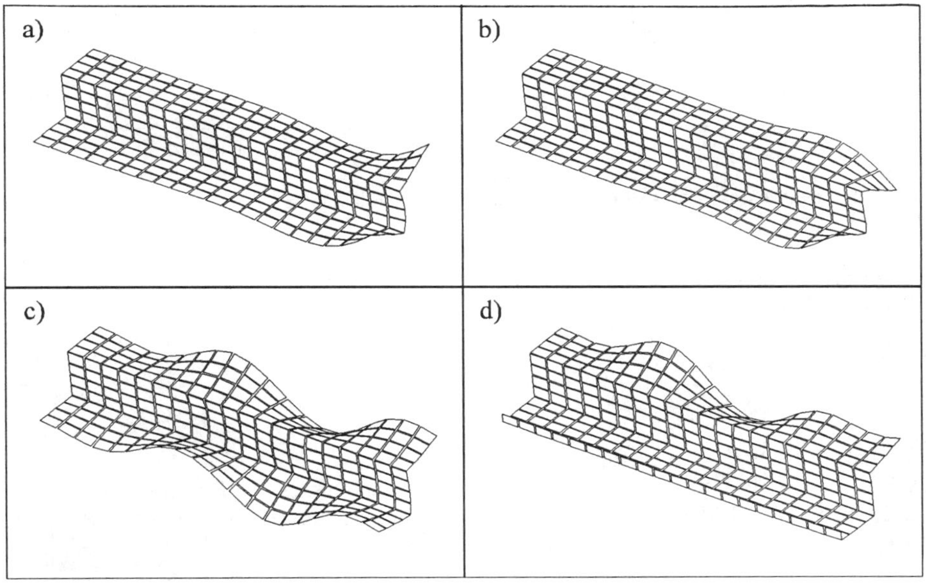

Bild 7.35: Beulinstabilitätsformen eines druckbeanspruchten Profilstabes

Für eine derartige Instabilitätsrechnung kann ein *Platten*-Element herangezogen werden, welches neben der Biegesteifigkeit auch eine geometrische Steifigkeit aufweist. Die Abbildung zeigt in den Fenstern a, b, c exemplarisch drei Eigenformen eines Z-Profils. Ergänzend ist im Fenster d wieder die dritte Eigenform für ein *gebördelten Flansch* dargestellt. Man erkennt, daß schon eine kurze Bördelung geeignet ist, einen Flansch wesentlich zu stabilisieren, wo durch auch die Tragfähigkeit unter Druck angehoben wird.

Ein weiteres Experiment zur Instabilität ist im Bild 7.36 an einem dünnwandigen Quadratrohr vorgenommen worden.

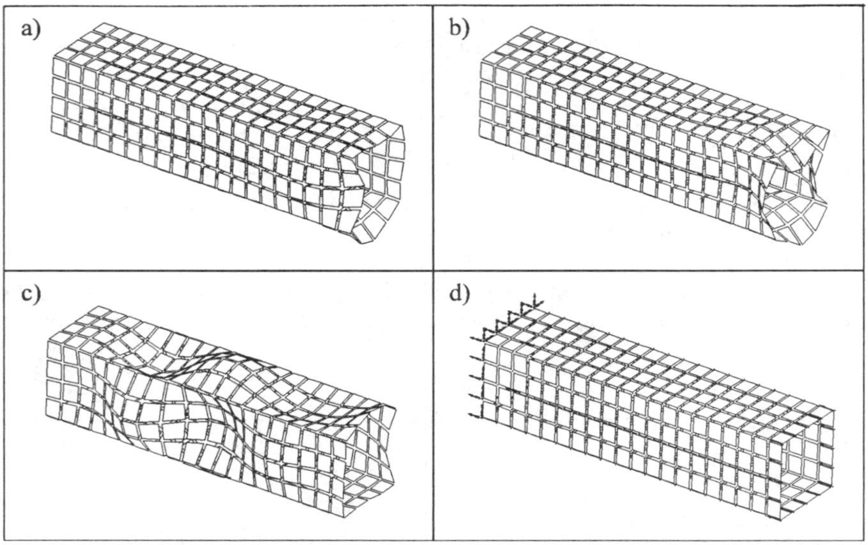

Bild 7.36: Beulinstabilitätsformen eines druckbeanspruchten Rohrs

Man erkennt, daß unter der einwirkenden Druckbeanspruchung zunächst lokale Instabilität auftritt und das bei weiterer Laststeigerung letztlich die Wände großflächig ausbeulen, womit das Ende der Tragfähigkeit markiert ist.

7.4 Schalen-Elemente

Die Bedeutung von *Schalen*-Elementen wird in der Praxis größtenteils unterschätzt. In der Tat gibt es eine Vielzahl von Problemen (z. B. Fahrzeugkarosserie, Behälter, Gehäuse etc.), die durch *Schalen*-Elemente nachgebildet werden müssen. Insofern wollen wir uns auch hier mit dieser wichtigen Elementgruppe kurz auseinandersetzen.

Auf die für Schalen existierende sehr komplizierte Theorie brauchen wir dabei nicht weiter einzugehen, da nachfolgend nur dünne und ebene *Schalen*-Elemente /7.22/ betrachtet werden sollen, die einem Membran- und Biegespannungszustand unterliegen. Insofern ergeben sich vereinfacht die Schaleneigenschaften durch die Überlagerung der Scheiben- und Platteneigenschaften. Mit diesen ebenen *Schalen*-Elementen können dann durch Facettierung die in der Technik vorkommenden Kreiszylinder- und Kuppelschalen, wie im Bild 7.37 skizziert, nachgebildet werden.

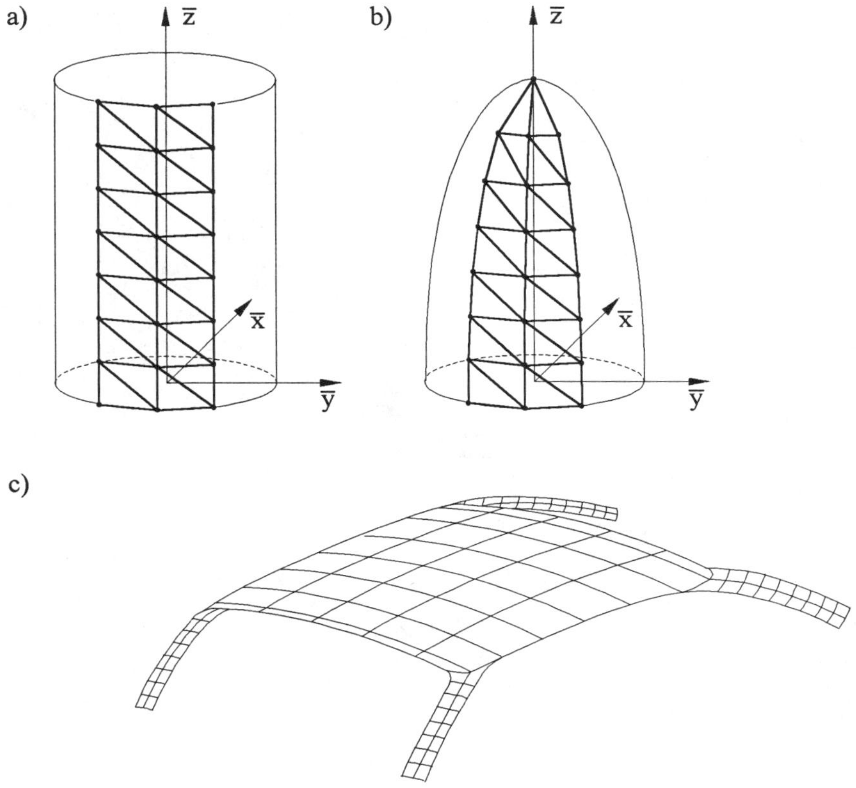

Bild 7.37: Approximation von Schalenkonturen durch ebene finite *Schalen*-Elemente
a) Modellierung einer Zylinderschale
b) Modellierung einer Kuppelschale
c) Dach einer PKW-Struktur

Die dazu überwiegend benutzten Geometrien sind das *Dreieck*- und *Rechteck-Schalen*-Element sowie vereinzelt auch das *Ring-Schalen*-Element. Natürlich existiert auch wieder zu den *Schalen*-Elementen eine Familie von linearen, quadratischen und kubischen Elementen mit der entsprechenden Anzahl von Seitenknoten.

Am Beispiel des *Dreieck-Schalen*-Elements sollen nachfolgend die wesentlichen Überlegungen angestellt werden. Zunächst konstruieren wir uns das *Dreieck-Schalen*-Element aus der Überlagerung des *Dreieck-Scheiben*- mit dem *Dreieck-Platten*-Element. Durch diese Vorgehensweise gibt es keine direkte Kraftkopplung zwischen dem Membran- und Biegeanteil /7.23/. Eine Kopplung entsteht jedoch in den Knotenpunkten, wenn Kräfte und Momente eingeleitet werden. Das Prinzip der Überlagerung zeigt Bild 7.38, d. h., die Freiheitsgrade von *Scheibe* und *Platte* werden an einem *Schalen*-Knoten zusammengeführt.

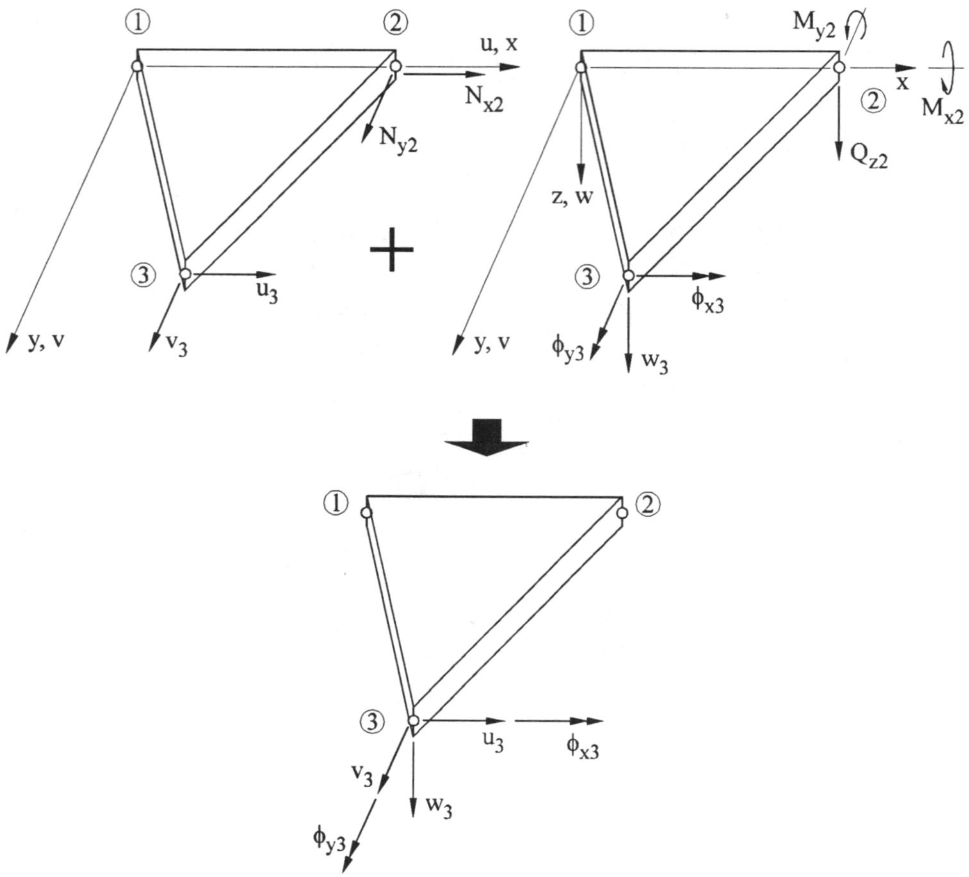

Bild 7.38: Überlagerung eines *Scheiben*- und *Platten*-Elements zu einem *Schalen*-Element

Durch die erfolgte Elementverknüpfung entstehen pro Knoten fünf natürliche Freiheitsgrade. Um das Elementverhalten nachbilden zu können, müssen nun für die sich ergebenden Steifigkeitskomponenten bestimmte Ansätze gemacht werden. Hierbei ist es zulässig, für den Scheibenanteil wieder lineare Verschiebungen und für den Plattenanteil kubische Durchbiegungen anzusetzen. Im Prinzip können somit die bekannten Einzelsteifigkeiten benutzt werden und brauchen nur richtig plaziert werden.

Aus Verständnisgründen wollen wir hier diesen einfacheren Herleitungsweg einschlagen, um die Darstellung des *Schalen*-Elements etwas abzukürzen. Für den Membran- oder Scheibenanteil kann demnach der folgende Verschiebungsansatz

$$\underline{\mathbf{u}} = \begin{bmatrix} u \\ v \end{bmatrix} = \underline{\mathbf{G}}_{\text{lin}} \cdot \underline{\mathbf{d}}_S \tag{7.160}$$

mit

$$\underline{\mathbf{d}}_{Si}^{\ t} = [\, u_i \quad v_i \,] \tag{7.161}$$

gemacht werden, der letztlich zu der Elementteil-Steifigkeitsbeziehung

$$\underline{\mathbf{p}}_S = \underline{\mathbf{k}}_S \cdot \underline{\mathbf{d}}_S \tag{7.162}$$

führt.

Für den Plattenanteil kann hingegen der Verschiebungsansatz

$$w = \underline{\mathbf{G}}_{kub} \cdot \underline{\mathbf{d}}_P \tag{7.163}$$

mit

$$\underline{\mathbf{d}}_{Pi}^{\ t} = [\, w_i \quad \phi_{xi} \quad \phi_{yi} \,] \tag{7.164}$$

angesetzt werden. Dieser Ansatz führt letztlich zu der anderen Elementteil-Steifigkeitsbeziehung

$$\underline{\mathbf{p}}_P = \underline{\mathbf{k}}_P \cdot \underline{\mathbf{d}}_P \,. \tag{7.165}$$

Faßt man jetzt diese Teilsteifigkeiten zur Schalensteifigkeitsbeziehung zusammen, so erhält man

$$\underline{\mathbf{p}} = \begin{bmatrix} \underline{\mathbf{p}}_S \\ \hline \underline{\mathbf{p}}_P \end{bmatrix} = \left[\begin{array}{c|c} \underline{\mathbf{k}}_S & \underline{\mathbf{0}} \\ \hline \underline{\mathbf{0}} & \underline{\mathbf{k}}_P \end{array}\right] \cdot \begin{bmatrix} \underline{\mathbf{d}}_S \\ \hline \underline{\mathbf{d}}_P \end{bmatrix} = \underline{\mathbf{k}} \cdot \underline{\mathbf{d}} \,. \tag{7.166}$$

Für die anschließend noch durchzuführende Transformation der Steifigkeitsmatrix auf das globale Koordinatensystem hat es sich als zweckmäßig erwiesen, den Verschiebungsvektor um eine formale Drehung ϕ_{zi} zu erweitern. Hierzu muß dann auch im Kraftvektor ein Drehmoment T_{zi} zugeführt werden. Eine Knotensteifigkeitsbeziehung lautet dann:

$$\begin{bmatrix} N_{xi} \\ N_{yi} \\ \hline Q_{zi} \\ M_{xi} \\ M_{yi} \\ \hline T_{zi} \end{bmatrix} = \left[\begin{array}{cc|ccc|c} \multicolumn{2}{c|}{\underline{\mathbf{k}}_{Sij}} & \multicolumn{3}{c|}{\underline{\mathbf{0}}} & 0 \\ & & & & & 0 \\ \hline & & & & & 0 \\ \multicolumn{2}{c|}{\underline{\mathbf{0}}} & \multicolumn{3}{c|}{\underline{\mathbf{k}}_{Pij}} & 0 \\ & & & & & 0 \\ \hline 0 & 0 & 0 & 0 & 0 & 0 \end{array}\right] \cdot \begin{bmatrix} u_i \\ v_i \\ \hline w_i \\ \phi_{xi} \\ \phi_{yi} \\ \hline \phi_{zi} \end{bmatrix} , \tag{7.167}$$

bzw. für das Element ergibt sich eine 18x18-Steifigkeitsmatrix. Wie vorstehend schon zu erkennen ist, müssen hier alle eingeführten Dummyfreiheitsgrade mit Null-Steifigkeiten aufgeführt werden. Bevor aber diese Elementsteifigkeit zu einem Gesamtsystem zusammengebaut werden kann, muß noch eine Transformation in das globale Koordinatensystem (s. auch Kapitel 5.3.1) erfolgen. Die diesbezüglich vorliegenden Verhältnisse zeigt Bild 7.39.

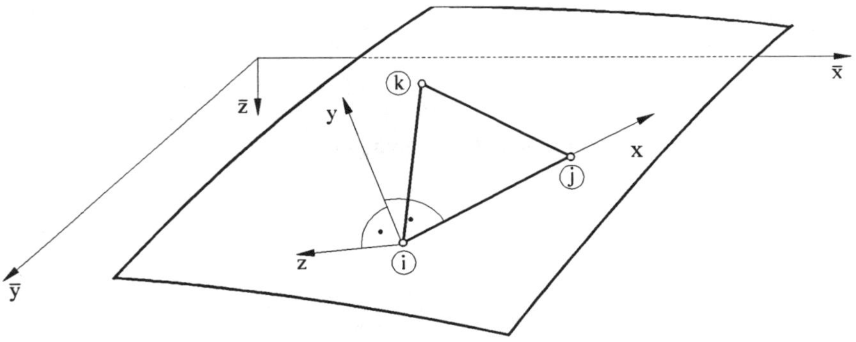

Bild 7.39: Lokal-globale Transformation eines *Schalen*-Elements (nach /7.25/)

Für die drei Richtungen ergibt sich so mit den Richtungscosinussen der Achsenwinkel folgende symbolische Transformationsmatrix:

$$\underline{\mathbf{T}}_{xyz} = \begin{bmatrix} \cos(x,\bar{x}) & \cos(x,\bar{y}) & \cos(x,\bar{z}) \\ \cos(y,\bar{x}) & \cos(y,\bar{y}) & \cos(y,\bar{z}) \\ \cos(z,\bar{x}) & \cos(z,\bar{y}) & \cos(z,\bar{z}) \end{bmatrix}. \tag{7.168}$$

Wird diese auf einen Knotenverschiebungs- oder Knotenkraftvektor angewandt, führt dies zu den Transformationen

$$\underline{\mathbf{d}}_i = \underline{\mathbf{T}}_i \cdot \underline{\bar{\mathbf{d}}}_i , \tag{7.169}$$

$$\underline{\mathbf{p}}_i = \underline{\mathbf{T}}_i \cdot \underline{\bar{\mathbf{p}}}_i , \tag{7.170}$$

worin jetzt die Knotentransformationsmatrix eine 6x6-Diagonalmatrix mit dem Bauprinzip

$$\underline{\mathbf{T}}_i = \left[\begin{array}{c|c} \underline{\mathbf{T}}_{xyz} & \underline{\mathbf{0}} \\ \hline \underline{\mathbf{0}} & \underline{\mathbf{T}}_{xyz} \end{array}\right] \tag{7.171}$$

ist. Da bei dem *Dreieck-Schalen*-Element aber insgesamt 18 Knotengrößen zu transformieren sind, muß auch die Transformationsmatrix erweitert werden auf

$$\underline{T} = \begin{bmatrix} \underline{T}_1 & \underline{0} & \underline{0} \\ \underline{0} & \underline{T}_2 & \underline{0} \\ \underline{0} & \underline{0} & \underline{T}_3 \end{bmatrix}, \tag{7.172}$$

womit dann die lokal-globale Transformation entsprechend

$$\underline{p} = \underline{k} \cdot \underline{d}$$

$$\underline{T}^t \cdot \underline{p} \equiv \underline{\overline{p}} = \underline{T}^t \cdot \underline{k} \cdot \underline{T} \cdot \underline{\overline{d}}$$

zu der transformierten Elementsteifigkeit

$$\underline{\overline{k}} = \underline{T}^t \cdot \underline{k} \cdot \underline{T} \tag{7.173}$$

erfolgen kann. Der weitere Ablauf vollzieht sich dann aber hier in dem bekannten Schema.

7.5 Volumen-Elemente

Nachdem vorstehend die ebenen Elemente recht ausführlich behandelt worden sind, soll der Gesamtkomplex der *Volumen*-Elemente tatsächlich nur überblickartig gestreift werden.

Die Anwendung von *Volumen*-Elementen erfolgt bei allen dickwandigen oder massiven Bauteilen. Meist wachsen bei einer dreidimensionalen Bauteilanalyse die Anzahl der Elemente und die Knotenpunkte gegenüber einer ebenen Betrachtungsweise stark an. Hierdurch entstehen große Gesamtmatrizen mit größeren Bandbreiten, wodurch wiederum mehr Rechenleistung und erhöhter Speicherplatzbedarf erforderlich wird. Gegenüber Schalen-Elementen wird man bei der Wahl von Volumina auch etwas unflexibler, wenn es um Wanddickenvariationen geht. Während bei der Schale direkt die Dicke modifiziert werden kann, müssen bei Volumina stets alle Knoten koordinatenweise verschoben werden.

Innerhalb der FEM-Theorie bieten sich für die Analyse von dreidimensionalen Elastizitätsproblemen nur einige wenige Grundgeometrien an. Im umseitigen Bild 7.40 sind diese sogenannten einfachen Elemente zusammengestellt. Eine generelle Zielsetzung bei der Anwendung von *Volumen*-Elementen muß es daher sein, möglichst wenige dafür aber höhergradige Elemente zu verwenden.

An jedem Knoten werden dabei drei Verschiebungskomponenten, und zwar u_i, v_i und w_i in Koordinatenrichtung zugelassen. Hierzu korrespondieren mit F_{xi}, F_{yi} und F_{zi} auch drei Kraftkomponenten. Demzufolge müssen auch die Ansätze entwickelt werden. Beispielsweise lautet der einfachste und mögliche lineare Verschiebungsansatz für das *Tetraeder*-Element

$$\begin{aligned} u(x,y,z) &= \alpha_1 + \alpha_2 \cdot x + \alpha_3 \cdot y + \alpha_4 \cdot z, \\ v(x,y,z) &= \alpha_5 + \alpha_6 \cdot x + \alpha_7 \cdot y + \alpha_8 \cdot z, \\ w(x,y,z) &= \alpha_9 + \alpha_{10} \cdot x + \alpha_{11} \cdot y + \alpha_{12} \cdot z. \end{aligned} \tag{7.174}$$

Wie man hieran erkennt, ist darin keine Richtung bevorzugt, wodurch sich unter anderem die Anforderungen an die Ansätze ergeben. Demzufolge müssen sich auch im Pascalschen Dreieck alle Richtungskopplungen ergeben.

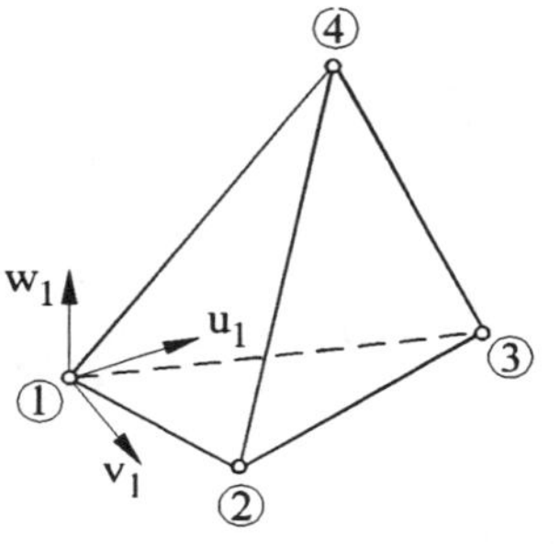

TETRAEDER - Element

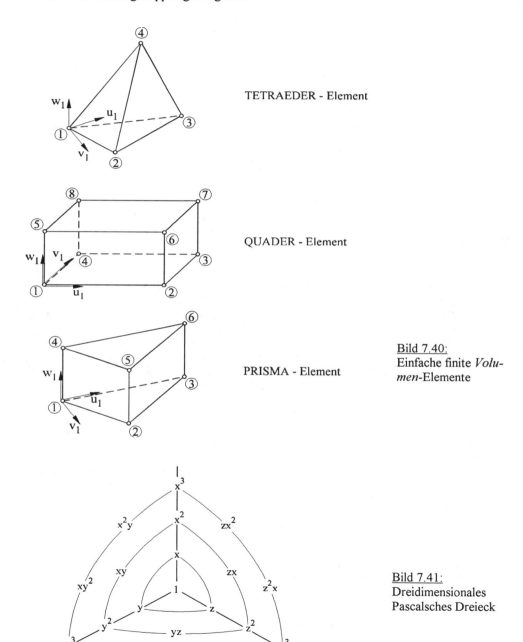

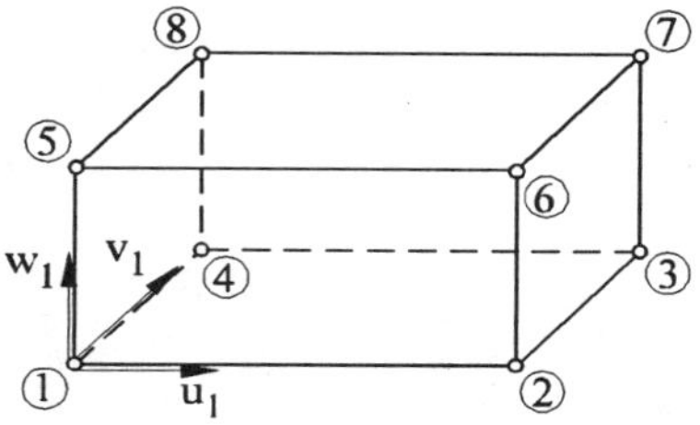

QUADER - Element

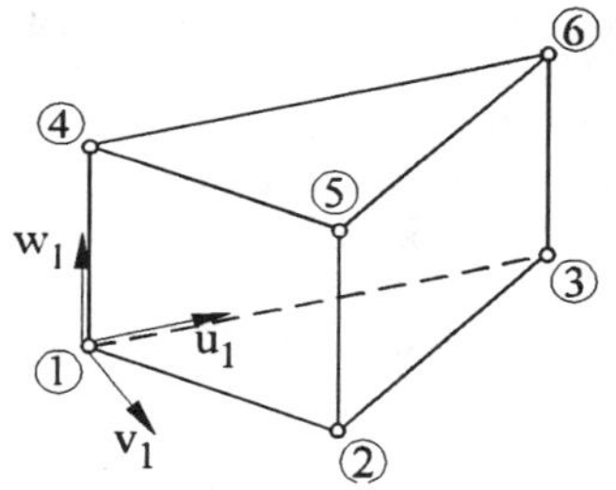

PRISMA - Element

Bild 7.40:
Einfache finite *Volumen*-Elemente

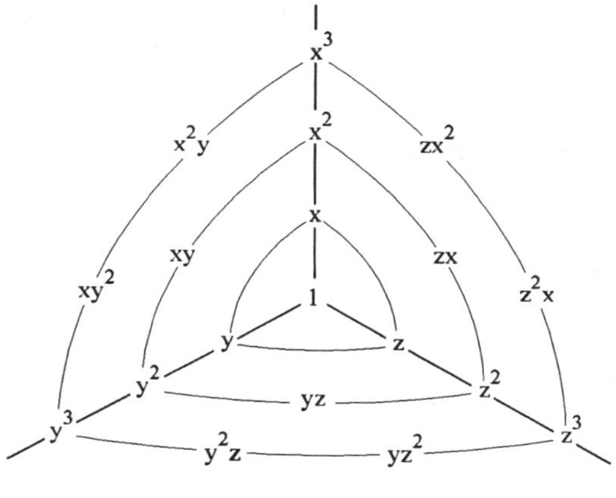

Bild 7.41:
Dreidimensionales Pascalsches Dreieck

Diesbezüglich lassen sich auch die Ansätze für das *Quader-* und *Prisma*-Element entwickeln.

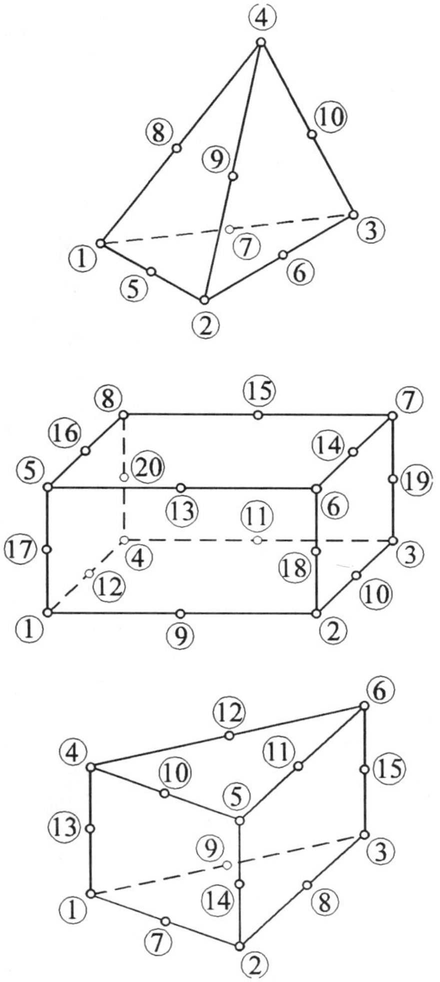

Bild 7.42: Höhere finite *Volumen*-Elemente

Strebt man wieder eine Erhöhung der Genauigkeit in einem Gebiet an, ohne daß man die Elementzahl vergrößern will, so bietet es sich auch bei *Volumen*-Elementen an, noch Zwischenknoten auf den Seitenmitten zu verwenden. Derartige höhere Elemente zeigt ergänzend das vorstehende Bild 7.42, wobei neben geraden Seiten natürlich auch krummlinig berandete Seiten zulässig sind.

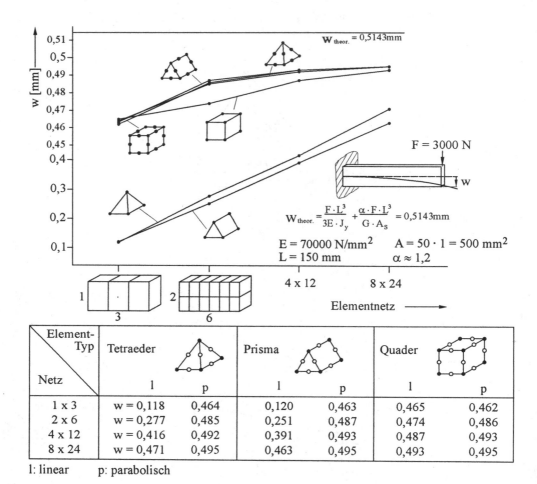

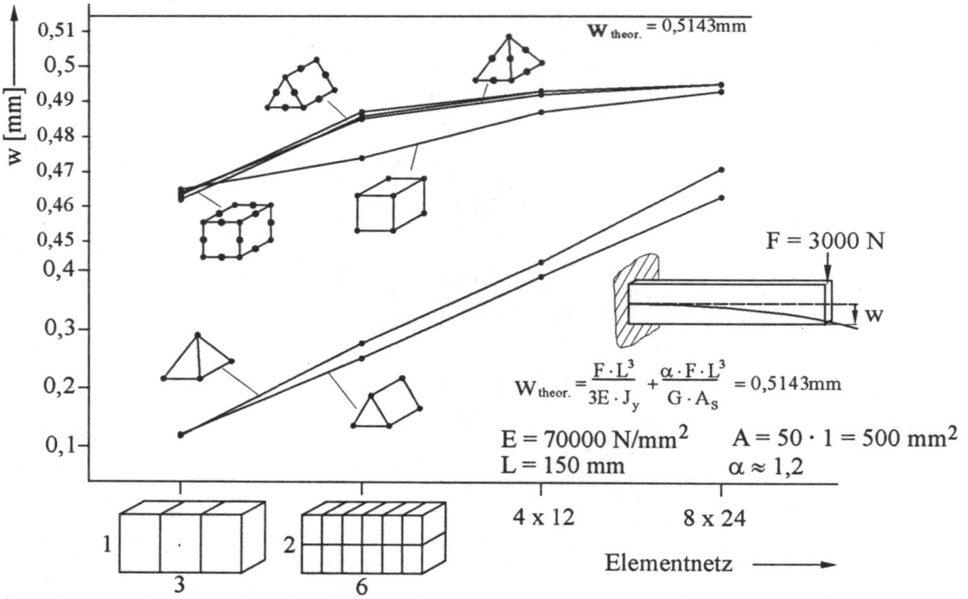

Element-Typ / Netz	Tetraeder l	Tetraeder p	Prisma l	Prisma p	Quader l	Quader p
1 x 3	w = 0,118	0,464	0,120	0,463	0,465	0,462
2 x 6	w = 0,277	0,485	0,251	0,487	0,474	0,486
4 x 12	w = 0,416	0,492	0,391	0,493	0,487	0,493
8 x 24	w = 0,471	0,495	0,463	0,495	0,493	0,495

l: linear p: parabolisch

Bild 7.43: Konvergenzuntersuchungen mit Volumen-Elementen

Wie zuvor erwähnt, ist es gerade bei *Volumen*-Elementen wichtig, ein Problem möglichst *klein* zu beschreiben. Von Interesse ist es insofern zu beobachten, wie schnell ein Element zu einer guten Lösung eines Problems kommt. Am Beispiel des volumetrischen Balkens im Bild 7.43 ist die Konvergenzuntersuchung mit *Tedraeder-*, *Prisma-* und *Quader*-Elementen durchgeführt worden. Für die Netzgeometrie wurden die Elementteiler variabel gewählt. Vorgegebene theoretische Lösung ist die Durchsenkung eines Balkens mit Schubverformung. Man erkennt an der Auswertung ein recht unterschiedliches Konvergenzverhalten, welches aber im Trend der vorausgegangenen Untersuchungen liegt. So zeigt sich, daß beim linearen Ansatz das Quader-Element deutlich besser als das Tetraeder- und Prisma-Element konvergiert.

Bei den höherwertigen Ansätzen, wie beispielsweise schon bei einem parabolischen, ist nur noch eine geringfügige Konvergenzdivergenz feststellbar.

Ein reales Anwendungsbeispiel für Volumen-Elemente zeigte die folgende Gußkonstruktion. Es handelt sich hierbei um ein Anbindungsteil eines Drehgelenks für einen Gelenkautobus. Die Kräfte werden über einen zentralen Auflagerpunkt in einen Innenkranz eingeleitet, der sich an der sogenannten Vorderwagenanbindung abstützt. Die Vorderwagenanbindung selbst ist am Busrahmen an mehreren Stellen angeschraubt, welches hier die Randbedingungen darstellen. Der äußere Zahnkranz hat zusätzlich die Funktion eines Anschlages bei Kurvenfahrten für das schwenkende Hinterteil.

Unter der Strategie des *Rapid-Product-Development* (virtual Prototyping) war es Aufgabe, alle Fahrzustände an einem nicht-physikalischen Bauteil rechnerunterstützt zu simulieren. Wie im Bild 7.44 gezeigt, wurde dazu das mit großem Modellaufwand zu fertigende Bauteil weitestgehend exakt modelliert.

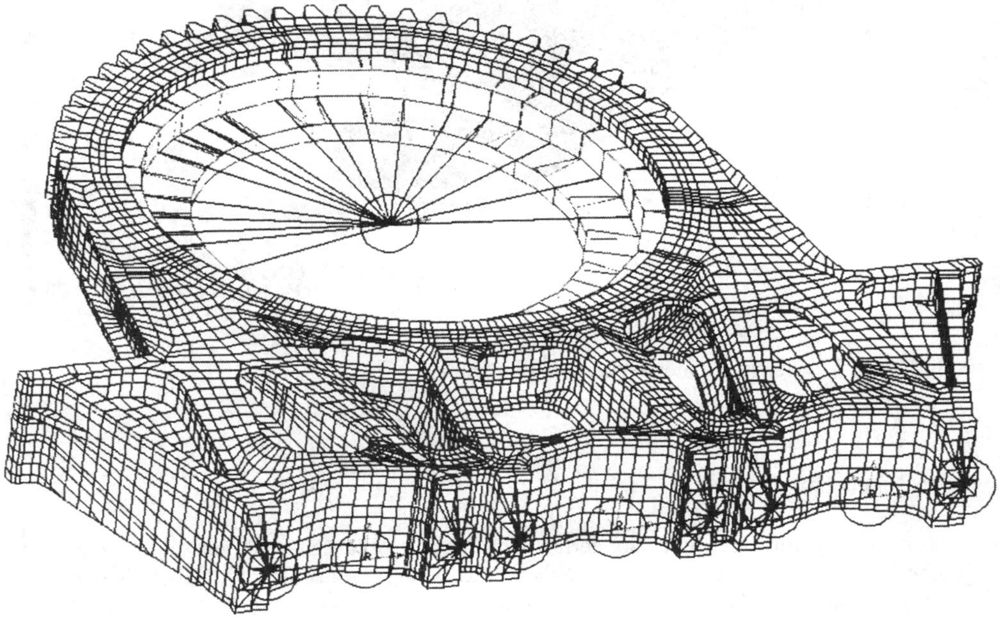

Bild 7.44: Finite-Element-Modell eines großen Bauteils

Zu allen Fahrzuständen wurden aus Mehrkörperanalysen die wirkenden Kräfte bestimmt und dazu die Spannungsverteilungen (z. B. Bild 7.45 für Vertikalnicken) errechnet. Durch diese Vorgehensweise konnte erreicht werden, daß bereits das erste Gelenk den Betriebsbeanspruchungen gewachsen war und eine Iteration *trial and error* vermieden werden konnte, welche in der Praxis viel teurer als eine gute FEM-Analyse ist. Im vorliegenden Fall entsprach die Relation Rechnung zu Prototyp einem Verhältnis von 1 : 7.

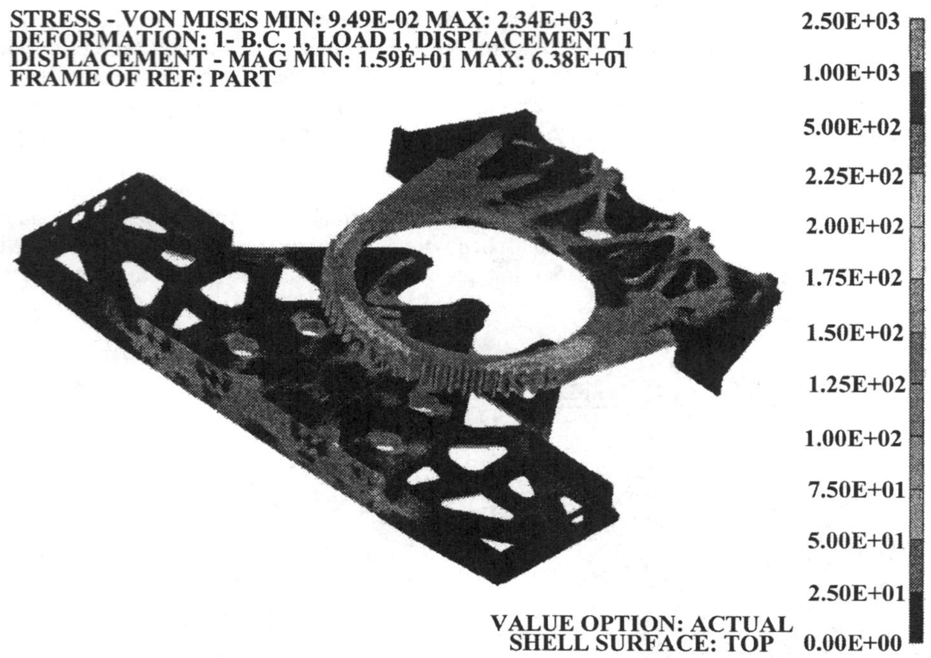

Bild 7.45: Vergleichsspannungsverteilung im Gußteil

7.6 Kreisring-Element

Als ein häufig vorkommender Sonderfall der räumlichen Elastizität gilt der rotationssymmetrische Spannungszustand, so wie er vielfach in Rotationskörpern (Ringe, Naben, Rohre) unter rotationssymmetrischer Belastung vorkommt. Dieser Spannungszustand wird zerstört, wenn am Umfang kleine Diskontinuitäten (Verdickungen, Löcher etc.) auftreten, in diesem Fall muß dann wieder abschnittsweise volumetrisch, z. B. mittels Quader-Elemente etc., idealisiert werden.

Zur Darstellung der Verschiebungen, Verzerrungen und Spannungen ist somit ein Zylinderkoordinatensystem (r, ϕ, z) zweckmäßig, welches beispielhaft im Bild 7.46 dargestellt ist.

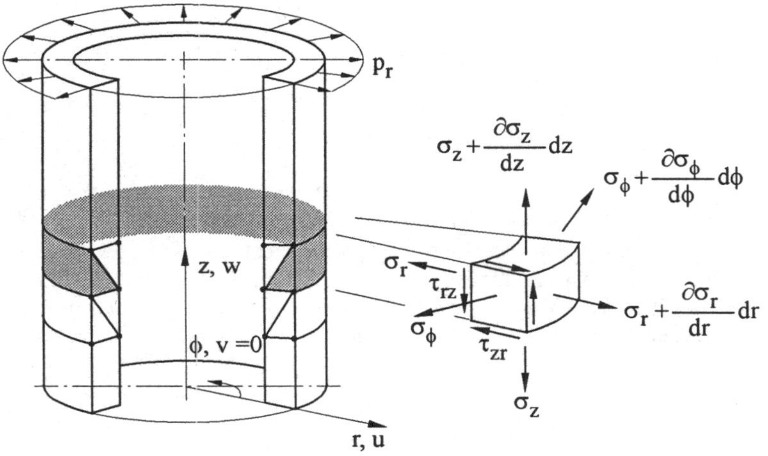

Bild 7.46: Rotationssymmetrisches Spannungsproblem (nach /7.26/)

Mit Verweis auf die entsprechenden Mechanikliteratur treten dann folgende Verzerrungen

$$\varepsilon_r = \frac{\partial u}{\partial r}, \qquad \gamma_{r\phi} = \frac{1}{r} \cdot \frac{\partial u}{\partial \phi} + \frac{\partial v}{\partial r} - \frac{v}{r} = 0,$$

$$\varepsilon_\phi = \frac{u}{r} + \frac{1}{r} \cdot \frac{\partial v}{\partial \phi}, \qquad \gamma_{rz} = \frac{\partial u}{\partial z} + \frac{\partial w}{\partial r},$$

$$\varepsilon_z = \frac{\partial w}{\partial z}, \qquad \gamma_{\phi z} = \frac{\partial v}{\partial z} + \frac{1}{2} \cdot \frac{\partial w}{\partial \phi} = 0$$

auf.

Bei rotationssymmetrischer Belastung besteht im weiteren keine Winkelabhängigkeit über den Umfang, weshalb $\gamma_{r\phi}$ und $\gamma_{\phi z}$ zu Null werden. Des weiteren verlangt die Symmetriebedingung v = konst.. Mithin kann die folgende Verzerrungsbedingung

$$\underline{\varepsilon} = \begin{bmatrix} \varepsilon_r \\ \varepsilon_\phi \\ \varepsilon_z \\ \gamma_{rz} \end{bmatrix} = \begin{bmatrix} \frac{\partial}{\partial r} & 0 \\ \frac{1}{r} & 0 \\ 0 & \frac{\partial}{\partial z} \\ \frac{\partial}{\partial z} & \frac{\partial}{\partial r} \end{bmatrix} \cdot \begin{bmatrix} u \\ w \end{bmatrix} \tag{7.175}$$

erstellt werden. Dies führt weiter zu der Spannungsbeziehung

$$\underline{\sigma} = \begin{bmatrix} \sigma_r \\ \sigma_\phi \\ \sigma_z \\ \tau_{rz} \end{bmatrix} = \frac{E}{(1+\nu)(1-2\nu)} \begin{bmatrix} 1-\nu & \nu & 0 & 0 \\ \nu & 1-\nu & \nu & 0 \\ \nu & \nu & 1-\nu & 0 \\ 0 & 0 & 0 & \frac{1-2\nu}{2} \end{bmatrix} \cdot \begin{bmatrix} \varepsilon_r \\ \varepsilon_\phi \\ \varepsilon_z \\ \gamma_{rz} \end{bmatrix} . \tag{7.176}$$

Wie im vorstehenden Bild weiter angedeutet ist, wird im Rahmen einer FEM-Analyse der vorliegende Körper in einzelne Kreisring-Elemente zerlegt. Die Querschnitte werden dabei gewöhnlich dreieck- oder viereckförmig gewählt und die Knotenpunkte zu *Knotenkreisen* ausgeweitet. Da wir hier nur Prinzipielles darlegen wollen, beschränken wir uns auf die Erläuterung des einfachen *Kreisring*-Elements nach Bild 7.47.

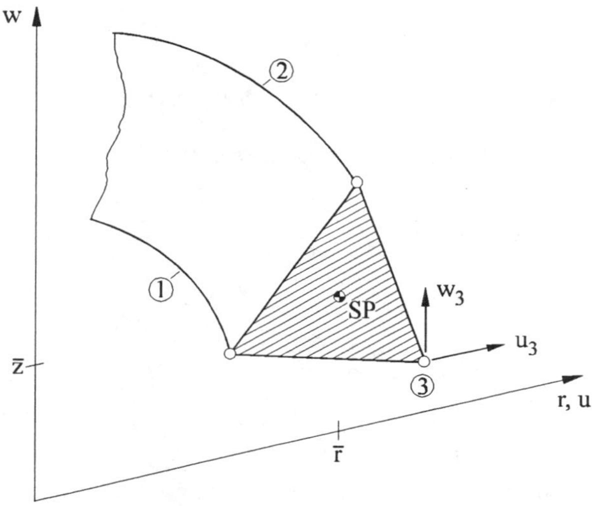

Bild 7.47: *Kreisring-Dreieck*-Element für einen rotationssymmetrischen Spannungszustand

Für dieses Element kann der folgende lineare Verschiebungsansatz

$$\begin{aligned} u(r,z) &= \alpha_1 + \alpha_2 \cdot r + \alpha_3 \cdot z , \\ w(r,z) &= \alpha_4 + \alpha_5 \cdot r + \alpha_6 \cdot z \end{aligned} \tag{7.177}$$

gemacht werden. Wird dieser in bekannter Weise aufgelöst, so erhält man

$$\underline{\mathbf{u}} = \begin{bmatrix} u \\ w \end{bmatrix} = \begin{bmatrix} \underline{\mathbf{G}}_1 & \underline{\mathbf{G}}_2 & \underline{\mathbf{G}}_3 \end{bmatrix} \cdot \underline{\mathbf{d}} , \tag{7.178a}$$

mit dem Knotenkreisverschiebungsvektor

$$\underline{\mathbf{d}}^t = [\, u_1 \quad w_1 \quad u_2 \quad w_2 \quad u_3 \quad w_3 \,] \, . \tag{7.178b}$$

Die Formfunktionsmatrizen fallen dabei je Knotenkreis an und sind von der Bauform

$$\underline{\mathbf{G}}_i = \begin{bmatrix} g_i & 0 \\ 0 & g_i \end{bmatrix}, \qquad i = 1, 2, 3 \tag{7.178c}$$

mit den zu Gl. (7.15) im Kapitel 7.2.2 (*Dreieck-Scheiben*-Element) ähnlichen Formfunktionen

$$g_i = \frac{1}{2\,A}\left(a_i + b_i \cdot r + c_i \cdot z\right) . \qquad i = 1, 2, 3 \, . \tag{7.179}$$

Die hier eingehenden Koeffizienten (s. auch Gl. (7.13)) müssen ebenfalls an das neue Koordinatensystem angepaßt werden, sie lauten jetzt

$$\begin{aligned} a_i &= r_j \cdot z_k - r_k \cdot z_j \, , \\ b_i &= z_j - z_k \, , \qquad\qquad i, j, k = (1, 2, 3), (2, 3, 1), (3, 1, 2) \\ c_i &= r_k - r_j \, . \end{aligned} \tag{7.180}$$

Auch der in Gl. (7.179) eingehende Flächeninhalt des Dreiecks kann wieder über die Koordinatendeterminante

$$2\,A = \det \begin{vmatrix} 1 & r_1 & z_1 \\ 1 & r_2 & z_2 \\ 1 & r_3 & z_3 \end{vmatrix} = r_1(z_2 - z_3) + r_2(z_3 - z_1) + r_3(z_1 - z_2) \tag{7.181}$$

bestimmt werden, womit dann der Ansatz vollständig beschrieben ist.

Auch für die Verzerrungen gilt wieder

$$\underline{\varepsilon} = \underline{\mathbf{D}} \cdot \underline{\mathbf{u}} = \underline{\mathbf{D}} \cdot \underline{\mathbf{G}} \cdot \underline{\mathbf{d}} = \underline{\mathbf{B}} \cdot \underline{\mathbf{d}} \, . \tag{7.182}$$

Damit kann unter Heranziehung der schon in Gl. (7.175) aufgestellten Differentialoperatorenmatrix auch die **B**-Matrix erstellt werden, und zwar hier zweckmäßig je Knotenkreis zu

$$\underline{\mathbf{B}}_i = \begin{bmatrix} \dfrac{\partial g_i}{\partial r} & 0 \\ \dfrac{g_i}{r} & 0 \\ 0 & \dfrac{\partial g_i}{\partial z} \\ \dfrac{\partial g_i}{\partial z} & \dfrac{\partial g_i}{\partial r} \end{bmatrix} = \frac{1}{2\,A} \begin{bmatrix} b_i & 0 \\ \dfrac{a_i}{r} + b_i + \dfrac{c_i \cdot z}{r} & 0 \\ 0 & c_i \\ c_i & b_i \end{bmatrix}, \qquad i = 1, 2, 3 \tag{7.183}$$

Für die Spannungen ergibt sich so ebenfalls wieder

$$\underline{\sigma} = \underline{E} \cdot \underline{\varepsilon} = \underline{E} \cdot \underline{B} \cdot \underline{d} \,. \tag{7.184}$$

Da, wie aus Gl. (7.183) ersichtlich wird, die $\underline{\mathbf{B}}$-Matrix jetzt nicht mehr wie beim *Dreieck-Scheiben*-Element konstant, sondern von den Koordinaten r und z abhängig ist, sind natürlich auch die Verzerrungen und Spannungen im Element veränderlich.

Um die Spannung anzugeben, werden in der Praxis zwei Wege beschritten:

- Man gibt einen Mittelwert für den Schwerpunkt (s. Gl. (7.186)) an, womit dann die $\underline{\mathbf{B}}$-Matrix in Gl. (7.184) einen konstanten Wert annimmt.

oder

- Man berechnet die Spannungen jeweils an einem Knotenkreis und mittelt zu den dort angrenzenden Elementen.

Die Elementsteifigkeit des *Kreisring-Dreieck*-Elements kann weiter angesetzt werden zu

$$\underline{\mathbf{k}} = \int_V \underline{\mathbf{B}}^t \cdot \underline{\mathbf{E}} \cdot \underline{\mathbf{B}} \, dV \,,$$

woraus mit $dV = 2\,\pi \cdot r\, dA = 2\,\pi \cdot r \cdot dr \cdot dz$ folgt

$$\underline{\mathbf{k}} = 2\,\pi \int_r \int_z \underline{\mathbf{B}}(r,z)^t \cdot \underline{\mathbf{E}} \cdot \underline{\mathbf{B}}(r,z) \cdot r \cdot dr \cdot dz \,. \tag{7.185}$$

Um sich die erforderliche Integration zu erleichtern, nutzt man in Programmsystemen vielfach eine Näherung bei *Dreieck*-Kreisringelementen, indem man sich auf den Schwerpunkt bezieht und die Koordinaten folgendermaßen mittelt:

$$\bar{r} = \frac{1}{3}\sum_{i=1}^{3} r_i \,, \qquad \bar{z} = \frac{1}{3}\sum_{i=1}^{3} z_i \,. \tag{7.186}$$

Hiermit folgt dann für die Elementsteifigkeitsmatrix

$$\underline{\mathbf{k}} \approx 2\,\pi \cdot A \cdot \underline{\bar{\mathbf{B}}}^t \cdot \underline{\mathbf{E}} \cdot \underline{\bar{\mathbf{B}}} \cdot \bar{r} \,. \tag{7.187}$$

Als ein weiteres Problem muß noch kurz die Krafteinleitung bezüglich Massenkräfte und Oberflächenkräfte diskutiert werden.

Eine verteilte Massenkraft

$$\underline{\mathbf{p}}^t = \left[\, p_r(r,z) \quad p_z(r,z) \,\right] \tag{7.188}$$

ist dann folgendermaßen mit

$$F_p = -2\pi \int_r \int_z \underline{G}^t \cdot \underline{p} \cdot r \, dr \, dz \tag{7.189}$$

oder je Knotenkreis mit

$$F_{pi} = -2\pi \int_r \int_z \underline{G}_i^{\,t} \cdot \underline{p} \cdot r \, dr \, dz \tag{7.190}$$

einzuleiten. Näherungsweise kann eine konstante Massenkraft auch gleichmäßig auf die Knotenkreise zu

$$F_{p1} = F_{p2} = F_{p3} \approx -2\pi \cdot \underline{p} \cdot \frac{A \cdot \bar{r}}{3} \tag{7.191}$$

aufgeteilt werden. Ähnlich ist zu verfahren, wenn Oberflächenkräfte an einem Rand wie im Bild 7.48 wirken.

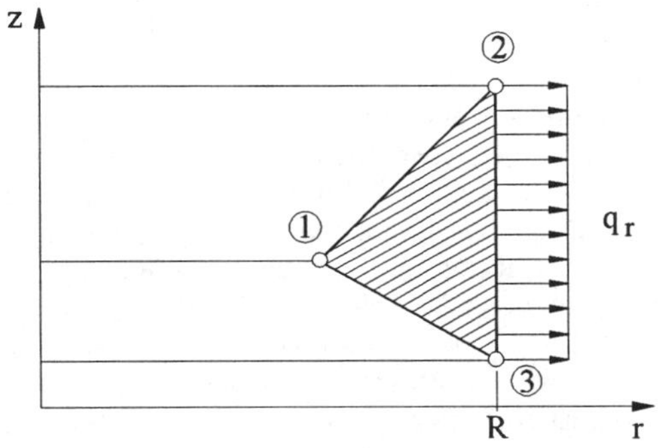

Bild 7.48 Einleitung von radialen oder axialen Oberflächenkräften an einem *Ringelement*

Mit den Oberflächenkräften

$$\underline{q}^t = \left[\, q_r(r,z) \quad q_z(r,z) \,\right] \tag{7.192}$$

folgt

$$F_{q1} = 0, \tag{7.193}$$

$$F_{q2} = F_{q3} = 2\pi \cdot \underline{q} \cdot R \cdot \frac{z_3 - z_2}{2}\,. \tag{7.194}$$

8 Kontaktprobleme

Die bisherigen FE-Formulierungen bezogen sich nur auf das mechanische Verhalten einzelner unabhängiger Körper. Hat man es mit mehr als einem Körper (zusammengebaute Struktur) zu tun, so besteht die Möglichkeit des Körperkontaktes infolge Verformung. Die dabei auftretenden mechanischen Effekte wie Stoßeffekte, Grenzflächendeformation, Haftung, Reibung oder wieder Trennung der Körper infolge eines Körperkontakts können mit den bisher behandelten finiten Elementen nicht beschrieben werden. Die Körper würden ohne Widerstand ineinander eindringen. Da dem in der Realität nicht so ist, ist es erforderlich, für die Finite Elemente Methode ein Verfahren zur Verfügung zu haben, welches im Kontaktfall zwischen Körpern die mechanischen Gegebenheiten wenigstens näherungsweise abbildet. Diesem Zweck dienen sogenannte *finite Kontaktelemente*. Mit Hilfe der Kontaktelemente modelliert man die Grenzflächen der Körper in den Bereichen, wo man eventuell Kontakt vermutet. Solange kein Kontakt auftritt, läuft die Berechnung in der bekannten Weise ab. Sollten aber Kontaktflächen aufeinandertreffen, so kommt das Berechnungsmodell der finiten Kontaktflächenelemente zum Einsatz.

8.1 Problembeschreibung

Im Gegensatz zu den bisher behandelten finiten Elementen beschränkt sich die Formulierung der Kontaktelemente nicht nur auf eine rein mathematisch-mechanische Formulierung, sondern sie beinhaltet zusätzlich einen Computeralgorithmus, der zwischen modellierten Kontaktflächen einen Kontakt erkennen muß. Auch wenn die einfachsten konstitutiven Beziehungen, wie zum Beispiel das Coulombsche Reibungsgesetz, verwendet werden, ist die computergemäße Beschreibung des hochgradig nichtlinearen Kontaktproblems schwierig. Die Schwierigkeit der Formulierung und Modellierung des Kontaktproblems liegt beispielsweise in dem Unvermögen, die sich ergebenden Kontaktflächen genau vorherzusagen. Die Randbedingungen sind der Analyse auch a priori nicht bekannt, sie hängen nämlich von den Lösungsvariablen selbst ab. Folglich ist ein inkrementelles Lösungsverfahren erforderlich.

Die hier dargestellte Methode zur Behandlung von Kontaktproblemen erlaubt die Behandlung von *zweidimensionalen ebenen Kontaktproblemen* unter quasistatischen Bedingungen, d. h., bei aneinander abgleitenden Kontaktflächen bewegen sich die Körper so langsam, daß dynamische Effekte wie Trägheitseffekte und Dämpfungseffekte in den relativ zueinander bewegten Kontaktflächen vernachlässigbar sind. Das umseitige Bild 8.1 zeigt schematisch das hier betrachtete ebene Kontaktproblem in Form zweier beliebiger Körper, die sich unter Belastung berühren.

Die Festlegung der Körper als Kontakt- und Zielkörper ist willkürlich. Die meisten FE-Programme bezeichnen den Kontaktkörper als *contactor* und den Zielkörper als *target*. Die Festlegung als Kontaktkörper und Zielkörper hat den Hintergrund, daß vom Programmalgorithmus nur überprüft wird, ob die Knoten des Kontaktkörpers in den Zielkörper eindringen. Der umgekehrte Fall wird gewöhnlich nicht überprüft. Folglich können die Knoten des Zielkörpers in den Kontaktkörper eindringen, ohne das Reaktionen hervorgerufen werden. Die Fläche des Zielkörpers ist außerdem die Fläche, auf welche die *freigeschnittenen* Kontaktkräfte des Kontaktkörpers einwirken.

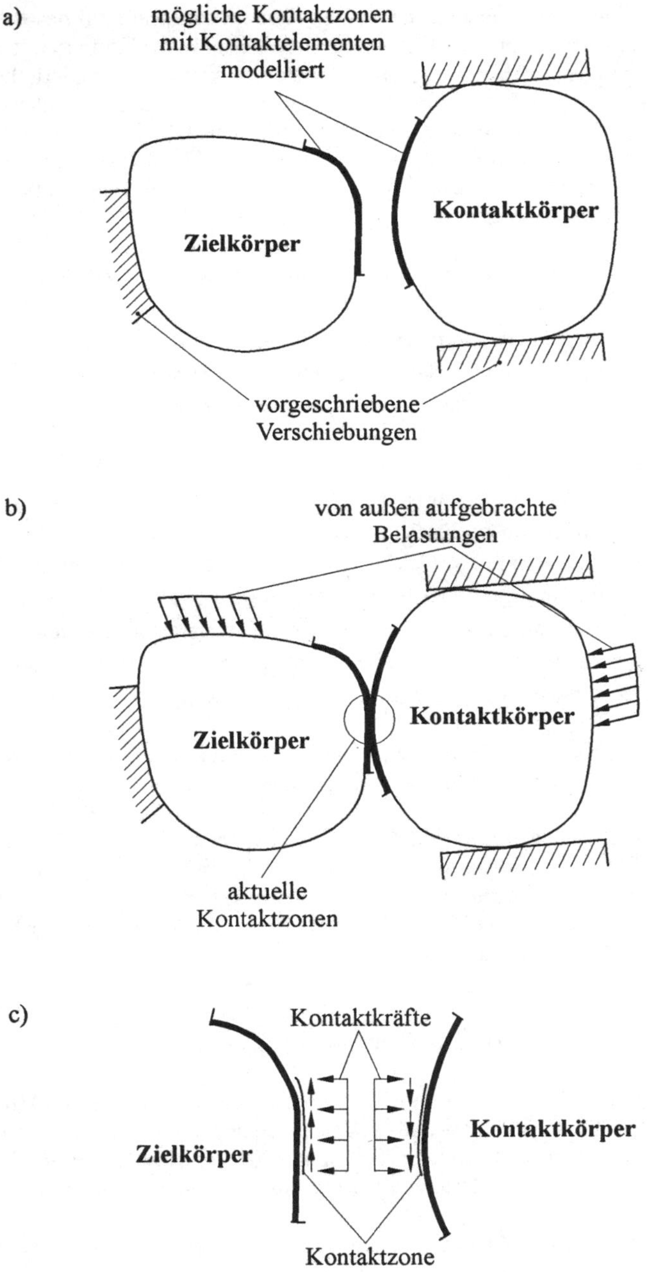

Bild 8.1: Zwei in Kontakt befindliche Körper
a) Bedingungen vor Kontakt
b) Bedingungen bei Kontakt
c) Freigeschnittene Körper im Kontaktbereich

Für eine allgemeine Verwendbarkeit der finiten Kontaktelemente muß das finite Kontaktmodell einigen Forderungen genügen. Kontakt zwischen elastischen Körperpaarungen oder starrelastischen Körperpaarungen muß genauso möglich sein, wie der wiederholte Kontakt oder die wiederholte Trennung der Körper. Die Formulierung des Kontaktmodells muß große relative Bewegungen zwischen den Körpern erlauben. Die Lösungsmethode für Kontaktprobleme muß in allgemeine nichtlineare Lösungsmethoden einzubinden sein. Haft- oder Gleitbedingungen sollten einem realistischen physikalischen Modell entstammen, und partielles Haften und Gleiten sollte möglich sein.

Ein realistisches Reibgesetz ist das Coulombsche Reibgesetz. Es kennt die zwei Reibungskoeffizienten μ_s und $\mu_d(\mu_s \geq \mu_d)$; μ_s ist der statische Haftreibungskoeffizient und μ_d ist der dynamische Gleitreibungskoeffizient. Für eine partielle Kontaktfläche sei F_N der Betrag des senkrecht auf die Teilfläche wirkenden resultierenden Kraftvektors und F_R der Betrag des tangential auf die Teilfläche wirkenden resultierenden Kraftvektors.

Ist $|F_R| \leq \mu_s \cdot F_N$, so gibt es keine Relativbewegung zwischen den Teilflächen. Die Teilflächen haften aneinander. Überschreitet die tangentiale Kraftkomponente F_R die maximale Haftkraft $\mu_s \cdot F_N$, so gleiten die Flächen aneinander ab. Während der Gleitreibung ist die tangentiale Reibwiderstandskraft F_R gleich $\mu_d \cdot F_N$. Die Relativbewegung (Gleiten) dauert solange an, solange die tangentiale Reibwiderstandskraft F_R gleich der dynamischen Gleitreibung $\mu_d \cdot F_N$ ist. Sinkt die bestimmte tangentiale Reibwiderstandskraft unter die dynamische Gleitreibung $\mu_d \cdot F_N$, so hört die Relativbewegung auf, bis zu dem Zeitpunkt, wo die tangentiale Reibwiderstandskraft F_R die statische Haftgrenze $\mu_s \cdot F_N$ wieder überschreitet.

Das obige Reibgesetz wird über jedes einzelne Kontaktflächensegment befriedigt, so daß auch partielles Haften und Gleiten betrachtet werden kann.

Es sei noch angemerkt, daß im nachfolgend beschriebenen Kontaktmodell elastische Effekte in der *Kontaktfläche* vernachlässigt werden und somit starr-plastisches Kontaktverhalten angenommen wird. Zwar wird für die Kontaktelemente selber starr-plastisches Verhalten angenommen, die zweidimensionale FE-Diskretisierung um die Kontaktregion herum kann aber auch elastisches Materialverhalten erfassen.

8.2 Eine Lösungsmethode für Kontaktprobleme

Aus Bild 8.1 c) geht hervor, daß die Kontaktbedingungen an den Kontaktflächen für einen einzelnen Körper Verschiebungs- und Kräfterandbedingungen sind. Mathematisch gesehen handelt es sich um Nebenbedingungen. Eine mathematisch Möglichkeit zur Einarbeitung von Nebenbedingungen bietet die Methode der *Lagrange Multiplikatoren*.

Mittels der Lagrange Multiplikatoren lassen sich Extremwertaufgaben mit Nebenbedingungen lösen. Zur Formulierung der Extremwertaufgabe mit Nebenbedingungen benötigt man deshalb eine zu minimierende oder maximierende Funktion und die Nebenbedingungen. Bei elastomechanischen Problemen gilt beispielsweise das Prinzip vom Minimum der totalen potentiellen Energie W. Für diskrete statische lineare Systeme ist somit zu fordern:

$$\Delta W = \frac{1}{2} \cdot \underline{U}^t \cdot \underline{K}(\underline{U}) \cdot \underline{U} - \underline{U}^t \cdot \underline{P} \quad \rightarrow \text{MINIMUM!} \tag{8.1}$$

Nun sei das System durch die diskreten Nebenbedingungen

$$\underline{\mathbf{N}} \cdot \underline{\mathbf{U}} = \underline{\mathbf{n}}$$

$$\underline{\mathbf{N}} \cdot \underline{\mathbf{U}} - \underline{\mathbf{n}} = \underline{\mathbf{0}}$$

eingeschränkt. Dann wird bei der Multiplikatorenmethode das folgende erweiterte Funktional angesetzt:

$$\mathbf{W}^* = \frac{1}{2} \cdot \underline{\mathbf{U}}^t \cdot \underline{\mathbf{K}} \cdot \underline{\mathbf{U}} - \underline{\mathbf{U}}^t \cdot \underline{\mathbf{P}} + \underline{\lambda}^t \cdot (\underline{\mathbf{N}} \cdot \underline{\mathbf{U}} - \underline{\mathbf{n}}). \tag{8.2}$$

Die Stationaritätsbedingung $\delta W^* = 0$ führt unter Verwendung der Beziehung

$$\underline{\lambda}^t \cdot \underline{\mathbf{N}} \cdot \delta\underline{\mathbf{U}} = \delta\underline{\mathbf{U}}^t \cdot \underline{\mathbf{N}}^t \cdot \underline{\lambda}$$

auf

$$\begin{aligned} \delta \mathbf{W}^* &= \delta\underline{\mathbf{U}}^t \cdot \underline{\mathbf{K}} \cdot \underline{\mathbf{U}} - \delta\underline{\mathbf{U}}^t \cdot \underline{\mathbf{P}} + \underline{\lambda}^t \cdot \delta(\underline{\mathbf{N}} \cdot \underline{\mathbf{U}} - \underline{\mathbf{n}}) + \delta\underline{\lambda}^t \cdot (\underline{\mathbf{N}} \cdot \underline{\mathbf{U}} - \underline{\mathbf{n}}) \\ &= \delta\underline{\mathbf{U}}^t \cdot \underline{\mathbf{K}} \cdot \underline{\mathbf{U}} - \delta\underline{\mathbf{U}}^t \cdot \underline{\mathbf{P}} + \underline{\lambda}^t \cdot \underline{\mathbf{N}} \cdot \delta\underline{\mathbf{U}} + \delta\underline{\lambda}^t \cdot (\underline{\mathbf{N}} \cdot \underline{\mathbf{U}} - \underline{\mathbf{n}}) \\ &= \delta\underline{\mathbf{U}}^t \cdot (\underline{\mathbf{K}} \cdot \underline{\mathbf{U}} - \underline{\mathbf{P}} + \underline{\mathbf{N}}^t \cdot \underline{\lambda}) + \delta\underline{\lambda}^t \cdot (\underline{\mathbf{N}} \cdot \underline{\mathbf{U}} - \underline{\mathbf{n}}) = 0 \end{aligned} \tag{8.3}$$

Da $\delta\underline{\mathbf{U}}^t$ und $\delta\,\underline{\lambda}^t$ willkürlich sind, erhält man das Gleichungssystem

$$\begin{bmatrix} \underline{\mathbf{K}} & \underline{\mathbf{N}}^t \\ \underline{\mathbf{N}} & \underline{\mathbf{0}} \end{bmatrix} \cdot \begin{bmatrix} \underline{\mathbf{U}} \\ \underline{\lambda} \end{bmatrix} = \begin{bmatrix} \underline{\mathbf{P}} \\ \underline{\mathbf{n}} \end{bmatrix}. \tag{8.4}$$

Bei Kontaktproblemen erweist sich der Lagrange Multiplikator $\underline{\lambda}$ als Vektor der Kontakt-Knotenpunktkräfte, wie folgendes Beispiel verdeutlichen soll.

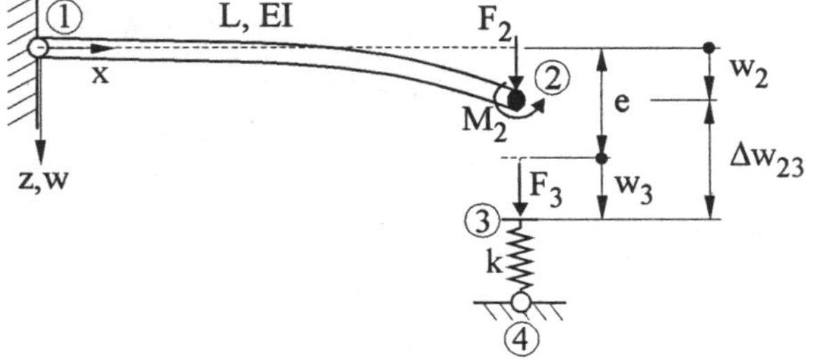

Bild 8.2:
Kragbalken mit federndem Anschlag

Es sei: $\Delta w_{23} = e + w_3 - w_2$

Kontaktbedingung: $\Delta w_{23} = 0$ $\quad \Delta w_{23} = e + w_3 - w_2 = 0$

Ablösebedingung: $\Delta w_{23} > 0$ $\quad \Delta w_{23} = e + w_3 - w_2 > 0$

Ist $w_2 < e + w_3$, so besteht kein Kontakt zwischen Knoten 2 und der Kontaktfläche 3. Es gilt für das Gesamtsystem die Beziehung

$$\begin{bmatrix} F_2 \\ M_2 \\ F_3 \end{bmatrix} = \begin{bmatrix} \frac{12E \cdot J}{L^3} & \frac{6E \cdot J}{L^2} & 0 \\ \frac{6E \cdot J}{L^2} & \frac{4E \cdot J}{L} & 0 \\ 0 & 0 & k \end{bmatrix} \cdot \begin{bmatrix} w_2 \\ \psi_2 \\ w_3 \end{bmatrix} . \tag{8.5}$$

Gilt hingegen unter Belastung $w_2 = e + w_3$, so besteht Kontakt zwischen Knoten 2 (Kontaktknoten) und der Kontaktfläche 3 (Zielfläche). Dann gilt mit der Nebenbedingung

$$w_2 - w_3 = e \quad \rightarrow \quad [1 \quad 0 \quad -1] \cdot \begin{bmatrix} w_2 \\ \psi_2 \\ w_3 \end{bmatrix} = e \quad \rightarrow \quad \underline{\mathbf{N}} \cdot \underline{\mathbf{U}} = \underline{\mathbf{n}} \tag{8.6}$$

das Gleichungssystem

$$\begin{bmatrix} F_2 \\ M_2 \\ F_3 \\ e \end{bmatrix} = \begin{bmatrix} \frac{12E \cdot J}{L^3} & \frac{6E \cdot J}{L^2} & 0 & 1 \\ \frac{6E \cdot J}{L^2} & \frac{4E \cdot J}{L} & 0 & 0 \\ 0 & 0 & k & -1 \\ 1 & 0 & -1 & 0 \end{bmatrix} \cdot \begin{bmatrix} w_2 \\ \psi_2 \\ w_3 \\ \lambda \end{bmatrix} . \tag{8.7}$$

Das Auflösung des Gleichungssystems liefert z. B. für w_3 und λ

$$w_3 = \frac{F_2 + F_3 - \frac{3M_2}{2L} - \frac{3E \cdot J \cdot e}{L^3}}{\frac{3E \cdot J}{L^3} + k} , \qquad \lambda = \frac{F_2 - \frac{3M_2}{2L} - \frac{3E \cdot J}{L^3}\left(e + \frac{F_3}{k}\right)}{\frac{3E \cdot J}{k \cdot L^3} + 1} .$$

Die dritte Gleichung im obigen Gleichungssystem (8.7) lautet:

$$F_3 = k \cdot w_3 - \lambda \quad \rightarrow \quad \lambda = k \cdot w_3 - F_3 .$$

Hier zeigt sich, daß es sich bei λ um eine Kraftgröße handeln muß. Während F_3 eine Kraft ist, die direkt am Knoten 3 angreift, kann es sich bei λ nur um die Kraft handeln, welche durch den Kontakt auf die Kontaktfläche 3 übertragen wird. F_3 und λ bewirken zusammen die Verschiebung w_3 an der Feder k. Der Lagrange Multiplikator $\underline{\lambda}$ stellt damit die Kontaktkraft dar, die von einer Kontaktfläche zur anderen übertragen wird.

Das vorstehende Beispiel diente nur der prinzipiellen Darlegung des Kontaktproblems. In der Praxis sind die Probleme aber recht vielfältig und natürlich nicht so einfach. Ein typisches Maschinenbauproblem mit Kontakt stellt die Übertragung eines Drehmoments mittels einer Paßfederverbindung dar. Die Verhältnisse sind im Bild 8.3 dargestellt.

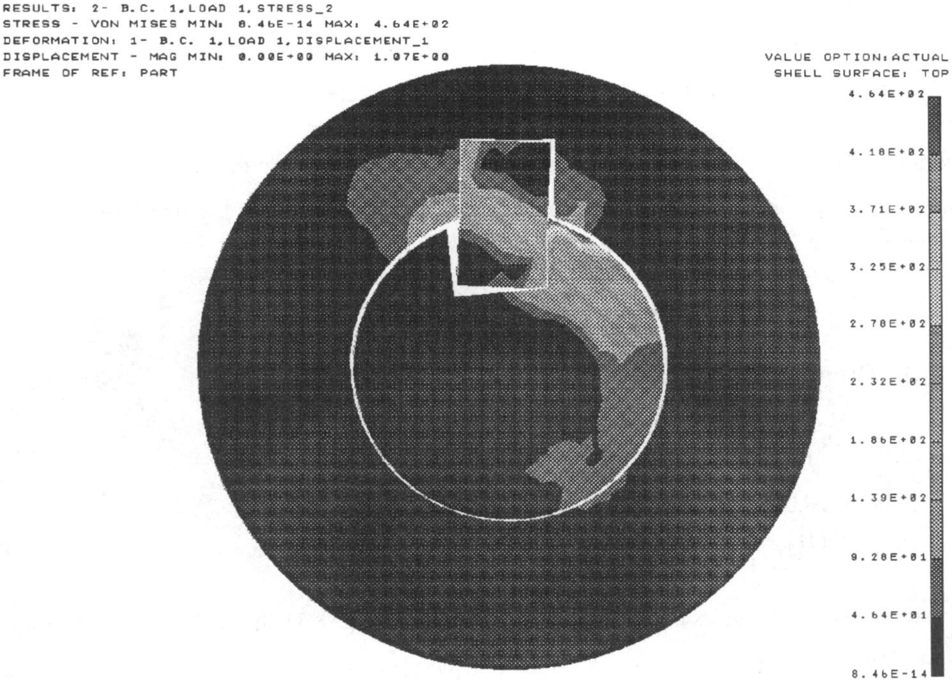

Bild 8.3: Kontaktieren dreier Körper bei einer Paßfederverbindung

Bei einer derartig spielbehafteten Situation besteht anfänglich noch kein Kontakt, weshalb die Berechnung dann auch normal ohne besondere Bedingungen erfolgt. Treten aber im weiteren die Körper in Kontakt, so müssen Kontaktbedingungen berücksichtigt und entsprechend in das Gleichungssystem (8.4) eingebaut werden.

8.3 Lösung zweidimensionaler quasistatischer Kontaktprobleme

8.3.1 Iterative Lösung ohne Kontakt

Die allgemeine Lösung des Kontaktproblems ist nur iterativ möglich. Im nichtlinearen statischen Fall ohne Kontakt gilt für den beliebigen Zeitpunkt t die Gleichung

$$ {}^{t}\underline{\mathbf{P}} - {}^{t}\underline{\mathbf{F}}(\underline{\mathbf{U}}) = \underline{\mathbf{0}} \ , \tag{8.8} $$

hierin ist

${}^{t}\underline{\mathbf{P}}$ der Vektor der äußeren Knotenpunktkräfte,

${}^{t}\underline{\mathbf{F}}$ der zu den inneren Elementspannungen äquivalente Knotenpunktkraftvektor,

${}^{t}\underline{\mathbf{U}}$ der Vektor der Knotenpunktverschiebungen.

Nun sei die Lösung ${}^{t}\underline{\mathbf{U}}$ bereits bekannt und die Lösung ${}^{t+\Delta t}\underline{\mathbf{U}}$ zum Zeitpunkt $t + \Delta t$ gesucht. Der Vektor der äußeren Knotenpunktlasten ${}^{t+\Delta t}\underline{\mathbf{P}}$ sei ebenfalls bekannt. Die Gl. (8.8) ist weiter auch für den Zeitpunkt $t + \Delta t$ gültig:

$$ {}^{t+\Delta t}\underline{\mathbf{P}} - {}^{t+\Delta t}\underline{\mathbf{F}}(\underline{\mathbf{U}}) = \underline{\mathbf{0}} \, . \tag{8.9} $$

Mit der Definition

$$ {}^{t+\Delta t}\underline{\mathbf{\Phi}}(\underline{\mathbf{U}}) := {}^{t+\Delta t}\underline{\mathbf{P}} - {}^{t+\Delta t}\underline{\mathbf{F}}(\underline{\mathbf{U}}) \tag{8.10} $$

kann die Beziehung (8.9) auch als

$$ {}^{t+\Delta t}\underline{\mathbf{\Phi}}(\underline{\mathbf{U}}) = \underline{\mathbf{0}} \tag{8.11} $$

angegeben werden. Die exakte Lösung ${}^{t+\Delta t}\underline{\mathbf{U}}$ erfüllt die Gl. (8.11) exakt. Eine Näherungslösung ${}^{t+\Delta t}\underline{\mathbf{U}}^{(i)}$ kann die Gl. (8.11) jedoch nur näherungsweise befriedigen. Nun sei unterstellt, daß eine Näherungslösung ${}^{t+\Delta t}\underline{\mathbf{U}}^{(i-1)}$ bereits bekannt ist. Dann liefert eine Linearisierung von ${}^{t+\Delta t}\underline{\mathbf{\Phi}}(\underline{\mathbf{U}})$ um den Arbeitspunkt ${}^{t+\Delta t}\underline{\mathbf{U}}^{(i-1)}$ mittels der Taylorreihenentwicklung die Näherungsgleichung

$$ {}^{t+\Delta t}\underline{\mathbf{\Phi}}(\underline{\mathbf{U}}) \approx {}^{t+\Delta t}\underline{\mathbf{\Phi}}(\underline{\mathbf{U}})^{(i-1)} + \left.\frac{\partial \mathbf{\Phi}}{\partial \underline{\mathbf{U}}}\right|_{{}^{t+\Delta t}\underline{\mathbf{U}}^{(i-1)}} \cdot \left({}^{t+\Delta t}\underline{\mathbf{U}} - {}^{t+\Delta t}\underline{\mathbf{U}}^{(i-1)} \right) . \tag{8.12} $$

Für die partielle Ableitung in Gl. (8.12) erhält man aus Gl. (8.10)

$$\frac{\partial \underline{\underline{\Phi}}}{\partial \underline{U}} = -\frac{\partial \underline{\underline{F}}}{\partial \underline{U}} = -\underline{K}_T(\underline{U}). \tag{8.13}$$

Die partielle Ableitung des Vektors der elastischen Rückstellkräfte $\underline{F}$ (der äquivalent zu den inneren Elementspannungen ist) nach dem Verschiebungsvektor ${}^{t+\Delta t}\underline{U}$ ergibt die sogenannte Tangentensteifigkeitsmatrix $\underline{K}_T$. Das Einsetzen von Gl. (8.10) und Gl. (8.13) in Gl. (8.12) liefert dann

$${}^{t+\Delta t}\underline{P} - {}^{t+\Delta t}\underline{F}(\underline{U})^{(i-1)} - {}^{t+\Delta t}\underline{K}_T(\underline{U})^{(i-1)} \cdot \left({}^{t+\Delta t}\underline{U} - {}^{t+\Delta t}\underline{U}^{(i-1)}\right) \approx \underline{0}. \tag{8.14}$$

Wird Gl. (8.14) identisch Null gesetzt, so erhält man für den gesuchten Verschiebungsvektor ${}^{t+\Delta t}\underline{U}$ eine verbesserte Näherungslösung ${}^{t+\Delta t}\underline{U}^{(i)}$:

$${}^{t+\Delta t}\underline{P} - {}^{t+\Delta t}\underline{F}(\underline{U})^{(i-1)} - {}^{t+\Delta t}\underline{K}_T(\underline{U})^{(i-1)} \cdot \left({}^{t+\Delta t}\underline{U}^{(i)} - {}^{t+\Delta t}\underline{U}^{(i-1)}\right) = \underline{0}. \tag{8.15}$$

Mit der Abkürzung $\Delta\underline{U}^{(i)} := {}^{t+\Delta t}\underline{U}^{(i)} - {}^{t+\Delta t}\underline{U}^{(i-1)}$ kann man schließlich die allgemeine Iterationsvorschrift nach *Newton-Raphson**) aufstellen:

$$\begin{aligned} &{}^{t+\Delta t}\underline{P} - {}^{t+\Delta t}\underline{F}(\underline{U})^{(i-1)} - {}^{t+\Delta t}\underline{K}_T(\underline{U})^{(i-1)} \cdot \Delta\underline{U}^{(i)} = \underline{0} \\ &{}^{t+\Delta t}\underline{P} - {}^{t+\Delta t}\underline{F}(\underline{U})^{(i-1)} = {}^{t+\Delta t}\underline{K}_T(\underline{U})^{(i-1)} \cdot \Delta\underline{U}^{(i)} = \Delta\underline{R}^{(i-1)}. \end{aligned} \tag{8.16}$$

Die Iteration ist dann solange durchzuführen, bis die Verschiebungsinkremente $\Delta\underline{U}^{(i)}$ oder der „out-of-balance"-Lastvektor $\Delta\underline{R}^{(i-1)}$ hinreichend klein sind. Da vom berechneten Zeitpunkt t ausgegangen wird und der Zeitpunkt $t + \Delta t$ berechnet werden soll, werden, wegen der anzunehmenden Stetigkeit der Lösungsfunktion über die Zeit, als Startwerte die Ergebnisse des Zeitpunkts t verwendet:

$${}^{t+\Delta t}\underline{U}^{(0)} = {}^{t}\underline{U}; \quad {}^{t+\Delta t}\underline{F}^{(0)} = {}^{t}\underline{F}. \tag{8.17}$$

8.3.2 Iterative Lösung mit Kontakt

Jetzt sei davon ausgegangen, daß zum Zeitpunkt $t + \Delta t$ Kontakt auftritt. Dann erhält man ganz analog zu Gl. (8.2) das allgemeine, nichtlineare Gleichungssystem des Kontaktproblems

$${}^{t+\Delta t}\underline{P} - {}^{t+\Delta t}\underline{F}(\underline{U}) - {}^{t+\Delta t}\underline{N}^{t} \cdot {}^{t+\Delta t}\underline{\lambda} = \underline{0}, \tag{8.18}$$

mit den Nebenbedingungen

*) Anmerkung: Lösungsverfahren für Gleichungssysteme mit guter Konvergenz (meist quadratisch),

$$^{t+\Delta t}\underline{\mathbf{N}} \cdot {}^{t+\Delta t}\underline{\boldsymbol{\lambda}} = {}^{t+\Delta t}\underline{\boldsymbol{\Delta}} \tag{8.19}$$

$^{t+\Delta t}\underline{\mathbf{N}}$ ergibt sich als Matrix aus den noch herzuleitenden geometrischen Kontaktbedingungen,

$^{t+\Delta t}\underline{\boldsymbol{\lambda}}$ ist der Vektor der Kontakt-Knotenpunktkräfte des Kontaktkörpers und

$^{t+\Delta t}\underline{\boldsymbol{\Delta}}$ ist der Vektor der Materialüberlappungen, die es zu beseitigen gilt.

Das Gleichungssystem aus den Gl. (8.18) und (8.19) ist nur iterativ lösbar. Analog zu Gl. (8.10) definiert man

$$^{t+\Delta t}\underline{\boldsymbol{\Phi}}(\underline{\mathbf{U}}, \underline{\boldsymbol{\lambda}}) := {}^{t+\Delta t}\underline{\mathbf{P}} - {}^{t+\Delta t}\underline{\mathbf{F}}(\underline{\mathbf{U}}) - {}^{t+\Delta t}\underline{\mathbf{N}}^{\mathrm{t}} \cdot {}^{t+\Delta t}\underline{\boldsymbol{\lambda}} = \underline{\mathbf{0}}. \tag{8.20}$$

Hier sei bemerkt, daß neben den unbekannten Verschiebungen $^{t+\Delta t}\underline{\mathbf{U}}$ auch die unbekannten Kontakt-Knotenpunktkräfte $^{t+\Delta t}\underline{\boldsymbol{\lambda}}$ des Kontaktkörpers auftreten. Deshalb ist hier eine Linearisierung sowohl über die unbekannten Verschiebungen als auch über die unbekannten Kontakt-Knotenpunktkräfte durchzuführen:

$$\begin{aligned} ^{t+\Delta t}\underline{\boldsymbol{\Phi}}(\underline{\mathbf{U}}, \underline{\boldsymbol{\lambda}}) &= {}^{t+\Delta t}\underline{\boldsymbol{\Phi}}(\underline{\mathbf{U}}, \underline{\boldsymbol{\lambda}})^{(\mathrm{i}-1)} + \left.\frac{\partial \underline{\boldsymbol{\Phi}}}{\partial \underline{\mathbf{U}}}\right|_{{}^{t+\Delta t}\underline{\mathbf{U}}^{(\mathrm{i}-1)}} \cdot \left({}^{t+\Delta t}\underline{\mathbf{U}} - {}^{t+\Delta t}\underline{\mathbf{U}}^{(\mathrm{i}-1)}\right) \\ &+ \left.\frac{\partial \underline{\boldsymbol{\Phi}}}{\partial \underline{\boldsymbol{\lambda}}}\right|_{{}^{t+\Delta t}\underline{\boldsymbol{\lambda}}^{(\mathrm{i}-1)}} \cdot \left({}^{t+\Delta t}\underline{\boldsymbol{\lambda}} - {}^{t+\Delta t}\underline{\boldsymbol{\lambda}}^{(\mathrm{i}-1)}\right) \approx \underline{\mathbf{0}}. \end{aligned} \tag{8.21}$$

Mit den partiellen Ableitungen

$$\begin{aligned} \frac{\partial \underline{\boldsymbol{\Phi}}}{\partial \underline{\mathbf{U}}} &= -\underline{\mathbf{K}}_{\mathrm{T}}(\underline{\mathbf{U}}), \\ \frac{\partial \underline{\boldsymbol{\Phi}}}{\partial \underline{\boldsymbol{\lambda}}} &= -\underline{\mathbf{N}}^{\mathrm{t}} \end{aligned} \tag{8.22}$$

und den Abkürzungen

$$\begin{aligned} \Delta\underline{\mathbf{U}}^{(\mathrm{i})} &:= {}^{t+\Delta t}\underline{\mathbf{U}}^{(\mathrm{i})} - {}^{t+\Delta t}\underline{\mathbf{U}}^{(\mathrm{i}-1)} \\ \Delta\underline{\boldsymbol{\lambda}}^{(\mathrm{i})} &:= {}^{t+\Delta t}\underline{\boldsymbol{\lambda}}^{(\mathrm{i})} - {}^{t+\Delta t}\underline{\boldsymbol{\lambda}}^{(\mathrm{i}-1)} \end{aligned} \tag{8.23}$$

folgt aus Gl. (8.21) schließlich das Gleichungssystem zur Bestimmung der unbekannten Verschiebungen und Kontakt-Knotenpunktkräfte:

$$^{t+\Delta t}\underline{\Phi}(\underline{U},\underline{\lambda})^{(i)} =$$

$$^{t+\Delta t}\underline{P} - {}^{t+\Delta t}\underline{F}(\underline{U})^{(i-1)} - {}^{t+\Delta t}\underline{N}^{t,(i-1)} \cdot {}^{t+\Delta t}\underline{\lambda}^{(i-1)} - {}^{t+\Delta t}\underline{K}_T(\underline{U})^{(i-1)} \cdot \Delta\underline{U}^{(i)} - {}^{t+\Delta t}\underline{N}^{t,(i-1)} \cdot \Delta\underline{\lambda}^{(i)} = \underline{0}$$

$$^{t+\Delta t}\underline{P} - {}^{t+\Delta t}\underline{F}(\underline{U})^{(i-1)} - {}^{t+\Delta t}\underline{N}^{t,(i-1)} \cdot {}^{t+\Delta t}\underline{\lambda}^{(i-1)} = {}^{t+\Delta t}\underline{K}_T(\underline{U})^{(i-1)} \cdot \Delta\underline{U}^{(i)} + {}^{t+\Delta t}\underline{N}^{t,(i-1)} \cdot \Delta\underline{\lambda}^{(i)} \tag{8.24}$$

Mit der Abkürzung $^{t+\Delta t}\underline{R}_c{}^{(i-1)} = -{}^{t+\Delta t}\underline{N}^{t,(i-1)} \cdot {}^{t+\Delta t}\underline{\lambda}^{(i-1)}$ und der Gl. (8.19) lautet das bestimmende Gleichungssystem für Kontaktprobleme /8.1, 8.2, 8.3/:

$$\begin{bmatrix} {}^{t+\Delta t}\underline{K}_T(\underline{U})^{(i-1)} & {}^{t+\Delta t}\underline{N}^{t,(i-1)} \\ {}^{t+\Delta t}\underline{N}^{(i-1)} & \underline{0} \end{bmatrix} \cdot \begin{bmatrix} \Delta\underline{U}^{(i)} \\ \Delta\underline{\lambda}^{(i)} \end{bmatrix} = \begin{bmatrix} {}^{t+\Delta t}\underline{P} - {}^{t+\Delta t}\underline{F}(\underline{U})^{(i-1)} + {}^{t+\Delta t}\underline{R}_c{}^{(i-1)} \\ {}^{t+\Delta t}\underline{\Delta}^{(i-1)} \end{bmatrix}$$

$$^{t+\Delta t}\begin{bmatrix} \underline{K}_T(\underline{U}) & \underline{N}^t \\ \underline{N} & \underline{0} \end{bmatrix}^{(i-1)} \cdot \begin{bmatrix} \Delta\underline{U} \\ \Delta\underline{\lambda} \end{bmatrix}^{(i)} = {}^{t+\Delta t}\begin{bmatrix} \underline{P} - \underline{F}(\underline{U}) + \underline{R}_c \\ \underline{\Delta} \end{bmatrix}^{(i-1)} . \tag{8.25}$$

Der Vektor $^{t+\Delta t}\underline{R}_c{}^{(i-1)}$ enthält alle Kontakt-Knotenpunktkräfte sowohl des Kontaktkörpers als auch des Zielkörpers der aktuellen Kontaktzone.

Als Konvergenzbedingung für Gl. (8.25) gelten mit $i \rightarrow \infty$ die beiden Forderungen

$$^{t+\Delta t}\underline{\Delta}^{(i-1)} \rightarrow \underline{0} \tag{8.26}$$

und aus Gl. (8.18)

$$\Delta\underline{R}^{(i-1)} := {}^{t+\Delta t}\underline{F}(\underline{U})^{(i-1)} - {}^{t+\Delta t}\underline{P} \rightarrow {}^{t+\Delta t}\underline{R}_c{}^{(i-1)} = \begin{cases} {}^{t+\Delta t}\underline{R}_{c,k}{}^{(i-1)}, & \text{für alle im Kontakt befindlichen Knoten k} \\ 0, & \text{für alle restlichen Knoten} \end{cases} , \tag{8.27}$$

d. h., es wird solange iteriert, bis die Materialüberlappung $^{t+\Delta t}\underline{\Delta}^{(i-1)}$ beseitigt ist und der *out-of-balance*-Vektor $\Delta\underline{R}^{(i-1)}$ für alle nicht in Kontakt stehenden Knoten verschwindet. Dann enthält der *out-of-balance*-Vektor für die im Kontakt befindlichen Knoten die Kontakt-Knotenpunktkräfte.

Es fehlt noch die Matrix der Kontaktbedingungen $^{t+\Delta t}\underline{N}^{(i-1)}$, die es aus geometrischen Betrachtungen heraus zu bestimmen gilt. Bild 8.4 zeigt eine aus finiten Scheibenelementen und Kontaktelementen modellierte zweidimensionale Kontaktregion.

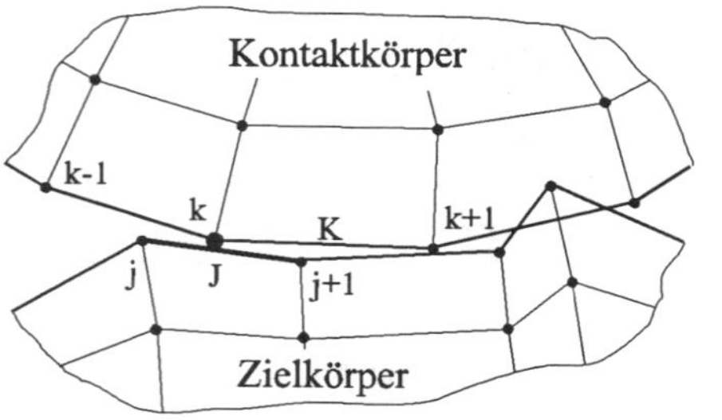

Bild 8.4:
Finite Element-Diskretisierung in Kontaktregion

Zur Bestimmung der Kontaktbedingungen genügt die Betrachtung eines Knotens k aus dem Kontaktkörper und eines Segments J aus dem Zielkörper.

Die Matrix ${}^{t+\Delta t}\underline{\mathbf{N}}^{(i-1)}$ wird aus den Kontaktbedingungen aller lokalen Kontaktelemente zusammengesetzt. Auf diese Weise ist es möglich, für die einzelnen Kontaktelemente unterschiedliche Kontaktbedingungen zu berücksichtigen. Während sich z. B. ein Kontaktelement im Haftzustand befindet, kann das benachbarte Element sich im Gleitzustand befinden oder nicht in Kontakt sein. Es ist beim Zusammenbau von ${}^{t+\Delta t}\underline{\mathbf{N}}^{(i-1)}$ für jedes Kontaktelement einzeln zu entscheiden, welche der drei Kontaktbedingungen (Haften, Gleiten oder kein Kontakt) für ein Kontaktelement zu verwenden ist.

1. Fall: Kein Kontakt beim Iterationsschritt i

Das ist der einfachste Fall. Er tritt auf, wenn nach der Iteration i-1 der Kontaktknoten k sich im Zustand „Kein Kontakt" befindet. Es wird dann zur Iteration i für das lokale Kontaktelement die Beziehung

$$ {}^{t+\Delta t}\underline{\mathbf{N}}_J^{(i-1)} = \underline{\mathbf{0}} \tag{8.28} $$

in die Matrix ${}^{t+\Delta t}\underline{\mathbf{N}}^{(i-1)}$ eingebaut. Besteht zwischen zwei Körpern kein Kontakt, so gilt auch für die globale Matrix ${}^{t+\Delta t}\underline{\mathbf{N}}^{(i-1)} = \underline{\mathbf{0}}$.

2. Fall: Haften beim Iterationsschritt i

Haften zur Iteration i wird angenommen, wenn entweder der Kontaktknoten k nach der Iteration i-2 nicht in Kontakt ist und nach der Iteration i-1 in den Zielkörper eindringt, oder wenn die tangentiale Reibkraft nach der Iteration i-1 die Haftgrenze nicht überschreitet und der Kontaktknoten k sich beim Iterationsschritt i-1 im Zustand „Haften" befindet. Im ersten Fall ist die Kontakt-Knotenpunktkraft ${}^{t+\Delta t}\underline{\lambda}_k^{(i)}$ zu Beginn Null und wird während der Iteration i erzeugt. Haften wird demnach grundsätzlich zuerst angenommen, wenn ein Kontaktelement vom kontaktfreien Zustand in den Kontaktzustand übergeht.

Bild 8.5 a) zeigt den Ausgangszustand i-1 vor dem durchzuführenden Iterationsschritt i. Der Knoten k aus dem Kontaktkörper dringt in den Zielkörper ein und verursacht am naheliegenden Segment J die Überlappung ${}^{t+\Delta t}\underline{\Delta}_k^{(i-1)}$. Dieser Zustand muß vom Computeralgorithmus erkannt werden, so daß dann für den Iterationsschritt i die bestimmenden Gleichungen des Kontaktproblems aufgestellt und gelöst werden können. Die Hauptforderung zur Bestimmung der Kontaktbedingungen lautet:

Alle Überlappungen entlang der aktuellen Kontaktoberfläche müssen nach der Iteration i verschwinden!

Bild 8.5 b) zeigt den Verschiebungszustand nach der Iteration i. Das Segment J hat sich genauso verschoben wie der Kontaktknoten k. Die Überlappung ${}^{t+\Delta t}\underline{\Delta}_k^{(i-1)}$ ist verschwunden.

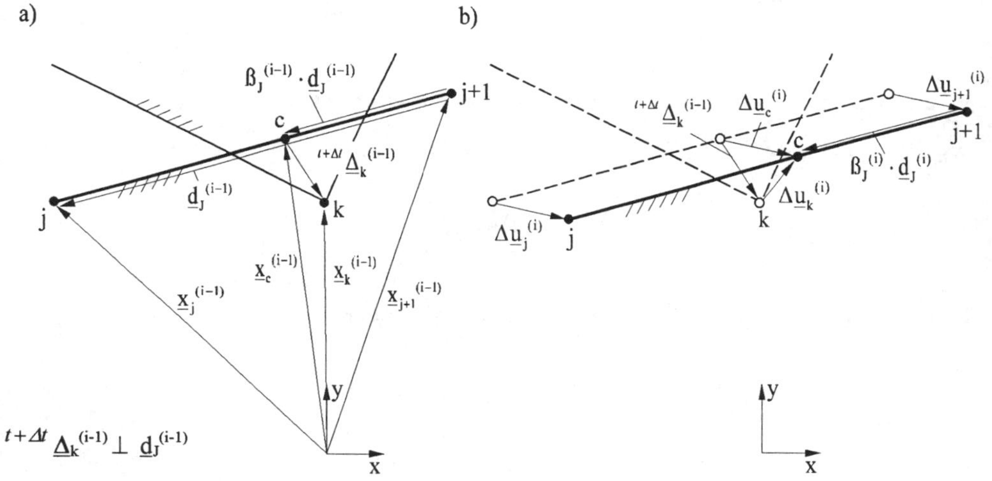

Bild 8.5: Iterative Kontaktbedingung
a) Haftbedingungen vor Iteration i
b) Haftbedingungen nach Iteration i

Die vorausgesetzte Starrheit der finiten Kontaktelemente führt auf die Beziehung

$$\underline{\mathbf{d}}_J^{(i)} = \underline{\mathbf{d}}_J^{(i-1)} = \underline{\mathbf{d}}_J \tag{8.29}$$

In Bild 8.5 b) ist der Zusammenhang

$$\Delta\underline{\mathbf{u}}_c^{(i)} = \Delta\underline{\mathbf{u}}_k^{(i)} + {}^{t+\Delta t}\underline{\Delta}_k^{(i-1)} \tag{8.30}$$

ersichtlich. Hierin ist $\beta_J^{(i)}$ ein dimensionsloser Parameter zur Lokalisierung der Kontaktstelle c am Segment J. Die Festlegung von $\beta_J^{(i)}$ für das Segment J beim Iterationsschritt i hängt davon ab, ob von Haften oder Gleiten auszugehen ist.

Beim Haften gilt:

$$\beta_J^{(i)} = \beta_J^{(i-1)}, \tag{8.31}$$

d. h., der Kontaktpunkt k behält seine relative Position c am Segment J bei. $\beta_J^{(i-1)}$ folgt aus geometrischer Betrachtung zu

$$\beta_J^{(i-1)} = \frac{\left| \underline{\mathbf{x}}_c^{(i-1)} - \underline{\mathbf{x}}_{j+1}^{(i-1)} \right|}{\left| \underline{\mathbf{d}}_J \right|} \quad \text{mit} \quad \underline{\mathbf{d}}_J = \underline{\mathbf{x}}_j^{(i-1)} - \underline{\mathbf{x}}_{j+1}^{(i-1)}. \tag{8.32}$$

Wegen Gl. (8.29) besteht ein linearer Zusammenhang zwischen $\Delta\underline{\mathbf{u}}_j^{(i)}$, $\Delta\underline{\mathbf{u}}_{j+1}^{(i)}$ und $\Delta\underline{\mathbf{u}}_c^{(i)}$:

$$\Delta\underline{\mathbf{u}}_c^{(i)} = \left(1 - \beta_J^{(i-1)}\right) \cdot \Delta\underline{\mathbf{u}}_j^{(i)} + \beta_J^{(i-1)} \cdot \Delta\underline{\mathbf{u}}_{j+1}^{(i)}. \tag{8.33}$$

Eliminierung von $\Delta\underline{\mathrm{u}}_c^{(i)}$ in Gl. (8.33) mittels Gl. (8.30) ergibt:

$$\Delta\underline{\mathbf{u}}_k^{(i)} + {}^{t+\Delta t}\underline{\Delta}_k^{(i-1)} = \left(1 - \beta_J^{(i-1)}\right) \cdot \Delta\underline{\mathbf{u}}_j^{(i)} + \beta_J^{(i-1)} \cdot \Delta\underline{\mathbf{u}}_{j+1}^{(i)}$$

$${}^{t+\Delta t}\underline{\Delta}_k^{(i-1)} = -\Delta\underline{\mathbf{u}}_k^{(i)} + \left(1 - \beta_J^{(i-1)}\right) \cdot \Delta\underline{\mathbf{u}}_j^{(i)} + \beta_J^{(i-1)} \cdot \Delta\underline{\mathbf{u}}_{j+1}^{(i)}$$

$${}^{t+\Delta t}\underline{\Delta}_k^{(i-1)} = \left[-\underline{\mathbf{I}} \quad \left(1 - \beta_J^{(i-1)}\right) \cdot \underline{\mathbf{I}} \quad \beta_J^{(i-1)} \cdot \underline{\mathbf{I}} \right] \cdot \begin{bmatrix} \Delta\underline{\mathbf{u}}_k^{(i)} \\ \Delta\underline{\mathbf{u}}_j^{(i)} \\ \Delta\underline{\mathbf{u}}_{j+1}^{(i)} \end{bmatrix}, \tag{8.34}$$

worin $\underline{\mathrm{I}}$ die Einheitsmatrix im zweidimensionalen Raum ist. Im Haftfall lautet die gesuchte Matrix der Kontaktbedingungen ${}^{t+\Delta t}\underline{\mathbf{N}}_J^{(i-1)}$ am betrachteten Kontaktelement demnach

$${}^{t+\Delta t}\underline{\mathbf{N}}_J^{(i-1)} = \left[-\underline{\mathbf{I}} \quad \left(1 - \beta_J^{(i-1)}\right) \cdot \underline{\mathbf{I}} \quad \beta_J^{(i-1)} \cdot \underline{\mathbf{I}} \right]. \tag{8.35}$$

Mit der Kontaktkraft

$$ {}^{t+\Delta t}\underline{\lambda}_k^{(i-1)} = \begin{bmatrix} {}^{t+\Delta t}\lambda_{x,k}^{(i-1)} \\ {}^{t+\Delta t}\lambda_{y,k}^{(i-1)} \end{bmatrix} $$

am Kontaktknoten k findet man für

$$ {}^{t+\Delta t}\underline{R}_{c,k}^{(i-1)} = -\, {}^{t+\Delta t}\underline{N}_J^{t,(i-1)} \cdot {}^{t+\Delta t}\underline{\lambda}_k^{(i-1)} $$

im globalen x,y-System

$$ {}^{t+\Delta t}\underline{R}_{c,k}^{(i-1)} = \begin{bmatrix} {}^{t+\Delta t}\lambda_{x,k}^{(i-1)} \\ {}^{t+\Delta t}\lambda_{y,k}^{(i-1)} \\ -\left(1-\beta_J^{(i-1)}\right) \cdot {}^{t+\Delta t}\lambda_{x,k}^{(i-1)} \\ -\left(1-\beta_J^{(i-1)}\right) \cdot {}^{t+\Delta t}\lambda_{y,k}^{(i-1)} \\ -\beta_J^{(i-1)} \cdot {}^{t+\Delta t}\lambda_{x,k}^{(i-1)} \\ -\beta_J^{(i-1)} \cdot {}^{t+\Delta t}\lambda_{y,k}^{(i-1)} \end{bmatrix} = \begin{bmatrix} {}^{t+\Delta t}\underline{\lambda}_k^{(i-1)} \\ {}^{t+\Delta t}\underline{\lambda}_j^{(i-1)} \\ {}^{t+\Delta t}\underline{\lambda}_{j+1}^{(i-1)} \end{bmatrix}. \qquad (8.36) $$

Hierin sind ${}^{t+\Delta t}\underline{\lambda}_j^{(i-1)}$ und ${}^{t+\Delta t}\underline{\lambda}_{j+1}^{(i-1)}$ die Kontakt-Knotenpunktkräfte am Zielsegment J. Es zeigt sich in Gl. (8.36), daß die Kontakt-Knotenpunktkraft ${}^{t+\Delta t}\underline{\lambda}_k^{(i-1)}$ linear auf die Zielknoten ${}^{t+\Delta t}\underline{\lambda}_j^{(i-1)}$ und ${}^{t+\Delta t}\underline{\lambda}_{j+1}^{(i-1)}$ verteilt ist, d. h. ${}^{t+\Delta t}\underline{\lambda}_j^{(i-1)}$, ${}^{t+\Delta t}\underline{\lambda}_{j+1}^{(i-1)}$ und ${}^{t+\Delta t}\underline{\lambda}_k^{(i-1)}$ stehen im statischen Gleichgewicht. Bild 8.6 verdeutlicht diese Gegebenheit.

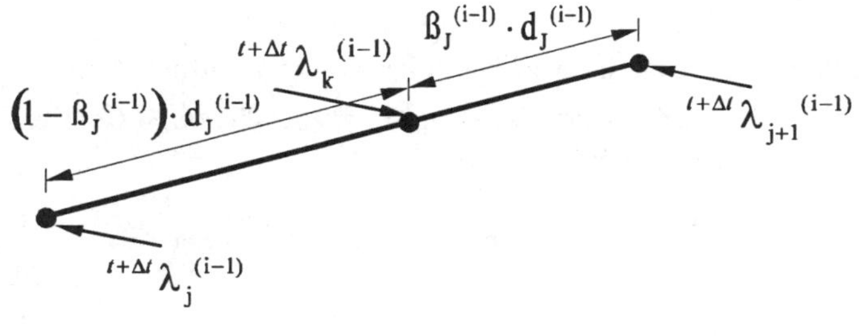

Bild 8.6: Statisches Gleichgewicht der Kontakt-Knotenpunktkräfte

3. Fall: Gleiten beim Iterationsschritt i

Überschreitet während der Iteration i-1 die tangentiale Reibkraft die Haftgrenze, so ist der Kontaktknoten k im Zustand „Gleiten", und es wird auch zur Iteration i „Gleiten" angenommen. Beim Gleiten bewegt sich der Kontaktpunkt c entlang des Segments J. Der Parameter β_J ändert sich während der Iteration i um $\Delta\beta_J^{(i)}$

$$\beta_J{}^{(i)} = \beta_J{}^{(i-1)} + \Delta\beta_J{}^{(i)}. \tag{8.37}$$

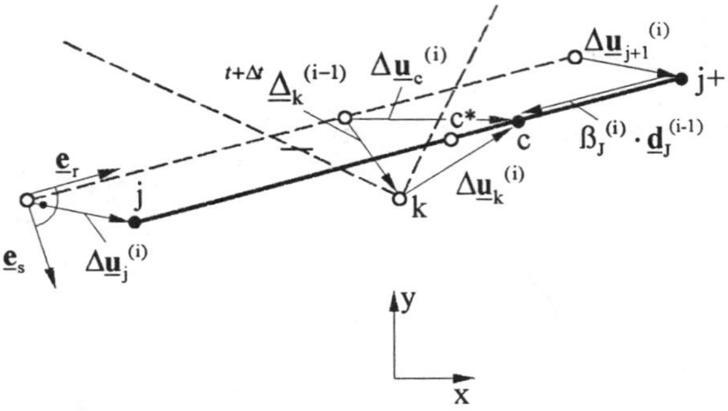

Bild 8.7: Gleitbedingungen vor und nach Iteration i

Der Kontaktpunkt k behält nicht die relative Position bei c^* bei, sondern gleitet entsprechend dem Parameter $\Delta\beta_j{}^{(i)}$ zum Punkt c. Die Gl. (8.30) ist deshalb nur für die Komponenten in Richtung der Segmentflächennormalen $\underline{e}_s$ zu erfüllen. Das Skalarprodukt der Vektoren aus Gl. (8.30) mit dem Einheitsvektor $\underline{e}_s$ führt auf die Komponentengleichung in Richtung von $\underline{e}_s$

$$\underline{e}_s^t \cdot \Delta\underline{u}_c{}^{(i)} = \underline{e}_s{}^t \cdot \left(\Delta\underline{u}_k{}^{(i)} + {}^{t+\Delta t}\underline{\Delta}_k{}^{(i-1)}\right). \tag{8.38}$$

Weiterhin gilt:

$$\Delta\underline{u}_c{}^{(i)} = \left(1 - \beta_J{}^{(i)}\right) \cdot \Delta\underline{u}_j{}^{(i)} + \beta_J{}^{(i)} \cdot \Delta\underline{u}_{j+1}{}^{(i)} \tag{8.40}$$

Die Länge der Gleitstrecke ist a priori nicht bekannt und folglich auch nicht der Parameter $\Delta\beta_J{}^{(i)}$. Mit der Annahme, daß $\Delta\beta_J{}^{(i)}$ näherungsweise klein ist, ist auch hier Gl. (8.31) verwendbar. Einsetzen von Gl. (8.31) und (8.39) in Gl. (8.38) liefert

$$\underline{e}_s{}^t \cdot {}^{t+\Delta t}\underline{\Delta}_k{}^{(i-1)} = \underline{e}_s{}^t \cdot \left[\left(1 - \beta_J{}^{(i-1)}\right) \cdot \Delta\underline{u}_j{}^{(i)} + \beta_J{}^{(i-1)} \cdot \Delta\underline{u}_{j+1}{}^{(i)} - \Delta\underline{u}_k{}^{(i)}\right]$$

Mit

$${}^{t+\Delta t}\Delta_k{}^{(i-1)} = \underline{e}_s{}^t \cdot {}^{t+\Delta t}\underline{\Delta}_k{}^{(i-1)} = e_{sx} \cdot {}^{t+\Delta t}\Delta_{kx}{}^{(i-1)} + e_{sy} \cdot {}^{t+\Delta t}\Delta_{ky}{}^{(i-1)}$$

folgt

$$^{t+\Delta t}\Delta_k^{(i-1)} = \left[-\underline{e}_s^{\,t} \quad \left(1-\beta_J^{(i-1)}\right)\cdot \underline{e}_s^{\,t} \quad \beta_J^{(i-1)}\cdot \underline{e}_s^{\,t} \right]\cdot \begin{bmatrix} \Delta\underline{u}_k^{(i)} \\ \Delta\underline{u}_j^{(i)} \\ \Delta\underline{u}_{j+1}^{(i)} \end{bmatrix}. \tag{8.40}$$

Die gesuchte Matrix der Kontaktbedingungen $^{t+\Delta t}\underline{N}_J^{(i-1)}$ lautet im Gleitfall:

$$^{t+\Delta t}\underline{N}_J^{(i-1)} = \left[-\underline{e}_s^{\,t} \quad \left(1-\beta_J^{(i-1)}\right)\cdot \underline{e}_s^{\,t} \quad \beta_J^{(i-1)}\cdot \underline{e}_s^{\,t} \right]. \tag{8.41}$$

Die Änderung der Kontaktkraft $\Delta\underline{\lambda}_k^{(i)}$ ist im Gleitfall nur bezüglich der Komponente in Normalenrichtung $\underline{e}_s$ möglich. Der tangentiale Anteil der Kontaktkraft ist wegen der Gleitbedingung $\left|F_R\right| = \mu_d \cdot F_N$ an die Komponente in Normalenrichtung gekoppelt. Die Kontaktkraftänderung $\Delta\underline{\lambda}_k^{(i)}$ reduziert sich auf die Beziehung

$$\Delta\lambda_k^{(i)} = \Delta\underline{\lambda}_k^{(i)}\cdot \underline{e}_s\,. \tag{8.42}$$

Im Gegensatz zum Haftfall (Gl. (8.34)), wo pro Kontaktknoten k jeweils zwei zusätzliche Gleichungen hinzuzufügen sind, wird im Gleitfall (Gl. (8.40)) nur eine Gleichung pro Kontaktknoten hinzugefügt.

Damit sind die drei möglichen Fälle zur Bestimmung der Matrix der Nebenbedingungen erläutert. Der Zustand des Kontaktknotens k nach der Iteration i-1 entscheidet, welcher der drei obigen Fälle zur Iteration i der Matrix $^{t+\Delta t}\underline{N}^{(i-1)}$ einzubauen ist. Es ist bisher allerdings offen, auf welche Weise der Zustand des Kontaktknotens zu bestimmen ist. Zur Festlegung des Zustandes eines Kontaktknotens dienen die Zustände der an den Knoten angrenzenden Segmente. In Bild 8.8 sind die verschiedenen Möglichkeiten aufgeführt.

Zustände der an k angrenzenden Segmente		Zustand von Knoten k
ein angrenzendes Segment	anderes angrenzendes Segment	
Haften	Haften Gleiten kein Kontakt	Haften
Gleiten	Gleiten kein Kontakt	Gleiten
kein Kontakt	kein Kontakt	kein Kontakt

Bild 8.8: Zustand eines Kontaktknotens

Der Zustand eines Kontaktsegments bestimmt sich mittels des Coulombschen Reibungsgesetzes aus den auf das Segment normal und tangential auf die Segmentfläche einwirkenden Kräfte $F_N^{(i-1)}$ und $F_R^{(i-1)}$ infolge des Kontakts. Die auf die Kontaktsegmente einwirkenden Segmentkräfte $F_N^{(i-1)}$ und $F_R^{(i-1)}$ resultieren aus den Kontakt-Knotenpunktkräften ${}^{t+\Delta t}\underline{\lambda}^{(i-1)}$ (Bild 8.9). Es gilt eine Beziehung zwischen diesen herzustellen.

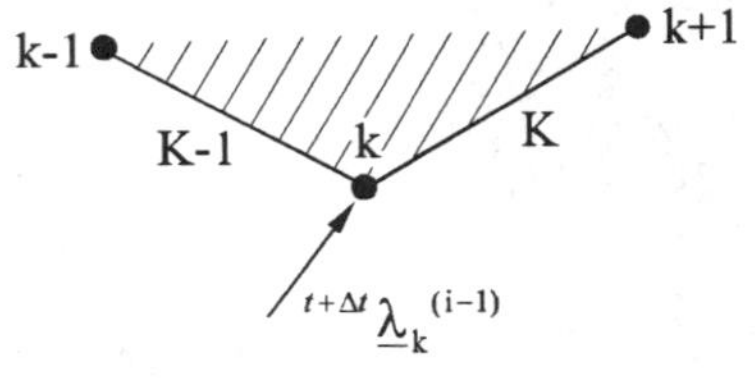

Bild 8.9: Kontakt-Knotenpunktkraft am Kontaktknoten k

In erster Näherung geht man von einer linearen Verteilung der Segmentkräfte aus. Bild 8.10 zeigt die Verteilung der Segmentkräfte am einzelnen Segment K.

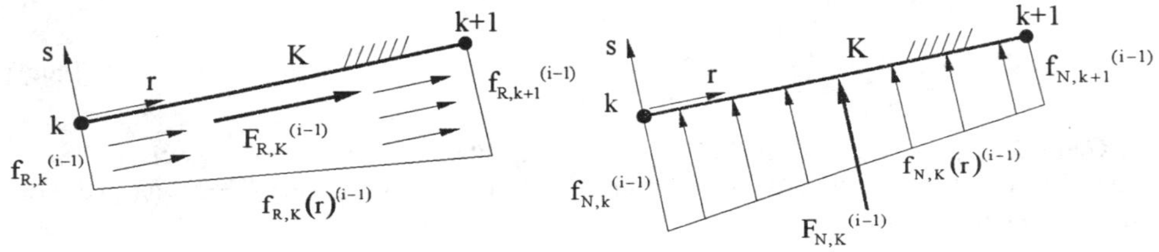

Bild 8.10: Segment-Kontaktpressungen und resultierende Segmentkräfte am Kontaktsegment K

Die Segmentkräfte $F_{N,K}^{(i-1)}$ und $F_{R,K}^{(i-1)}$ sind die Resultierenden der linear verteilten Segment-Kontaktpressungen (Kraft pro Fläche). Damit gilt im lokalen r,s-Koordinatensystem

$$F_{N,K}^{(i-1)} = \frac{h}{2} \cdot d_K^{(i-1)} \cdot \left(f_{N,k}^{(i-1)} + f_{N,k+1}^{(i-1)}\right),$$

und

$$F_{R,K}^{(i-1)} = \frac{h}{2} \cdot d_K^{(i-1)} \cdot \left(f_{R,k}^{(i-1)} + f_{R,k+1}^{(i-1)}\right). \tag{8.43}$$

h ist die Dicke des ebenen Kontaktelements.

Im Sinne der Finite Element Methode sind die beiden äußeren Segment-Kontaktpressungen $f_{N,K}(r)^{(i-1)}$ und $f_{R,K}(r)^{(i-1)}$ konsistent mit der Verschiebungsinterpolationsfunktion auf die Elementknoten k und k+1 zu verteilen. Die sich daraus ergebenden konsistenten Knotenpunktkräfte zweier benachbarter Segmente K-1 und K bilden die Kontakt-Knotenpunktkraft ${}^{t+\Delta t}\underline{\lambda}^{(i-1)}$ am Knoten k. Den 2-knotigen finiten Kontaktelementen liegt eine lineare Interpolationsfunktion zugrunde. Entsprechend Gl. (3.36) gilt für die konsistenten Knotenpunktkräfte $\underline{\mathbf{R}}_K^{(i-1)}$ am Kontaktsegment K im lokalen r,s-System

$$\underline{\mathbf{R}}_K^{(i-1)} = h \cdot \int_0^{d_K^{(i-1)}} \underline{\mathbf{G}}(r)^{t,(i-1)} \cdot \underline{\mathbf{f}}_K(r)^{(i-1)}\, dr \tag{8.44}$$

mit

$$\underline{\mathbf{R}}_K^{(i-1)} = \begin{bmatrix} R_{N,k} \\ R_{N,k+1} \\ R_{R,k} \\ R_{R,k+1} \end{bmatrix}^{(i-1)}, \quad \underline{\mathbf{G}}(r)^{t,(i-1)} = \begin{bmatrix} 1-\frac{r}{d_K} & 0 \\ \frac{r}{d_K} & 0 \\ 0 & 1-\frac{r}{d_K} \\ 0 & \frac{r}{d_K} \end{bmatrix}^{(i-1)},$$

$$\underline{\mathbf{f}}_K(r)^{(i-1)} = \begin{bmatrix} f_{N,K}(r) \\ f_{R,K}(r) \end{bmatrix}^{(i-1)} = \begin{bmatrix} \left(1-\frac{r}{d_K}\right)\cdot f_{N,k} + \frac{r}{d_K}\cdot f_{N,k+1} \\ \left(1-\frac{r}{d_K}\right)\cdot f_{R,k} + \frac{r}{d_K}\cdot f_{R,k+1} \end{bmatrix}^{(i-1)}.$$

Mit Gl. (8.44) und etwas Aufwand berechnet man die konsistenten Knotenpunktkräfte am Segment K zu

$$\underline{\mathbf{R}}_K^{(i-1)} = h \cdot d_K \cdot \begin{bmatrix} \frac{f_{N,k}}{3} + \frac{f_{N,k+1}}{6} \\ \frac{f_{N,k}}{6} + \frac{f_{N,k+1}}{3} \\ \frac{f_{R,k}}{3} + \frac{f_{R,k+1}}{6} \\ \frac{f_{R,k}}{6} + \frac{f_{R,k+1}}{3} \end{bmatrix}^{(i-1)}. \tag{8.45}$$

Die Kontakt-Knotenpunktkraft ${}^{t+\Delta t}\underline{\lambda}_k^{(i-1)}$ am Knoten k erhält man durch Überlagerung der konsistenten Knotenpunktkräfte der Segmente K-1 und K. Dazu werden zuerst die konsistenten Knotenpunktkräfte vom lokalen r,s-System ins globale x,y-System transformiert:

$$\underline{\mathbf{R}}_{K-1}{}^{(i-1)} = \begin{bmatrix} R_{x,k-1} \\ R_{x,k} \\ R_{y,k-1} \\ R_{y,k} \end{bmatrix}^{(i-1)} = h \cdot d_{K-1} \cdot \begin{bmatrix} \frac{f_{x,k-1}}{3} + \frac{f_{x,k}}{6} \\ \frac{f_{x,k-1}}{6} + \frac{f_{x,k}}{3} \\ \frac{f_{y,k-1}}{3} + \frac{f_{y,k}}{6} \\ \frac{f_{y,k-1}}{6} + \frac{f_{y,k}}{3} \end{bmatrix}^{(i-1)}$$

$$\underline{\mathbf{R}}_{K}{}^{(i-1)} = \begin{bmatrix} R_{x,k} \\ R_{x,k+1} \\ R_{y,k} \\ R_{y,k+1} \end{bmatrix}^{(i-1)} = h \cdot d_{K} \cdot \begin{bmatrix} \frac{f_{x,k}}{3} + \frac{f_{x,k+1}}{6} \\ \frac{f_{x,k}}{6} + \frac{f_{x,k+1}}{3} \\ \frac{f_{y,k}}{3} + \frac{f_{y,k+1}}{6} \\ \frac{f_{y,k}}{6} + \frac{f_{y,k+1}}{3} \end{bmatrix}^{(i-1)}$$

und anschließend für den Knoten k überlagert

$$^{t+\Delta t}\underline{\Delta}_k{}^{(i-1)} = {}^{t+\Delta t}\begin{bmatrix} \lambda_x \\ \lambda_y \end{bmatrix}_k^{(i-1)} = \begin{bmatrix} R_{x,K-1}+R_{x,K} \\ R_{y,K-1}+R_{y,K} \end{bmatrix}_k^{(i-1)} = h \cdot \begin{bmatrix} f_{x,k-1} & f_{x,k} & f_{x,k+1} \\ f_{y,k-1} & f_{y,k} & f_{y,k+1} \end{bmatrix}^{(i-1)} \cdot \begin{bmatrix} \frac{d_{K-1}}{6} \\ \frac{d_{K-1}+d_K}{3} \\ \frac{d_K}{6} \end{bmatrix}^{(i-1)} \qquad (8.46)$$

Die Gl. (8.43) bis (8.46) sind die gesuchten Beziehungen zwischen den Kontakt-Knotenpunktkräften $^{t+\Delta t}\underline{\lambda}^{(i-1)}$ und den Segmentkräften am Kontaktkörper $F_N{}^{(i-1)}$ und $F_R{}^{(i-1)}$. Der Kontakt-Knotenpunktkraftvektor $^{t+\Delta t}\underline{\lambda}^{(i-1)}$ ist nach der Iteration i-1 bekannt. Dann ist man mit der Hilfe der Gl. (8.43) und (8.46) in der Lage, die Segmentkräfte $F_N{}^{(i-1)}$ und $F_R{}^{(i-1)}$ zu berechnen. Das Coulombsche Reibgesetz schließlich ermöglicht eine Aussage über den Zustand des Segments:

1. Ist $F_{N,K}{}^{(i-1)} < 0$, so wirken auf das Kontaktsegment K keine Segmentkräfte. Das Segment K hat nach der Iteration i-1 den Zustand *kein Kontakt*. Da aber der Vektor $^{t+\Delta t}\underline{\mathbf{R}}_{c,k}{}^{(i-1)}$ noch die Werte von der Iteration i-1 enthält, sind diese für die Iteration i

auf den neuen Stand zu bringen. Die Kontaktpressungen $f_{N,K}(r)^{(i-1)}$ und $f_{R,K}(r)^{(i-1)}$ der kontaktlosen Segmente werden auf Null gesetzt, d. h.

$$f_{N,K}(r)^{(i-1)} = 0; \qquad f_{R,K}(r)^{(i-1)} = 0 \,. \tag{8.47}$$

Entsprechend sind dann über die Gl. (8.43) und (8.46) die Kontakt-Knotenpunktkräfte ${}^{t+\Delta t}\underline{\mathbf{R}}_{c,k}^{(i-1)}$ in Gl. (8.25) anzupassen.

2. Ist $\left|F_{R,K}{}^{(i-1)}\right| \le \mu_s \cdot F_{N,K}{}^{(i-1)}$, so ist die tangentiale Segmentkraft kleiner als die Haftgrenze. Das Kontaktsegment K befindet sich nach der Iteration i-1 im Zustand *Haften*.

3. Ist $\left|F_{R,K}{}^{(i-1)}\right| > \mu_s \cdot F_{N,K}{}^{(i-1)}$, so überschreitet die tangentiale Segmentkraft die Haftgrenze. Das Kontaktsegment K bekommt nach der Iteration i-1 den Zustand *Gleiten* zugewiesen. Auch in diesem Fall sind die Kontakt-Knotenpunktkräfte ${}^{t+\Delta t}\underline{\mathbf{R}}_{c,k}^{(i-1)}$ für die Iteration i anzupassen. Beim Gleiten wird die Beziehung

$$\left|F_{R,K}{}^{(i-1)}\right| = \mu_s \cdot F_{N,K}{}^{(i-1)} \tag{8.48}$$

erfüllt, die Reibkraft hängt also direkt von der Normalkraft ab. Während für die Normalpressung $f_{N,K}(r)^{(i-1)}$ weiterhin die lineare Verteilung nach Bild 8.10 (rechts) gilt, wird für die Reibpressungsverteilung $f_{R,K}(r)^{(i-1)}$ eine konstante Verteilung angenommen, welche die Gl. (8.48) erfüllt. Sie wird erfüllt, wenn gilt

$$f_{R,K}{}^{(i-1)} = \mu_d \cdot \frac{f_{N,k}{}^{(i-1)} + f_{N,k+1}{}^{(i-1)}}{2} = \text{const.} \tag{8.49}$$

Hiermit sind dann über die Gl. (8.43) bis (8.46) die Kontakt-Knotenpunktkräfte ${}^{t+\Delta t}\underline{\mathbf{R}}_{c,k}^{(i-1)}$ anzupassen.

Mit der Kenntnis der Zustände der Kontaktsegmente können nach Bild 8.8 die Zustände der Knoten am Kontaktkörper ermittelt werden. Die Zustände der Kontaktknoten nach der Iteration i-1 bestimmen schließlich darüber, welche Matrizen ${}^{t+\Delta t}\underline{\mathbf{N}}_{j}^{(i-1)}$ für die Iteration i in das Hauptgleichungssystem (8.25) einzubauen sind.

Damit ist die Lösungsmethode zur Behandlung von quasistatischen Kontaktproblemen vom Grundsatz her erläutert. Die Lösungsalgorithmen in den geläufigen kommerziellen Programmsystemen bauen in etwa auf der hier dargelegten Theorie - mit einigen Modifikationen - auf.

9 FEM-Ansatz für dynamische Probleme

Zuvor wurde die Anwendung der Finite-Element-Methode in der Elastostatik beispielhaft be- gründet. Viel mehr Probleme des Maschinen- und Fahrzeugbaus sind aber dynamischer Natur, d. h. zeitabhängigen Belastungen $\underline{\mathbf{F}}(t)$, $\underline{\mathbf{p}}(t)$ und/oder $\underline{\mathbf{q}}(t)$ unterworfen. Demzufolge sind auch die auftretenden Verschiebungen $u(x,y,z;t)$, $v(x,y,z;t)$, $w(x,y,z;t)$ nicht nur Funktionen des Ortes, sondern auch der Zeit. Zwangsläufig gilt dies dann auch für die Verzerrungen $\underline{\mathbf{F}}(x,y,z;t)$ und die Spannungen $\underline{\boldsymbol{\sigma}}(x,y,z;t)$. Unter Berücksichtigung dieser Verhaltensweise wollen wir nachfolgend nun einige einfache Grundprobleme der Dynamik und deren Bearbeitung mit der Finite-Element-Methode (s. auch /9.1/) aufgreifen.

9.1 Virtuelle Arbeit in der Dynamik

In Bild 9.1 sei ein beliebiger elastischer Körper unter verschiedenen periodischen Kräften dargestellt. Durch diese Art der Krafteinwirkung wird der Körper in einen Schwingungszustand versetzt, wodurch die Verschiebungen zeitabhängig werden.

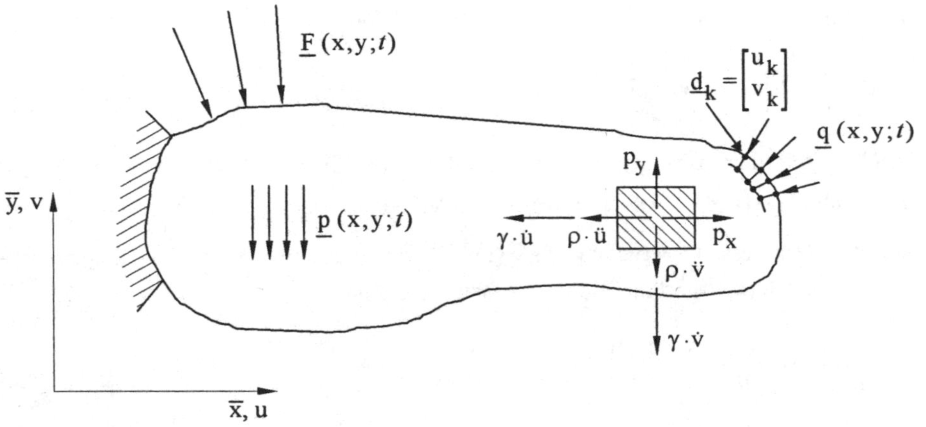

Bild 9.1: Beliebiger Körper unter dynamischer Lasteinwirkung

Dieser Körper ist bekanntlich dann im statischen Gleichgewicht, wenn die innere virtuelle Arbeit

$$\delta W_i = \int_V \delta \underline{\boldsymbol{\varepsilon}}^t \cdot \underline{\boldsymbol{\sigma}} \, dV \tag{9.1}$$

und die äußere virtuelle Arbeit

$$\delta W_a = \delta \underline{\mathbf{u}}^t \cdot \underline{\mathbf{F}} + \int_V \delta \underline{\mathbf{u}}^t \cdot \underline{\mathbf{p}} \, dV + \int_0 \delta \underline{\mathbf{u}}^t \cdot \underline{\mathbf{q}} \, d0 \tag{9.2}$$

gleich groß sind. Um dieses Gleichgewicht in der Dynamik herzustellen, muß jetzt gemäß des d'Alembertschen Prinzips die äußere virtuelle Arbeit noch um die Trägheits- und Dämpfungskräfte erweitert werden. Somit gilt folgende Bilanz:

$$\delta W_i = \delta W_a - \int_V \rho \cdot \delta \underline{\mathbf{u}}^t \cdot \ddot{\underline{\mathbf{u}}}\, dV - \int_V \gamma \cdot \delta \underline{\mathbf{u}}^t \cdot \dot{\underline{\mathbf{u}}}\, dV . \tag{9.3}$$

Die eigentlich für kontinuierliche Verhältnisse gültige Gl. (9.3) muß nun wieder in ein diskretes Gleichungssystem überführt werden. Hierzu führen wir in bekannter Weise wieder einen Verschiebungsansatz, und zwar jetzt in der folgenden Form

$$\underline{\mathbf{u}}(x, y, z; t) = \underline{\mathbf{G}}(x, y, z) \cdot \underline{\mathbf{d}}(t) \tag{9.4}$$

ein. Wie man hieran erkennt, definieren wir die Formfunktionen ortsabhängig und die Knotenpunktverschiebungen zeitabhängig. Um diesen Ansatz einsetzen zu können, müssen noch folgende Beziehungen gebildet werden:

– die Variation der Verschiebungen als

$$\delta \underline{\mathbf{u}} = \underline{\mathbf{G}} \cdot \delta \underline{\mathbf{d}} ,$$

– die Variation der Verzerrungen zu

$$\delta \underline{\varepsilon}^t = \delta \underline{\mathbf{u}}^t \cdot \underline{\mathbf{D}}^t = \delta \underline{\mathbf{d}}^t (\underline{\mathbf{D}} \cdot \underline{\mathbf{G}})^t$$

und

– die Spannungen zu

$$\underline{\boldsymbol{\sigma}} = \underline{\mathbf{E}} \cdot \underline{\varepsilon} = \underline{\mathbf{E}} \cdot \underline{\mathbf{D}} \cdot \underline{\mathbf{G}} \cdot \underline{\mathbf{d}} .$$

Führt man nun diese Beziehung in Gl. (9.3) ein, so folgt

$$\begin{aligned} \delta \underline{\mathbf{d}}^t \int_V (\underline{\mathbf{D}} \cdot \underline{\mathbf{G}})^t \cdot \underline{\mathbf{E}} \cdot (\underline{\mathbf{D}} \cdot \underline{\mathbf{G}})\, dV \cdot \underline{\mathbf{d}} &= \delta \underline{\mathbf{d}}^t \cdot \underline{\mathbf{G}}^t \cdot \underline{\mathbf{F}} + \delta \underline{\mathbf{d}}^t \int_V \underline{\mathbf{G}}^t \cdot \underline{\mathbf{p}}\, dV + \delta \underline{\mathbf{d}}^t \int_0 \underline{\mathbf{G}}^t \cdot \underline{\mathbf{q}}\, d0 \\ &\quad - \delta \underline{\mathbf{d}}^t \int_V \rho \cdot \underline{\mathbf{G}}^t \cdot \underline{\mathbf{G}}\, dV \cdot \ddot{\underline{\mathbf{d}}} - \delta \underline{\mathbf{d}}^t \int_V \gamma \underline{\mathbf{G}}^t \cdot \underline{\mathbf{G}}\, dV \cdot \dot{\underline{\mathbf{d}}} \end{aligned} \tag{9.5}$$

Schaut man sich diese Gleichung näher an, so kann man hierin die Schwingungsdifferential-Gleichung

$$\underline{\underline{\mathbf{m}}} \cdot \ddot{\underline{\mathbf{d}}} + \underline{\underline{\mathbf{c}}} \cdot \dot{\underline{\mathbf{d}}} + \underline{\underline{\mathbf{k}}} \cdot \underline{\mathbf{d}} - \hat{\underline{\mathbf{p}}} = \underline{\mathbf{0}} \tag{9.6}$$

erkennen. Dabei sind folgende Zuweisungen vorgenommen worden:

– als Elementmassenmatrix

$$\underline{\underline{m}} = \int_V \rho \, \underline{\underline{G}}^t \cdot \underline{\underline{G}} \, dV \, , \tag{9.7}$$

– als Elementdämpfungsmatrix

$$\underline{\underline{c}} = \int_V \gamma \, \underline{\underline{G}}^t \cdot \underline{\underline{G}} \, dV \, , \tag{9.8}$$

– als Elementsteifigkeitsmatrix (s. auch Gl. (3.36))

$$\underline{\underline{k}} = \int_V \left(\underline{\underline{D}} \cdot \underline{\underline{G}}\right)^t \cdot \underline{\underline{E}} \cdot \left(\underline{\underline{D}} \cdot \underline{\underline{G}}\right) dV \tag{9.9}$$

und

– als Knotenkraftvektor

$$\hat{\underline{p}} = \underline{\underline{G}}^t \cdot \underline{F} + \int_V \underline{\underline{G}}^t \cdot \underline{p} \, dV + \int_0 \underline{\underline{G}}^t \cdot \underline{q} \, d0 \, . \tag{9.10}$$

Ohne weiter auf den Zusammenbau dieser Elementgrößen (identisch zu Kapitel 5.3.3) zu dem Gesamtsystem

$$\underline{\underline{M}} \cdot \ddot{\underline{U}} + \underline{\underline{C}} \cdot \dot{\underline{U}} + \underline{\underline{K}} \cdot \underline{U} = \underline{P} \tag{9.11}$$

eingehen zu wollen, wenden wir uns im weiteren der Erstellung der Elementmatrizen und der Lösung der Gl. (9.11) zu.

9.2 Elementmassenmatrizen

Im folgenden Kapitel wollen wir zunächst einige ausgesuchte Elementmassenmatrizen aufstellen, um den Zusammenhang zu Kapitel 7 verdeutlichen zu können. Diese Massenmatrizen heißen konsistent, weil die kontinuierlich über das Element verteilte Masse gemäß den statischen Ansatzfunktionen auf alle Knotenfreiheitsgrade verteilt wird. Im Gegensatz hierzu führen verteilte Punktmassen zu diagonalen Massenmatrizen /9.2/.

9.2.1 3D-Balken-Element

Im Kapitel 5.3 wurden mit Gl. (5.15), (5.27) und Gl. (5.63) bereits die Massenträgheiten für die verschiedenen Elementfreiheitsgrade des *Balken*elements (s. auch Bild 9.2) hergeleitet.

Anmerkung: Bei der Formulierung der Elementdämpfungsmatrix ist vorausgesetzt, daß die Dämpfung kontinuierlich über alle Elemente verteilt ist.

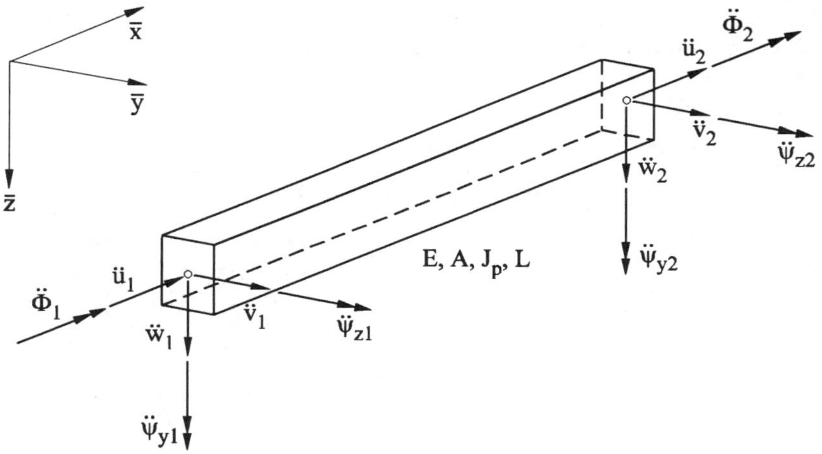

Bild 9.2: Dynamische Freiheitsgrade am *Balken*-Element

Wie bei der Steifigkeitsmatrix gewinnen wir auch die konsistente Elementmassenmatrix durch einfache Freiheitsgrad-Überlagerung. Man entnehme dies der folgenden Aufstellung /9.3/.

$\underline{\underline{m}}$ =

	$\ddot{u}_1$	$\ddot{\Phi}_1$	$\ddot{v}_1$	$\ddot{\psi}_{y1}$	$\ddot{w}_1$	$\ddot{\psi}_{z1}$	$\ddot{u}_2$	$\ddot{\Phi}_2$	$\ddot{v}_2$	$\ddot{\psi}_{y2}$	$\ddot{w}_2$	$\ddot{\psi}_{z2}$	
1	a						b						$\ddot{u}_1$
2		c						d					$\ddot{\Phi}_1$
3			156e	-22eL					54e	13eL			$\ddot{v}_1$
4			-22eL	$4eL^2$					-13eL	$-3eL^2$			$\ddot{\psi}_{z1}$
5					156e	-22eL					54e	13eL	$\ddot{w}_1$
6					-22eL	$4eL^2$					-13eL	$-3eL^2$	$\ddot{\psi}_{y1}$
7	b						a						$\ddot{u}_2$
8		d						c					$\ddot{\Phi}_2$
9									156e	22eL			$\ddot{v}_2$
10									22eL	$4eL^2$			$\ddot{\psi}_{z2}$
11											156e	22eL	$\ddot{w}_2$
12											22eL	$4eL^2$	$\ddot{\psi}_{y2}$

$$a=\frac{\rho\cdot A\cdot L}{3}\ ,\quad b=\frac{\rho\cdot A\cdot L}{6}\ ,\quad c=\frac{\rho\cdot J_p}{3}$$

$$d=\frac{\rho\cdot J_p}{6}\ ,\quad e=\frac{\rho\cdot A\cdot L}{420}$$

(9.12)

Für diese Matrix treffen wieder die charakteristischen Merkmale wie das der Symmetrie, der Bandstruktur und der dünnen Besetzung zu.

Vernachlässigt wurde bisher die Drehträgheit, die aber durch Querschnittsrotation beispielsweise bei großen oder schubweichen Querschnitten einen Einfluß auf die Schwingung hat. Dieser Effekt ist prinziphaft im Bild 9.3 dargestellt.

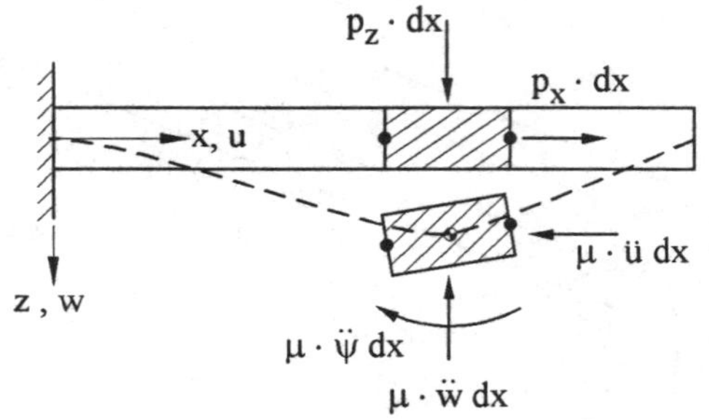

Bild 9.3: Berücksichtigung der Drehträgheit bei der Schwingung

Bei der Berücksichtigung der Drehträgheit muß man von der folgenden Beziehung ausgehen:

$$u(x) = u_m(x) - z \cdot w'(x), \tag{9.13}$$

d. h., die Längsverschiebung kann zusammengesetzt werden aus der Verschiebung der Balkenmittelachse und der Querschnittsneigung. Demzufolge ist der Verschiebungszustand wie folgt anzusetzen:

$$\underline{\mathbf{w}} = \begin{bmatrix} u \\ w \end{bmatrix} = \underline{\mathbf{G}} \cdot \underline{\mathbf{d}} \quad \text{mit} \quad \underline{\mathbf{d}}^t = \begin{bmatrix} u_1 & w_1 & w_1' & u_2 & w_2 & w_2' \end{bmatrix} \tag{9.14}$$

sowie

$$\underline{\mathbf{G}} = \left[\begin{array}{c:c:c:c:c:c} \left(1-\frac{x}{L}\right) & z\left(\frac{6x}{L^2}-\frac{6x^2}{L^3}\right) & z\left(\frac{1}{L}-\frac{4x}{L^2}+\frac{3x^2}{L^3}\right)L & \frac{x}{L} & z\left(-\frac{6x}{L^2}+\frac{6x^2}{L^3}\right) & z\left(-\frac{2x}{L^2}+\frac{3x^2}{L^3}\right)L \\ 0 & \left(1-\frac{3x^2}{L^2}+\frac{2x^3}{L^3}\right) & \left(-\frac{x}{L}+\frac{2x^2}{L^2}-\frac{x^3}{L^3}\right)L & 0 & \left(\frac{3x^2}{L^2}-\frac{2x^3}{L^3}\right) & \left(\frac{x^2}{L^2}-\frac{x^3}{L^3}\right)L \end{array}\right] \tag{9.15}$$

Zweckmäßig ist es jetzt, die Ansatzfunktionsmatrix $\underline{\mathbf{G}}$ in einen translatorischen $\left(\underline{\mathbf{G}}_t\right)$ und einen rotatorischen $\left(z \cdot \underline{\mathbf{G}}_r\right)$ Anteil aufzuspalten. Damit ergibt sich die Massenmatrix zu

$$\underline{\mathbf{m}} = \rho \int_A \int_L \left(\underline{\mathbf{G}}_t + z \cdot \underline{\mathbf{G}}_r\right)^t \cdot \left(\underline{\mathbf{G}}_t + z \cdot \underline{\mathbf{G}}_r\right) dA \, dx,$$

welche ausformuliert werden kann zu

$$\underline{\mathbf{m}} = \rho \int_0^L \left[\underline{\mathbf{G}}_t{}^t \cdot \underline{\mathbf{G}}_t \cdot A + \underbrace{\left(\underline{\mathbf{G}}_t{}^t \cdot \underline{\mathbf{G}}_r + \underline{\mathbf{G}}_r{}^t \cdot \underline{\mathbf{G}}_t \right) \int_A z\,dA}_{=0} + \underline{\mathbf{G}}_r{}^t \cdot \underline{\mathbf{G}}_r \int_A z^2\,dA \right] dx. \quad (9.16)$$

Hierin bezeichnen bekanntlich

$$S_y = \int_A z\,dA = 0 \quad \text{das Schweremoment}$$

und

$$J_y = \int_A z^2\,dA \quad \text{das Flächenträgheitsmoment.}$$

Nach Durchführung der Matrizenmultiplikationen und der Integration führt dies auf

$$\underline{\mathbf{m}} = \frac{\rho \cdot A \cdot L}{420} \begin{bmatrix} 140 & 0 & 0 & 70 & 0 & 0 \\ & 156 & -22L & 0 & 54 & 13L \\ & & 4L^2 & 0 & -13L & -3L^2 \\ & & & 140 & 0 & 0 \\ & & & & 156 & 22L \\ \text{sym.} & & & & & 4L^2 \end{bmatrix}$$

$$+ \frac{\rho \cdot A \cdot L}{30} \left(\frac{J_y}{A \cdot L^2} \right) \begin{bmatrix} 0 & 0 & 0 & 0 & 0 & 0 \\ & 36 & 3L & 0 & -36 & 3L \\ & & 4L^2 & 0 & 3L & -L^2 \\ & & & 0 & 0 & 0 \\ & & & & 36 & -3L \\ \text{sym.} & & & & & 4L^2 \end{bmatrix}, \quad (9.17)$$

worin die normale translatorische Massenmatrix und die Drehträgheitsmatrix zu erkennen ist.

9.2.2 Endmassenwirkung

In schwingfähigen Strukturen, und zwar bevorzugt Wellensysteme, müssen oft auf elastischen Gliedern diskrete Einzelmassen wie Zahnräder, Kupplungen oder Schwungräder aufgebracht werden. Diese konzentrierten Einzelmassen verändern im wesentlichen die schwingende Masse und haben keinen oder nur einen sehr geringen Einfluß auf die Steifigkeit /9.4/. Ein typisches Beispiel für eine derartige Situation zeigt Bild 9.4.

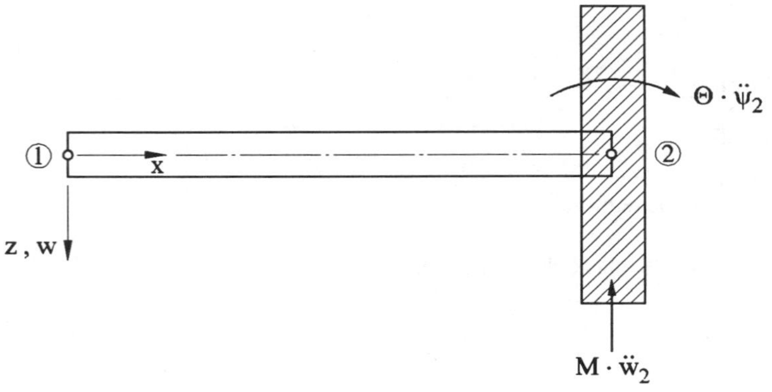

Bild 9.4: Wirkung einer zusätzlichen Einzelmasse an einem *Balken*-Element

Die Massenmatrix der Einzelmasse kann als Diagonalmatrix

$$\underline{\tilde{\mathbf{m}}} = \begin{bmatrix} M & 0 \\ 0 & \Theta \end{bmatrix} \tag{9.18}$$

aufgefaßt werden. Im vorstehenden Fall ist diese Matrix dann mit der Massenmatrix des *Balken*-Elements am Knoten 2 zu überlagern zu

$$\underline{\hat{\mathbf{m}}} = \begin{bmatrix} \frac{156}{420}\mu\cdot L & -\frac{22}{420}\mu\cdot L^2 & \frac{54}{420}\mu\cdot L & \frac{13}{420}\mu\cdot L^2 \\ & \frac{4}{420}\mu\cdot L^3 & -\frac{13}{420}\mu\cdot L^2 & -\frac{3}{420}\mu\cdot L^3 \\ & & \frac{156}{420}\mu\cdot L + M & \frac{22}{420}\mu\cdot L^2 \\ \text{sym.} & & & \frac{4}{420}\mu\cdot L^3 + \Theta \end{bmatrix} \quad \text{mit } \mu = \rho\cdot A \tag{9.19}$$

Falls die Balken selbst noch schubweich sind, ist die Matrix entsprechend zu ergänzen.

9.2.3 Dreieck-Scheibenelement

Auch zur Herleitung der Elementmassenmatrix des *Dreieck-Scheiben*-Elements kann auf bereits im Kapitel 7.2.2 dargestellte Zusammenhänge zurückgegriffen werden. Wir hatten dort in Gl. (7.14) den Verschiebungsansatz hergeleitet zu

$$u(x,y) = \frac{1}{2\,A}\left[\begin{array}{c|c|c} y_{32}(x-x_2)- & -y_{31}(x-x_3)+ & y_{21}(x-x_1)- \\ -x_{32}(y-y_2) & +x_{31}(y-y_3) & -x_{21}(y-y_1) \end{array}\right]\cdot\begin{bmatrix} u_1 \\ u_2 \\ u_3 \end{bmatrix}. \tag{9.20}$$

Es wurde weiter auch schon dargelegt, daß das *Dreieck*-Element unter Verwendung von Flächenkoordinaten einfacher zu behandeln ist.

Für das im Bild 9.5 gezeigte Element kann folgende Beziehung zwischen den kartesischen Koordinaten und den Flächenkoordinaten hergestellt werden

$$\begin{aligned} x &= x_1 + \zeta_1 \left(x_{31} - \zeta_2 \cdot x_{32} \right) \\ y &= y_1 + \zeta_1 \left(y_{31} - \zeta_2 \cdot y_{32} \right) \end{aligned} \tag{9.21}$$

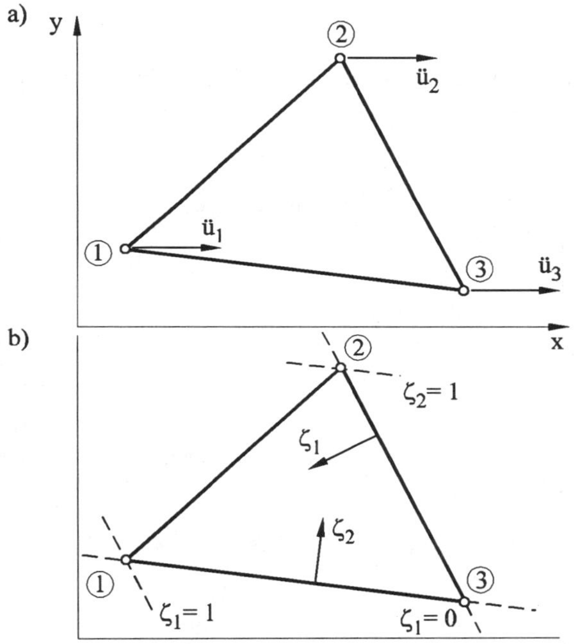

Bild 9.5: *Dreieck-Scheiben*-Element
a) dynamische Knotengrößen
b) Flächenkoordinaten

Ersetzt man nun in der vorstehenden Gl. (9.20) die Variablen x und y durch eben diese Beziehungen, so wird ersichtlich, daß neue Ansatzfunktionen

$$\underline{G}^t = \left[\left(1 - \zeta_1\right) \;\; \zeta_1 \cdot \zeta_2 \;\; \zeta_1 \left(1 - \zeta_2\right) \right] \tag{9.22}$$

auftreten. Berücksichtigt man ferner noch die in Gl. (7.36) über die Jacobi-Matrix hergestellte Transformation, so lautet die an das *Dreieck*-Element angepaßte Berechnungsvorschrift Gl. (9.7) jetzt

$$\underline{\mathbf{m}} = \rho \cdot t \int_0^1 \int_0^1 \underline{\mathbf{G}}^t \cdot \underline{\mathbf{G}} \det \underline{\mathbf{J}}\, d\zeta_1\, d\zeta_2 \,. \tag{9.23}$$

Die Determinante der Jacobi-Matrix ist dabei gegeben als

$$\begin{aligned} \det \underline{\mathbf{J}}(x,y) &= \frac{\partial x}{\partial \zeta_1} \cdot \frac{\partial y}{\partial \zeta_2} - \frac{\partial x}{\partial \zeta_2} \cdot \frac{\partial y}{\partial \zeta_1} \\ &= -(x_{31} - \zeta_2 \cdot x_{32})\, y_{32} \cdot \zeta_1 + x_{32}\,(y_{31} - \zeta_2 \cdot y_{32})\, \zeta_1 \\ &= 2\,A \cdot \zeta_1 \,. \end{aligned} \tag{9.24}$$

Berücksichtigt man dies in Gl. (9.23) und führt die Integration durch, so erhält man getrennt für die x- und y-Richtung als Elementmassenmatrix

$$\underline{\mathbf{m}} = \frac{\rho \cdot A \cdot t}{12} \left[\begin{array}{ccc|ccc} 2 & 1 & 1 & & & \\ 1 & 2 & 1 & & \underline{0} & \\ 1 & 1 & 2 & & & \\ \hline & & & 2 & 1 & 1 \\ & \underline{0} & & 1 & 2 & 1 \\ & & & 1 & 1 & 2 \end{array} \right] \begin{array}{l} \\ (x - \text{Richtung}) \\ \\ \\ (y\text{ - Richtung}) \\ \\ \end{array} \tag{9.25}$$

Da bei der Programmierung der Elementsteifigkeitsmatrix meist aber eine andere Freiheitsgradzuordnung gewählt wird, ist es erforderlich, die vorstehende Matrix noch umzusortieren. Dies führt dann zu der Matrix

$$\underline{\mathbf{m}} = \frac{\rho \cdot A \cdot t}{12} \begin{bmatrix} 2 & 0 & 1 & 0 & 1 & 0 \\ 0 & 2 & 0 & 1 & 0 & 1 \\ 1 & 0 & 2 & 0 & 1 & 0 \\ 0 & 1 & 0 & 2 & 0 & 1 \\ 1 & 0 & 1 & 0 & 2 & 0 \\ 0 & 1 & 0 & 1 & 0 & 2 \end{bmatrix} \begin{array}{l} \ddot{u}_1 \\ \ddot{v}_1 \\ \ddot{u}_2 \\ \ddot{v}_2 \\ \ddot{u}_3 \\ \ddot{v}_3 \end{array} \,. \tag{9.26}$$

In Ergänzung zu den vorstehenden Massenmatrizen seien im Bild 9.6 noch einige Elementmassenmatrizen für eine Schwingungsrichtung angegeben.

Element	Massenmatrix

RECHTECK - Scheibenelement

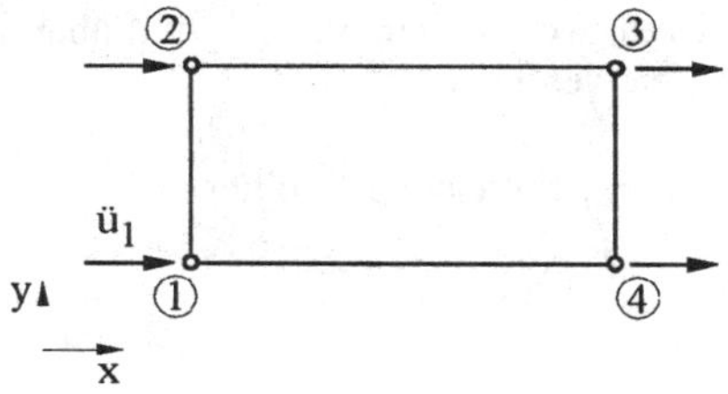

$$\underline{m} = \frac{\rho \cdot A \cdot t}{36} \begin{bmatrix} 4 & 2 & 1 & 2 \\ 2 & 4 & 2 & 1 \\ 1 & 2 & 4 & 2 \\ 2 & 1 & 2 & 4 \end{bmatrix} \quad (\text{Spalten: } \ddot{u}_1\ \ddot{u}_2\ \ddot{u}_3\ \ddot{u}_4)$$

QUADER - Volumenelement

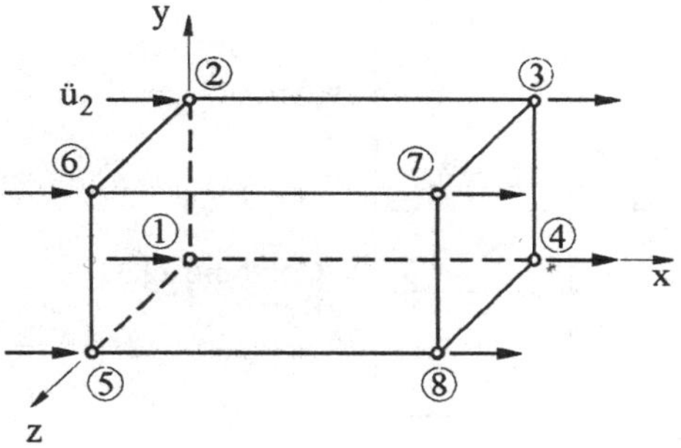

$$\underline{m} = \frac{\rho \cdot V}{216} \begin{bmatrix} 8 & 4 & 2 & 4 & 4 & 2 & 1 & 2 \\ 4 & 8 & 4 & 2 & 2 & 4 & 2 & 1 \\ 2 & 4 & 8 & 4 & 1 & 2 & 4 & 2 \\ 4 & 2 & 4 & 8 & 2 & 1 & 2 & 4 \\ 4 & 2 & 1 & 2 & 8 & 4 & 2 & 4 \\ 2 & 4 & 2 & 1 & 4 & 8 & 4 & 2 \\ 1 & 2 & 4 & 2 & 2 & 4 & 8 & 4 \\ 2 & 1 & 2 & 4 & 4 & 2 & 4 & 8 \end{bmatrix} \quad (\text{Spalten: } \ddot{u}_1\ \ddot{u}_2\ \ddot{u}_3\ \ddot{u}_4\ \ddot{u}_5\ \ddot{u}_6\ \ddot{u}_7\ \ddot{u}_8)$$

TETRAEDER - Volumenelement

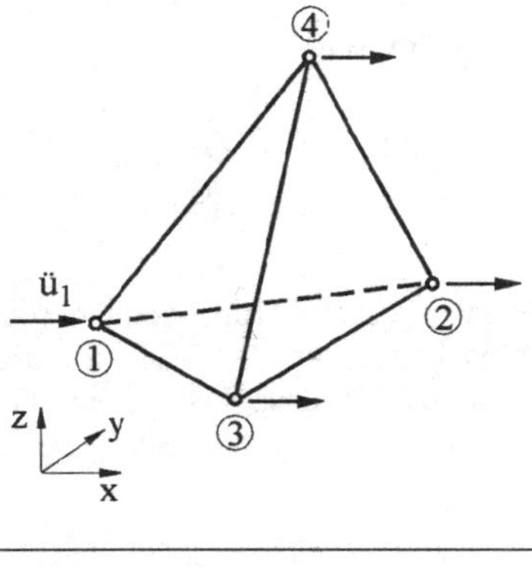

$$\underline{m} = \frac{\rho \cdot V}{20} \begin{bmatrix} 2 & 1 & 1 & 1 \\ 1 & 2 & 1 & 1 \\ 1 & 1 & 2 & 1 \\ 1 & 1 & 1 & 2 \end{bmatrix} \quad (\text{Spalten: } \ddot{u}_1\ \ddot{u}_2\ \ddot{u}_3\ \ddot{u}_4)$$

Bild 9.6: Katalog einiger Elementmassenmatrizen für lineares Elementverhalten (nur x-Richtung)

9.3 Dämpfungsmatrizen

Die vorstehende Gl. (9.11) wurde unter der Voraussetzung aufgestellt, daß Dämpfung in einer Struktur vorhanden ist und das die Dämpfungsmatrix wie eine Massen- oder Steifigkeitsmatrix zu bestimmen ist. Auf die dabei auftretenden Probleme wollen wir in diesem Kapitel kurz eingehen. Zunächst gilt es zu klassifizieren, welche Dämpfungskräfte überhaupt auftreten. Hierzu kann die folgende Einteilung gefunden werden in

- Struktur- oder Hysteresekräfte, die aus der inneren Materialreibung resultieren,
- Coulombsche Reibung an den Verbindungsstellen

und

- viskose Dämpfung in gegebenenfalls angebrachte Tilger.

Prinzipiell sind diese drei Mechanismen im Bild 9.7 an einer Struktur angedeutet.

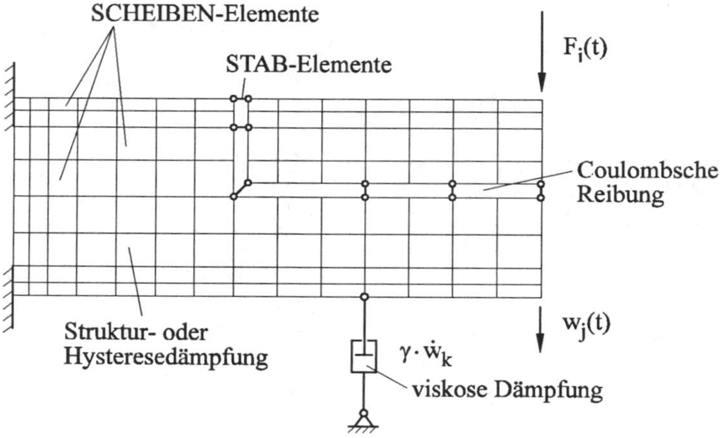

Bild 9.7: Dämpfungsmodelle in der Strukturdynamik

Meist treten in größeren Strukturen alle drei Mechanismen zugleich auf. Im Sinne einer möglichst einfachen Behandlung der Dämpfung und einer guten Lösbarkeit der DGL beschränkt man sich aber überwiegend nur auf die Berücksichtigung der viskosen Dämpfung. Gegebenenfalls wird diese so angepaßt, daß die viskose Dämpfung den gleichen Energieverzehr bewirkt, wie der eigentliche Dämpfungsmechanismus.

Berücksichtigt man nun in einer Berechnung Dämpfung, so hat man den Fall zu unterscheiden, daß jedes Element einer quasi verteilten Dämpfung unterliegt oder eine konzentrierte Dämpfung an einem Knoten wirksam wird. Für den ersten Fall haben wir mit Gl. (9.8) bereits eine Vorschrift gefunden, wie man die Elementdämpfungsmatrix aufzubauen hat. Wenden wir hierauf den Zusammenbaualgorithmus an, so erhält man mit

$$\underline{\mathbf{C}} = \underline{\boldsymbol{A}}^{t} \cdot \underline{\boldsymbol{C}} \cdot \underline{\boldsymbol{A}} \tag{9.27}$$

die Strukturdämpfungsmatrix. Wirkt hingegen mit $-\gamma \cdot \dot{w}_k$ noch eine zusätzliche Dämpfungskraft, so ist dieser Dämpfungsanteil in die Diagonale der Matrix $\underline{\mathbf{C}}$ auf den Platz (kk) zu addieren.

Wie wir somit erkennen, ist der Einbau einer viskosen Dämpfung in den finiten Formalismus ein leichtes Unterfangen. Der große Nachteil ist dabei, daß die Strukturdämpfungsmatrix $\underline{\mathbf{C}}$ keinen direkten Bezug mehr zur $\underline{\mathbf{M}}$- oder $\underline{\mathbf{K}}$-Matrix aufweist. Dies ist insofern problematisch, da die sogenannte Diagonalisierung von Gl. (9.11), welches einer Entkopplung der Schwingungen gleichkommt, ein wichtiges Lösungsprinzip für die dynamische Strukturanalyse darstellt. Man hat deshalb Abhilfe ersonnen, zu der beispielsweise die Annahme einer strukturproportionalen Dämpfung gehört. Vereinfacht setzt man hier die Dämpfungsmatrix als linear abhängig von der Massen- und Steifigkeitsmatrix in der Form /9.5/

$$\underline{\mathbf{C}} = \alpha \cdot \underline{\mathbf{K}} + \beta \cdot \underline{\mathbf{M}} \tag{9.28}$$

an. Der Vorteil dieser Vorgehensweise ist darin zu sehen, daß mit der Diagonalisierung von $\underline{\mathbf{K}}$ oder $\underline{\mathbf{M}}$, wie später gezeigt werden wird, auch die $\underline{\mathbf{C}}$-Matrix diagonalisiert wird. Für die Parameter α und β sind entweder Erfahrungswerte einzusetzen oder geeignete Variationen zu machen. In der Literatur werden für diese Parameter Größenordnungen von 0,1-0,5 % für Strukturdämpfung, bis 8 % für Reibungsdämpfung und bis 20 % für Dämpfungselemente angegeben.

9.4 Eigenschwingungen ungedämpfter Systeme

9.4.1 Gleichungssystem

Im folgenden Kapitel wollen wir uns mit der Bestimmung der Eigenfrequenzen und Eigenvektoren von ungedämpften Schwingungssystemen auseinandersetzen. Diese Aufgabe ist insofern grundlegend, da bei den sogenannten modalen Verfahren zur Ermittlung der dynamischen Antwort erzwungener Schwingungen die Eigenvektoren eine grundlegende Rolle spielen. Des weiteren geben uns auch die Eigenfrequenzen eine wichtige Information über das Systemverhalten unter Anregung. Die Bewegungsgleichung eines ungedämpften Schwingungssystems lautet:

$$\underline{\mathbf{M}} \cdot \ddot{\underline{\mathbf{U}}} + \underline{\mathbf{K}} \cdot \underline{\mathbf{U}} = \underline{\mathbf{0}} \ . \tag{9.29}$$

Dies ist vom Typ her eine homogene lineare DGL mit konstanten Koeffizienten, für die man den Lösungsansatz

$$\underline{\mathbf{U}} = \underline{\mathbf{x}} \cdot e^{p \cdot t} \,{}^{*)} \tag{9.30}$$

machen kann. Setzt man diesen in Gl. (9.29) ein, so überführt man die vorstehende DGL in das algebraische Gleichungssystem

---

*) Differentiation von Gl. (9.30): $\dot{\underline{\mathbf{U}}} = p \cdot \underline{\mathbf{x}} \cdot e^{p \cdot t} = p \cdot \underline{\mathbf{U}}, \ \ddot{\underline{\mathbf{U}}} = p^2 \cdot \underline{\mathbf{x}} \cdot e^{p \cdot t} = p^2 \cdot \underline{\mathbf{U}}$

$$\left[p^2 \cdot \underline{\mathbf{M}} + \underline{\mathbf{K}}\right]\underline{\mathbf{x}} = \underline{0} \tag{9.31}$$

Bei der Diskussion dieser Gleichung ist die triviale Lösung $\underline{\mathbf{x}} = \underline{0}$ (Ruhezustand) nicht weiter von Interesse. Nichttriviale Lösungen erhält man somit nur für die verschwindende Koeffizientendeterminante

$$\det\left|p^2 \cdot \underline{\mathbf{M}} + \underline{\mathbf{K}}\right| = 0\ . \tag{9.32}$$

Die Entwicklung dieser Determinante als

$$\det\begin{vmatrix} p^2 \cdot m_{11} + k_{11} & p^2 \cdot m_{12} + k_{12} & p^2 \cdot m_{13} + k_{13} & \cdots \\ & p^2 \cdot m_{22} + k_{22} & p^2 \cdot m_{23} + k_{23} & \cdots \\ & & p^2 \cdot m_{33} + k_{33} & \cdots \end{vmatrix} = 0$$

führt auf ein Polynom n-ten Grades in p^2

$$b_n \cdot \left(p^2\right)^n + b_{n-1} \cdot \left(p^2\right)^{n-1} + \cdots + b_o = 0\ , \tag{9.33}$$

welches als charakteristische Gleichung bezeichnet wird. Diese Gleichung hat n von null verschiedene Lösungen in p^2. Aus jeder Lösung kann noch die Wurzel $\pm\sqrt{p^2}$ gezogen werden, so daß letztlich 2n-Lösungen in p vorliegen.

Um den Aufbau der charakteristischen Gleichung etwas besser verstehen zu können, wollen wir diese einmal für einen 2-Massen-Schwinger aufstellen. Ausgangsbeziehung ist hier die Determinante

$$\det\begin{vmatrix} p^2 \cdot m_{11} + k_{11} & p^2 \cdot m_{12} + k_{12} \\ p^2 \cdot m_{21} + k_{21} & p^2 \cdot m_{22} + k_{22} \end{vmatrix} = 0\ . \tag{9.34}$$

Entwickelt man diese zu

$$\left(p^2 \cdot m_{11} + k_{11}\right) \cdot \left(p^2 \cdot m_{22} + k_{22}\right) - \left(p^2 \cdot m_{21} + k_{21}\right) \cdot \left(p^2 \cdot m_{12} + k_{12}\right) = 0$$

und sortiert die Terme, so erhält man

$$\left(m_{11} \cdot m_{22} - m_{21} \cdot m_{12}\right) \cdot \left(p^2\right)^2 + \left(m_{11} \cdot k_{22} + m_{22} \cdot k_{11} - m_{21} \cdot k_{12} - m_{12} \cdot k_{21}\right)p^2 + \\ + \left(k_{11} \cdot k_{22} - k_{21} \cdot k_{12}\right) = 0.$$

Überträgt man nun diese Aussage auf einen Schwinger mit beliebig vielen Freiheitsgraden, so ist mit Rückblick auf Gl. (9.32) folgender Zusammenhang

$$b_n = \det|\mathbf{M}|, \quad b_o = \det|\mathbf{K}|$$

zu erkennen. Um weitere Erkenntnisse über den Charakter der Lösung p^2 zu gewinnen, wollen wir die konventionelle Bearbeitung eines 2-Massen-Schwingers (s. Bild 9.8) hier einmal einschieben. Für diesen gelten die folgenden Beziehungen:

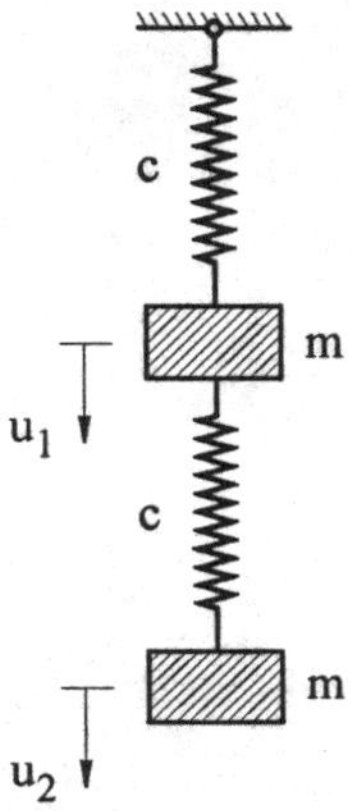

$$\underline{M} = m \begin{bmatrix} 0 & & \\ & 1 & \\ & & 1 \end{bmatrix}, \quad \underline{K} = c \begin{bmatrix} 1 & -1 & \\ -1 & 2 & -1 \\ & -1 & 1 \end{bmatrix},$$

$$\underline{U}^t = \begin{bmatrix} u_1 & u_2 \end{bmatrix},$$

$$\begin{bmatrix} \frac{p^2 \cdot m}{c} + 2 & -1 \\ -1 & \frac{p^2 \cdot m}{c} + 1 \end{bmatrix} \cdot \begin{bmatrix} x_1 \\ x_2 \end{bmatrix} = \begin{bmatrix} 0 \\ 0 \end{bmatrix}.$$

Bild 9.8: Diskreter 2-Masse-Schwinger (nach /9.6/)

Gemäß der Problemformulierung kann dann die charakteristische Gleichung

$$\left(\frac{p^2 \cdot m}{c}\right)^2 + 3\left(\frac{p^2 \cdot m}{c}\right) + 1 = 0 \tag{9.35}$$

erstellt werden. Die beiden Lösungen dieser quadratischen Gleichung in p^2 sind

$$\begin{aligned} \left(\frac{p^2 \cdot m}{c}\right)_I &= -\frac{1}{2}\left(3 - \sqrt{5}\right) = -0{,}38, \\ \left(\frac{p^2 \cdot m}{c}\right)_{II} &= -\frac{1}{2}\left(3 + \sqrt{5}\right) = -2{,}62, \end{aligned} \tag{9.36}$$

woraus vier Lösungen folgen, und zwar

$$p_{I+} = 0{,}62\, i\sqrt{\frac{c}{m}}, \qquad p_{I-} = -0{,}62\, i\sqrt{\frac{c}{m}}, \tag{9.37}$$

$$p_{II+} = 1{,}62\, i\sqrt{\frac{c}{m}}, \qquad p_{II-} = -1{,}62\, i\sqrt{\frac{c}{m}}. \tag{9.38}$$

Die Lösungen von Gl. (9.36) gilt es jetzt in die Gl. (9.31) einzusetzen und auf $x_1 = 1$ zu normieren. Man erhält so für die erste Lösung

$$\begin{bmatrix} \frac{1}{2}+\frac{\sqrt{5}}{2} & -1 \\ -1 & -\frac{1}{2}+\frac{\sqrt{5}}{2} \end{bmatrix} \cdot \begin{bmatrix} x_1 = 1 \\ x_2 \end{bmatrix} = \begin{bmatrix} 0 \\ 0 \end{bmatrix} . \tag{9.39}$$

Aus der 2. Zeile erhält man dann

$$-2 \cdot 1 + \left(-1+\sqrt{5}\right) x_2 = 0$$

oder

$$x_1 = 1, \quad x_2 = \frac{1}{2}\left(1+\sqrt{5}\right)$$

und als Eigenvektor

$$\underline{\mathbf{x}}_I^{\,t} = \begin{bmatrix} 1 & \frac{1}{2}\left(1+\sqrt{5}\right) \end{bmatrix} . \tag{9.40}$$

Setzt man weiter die zweite Lösung ein und entwickelt die Gleichung, so erhält man

$$x_1 = 1, \quad x_2 = \frac{1}{2}\left(1-\sqrt{5}\right),$$

bzw. für den zweiten Eigenvektor

$$\underline{\mathbf{x}}_{II}^{\,t} = \begin{bmatrix} 1 & \frac{1}{2}\left(1-\sqrt{5}\right) \end{bmatrix} . \tag{9.41}$$

Die Kernaussage, die wir hieraus gewinnen, ist: Die Lösungen p^2 der charakteristischen Gleichung sind stets negativ reell, hingegen sind die Lösungen p_i paarweise rein imaginär. Für die Eigenvektoren $\underline{\mathbf{x}}_{I,II}$ gilt, daß sie immer reell sind /9.7/.

Um diese Aussage für beliebige Schwinger zu belegen, wollen wir für einen Eigenvektor den komplexen Aufbau

$$\underline{\mathbf{x}}_i = \underline{\mathbf{a}}_i + i\, \underline{\mathbf{b}}_i \tag{9.42}$$

bzw. auch den konjugiert komplexen Aufbau

$$\hat{\underline{\mathbf{x}}}_i^{\,t} = \underline{\mathbf{a}}_i^{\,t} - i\, \underline{\mathbf{b}}_i^{\,t} \tag{9.43}$$

annehmen. Damit kann Gl. (9.31) geschrieben werden als

$$p_i^2 \cdot \underline{\hat{x}}_i^t \cdot \underline{M} \cdot \underline{x}_i + \underline{\hat{x}}_i^t \cdot \underline{K} \cdot \underline{x}_i = \underline{0} . \tag{9.44}$$

Formuliert man diese Gleichung aus, so führt dies zu

$$\begin{aligned} & p_i^2 \left[\underline{a}_i^t \cdot \underline{M} \cdot \underline{a}_i + \underline{b}_i^t \cdot \underline{M} \cdot \underline{b}_i + i \left(\underline{b}_i^t \cdot \underline{M} \cdot \underline{a}_i - \underline{a}_i^t \cdot \underline{M} \cdot \underline{b}_i\right)\right] \\ & + \left[\underline{a}_i^t \cdot \underline{K} \cdot \underline{a}_i + \underline{b}_i^t \cdot \underline{K} \cdot \underline{b}_i + i \left(\underline{b}_i^t \cdot \underline{K} \cdot \underline{a}_i - \underline{a}_i^t \cdot \underline{K} \cdot \underline{b}_i\right)\right] = \underline{0}. \end{aligned} \tag{9.45}$$

Da in den hier betrachteten Fällen die Massen-$(\underline{M})$- und Steifigkeitsmatrix $(\underline{K})$ immer symmetrisch und positiv definit sein soll, verschwinden in der vorstehenden Gl. (9.45) die Imaginärteile, so daß nur die reellen Anteile übrig bleiben. Die Lösung

$$p_i^2 = -\frac{\underline{\hat{x}}_i^t \cdot \underline{K} \cdot \underline{x}_i}{\underline{\hat{x}}_i^t \cdot \underline{M} \cdot \underline{x}_i} \equiv i^2 \cdot \omega_i^2 \qquad \text{(Rayleigh-Quotient)} \tag{9.46}$$

ist damit negativ reell bzw. die Lösungen

$$p_{i+} = i \cdot \omega_i, \quad p_{i-} = -i \cdot \omega_i$$

sind rein imaginär. Somit kann die Eigenkreisfrequenz bestimmt werden zu

$$\omega_i = +\sqrt{\frac{\underline{\hat{x}}_i^t \cdot \underline{K} \cdot \underline{x}_i}{\underline{\hat{x}}_i^t \cdot \underline{M} \cdot \underline{x}_i}} > 0 . \tag{9.47}$$

Die Frequenz, also die Anzahl der Schwingungen pro Sekunde, erhält man dann zu

$$\nu_i = \frac{\omega_i}{2\pi} . \tag{9.48}$$

Des weiteren wollen wir die wichtige Eigenschaft der Eigenvektoren diskutieren, daß sie konsistente Massenmatrizen und Steifigkeitsmatrizen simultan diagonalisieren. Um dies zu belegen, fassen wir alle möglichen Eigenvektoren in die Matrizengleichung

$$\underline{M} \cdot \left[\underline{x}_1 \;\; \underline{x}_2 \;\; \cdots \;\; \underline{x}_n\right] = \underline{K} \cdot \left[\underline{x}_1 \;\; \underline{x}_2 \;\; \cdots \;\; \underline{x}_n\right] \cdot \left[\frac{1}{\omega_1^2} \;\; \frac{1}{\omega_2^2} \;\; \cdots \;\; \frac{1}{\omega_n^2}\right] \tag{9.49}$$

zusammen. Dabei soll noch folgende Abkürzung eingeführt werden, und zwar eine zusammengefaßte Eigenvektormatrix

$$\underline{X} = \left[\underline{x}_1 \;\; \underline{x}_2 \;\; \cdots \;\; \underline{x}_n\right] \tag{9.50}$$

und eine Eigenwertmatrix (inverse Kreisfrequenz-Quadrate)

$$\underline{\Lambda} = \left| \frac{1}{\omega_1^2} \quad \frac{1}{\omega_2^2} \quad \cdots \quad \frac{1}{\omega_n^2} \right| = \left| \lambda_1 \quad \lambda_2 \quad \cdots \quad \lambda_n \right| . \tag{9.51}$$

Somit kann Gl. (9.49) auch geschrieben werden als

$$\underline{M} \cdot \underline{X} = \underline{K} \cdot \underline{X} \cdot \underline{\Lambda} . \tag{9.52}$$

Erweitert man die vorstehende Gleichung noch durch eine Vormultiplikation mit $\underline{X}^t$ zu

$$\underline{X}^t \cdot \underline{M} \cdot \underline{X} = \underline{X}^t \cdot \underline{K} \cdot \underline{X} \cdot \underline{\Lambda} , \tag{9.53}$$

so wird $\underline{M}$ und $\underline{K}$ diagonalisiert. Anhand des zuvor schon benutzten Beispiels wollen wir dies jetzt kurz beweisen. Für die Eigenvektorenmatrix (*nichtnormierte* Modalmatrix) kann dann

$$\underline{X} = \begin{bmatrix} 1 & 1 \\ \frac{1}{2}\left(1+\sqrt{5}\right) & \frac{1}{2}\left(1-\sqrt{5}\right) \end{bmatrix}^{*)} \tag{9.54}$$

angesetzt werden. Obwohl in unserem Beispiel schon von einer diagonalen Massenmatrix ausgegangen worden ist, wollen wir dennoch die gewonnene Aussage belegen. Es gilt

$$\begin{bmatrix} 1 & \frac{1}{2}\left(1+\sqrt{5}\right) \\ 1 & \frac{1}{2}\left(1-\sqrt{5}\right) \end{bmatrix} \cdot \begin{bmatrix} m & 0 \\ 0 & m \end{bmatrix} \cdot \begin{bmatrix} 1 & 1 \\ \frac{1}{2}\left(1+\sqrt{5}\right) & \frac{1}{2}\left(1-\sqrt{5}\right) \end{bmatrix} = \frac{m}{2} \begin{bmatrix} \left(5+\sqrt{5}\right) & 0 \\ 0 & \left(5-\sqrt{5}\right) \end{bmatrix}$$

und

$$\begin{bmatrix} 1 & \frac{1}{2}\left(1+\sqrt{5}\right) \\ 1 & \frac{1}{2}\left(1-\sqrt{5}\right) \end{bmatrix} \cdot \begin{bmatrix} 2c & -c \\ -c & c \end{bmatrix} \cdot \begin{bmatrix} 1 & 1 \\ \frac{1}{2}\left(1+\sqrt{5}\right) & \frac{1}{2}\left(1-\sqrt{5}\right) \end{bmatrix} = \frac{c}{2} \begin{bmatrix} \left(5-\sqrt{5}\right) & 0 \\ 0 & \left(5+\sqrt{5}\right) \end{bmatrix} .$$

Damit können äußerst bequem die Kreisfrequenz-Quadrate aus

$$\underline{\Lambda}^{-1} = \left| \omega_1^2 \quad \omega_2^2 \quad \cdots \quad \omega_n^2 \right| = \left[\underline{X}^t \cdot \underline{K} \cdot \underline{X} \right] \cdot \left[\underline{X}^t \cdot \underline{M} \cdot \underline{X} \right]^{-1} \tag{9.55}$$

---

*)Anmerkung: Für eine Normierung der Modalmatrix existieren zwei Möglichkeiten:

a) Massenorthonormierung: $\underline{X}^t \cdot \underline{M} \cdot \underline{X} = \underline{I} \rightarrow$ Folge: $\underline{X}^t \cdot \underline{K} \cdot \underline{X} = \underline{\Lambda}^{-1}$,

b) Steifigkeitsorthonormierung: $\underline{X}^t \cdot \underline{K} \cdot \underline{X} = \underline{I} \rightarrow$Folge: $\underline{X}^t \cdot \underline{M} \cdot \underline{X} = \underline{\Lambda}$.

bestimmt werden. Für das kleine Beispiel lautet sie:

$$\underline{\Lambda}^{-1} = \left|\omega_1^2 \quad \omega_2^2\right| = \frac{c}{m}\left|\frac{5-\sqrt{5}}{5+\sqrt{5}} \quad \frac{5+\sqrt{5}}{5-\sqrt{5}}\right| = \frac{c}{2m}\left|\left(3-\sqrt{5}\right) \quad \left(3+\sqrt{5}\right)\right| . \tag{9.56}$$

In der Mechanik wird die vorstehend bearbeitete Aufgabe als Lösung des allgemeinen Eigenwertproblems bezeichnet, weil es hier um die Ermittlung der Matrix $\underline{\mathbf{X}}$ der Eigenwertvektoren $\underline{\mathbf{x}}_i$ und um die Diagonalisierung der beiden Matrizen $\underline{\mathbf{M}}$ und $\underline{\mathbf{K}}$ geht.

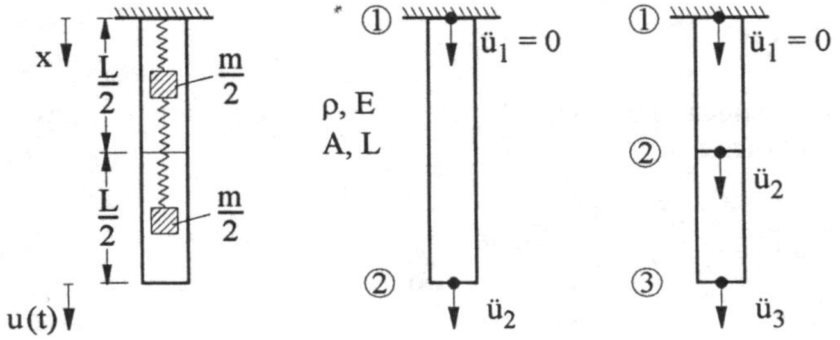

Bild 9.9: Stabmodell zur Bestimmung der Eigenfrequenzen

Auch in der Dynamik stellt die Diskretisierung nach Bild 9.8 nur eine Näherung dar, welches ebenfalls am vorstehenden Beispiel diskutiert werden soll.

Wertet man Gl. (9.56) im Zusammenhang mit dem Kontinuumsmodell aus, so folgt für die Eigenfrequenzen

$$\omega_1^2 = \frac{2E \cdot A}{L} \cdot \frac{2}{2\rho \cdot A \cdot L} \cdot \left(3-\sqrt{5}\right), \qquad \omega_1 = 1{,}236\sqrt{\frac{E}{\rho \cdot L^2}},$$

$$\omega_2^2 = \frac{2E}{\rho \cdot L^2} \cdot \left(3+\sqrt{5}\right), \qquad \omega_2 = 3{,}236\sqrt{\frac{E}{\rho \cdot L^2}}.$$

Diese Lösungen sind relativ weit entfernt von der exakten Lösung der Longitudinalschwingung eines Stabs mit

$$\omega_{exakt} = 1{,}5708\sqrt{\frac{E}{\rho \cdot L^2}} .$$

Wird das Beispiel als finites Modell mit einem einzigen Element gelöst, so führt dies auf

$$\det \left| \underline{\mathbf{K}} - \omega^2 \cdot \underline{\mathbf{M}} \right| = 0$$

$$\frac{E \cdot A}{L} - \omega^2 \cdot \frac{2\,\rho \cdot A \cdot L}{6} = 0$$

$$\omega^2 = \frac{3\,E}{\rho \cdot L^2}$$

oder

$$\omega = 1{,}73205 \sqrt{\frac{E}{\rho \cdot L^2}},$$

d. h. diese Eigenfrequenz liegt um 10,3 % zu hoch. Verfeinern wir das Modell auf zwei Elemente, so führt dies zu

$$\omega_1 = 1{,}6114 \sqrt{\frac{E}{\rho \cdot L^2}}, \quad \omega_2 = 5{,}6293 \sqrt{\frac{E}{\rho \cdot L^2}}.$$

Wie in der Statik gilt auch für die Dynamik, daß sich mit zunehmender Elementzahl das Ergebnis verbessert, welches Aussage von Bild 9.10 ist.

Anzahl der Elem. n	$\omega_i / \omega_{exakt}$-Verhältnis 1	2	3	4	5	6	7	8	9	10
1	1.103									
2	1.026	1.195								
3	1.012	1.103	1.200							
4	1.006	1.058	1.154	1.191						
5	1.004	1.037	1.103	1.181	1.282					
6	1.003	1.026	1.072	1.137	1.195	1.273				
7	1.002	1.019	1.053	1.103	1.161	1.200	1.266			
8	1.002	1.015	1.041	1.079	1.128	1.177	1.201	1.259		
9	1.001	1.012	1.032	1.063	1.103	1.148	1.188	1.200	1.254	
10	1.001	1.009	1.026	1.051	1.084	1.123	1.163	1.195	1.198	1.250

Bild 9.10: Fehlerrate bei der Bestimmung der Eigenfrequenz der Longitudinalschwingung eines eingespannten Stabes

9.4.2 Numerische Ermittlung der Eigenwerte

Zur Lösung des zuvor beschriebenen *allgemeinen Eigenwertproblems* mit symmetrischen und positiv definiten Matrizen bieten sowohl die Mathematik wie auch die FEM-Universalprogramme verschiedene Lösungsverfahren an. Ohne auf die mathematischen Hintergründe dieser Verfahren vertieft einzugehen, kann festgestellt werden, daß diese Anwendung von verschiedenen Gegebenheiten abhängig ist:

- Zunächst ist herauszustellen, daß in der Praxis meist nur eine beschränkte Anzahl der meist kleinsten Eigenfrequenzen mit den dazugehörigen Eigenvektoren von Interesse sind, oder diese Werte in einem bestimmten Intervall gesucht werden. Zufolge der Diskretisierung sind die niedrigen Eigenwerte relativ genau, bzw. die höheren nur mit einem größeren Fehler bestimmbar.

Im besonderen ist maßgebend /9.8/:

- Es liegt eine Problemstruktur vor, bei der die Matrizen $\underline{\mathbf{M}}$ und $\underline{\mathbf{K}}$ vollbesetzt sind. Dies tritt dann ein, wenn eine Kondensation zur Eliminierung von Freiheitsgraden vorgenommen wurde. In diesem Fall eignen sich als Lösungsverfahren das *Jacobi-* und *Householder*-Verfahren sowie die Modifikation von *Householder-Givens* zur Erzeugung tridiagonaler Matrizen.

- Es liegt der Normalfall vor, daß $\underline{\mathbf{M}}$ und $\underline{\mathbf{K}}$ nur schwach besetzt sind und eine Hüll- oder Bandstruktur vorherrscht. Diesbezüglich erweist sich die *Vektoriteration* oder *Bisektionsmethode* als am zweckmäßigsten.

- Eine besondere Klasse von iterativen Lösungsverfahren (z. B. *Koordinatenüberrelaxation*) nutzt die schwache Besetzung der Matrizen aus oder operiert nur mit den von Null verschiedenen Koeffizienten. Bei diesem Verfahren ist zwar der Speicherbedarf am geringsten, aber der Rechenaufwand relativ hoch.

- Des weiteren kann der allgemeine Fall vorkommen, daß Eigenwerte eines Systems bestimmt werden müssen, welches selbst noch Starrkörperbewegungen (z. B. Flugzeug, Satellit etc.) vollführt. Die Matrix $\underline{\mathbf{K}}$ (z. B. *Lanczos*-Verfahren) ist dann singulär. Derartige Probleme werden numerisch durch eine Spektralverschiebung gelöst, in dem die Matrix mit Faktoren multipliziert werden, die letztlich zu denselben Eigenwerten führen. Dieses Verfahren kann auch auf statisch bestimmte Strukturen angewandt werden.

Bei einigen Programmsystemen kann der Anwender direkten Einfluß auf das zu wählende Verfahren nehmen und somit den Speicherbedarf und die Rechenzeit optimieren. Falls dies nicht möglich ist, wählen die Programme bevorzugt die Vektoriteration, oder wenn es insgesamt wirtschaftlicher (kleiner 1.000 FGH's) ist, das Householder-Verfahren.

Im folgenden Beispiel ist exemplarisch eine Stahlbaubrücke hinsichtlich der Eigenfrequenzen und Eigenschwingungsformen untersucht worden. Die Struktur hat insgesamt $8 \cdot 2 = 16$ Freiheitsgrade, von denen vier FHG's gebunden sind. Frei sind somit $6 \cdot 2 = 12$ Freiheitsgrade. Für eine Struktur können soviele Eigenfrequenzen berechnet werden, wie Freiheitsgrade vorliegen, also hier 12 Eigenfrequenzen. Praxisrelevant sind meist die ersten Eigenfrequenzen, weshalb in der Rechnung auch nur vier Werte berechnet wurden. Anhand der Eigenschwingungsformen ist weiter feststellbar, wann die Biege- und Längsschwingung angeregt werden.

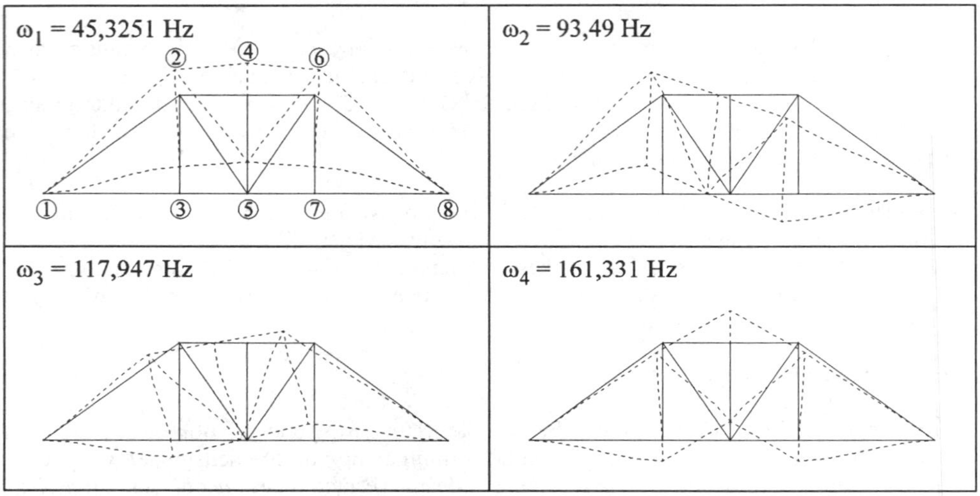

Bild 9.11: Eigenschwingungen einer Stahlbaubrücke

An den Schwingungsformen erkennt man, daß zunächst die Biegeeigenfrequenz angeregt wird, bevor als 2. und 3. Eigenfrequenz die Longitudinalschwingungen ansprechen. Dieses ist oft zu beobachten, woraus geschlossen werden kann, daß Systeme meist steifer gegenüber den Längsschwingungen sind.

Des weiteren sollen an diesem Beispiel überprüft werden, ob sich größere numerische Unterschiede bei der Eigenfrequenzberechnung ergeben, wenn unterschiedliche Lösungsverfahren gemäß der vorstehenden Auflistung gewählt werden. Bei der vorliegenden Anzahl von Freiheitsgraden (also kleiner Umfang) machen sich Unterschiede erst in der zweiten Kommastelle bemerkbar, so daß man in etwa prognostizieren kann, daß bei kleiner 500 FHG's das Lösungsverhalten keine maßgebliche Rolle spielt.

9.4.3 Statische Reduktion nach Guyan

In der Regel liegen einem Netzaufbau statische Vorgaben zugrunde, weshalb oft sehr fein idealisiert wird. Es ist in der Regel aber nicht notwendig, mit diesen in die Hunderte gehenden Freiheitsgraden auch eine Eigenwertanalyse gemäß den vorausgegangenen Lösungskonzepten vornehmen zu wollen. Gefragt ist daher eine Technik, die mit wenigen Freiheitsgraden zu einer guten Aussage kommt.

Für diese Problemstellung hat sich in der Praxis die sogenannte Reduktion nach *Guyan* bewährt, die mit wenigen Freiheitsgraden meist den unteren Frequenzbereich gut absichert. Um dieses Verfahren darstellen zu können, wählen wir das einfache Beispiel eines Balkenschwingers nach Bild 9.12.

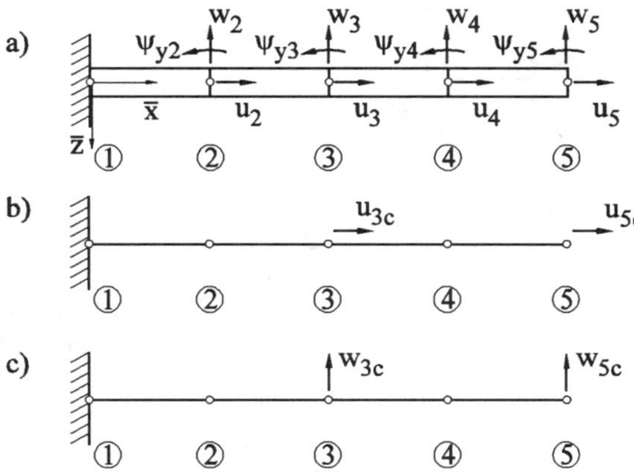

Bild 9.12: Statische Reduktion am Balkenschwinger nach /9.9/
a) Gesamtsystem mit 4 x 3 = 12 FHG's
b) auf 2 FHG's reduziertes System zur Annäherung der Längsschwingungen
c) auf 2 FHG's reduziertes System zur Annäherung der Biegeschwingungen

Im Beispiel sei angenommen, daß mit *2D-Balken*-Elementen, die je Knoten 3 FHG's aufweisen, idealisiert wurde. Das System kann somit Längs- und Biegeschwingungen durchführen, die auch getrennt auswertbar sind.

Stellt man sich beispielsweise die Aufgabe, die Eigenfrequenzen des Balkenschwingers zu ermitteln, so können mit den vier x-Freiheitsgraden $(u_2, \cdots, u_5)$ genau vier Longitudial-Eigenfrequenzen und mit den vier z-Freiheitsgraden $(w_2, \cdots, w_5)$ weitere vier Transversal-Eigenfrequenzen bestimmt werden. Interessieren hingegen nur jeweils die ersten beiden Eigenfrequenzen, so kann das System kondensiert werden auf zwei entkoppelte x- und z-Freiheitsgrade.

Im umseitigen Bild 9.13 ist eine derartige Analyse durchgeführt und ausgewertet worden. Werden alle 12 FHG's im Modell zugelassen, so ergibt sich bei der Biegeschwingung nur ein relativ geringer Fehler von F = 1,45 % zu der Kontinuumslösung. Bei der Längsschwingung ist dieser Fehler mit F = 19,14 % deutlich größer. Im unteren Frequenzbereich sind die Lösungen allerdings dicht beisammen.

Aus dieser Vorbetrachtung kann geschlossen werden, daß eine Analyse mit jeweils zwei FHG's hinreichend genau sein müßte, wie die Auswertung auch bestätigt.

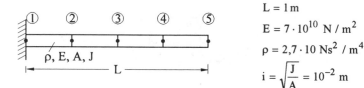

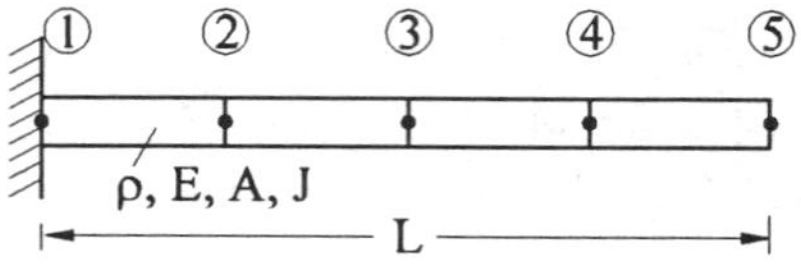

$L = 1\,m$

$E = 7 \cdot 10^{10}\ N/m^2$

$\rho = 2{,}7 \cdot 10\ Ns^2/m^4$

$i = \sqrt{\frac{J}{A}} = 10^{-2}\ m$

a)

Kontinuum	
Biegeschwingung	Längsschwingung
$\omega_1 =$ 179 Hz $\omega_2 =$ 1.121 Hz $\omega_3 =$ 3.141 Hz $\omega_4 =$ 6.156 Hz	$\omega_1 =$ 7.998 Hz $\omega_2 =$ 23.994 Hz $\omega_3 =$ 39.991 Hz $\omega_4 =$ 55.987 Hz

b)

	kondensiertes FE-Modell Biegeschwingung (w)	Längsschwingung (u)
12 FHG's	$\omega_1 =$ 179 Hz $\omega_2 =$ 1.123 Hz (F = 0,12 %) $\omega_3 =$ 3.165 Hz (F = 0,77 %) $\omega_4 =$ 6.245 Hz (F = 1,45 %)	$\omega_1 =$ 8.049 Hz (F = 0,64 %) $\omega_2 =$ 25.393 Hz (F = 5,83 %) $\omega_3 =$ 46.128 Hz (F = 15,35 %) $\omega_4 =$ 66.705 Hz (F = 19,14 %)
2 FHG's	$\omega_1 =$ 179 Hz (F = 0,17 %) $\omega_2 =$ 1.134 Hz (F = 1 %)	X
	X	$\omega_1 =$ 8.204 Hz (F = 2,59 %) $\omega_2 =$ 28.663 Hz (F = 19,46 %)

Bild 9.13: Eigenfrequenzbestimmung am eingespannten Balken (nach /9.10/)
a) exakte Kontinuumslösung
b) Lösung des kondensierten Systems

Für die bisher nur verbal beschriebene Vorgehensweise wollen wir nun einen einfachen Algorithmus darstellen. Dieser geht davon aus, daß in einer Struktur zwei Gruppen von Freiheitsgraden enthalten sind, und zwar

- zu eliminierende (sekundäre) Freiheitsgrade, hier bezeichnet als $\underline{U}_e$,

und

- beizubehaltende (primäre) Freiheitsgrade, hier bezeichnet als $\underline{U}_c$.

Um eine Beziehung zwischen diesen beiden Freiheitsgraden herstellen zu können, muß sichergestellt werden, daß an den zu eliminierenden Freiheitsgraden $\underline{U}_e$ keine äußeren Kräfte angreifen. Gewöhnlich kann dies durch eine geeignete Einteilung erreicht werden. Insofern kann man die Guyan-Reduktion auch als Interpolation der Schwingung mit der Biegelinie interpretieren. Für die statische, finite Systemgleichung kann somit angesetzt werden:

$$\begin{bmatrix} \underline{\mathbf{K}}_{cc} & \underline{\mathbf{K}}_{ce} \\ \underline{\mathbf{K}}_{ec} & \underline{\mathbf{K}}_{ee} \end{bmatrix} \cdot \begin{bmatrix} \underline{\mathbf{U}}_c \\ \underline{\mathbf{U}}_e \end{bmatrix} = \begin{bmatrix} \underline{\mathbf{P}}_c \\ \underline{\mathbf{0}} \end{bmatrix} . \tag{9.57}$$

Löst man die beiden Gleichungen auf, so führt dies bekanntlich zu

$$\begin{aligned} \underline{\mathbf{K}}_{cc} \cdot \underline{\mathbf{U}}_c + \underline{\mathbf{K}}_{ce} \cdot \underline{\mathbf{U}}_e &= \underline{\mathbf{P}}_c \\ \underline{\mathbf{K}}_{ec} \cdot \underline{\mathbf{U}}_c + \underline{\mathbf{K}}_{ee} \cdot \underline{\mathbf{U}}_e &= \underline{\mathbf{0}} \end{aligned} \tag{9.58}$$

Aus der letzten Gleichung können dann mit

$$\underline{\mathbf{U}}_e = -\underline{\mathbf{K}}_{ee}^{-1} \cdot \underline{\mathbf{K}}_{ec} \cdot \underline{\mathbf{U}}_c \tag{9.59}$$

die zu eliminierenden Freiheitsgrade bestimmt werden. Der Verschiebungsvektor ist demnach als

$$\underline{\mathbf{U}} = \begin{bmatrix} \underline{\mathbf{U}}_c \\ -\underline{\mathbf{K}}_{ee}^{-1} \cdot \underline{\mathbf{K}}_{ec} \cdot \underline{\mathbf{U}}_c \end{bmatrix} = \begin{bmatrix} \underline{\mathbf{I}} \\ -\underline{\mathbf{K}}_{ee}^{-1} \cdot \underline{\mathbf{K}}_{ec} \end{bmatrix} \cdot \underline{\mathbf{U}}_c = \underline{\mathbf{T}}_c \cdot \underline{\mathbf{U}}_c \tag{9.60}$$

darstellbar. Berücksichtigt man dies in Gl. (9.29), so liegt mit

$$\underline{\mathbf{M}} \cdot \underline{\mathbf{T}}_c \cdot \ddot{\underline{\mathbf{U}}}_c + \underline{\mathbf{K}} \cdot \underline{\mathbf{T}}_c \cdot \underline{\mathbf{U}}_c = \underline{\mathbf{0}} \tag{9.61}$$

jetzt eine auf die primären Freiheitsgrade reduzierten DGL für das Eigenschwingungsproblem vor. Macht man jetzt weiter mit Gl. (9.30) einen Lösungsansatz für $\underline{\mathbf{U}}_c$, so führt dies wieder zu der Gleichung

$$\left[\omega^2 \underline{\mathbf{M}} \cdot \underline{\mathbf{T}}_c - \underline{\mathbf{K}} \cdot \underline{\mathbf{T}}_c \right] \underline{\mathbf{x}}_c = \underline{\mathbf{0}} . \tag{9.62}$$

Diese Gleichung wollen wir nun zusätzlich mit $\underline{\mathbf{T}}_c^{\,t}$ vormultiplizieren, womit man dann

$$\left[\omega^2 \underline{\mathbf{T}}_c^{\,t} \cdot \underline{\mathbf{M}} \cdot \underline{\mathbf{T}}_c - \underline{\mathbf{T}}_c^{\,t} \cdot \underline{\mathbf{K}} \cdot \underline{\mathbf{T}}_c \right] \underline{\mathbf{x}}_c = \underline{\mathbf{0}}$$

bzw.

$$\left[\omega^2 \underline{\mathbf{M}}_{cc}^{\,*} - \underline{\mathbf{K}}_{cc}^{\,*} \right] \underline{\mathbf{x}}_c = \underline{\mathbf{0}} \tag{9.63}$$

erhält. Dieses Gleichungssystem stellt wieder das einfache lösbare Standardeigenwertproblem dar, für das vorstehend bereits die Lösungen gegeben wurden.

Um die Nutzanwendung der Kondensation noch einmal real demonstrieren zu können, wählen wir die zuvor schon analysierte Stahlbaubrücke. Bei dem verwendeten Guyan-Prozessor lassen sich Knoten oder Knotengruppen direkt ansprechen und auf diesen Knoten Richtungsvektoren aufsetzen. Insofern gelingt es also große Systeme deutlich zu verkleinern, ohne eine maßgebliche Ergebnisverschlechterung hinnehmen zu müssen.

Im Bild 9.14 ist bewiesen, daß trotz der Kondensation der überwiegenden Anzahl der Knoten (d. h. frei sind nur noch die Knoten ④ und ⑤) dennoch die Schwingungsgrundformen gut mit den Eigenschwingungen im Bild 9.11 übereinstimmen, wenn die physikalisch zulässigen Schwingungsrichtungen miteinander gekoppelt werden.

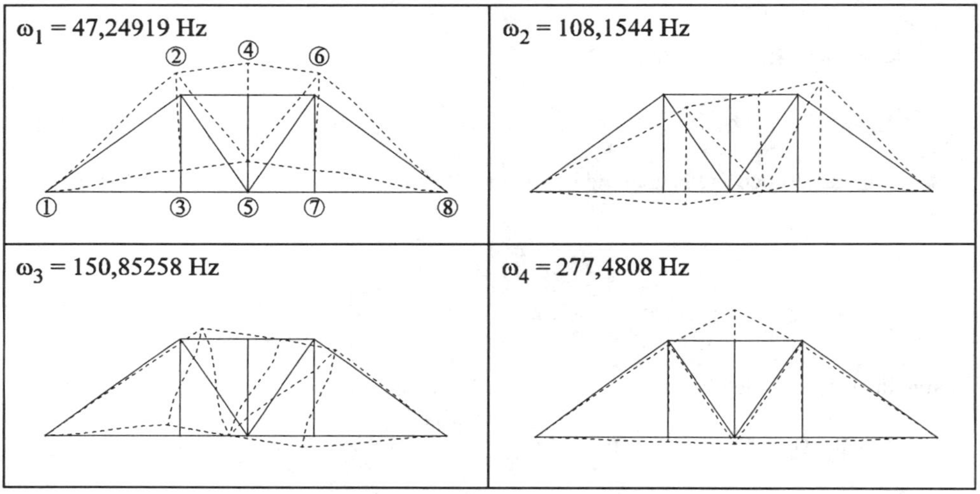

Bild 9.14: Kondensierte Lösung für die Stahlbaubrücke

Bei den ersten beiden Eigenfrequenzen treten hingegen Abweichungen in der Größenordnung von 4,2 % bzw. 15,7 % auf, die sich weiter reduzieren lassen, wenn zusätzliche Freiheitsgrade freigegeben werden.

9.5 Freie Schwingungen

Als Ergänzung zu dem vorausgegangenen Eigenschwingungsproblem wollen wir nun weiter der Frage nachgehen, wie bei der freien Schwingung spezielle Anfangsbedingungen (Verschiebungen, Geschwindigkeiten zu einem Startzeitpunkt) zu behandeln sind. Hierbei besteht weiter die Einschränkung, daß *keine Anregung durch äußere Kräfte* vorliegt.

Zu diesem Zweck gehen wir wieder von folgender Schwingungsdifferential-Gleichung aus

$$\begin{bmatrix} \underline{\mathbf{M}}_{uu} & \underline{\mathbf{M}}_{us} \\ \underline{\mathbf{M}}_{su} & \underline{\mathbf{M}}_{ss} \end{bmatrix} \cdot \begin{bmatrix} \ddot{\underline{\mathbf{U}}}_u \\ \ddot{\underline{\mathbf{U}}}_s = \underline{\mathbf{0}} \end{bmatrix} + \begin{bmatrix} \underline{\mathbf{K}}_{uu} & \underline{\mathbf{K}}_{us} \\ \underline{\mathbf{K}}_{su} & \underline{\mathbf{K}}_{ss} \end{bmatrix} \cdot \begin{bmatrix} \underline{\mathbf{U}}_u \\ \underline{\mathbf{U}}_s = \underline{\mathbf{0}} \end{bmatrix} = \begin{bmatrix} \underline{\mathbf{0}} \\ \underline{\mathbf{F}}_s \end{bmatrix} . \tag{9.64}$$

Dieses Gleichungssystem reduzieren wir jetzt auf die unbekannten Verschiebungen zu

$$\underline{\mathbf{M}}_{uu} \cdot \ddot{\underline{\mathbf{U}}}_u + \underline{\mathbf{K}}_{uu} \cdot \underline{\mathbf{U}}_u = \underline{\mathbf{0}}$$

mit den Auflagerkräften

$$\underline{\mathbf{F}}_s = \underline{\mathbf{M}}_{su} \cdot \ddot{\underline{\mathbf{U}}}_u + \underline{\mathbf{K}}_{su} \cdot \underline{\mathbf{U}}_u . \tag{9.65}$$

Wurde dabei von der Reduktion nach *Guyan* Gebrauch gemacht, so muß man statt dessen von Gleichung

$$\underline{\mathbf{M}}_{cc} \cdot \ddot{\underline{\mathbf{U}}}_c + \underline{\mathbf{K}}_{cc} \cdot \underline{\mathbf{U}}_c = \underline{\mathbf{0}} \tag{9.66}$$

ausgehen.

Des weiteren nehmen wir an dieser Stelle an, daß für die zu betrachtende Struktur schon eine Eigenwertberechnung durchgeführt wurde und alle Eigenvektoren bekannt sind. Als besonders zweckmäßig hat es sich hierbei erwiesen, das allgemeine Schwingungsproblem in diesen Eigenvektoren zu entwickeln. Wir machen dazu folgende Variablensubstitution

$$\underline{\mathbf{U}}_u(t) = \underline{\mathbf{x}}_1 \cdot \underline{\eta}_1(t) + \underline{\mathbf{x}}_2 \cdot \underline{\eta}_2(t) + \cdots + \underline{\mathbf{x}}_{nx} \cdot \underline{\eta}_{nx}(t) = \underline{\mathbf{X}} \cdot \underline{\eta}(t) . \tag{9.67}$$

Ist die Anzahl nx der Eigenvektoren gleich der Anzahl der gesamten Eigenvektoren, dann ist die vorstehende Substitution exakt. Werden weniger Eigenvektoren benutzt (dynamische Reduktion), stellt die vorstehende Entwicklung dennoch eine brauchbare Näherung dar.

Setzt man nun Gl. (9.67) in Gl. (9.65) oder (9.66) ein und multipliziert noch mit $\underline{\mathbf{X}}^t$ vor, so erhält man

$$\underline{\mathbf{X}}^t \cdot \underline{\mathbf{M}}_{uu} \cdot \underline{\mathbf{X}} \cdot \ddot{\underline{\eta}} + \underline{\mathbf{X}}^t \cdot \underline{\mathbf{K}}_{uu} \cdot \underline{\mathbf{X}} \cdot \underline{\eta} = \underline{\mathbf{0}} . \tag{9.68}$$

Im Kapitel 9.4.1 wurde des weiteren schon festgestellt, daß die Eigenvektoren die Massen- und Steifigkeitsmatrix diagonalisieren, womit sich so für Gl. (9.68) ergibt

$$\ddot{\underline{\eta}} + \underline{\Lambda}^{-1} \cdot \underline{\eta} = \underline{\mathbf{0}} . \tag{9.69}$$

Entwickelt man nun diese Gleichung, so ergeben sich Einzelgleichungen von der Form

$$\ddot{\eta}_i + \omega_i^2 \cdot \eta_i = 0 , \tag{9.70}$$

für die die allgemeine Lösung mit

$$\eta_i(t) = A_i \cdot \sin\omega_i \cdot t + B_i \cdot \cos\omega_i \cdot t \tag{9.71}$$

bekannt ist. Für die Anfangsbedingungen ($t = 0$)

$$\eta_i(0) = \eta_{0i} \equiv B_i \tag{9.72}$$

und

$$\dot{\eta}_i(0) = \dot{\eta}_{0i} \equiv A_i \cdot \omega_i \tag{9.73}$$

lautet dann die spezielle Lösung:

$$\eta_i(t) = \frac{\dot{\eta}_{0i}}{\omega_i} \cdot \sin\omega_i \cdot t + \eta_{0i} \cdot \cos\omega_i \cdot t \; .^{*)}$$

Dieser einfache Lösungsweg war nur durch die zuvor gewählte Substitution möglich. Somit bleiben noch als Teilproblem die tatsächlichen Anfangsbedingungen in $\underline{\mathbf{U}}_u$ bzw. $\dot{\underline{\mathbf{U}}}_u$ nach $\underline{\eta}$ bzw. $\dot{\underline{\eta}}$ zu transformieren. Dies ist generell durch den Ansatz

$$\underline{\eta}(0) = \underline{\mathbf{X}}^{-1} \cdot \underline{\mathbf{U}}_u(0) = \underline{\mathbf{X}}^t \cdot \underline{\mathbf{K}}_{uu} \cdot \underline{\mathbf{U}}_u(0) \tag{9.74}$$

$$\dot{\underline{\eta}}(0) = \underline{\mathbf{X}}^{-1} \cdot \dot{\underline{\mathbf{U}}}_u(0) = \underline{\mathbf{X}}^t \cdot \underline{\mathbf{K}}_{uu} \cdot \dot{\underline{\mathbf{U}}}_u(0) = \underline{\mathbf{\Lambda}}^{-1} \cdot \underline{\mathbf{X}}^t \cdot \underline{\mathbf{M}}_{uu} \cdot \dot{\underline{\mathbf{U}}}_u(0) \tag{9.75}$$

möglich. Diese Umformung gilt für einen vollen Satz von *steifigkeitsorthonormierten Eigenvektoren*, welches durch die Beziehung (s. Seite 204)

$$\underline{\mathbf{X}}^t \cdot \underline{\mathbf{K}}_{uu} \cdot \underline{\mathbf{X}} = \underline{\mathbf{I}} \tag{9.76}$$

gegeben ist. Wird hingegen die dynamische Reduktion genutzt, so ergibt sich für $\underline{\mathbf{X}}$ eine Rechteckmatrix (n x nx), welches dann einen anderen Lösungsweg zur Folge hat. Über die Gl. (9.67) kann dann die tatsächliche Problemlösung für freie Schwingungen ermittelt werden.

9.6 Erzwungene Schwingungen

Bei den zuvor diskutierten freien Schwingungen bestand die Voraussetzung eines kräftefreien Systems. Wir wollen diese Betrachtung nun um zeitabhängige Kräfte wie auch Verschiebungen erweitern. Diese Größen können entweder periodisch oder nichtperiodisch sein oder gar in einer allgemeinen Funktion vorkommen. In Analogie zu Gl. (9.64) und Gl. (9.65) ist dann dafür folgende Gleichung maßgebend:

---

*) Anmerkung: $\dot{\eta}_i(t) = \omega_i \cdot A_i \cdot \cos\omega_i \cdot t - \omega_i \cdot B_i \cdot \sin\omega_i \cdot t$

$$\begin{bmatrix} \underline{\mathbf{M}}_{uu} & \underline{\mathbf{M}}_{up} & \underline{\mathbf{M}}_{us} \\ \underline{\mathbf{M}}_{pu} & \underline{\mathbf{M}}_{pp} & \underline{\mathbf{M}}_{ps} \\ \underline{\mathbf{M}}_{su} & \underline{\mathbf{M}}_{sp} & \underline{\mathbf{M}}_{ss} \end{bmatrix} \cdot \begin{bmatrix} \ddot{\underline{\mathbf{U}}}_u \\ \ddot{\underline{\mathbf{U}}}_p \\ \ddot{\underline{\mathbf{U}}}_s = \underline{\mathbf{0}} \end{bmatrix} + \begin{bmatrix} \underline{\mathbf{K}}_{uu} & \underline{\mathbf{K}}_{up} & \underline{\mathbf{K}}_{us} \\ \underline{\mathbf{K}}_{pu} & \underline{\mathbf{K}}_{pp} & \underline{\mathbf{K}}_{ps} \\ \underline{\mathbf{K}}_{su} & \underline{\mathbf{K}}_{sp} & \underline{\mathbf{K}}_{ss} \end{bmatrix} \cdot \begin{bmatrix} \underline{\mathbf{U}}_u \\ \underline{\mathbf{U}}_p \\ \underline{\mathbf{U}}_s = \underline{\mathbf{0}} \end{bmatrix} = \begin{bmatrix} \underline{\mathbf{F}}_u \\ \underline{\mathbf{F}}_p \\ \underline{\mathbf{F}}_s \end{bmatrix} \quad (9.77)$$

Hierin bezeichnen wieder

- $\underline{\mathbf{U}}_u(t)$ die unbekannten Verschiebungen zu bekannten äußeren Kräften $\underline{\mathbf{F}}_u(t)$,
- $\underline{\mathbf{U}}_p(t)$ vorgeschriebene (geführte) Freiheitsgrade, wozu unbekannte Kräfte $\underline{\mathbf{F}}_p(t)$ korrespondieren

und

- $\underline{\mathbf{U}}_s(t)$ an Auflagern unterdrückte Verschiebungen, zu denen die Auflagerkräfte $\underline{\mathbf{F}}_s(t)$ zugehörig sind.

Durch statische Reduktion (s. Kapitel 9.4.3) ist daraus die Schwingungs-DGL

$$\underline{\mathbf{M}}_{cc} \cdot \ddot{\underline{\mathbf{U}}}_c + \underline{\mathbf{K}}_{cc} \cdot \underline{\mathbf{U}}_c = \underline{\mathbf{F}}_c(t) \quad (9.78)$$

zu gewinnen. Nutzt man weiter die Substitution von Gl. (9.67) und multipliziert noch mit $\underline{\mathbf{X}}^t$ vor, so folgt daraus

$$\underline{\mathbf{X}}^t \cdot \underline{\mathbf{M}}_{cc} \cdot \underline{\mathbf{X}} \cdot \ddot{\underline{\eta}} + \underline{\mathbf{X}}^t \cdot \underline{\mathbf{K}}_{cc} \cdot \underline{\mathbf{X}} \cdot \underline{\eta} = \underline{\mathbf{X}}^t \cdot \underline{\mathbf{F}}_c(t) \quad (9.79)$$

bzw.

$$\ddot{\underline{\eta}} + \underline{\Lambda}^{-1} \cdot \underline{\eta} = \underline{\mathbf{M}}_{dia}{}^{-1} \cdot \underline{\mathbf{X}}^t \cdot \underline{\mathbf{F}}_c(t) . \quad (9.80)$$

Um die Umformung dieser Gleichung transparent zu machen, soll hier kurz dargelegt werden, wie die DGL eines Einmassenschwingers behandelt wird. Wir gehen dazu von der Gleichung

$$m_i \cdot \ddot{u}_i + c_i \cdot u_i = F_i(t) \quad (9.81)$$

aus. Nach der Division durch die Masse erhält man

$$\ddot{u}_i + \frac{c_i}{m_i} u_i = \frac{1}{m_i} F_i(t) . \quad (9.82)$$

Bekannt ist hierin

$$c_i \,/\, m_i = \omega_i{}^2$$

und

$$1 / m_i = \omega_i^2 / c_i ,$$

so daß die Gleichung auch dargestellt werden kann als

$$\ddot{u}_i + \omega_i^2 \cdot u_i = \frac{\omega_i^2}{c_i} F_i(t) . \tag{9.83}$$

Damit wird eine für Gl. (9.77) zutreffende Parallele deutlich, und zwar läßt sich jetzt diese Gleichung darstellen als

$$\ddot{\underline{\eta}} + \underline{\Lambda}^{-1} \cdot \underline{\eta} = \underline{\Lambda}^{-1} \cdot \left(\underline{\mathbf{X}}^t \cdot \underline{\mathbf{K}} \cdot \underline{\mathbf{X}}\right)^{-1} \cdot \underline{\mathbf{X}}^t \cdot \underline{\mathbf{F}}_c(t) . \tag{9.84}$$

Weil diese Gleichung diagonalisiert ist, kann im weiteren eine typische Einzelgleichung betrachtet werden, die von der Form

$$\ddot{\eta}_i + \omega_i^2 \cdot \eta_i = \omega_i^2 \cdot r_{\eta i}(t) . \tag{9.85}$$

ist. Auf der rechten Seite taucht jetzt aber keine Kraft mehr auf, sondern mit $r_{\eta i}(t)$ eine Erregungsfunktion, die es entsprechend den Vorgaben anzusetzen gilt. Im einfachsten Fall treten in der Technik harmonische Anregungsfunktionen auf, so wie exemplarisch im Bild 9.15 angedeutet ist.

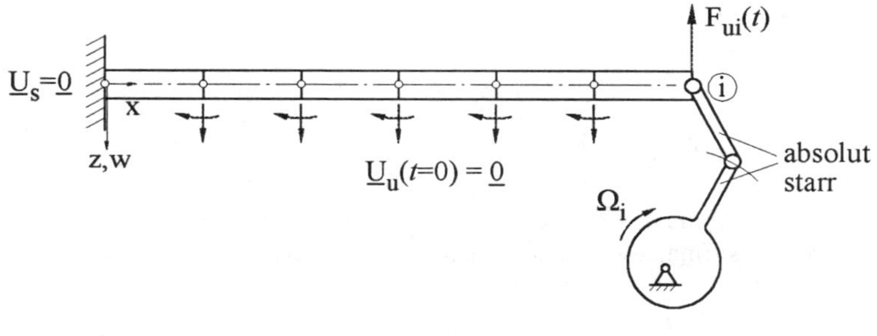

Bild 9.15: Beispiel für eine harmonisch angeregte Struktur

Wir wollen nun die Lösung von Gl. (9.85) unter der Vorgabe einer sinusförmigen Einheitserregung

$$r_{\eta i}(t) = \text{"1"} \cdot \sin \Omega_i \cdot t \tag{9.86}$$

mit der Anregung Ω_i diskutieren. Zunächst ist festzustellen, daß mit Gl. (9.85) vom Typ her eine inhomogene DGL 2. Ordnung mit konstanten Koeffizienten vorliegt, die bekanntlich eine homogene (Lösung der Eigenschwingung) und eine partikuläre (Lösung der erzwungenen Schwingung) Lösung aufweist. Die homogene Lösung ist dabei

$$\eta_{i\,\text{homogen}} = A_i \cdot \sin\omega_i \cdot t + B_i \cdot \cos\omega_i \cdot t\ . \tag{9.87}$$

Für die partikuläre Lösung ist ebenfalls ein sinusförmiger Ansatz

$$\eta_{i\,\text{partikulär}} = C_i \cdot \sin\Omega_i \cdot t \tag{9.88}$$

zu machen. Setzen wir jetzt die partikuläre Lösung mit ihren Ableitungen in Gl. (9.85) ein, so erhalten wir sofort für den Koeffizienten

$$C_i = \frac{\omega_i^2}{\left(\omega_i^2 - \Omega_i^2\right)} \tag{9.89}$$

und somit

$$\eta_{i\,\text{partikulär}} = \frac{\omega_i^2}{\left(\omega_i^2 - \Omega_i^2\right)} \cdot \sin\Omega_i \cdot t\ . \tag{9.90}$$

Die allgemeine Lösung lautet sodann:

$$\eta_i = A_i \cdot \sin\omega_i \cdot t + B_i \cdot \cos\omega_i \cdot t + \frac{\omega_i^2}{\left(\omega_i^2 - \Omega_i^2\right)} \cdot \sin\Omega_i \cdot t\ . \tag{9.91}$$

Legen wir nun auch für einen Anwendungsfall spezielle Anfangsbedingungen, z. B.

$$\eta_i(0) = 0 \quad \text{und} \quad \dot{\eta}_i(0) = 0 \tag{9.92}$$

fest, so lautet für die angepaßten Koeffizienten:

$$A_i = -\frac{\omega_i \cdot \Omega_i}{\left(\omega_i^2 - \Omega_i^2\right)}, \qquad B_i = 0 \tag{9.93}$$

die Lösung der ungedämpften Schwingung

$$\begin{aligned}\eta_i &= -\frac{\omega_i \cdot \Omega_i}{\left(\omega_i^2 - \Omega_i^2\right)} \cdot \sin\omega_i \cdot t + \frac{\omega_i^2}{\left(\omega_i^2 - \Omega_i^2\right)} \cdot \sin\Omega_i \cdot t \\ &= \underbrace{\frac{1}{1 - \left(\Omega_i / \omega_i\right)^2} \cdot \sin\Omega_i \cdot t}_{\text{(Anteil Erregung)}} - \underbrace{\frac{\Omega_i / \omega_i}{1 - \left(\Omega_i / \omega_i\right)^2} \cdot \sin\omega_i \cdot t}_{\text{(Anteil Eigenschwingung)}}\end{aligned}$$

oder etwas übersichtlicher sortiert

$$\eta_i = \frac{1}{1-(\Omega_i/\omega)^2}\left(\sin\Omega_i \cdot t - \frac{\Omega_i}{\omega_i}\sin\omega_i \cdot t\right)^{*)} \tag{9.94}$$

Den betrachteten elementaren Fall wollen wir noch einmal kurz von der Wirkung her analysieren. Dazu diskutieren wir die sogenannte Vergrößerungsfunktion

$$V_i(\Omega_i) = \frac{1}{1-(\Omega_i/\omega_i)^2}, \tag{9.95}$$

die vom Prinzip her eine statische Auslenkung von der Größe „1" ins Verhältnis zu einer anregenden dynamischen Amplitude setzt. Die sich ergebende Abhängigkeit zeigt Bild 9.16.

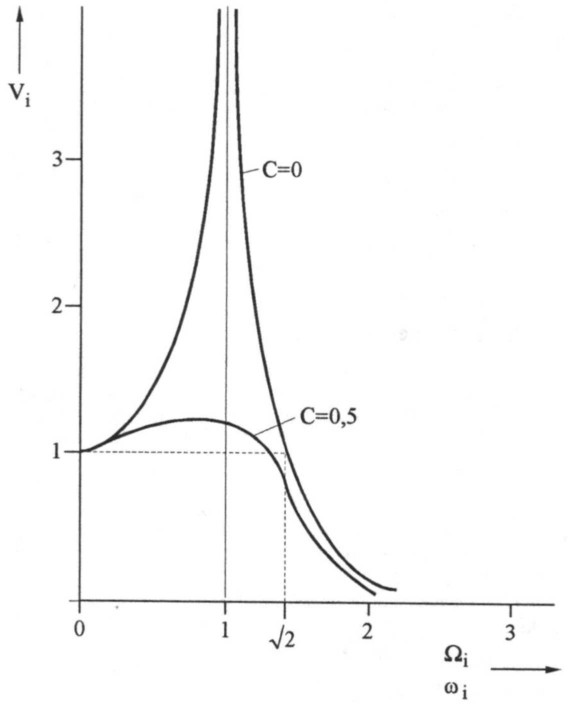

Bild 9.16:
Verlauf der Vergrößerungsfunktion für eine periodische Erregung bei unterschiedlicher Dämpfung

Als Aussage gewinnt man daraus:

- Für Verhältnisse $\Omega_i/\omega_i = 1$ strebt die Schwingungsamplitude gegen Unendlich (Resonanzstelle) und würde bei nicht vorhandener Dämpfung in diesem Betriebszustand zu einer Zerstörung des Systems führen.

---

*) Anmerkung: Tritt hingegen in Gl. (9.86) eine Amplitude der Größe $\bar{A}$ auf, so tritt auch im Vorfaktor von Gl. (9.94) anstelle von „1" die Größe $\bar{A}$ auf.

- Für sog. unkritische Erregung mit $\Omega_i/\omega_i < 1$ nimmt die Schwingungsamplitude laufend zu, während überkritische Erregungen zunächst zu einer Abnahme der Schwingungsamplitude führt, die später wieder ansteigt.

In der Realität wird man diese Verhaltensweise natürlich so nicht antreffen, da immer etwas Strukturdämpfung vorhanden sein wird.

Als eine weitere wichtige Erregungsfunktion dieser Gruppe wollen wir noch den *Rechteckimpuls* behandeln, da er im weiteren die Grundlage für die allgemeinen Erregungsfunktionen abgibt. Die Anregungsfunktion und die Systemantwort ist hierzu im Bild 9.17 skizziert.

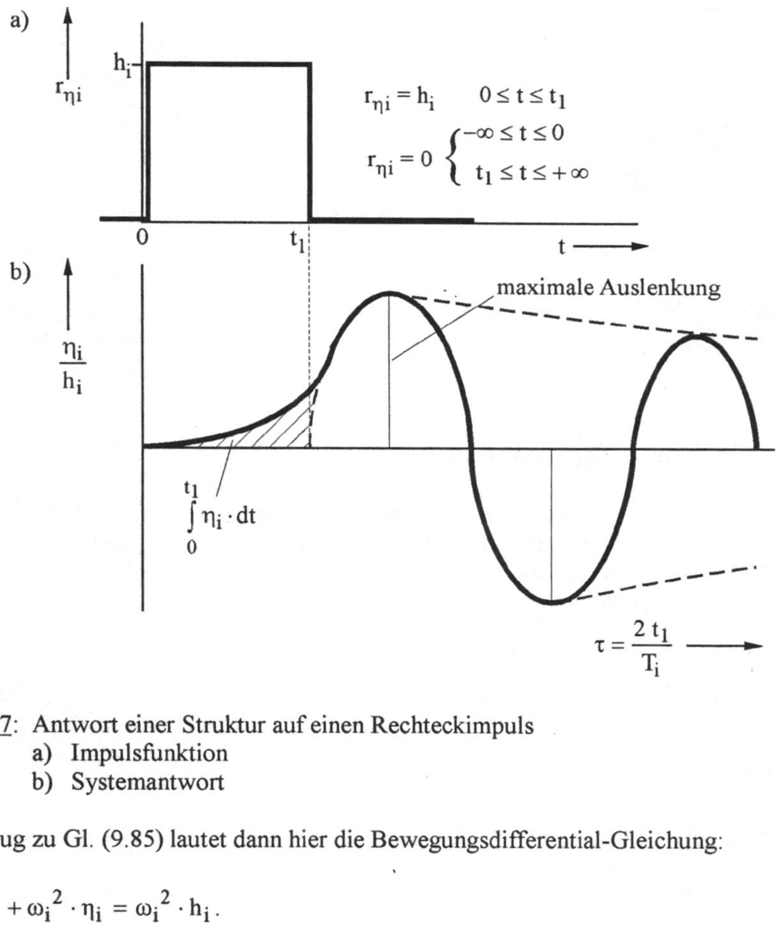

Bild 9.17: Antwort einer Struktur auf einen Rechteckimpuls
a) Impulsfunktion
b) Systemantwort

Mit Bezug zu Gl. (9.85) lautet dann hier die Bewegungsdifferential-Gleichung:

$$\ddot{\eta}_i + \omega_i^2 \cdot \eta_i = \omega_i^2 \cdot h_i . \tag{9.96}$$

Diese DGL hat nun ohne näheren Beweis die allgemeine Lösung

$$\eta_i = \left(A_i + B_i\right) \cdot \sin\omega_i \cdot t + \frac{h_i}{2}\left[\cos\omega_i \cdot t - \cos\omega_i\left(t - t_1\right)\right]. \tag{9.97}$$

Für die dem Impuls zugehörigen Anfangsbedingungen

$$\eta_i(t = 0) = 0 \quad \text{und} \quad \dot{\eta}_i(t = 0) = 0$$

können somit drei interessierende Bereiche abgegrenzt und hierfür die Auslenkungen wie folgt angegeben werden:

- im Bereich $0 \leq t \leq t_1$

$$\eta_i(t) = h_i(1 - \cos\omega_i \cdot t), \tag{9.98}$$

- an der Stelle $t = t_1$

$$\eta_i(t_1) = h_i(1 - \cos\omega_i \cdot t_1) \tag{9.99}$$

$$\dot{\eta}_i(t_1) = \omega_i \cdot h_i \cdot \cos\omega_i \cdot t_1 \tag{9.100}$$

- im Bereich $t \geq t_1$

$$\eta_i(t) = h_i\left[\cos\omega_i \cdot (t - t_1) - \cos\omega_i \cdot t\right] \tag{9.101}$$

Wertet man nun die Auslenkung in den Bereichen aus, so zeigt sich, daß das System außerhalb der Impulsdauer der größten Amplitude unterworfen ist. Mit vorhandener Strukturdämpfung würde diese Schwingung dann aber auch ausklingen.

9.7 Beliebige Anregungsfunktion

Abschließend wollen wir zum Themenkreis Anregungen noch kurz einen Blick auf die Behandlung beliebiger Anregungsfunktionen werfen. Eine Grundlage hierzu stellt der Rechteckimpuls dar, den wir nachfolgend dazu benutzen wollen, eine beliebige Funktion summativ zu erfassen. Hierzu definieren wir zunächst die Impulsstärke

$$J_i = \int_0^{t_1} r_{\eta i} \cdot dt = h_i \cdot t_i \,. \tag{9.102}$$

Des weiteren beziehen wir uns noch einmal auf Gl. (9.96)

$$\ddot{\eta}_i = \omega_i^2 \cdot h_i - \omega_i^2 \cdot \eta_i$$

und interpretieren diese Gleichung zu

$$\dot{\eta}_i = \omega_i^2 \left(h_i \cdot t_i - \underbrace{\int_0^{t_1} \eta_i \cdot dt}_{=0} \right) \approx \omega_i^2 \cdot J_i \,. \tag{9.103}$$

Das hierin auftretende Integral erfaßt die Systemträgheit der Antwortfunktion und kann nach Bild 9.17 näherungsweise gleich null gesetzt werden. Weiter hatten wir zuvor schon gesehen, daß die maximale Auslenkung des Systems dem Impuls träge nachfolgt. Unter Berücksichtigung von Gl. (9.103) erhalten wir somit auch eine gute Lösung für den Bewegungsablauf, wenn wir von den folgenden verschobenen Anfangsbedingungen

$$\eta_i(t_1 = 0) \approx 0 \quad \text{und} \quad \dot{\eta}_i(t_1 = 0) \approx \omega_i^2 \cdot J_i \tag{9.104}$$

ausgehen und hierfür die spezielle Lösung aus Gl. (9.97) entwickeln. Man erhält nämlich so für die Konstanten

$$A_i + B_i = \omega_i \cdot J_i, \tag{9.105}$$

so daß sich für die Auslenkung

$$\eta_i(t) = \omega_i \cdot J_i \cdot \sin\omega_i \cdot t, \qquad t \geq t_1 \tag{9.106}$$

ergibt. Nach diesen Vorbetrachtungen wollen wir nun unsere Erkenntnisse auf die beliebige Anregungsfunktion von Bild 9.18 übertragen.

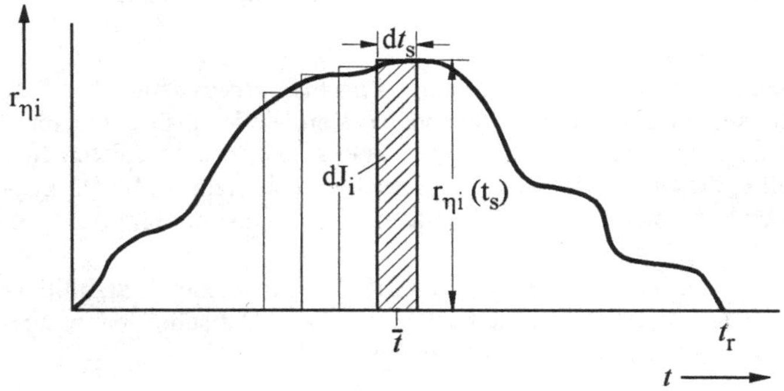

Bild 9.18:
Zerlegung einer Anregungsfunktion in eine Anzahl von Teilimpulsen (nach /9.11/)

Wie in der Abbildung angedeutet ist, kann man den funktionellen Verlauf als eine Folge von Einzelimpulsen der Stärke

$$dJ_i = r_{\eta i}(t_s) \cdot d\,t_s \tag{9.107}$$

auffassen, welches die Antwort (s. Gl. (9.106))

$$d\eta_i = \omega_i \cdot dJ_i \cdot \sin\omega_i \cdot (t - t_s) = \omega_i \cdot r_{\eta i}(t_s) \cdot \sin\omega_i \cdot (t - t_s) d\,t_s \tag{9.108}$$

hervorruft. Die Systemantwort auf die Gesamterregung findet sich somit durch die Integration zu

$$\eta_i = \omega_i \int_{t_s=0}^{t_s=t_r} r_{\eta i}(t_s) \cdot \sin\omega_i \cdot (t - t_s)\, d\,t_s\,. \tag{9.109}$$

Das gefundene Integral heißt allgemein *Duhamel*-Integral und kann vernünftig nur numerisch ausgewertet werden. Da wir es hier aber mit kleinen Recheckimpulsen zu tun haben, können dafür einfache Lösungsverfahren wie die Trapezregel, Gauß oder Simpson herangezogen werden.

9.8 Lösung der Bewegungsgleichung

Bei der Auflösung der Bewegungs-DGL (9.11) geht man in FE-Programmen nicht von den zuvor breit herausgestellten Eigenformen aus, sondern nutzt die sog. *Integration im Zeitbereich*, welche stets numerisch durchgeführt wird. Man nimmt dabei an, daß alle Systemgrößen $\left(\underline{\mathbf{U}}, \underline{\dot{\mathbf{U}}}, \underline{\ddot{\mathbf{U}}}\right)$ zu einem Zeitpunkt t bekann sind; gesucht sind dann diese Größen zu dem späteren Zeitpunkt $t + \Delta t$. Die dazu angewandten Verfahren lassen sich demgemäß so klassifizieren, wie der Übergang von t nach $t + \Delta t$ ermittelt wird:

- Bei *expliziten Verfahren* wird der Zustand zum Zeitpunkt $t + \Delta t$ alleine auf Basis des dynamischen Gleichgewichts zum Zeitpunkt t dargestellt.
- Bei *impliziten Verfahren* wird der Zustand auf Basis des dynamischen Gleichgewichts zum Zeitpunkt $t + \Delta t$ unter Nutzung von Iterationen über alle Zeitschritte dargestellt.

Beide Verfahren haben Vor- und Nachteile (s. mathematischer Anhang), weshalb hier der Einsatzfall maßgebend ist.

Bei den gewöhnlichen strukturdynamischen Untersuchungen ist man am dynamischen Gesamtverhalten interessiert. Dies unterscheidet sich von sogenannten Wellenausbreitungsproblemen, wo lokale Phänomene untersucht werden sollen. Anders ausgedrückt spielen hier die Zeitdauern eine große Rolle, die einmal im Sekundenbereich und einmal im Mikrosekundenbereich liegen. Entsprechend kommen dann die Vorteile der Verfahren zur Geltung:

- Explizite Verfahren erfordern nur eine geringe Rechenzeit, haben jedoch eine Stabilitätsgrenze. Diese Stabilitätsgrenze ist gleich der Zeitdauer, die eine elastische Spannungswelle benötigt, um durch das kleinste finite Element im Netz zu laufen.

- Implizite Verfahren benötigen eine derartige Stabilitätsgrenze nicht, da die Zeitschritte um mehrere Größenordnungen größer sind. Dies hat aber den Nachteil, daß die FE-DGL in jedem Zeitschritt zu lösen ist.

Die Anwendung expliziter Verfahren ist daher bevorzugt in der nichtlinearen FE-Dynamik (schnelle Umformung, Fahrzeugcrash etc.) zu sehen, wofür auch spezielle Programmsysteme (z. B. ABAQUS-explizit, PAM-CRASH, LS-DYNA, RADIOSS CRASH) existieren.

10 Grundgleichungen der nichtlinearen Finite-Element-Methode

Bei der vorausgegangenen Formulierung der FE-Methode wurde angenommen, daß die Verschiebungen einer Struktur klein sind und sich der Werkstoff linear-elastisch verhält. In der finiten Gleichung

$$\underline{\mathbf{K}} \cdot \underline{\mathbf{U}} = \underline{\mathbf{P}}$$

macht sich diese Linearität so bemerkbar, daß bei einer Laststeigerung auf $\alpha \cdot \underline{\mathbf{P}}$ auch die Verschiebungen um $\alpha \cdot \underline{\mathbf{U}}$ zunehmen. Hiervon abweichend treten in der Praxis häufig aber auch nichtlineare Materialprobleme (Plastizität, Kriechen) und geometrisch nichtlineare Probleme (Instabilität) auf. Wir wollen nun im Sinne einer Abrundung der Elastostatik auf diese Problemkreise ebenfalls noch kurz eingehen, da derartige alternative Berechnungen in der Anwendung immer wichtiger werden.

10.1 Lösungsprinzipien für nichtlineare Aufgaben

Übertragen auf die hier zu behandelnden Aufgaben kann ein nichtlineares Gleichungssystem in folgender Form /10.1/

$$\underline{\Phi}(\underline{\mathbf{U}}) = \underline{\mathbf{R}}(\underline{\mathbf{U}}) - \underline{\mathbf{P}} \equiv \underline{\mathbf{K}}(\underline{\mathbf{U}}) \cdot \underline{\mathbf{U}} - \underline{\mathbf{P}} = \underline{\mathbf{0}} \tag{10.1}$$

dargestellt werden. Hierin bezeichnet $\underline{\mathbf{R}}(\underline{\mathbf{U}})$ die den Elementspannungen in einem bestimmten Zustand entsprechenden inneren Knotenkräfte und $\underline{\mathbf{P}}$ wieder die äußeren Kräfte. Man sieht, daß die Knotenkräfte durch eine zustandsabhängige Steifigkeitsmatrix gebildet werden. Insofern ist auch die vorstehende Gleichung nicht direkt lösbar, sondern kann nur iterativ gelöst werden. Gemäß der Zielsetzung, nur einen eingeschränkten Überblick über nichtlineare Probleme geben zu wollen, beschränken wir uns im folgenden auf zwei Lösungsprinzipien (s. hierzu /10.1/):

– Die *direkte Iteration*, bei der von folgender Gleichung ausgegangen wird

$$\underline{\mathbf{K}}(\underline{\mathbf{U}}) \cdot \underline{\mathbf{U}} = \underline{\mathbf{P}}\ . \tag{10.2}$$

Nimmt man hier mit $\underline{\mathbf{U}} = \underline{\mathbf{U}}_0$ einen sinnvollen Ausgangszustand (z. B. aus einer linearen Rechnung) an, so ergibt sich mit

$$\underline{\mathbf{U}}_1 = \underline{\mathbf{K}}(\underline{\mathbf{U}}_0)^{-1} \cdot \underline{\mathbf{P}} \tag{10.3}$$

ein erster Näherungswert, der durch sukzessives Einsetzen in

$$\underline{U}_n = \underline{K}\left(\underline{U}_{n-1}\right)^{-1} \cdot \underline{P} \tag{10.4}$$

weiter verbessert werden kann. Die Iteration wird gewöhnlich abgebrochen, wenn die Zustandsänderungen gemäß

$$\left|\underline{U}_n - \underline{U}_{n-1}\right| \leq ß \cdot \Delta\underline{U} \quad \text{(wobei } ß \ll 1\text{)} \tag{10.5}$$

klein sind. Demzufolge wird $\underline{U}_n$ als Lösung des Gleichungssystems angesehen.

- Das *Iterationsverfahren* nach *Newton-Raphson* geht davon aus, daß mit $\underline{U} = \underline{U}_n$ eine stetige Näherungslösung für $\underline{\Phi}\left(\underline{U}_n\right)$ vorliegt und mit einer nach dem ersten Glied abgebrochenen *Taylorschen Reihenentwicklung*

$$\underline{\Phi}\left(\underline{U}_{n+1}\right) \equiv \underline{\Phi}\left(\underline{U}_n\right) + \left(\frac{\partial \underline{\underline{\Phi}}}{\partial \underline{U}}\right)_n \cdot \Delta\underline{U}_n = \underline{0} \tag{10.6}$$

eine bessere Lösung gefunden werden kann. Hierin bezeichnet

$$\frac{\partial \underline{\underline{\Phi}}}{\partial \underline{U}} \equiv \frac{\partial \underline{R}\left(\underline{U}\right)}{\partial \underline{U}} = \underline{K}_T\left(\underline{U}\right) \tag{10.7}$$

die sog. Tangentensteifigkeitsmatrix; diese kann weiter auch benutzt werden, die Schrittweite (folgt aus Gl. (10.6)) des Lösungsverfahrens

$$\Delta\underline{U}_n = -\left(\frac{\partial \underline{\underline{\Phi}}}{\partial \underline{U}}\right)_n^{-1} \cdot \underline{\Phi}\left(\underline{U}_n\right) \equiv -\underline{K}_T\left(\underline{U}_n\right)^{-1} \cdot \underline{\Phi}\left(\underline{U}_n\right) . \tag{10.8}$$

zu steuern.

Als Nachteil beider Lösungsverfahren gilt, daß in jedem Iterationsschritt die Steifigkeitsmatrix neu bestimmt und ein lineares Gleichungssystem gelöst werden muß. Um diesen Aufwand zu reduzieren, wird meist programmtechnisch ein *modifiziertes Newton-Raphson-Verfahren* realisiert, bei dem mit einer konstanten Steigung approximiert wird. Diesbezüglich wird die Tangentensteifigkeitsmatrix auf den Ausgangszustand

$$\underline{K}_T\left(\underline{U}_n\right) = \underline{K}_T\left(\underline{U}_o\right) \tag{10.9}$$

fest bezogen. Für die Schrittweitensteuerung ergibt sich somit

$$\Delta \underline{\mathbf{U}}_n = -\underline{\mathbf{K}}_T\left(\underline{\mathbf{U}}_o\right)^{-1} \cdot \underline{\mathbf{\Phi}}\left(\underline{\mathbf{U}}_n\right). \tag{10.10}$$

Es kann jedoch zweckmäßig sein, im Laufe der Iteration die Schrittweite zu ändern, demnach muß eine neue Tangentensteifigkeitsmatrix $\underline{\mathbf{K}}_T\left(\underline{\mathbf{U}}_n\right)$ normiert und in Gl. (10.10) angesetzt werden.

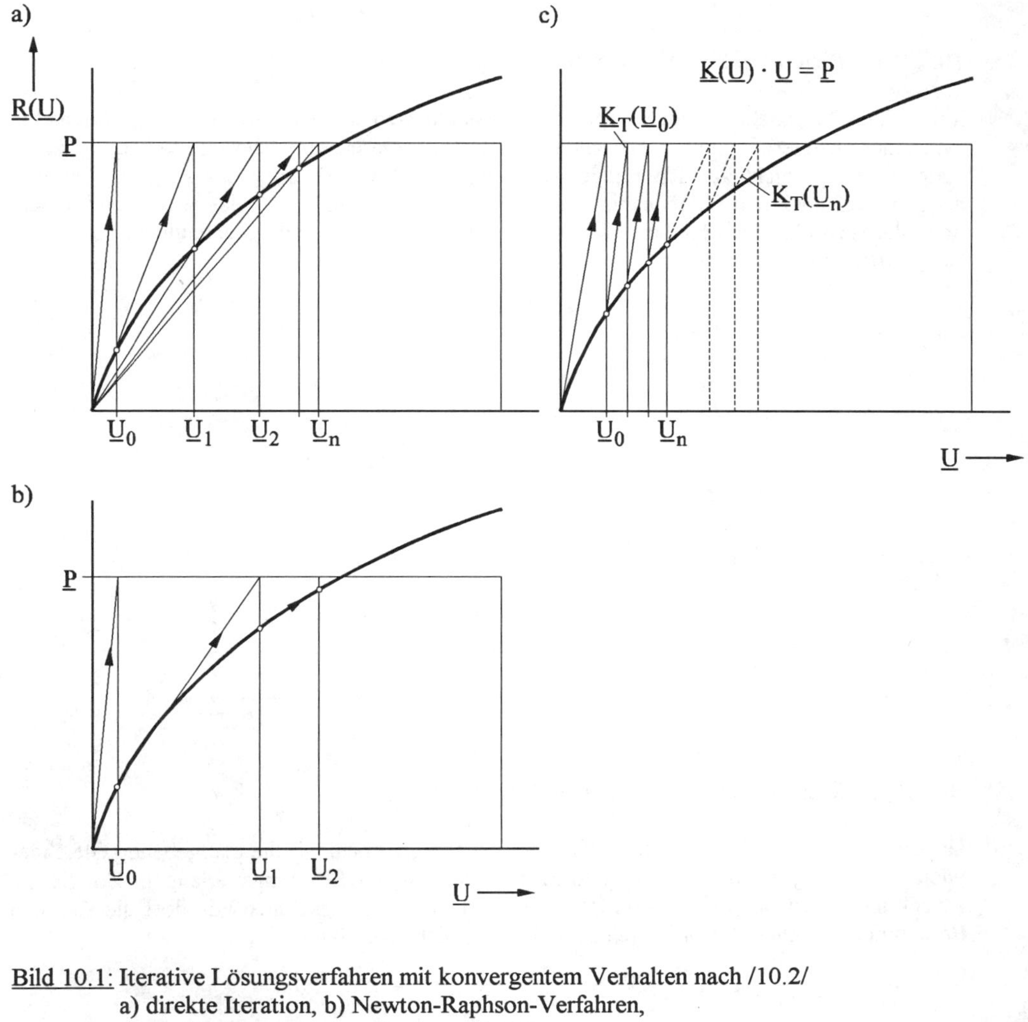

Bild 10.1: Iterative Lösungsverfahren mit konvergentem Verhalten nach /10.2/
a) direkte Iteration, b) Newton-Raphson-Verfahren,
c) modifiziertes Newton-Raphson-Verfahren

Am Konvergenzverhalten wird in etwa deutlich, daß das Newton-Raphson-Verfahren besser und schneller konvergiert als das direkte Iterationsverfahren. Dem Vorteil des modifizierten Netwon-Raphson-Verfahrens mit einer konstanten Tangentensteifigkeitsmatrix arbeiten zu können, steht allerdings oft eine langsame Konvergenz entgegen. Durch die Einführung eines zusätzlichen Überrelaxationsfaktors $\alpha \geq 2$, mit dem der Korrekturwert $\Delta \underline{\mathbf{U}}_n$ multipliziert wird, kann das Konvergieren beschleunigt werden.

Obwohl für die beiden genannten Verfahren konvergentes Verhalten nachgewiesen werden kann, zeigt die Praxis, daß dennoch Fälle auftreten, wo keine Lösung ermittelt werden kann. In derartigen Fällen führen dann *inkrementelle Verfahren* (Euler, Runge-Kutta 2. Ordnung) sicherer zum Ziel.

10.2 Nichtlineares Elastizitätsverhalten

Bei einigen Materialien, wie NE-Metalle und hochfesten Stählen, ist das Materialverhalten mehr oder weniger nichtlinear, weshalb das Hookesche Gesetz entweder nur bedingt gültig ist oder überhaupt nicht zutrifft. Einige derart typische Verläufe zeigt das Bild 10.2. Angenommen sei dabei, daß Bauteile aus diesen Materialien bis zum Buch belastet werden können, ohne daß großflächiges Fließen mit einem unbestimmten Spannungs-Dehnungs-Zusammenhang vorkommt.

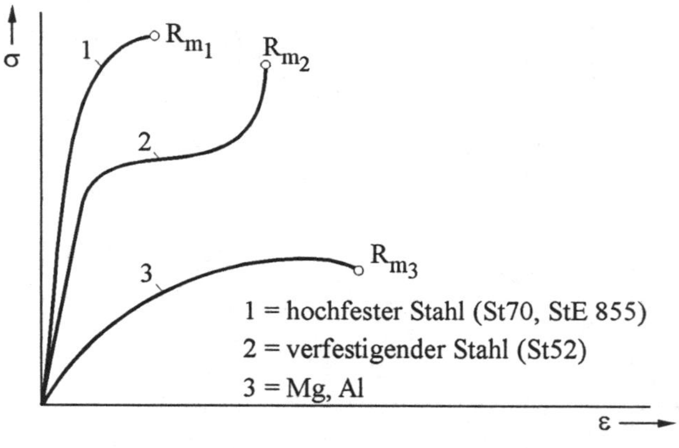

Bild 10.2: Nichtlineare Spannungs-Dehnungsgesetze

Um die auftretende Nichtlinearität erfassen zu können, müssen wir die maßgebende Gleichgewichtsbedingung zustandsabhängig formulieren und deren Erfüllung verlangen. Zu diesem Zweck gehen wir noch einmal zurück zu Kapitel 3.4 und übernehmen von dort die aus dem Prinzip der virtuellen Arbeit hergeleitete Gleichgewichtsbeziehung

$$\int_V \delta \underline{\varepsilon}^t \cdot \underline{\sigma} \, dV = \delta \underline{\mathbf{U}}^t \cdot \underline{\mathbf{P}},$$

woraus

$$\int_V \underline{\mathbf{B}}^t \cdot \underline{\sigma}\, dV - \underline{\mathbf{P}} = \underline{\mathbf{0}} \tag{10.11}$$

folgt.

Da G. (10.11) für jedes Materialverhalten streng gültig ist, nehmen wir hierin die Spannungen nunmehr dehnungsabhängig an zu

$$\underline{\sigma} = \underline{\sigma}(\underline{\varepsilon}), \tag{10.12}$$

womit wieder der Bogen zur Ausgangsgleichung (10.1) geschlagen ist und so auch die dort diskutierten Lösungsverfahren - mit Ausnahme der direkten Iteration - angewandt werden können. Zu diesem Zweck formulieren wir noch einmal die Tangentensteifigkeitsmatrix für diesen Fall zu

$$\underline{\mathbf{K}}_T = \frac{\partial \underline{\mathbf{R}}(\underline{\mathbf{U}})}{\partial \underline{\mathbf{U}}} = \int_V \underline{\mathbf{B}}^t \cdot \frac{\partial \underline{\sigma}(\underline{\varepsilon})}{\partial \underline{\varepsilon}} \cdot \frac{\partial \underline{\varepsilon}}{\partial \underline{\mathbf{u}}} dV = \int_V \underline{\mathbf{B}}^t \cdot \underline{\mathbf{E}}_T \cdot \underline{\mathbf{B}}\, dV, \tag{10.13}$$

worin jetzt mit $\underline{\mathbf{E}}_T = \partial\, \underline{\sigma}(\underline{\varepsilon}) / \partial \underline{\varepsilon}$ der Tangenten-E-Modul eingeführt ist, den man materialabhängig aus dem Spannungs-Dehnungsverlauf bestimmen kann.

Zu dem gezeigten Ansatz werden in der Literatur noch zwei spezielle Modifikationen angeführt, und zwar das Verfahren der sogenannten *Anfangsspannungen* und das Verfahren der *Anfangsdehnungen*. Das *Anfangsspannungsverfahren* geht davon aus, daß das Materialgesetz von Gl. (10.12) auch in der Form

$$\underline{\sigma}(\underline{\varepsilon}) = \underline{\mathbf{E}} \cdot \underline{\varepsilon} + \underline{\sigma}_N \tag{10.14}$$

darzustellen ist und alle Materialnichtlinearitäten durch einen separierten Spannungszustand $\underline{\sigma}_N(\underline{\varepsilon})$ erfaßt werden können. Diesbezüglich hat man es mit einer teillinearen Lösung mit einer konstanten Elastizitätsmatrix $\underline{\mathbf{E}}$ und einem noch auszubalancierenden Kraftterm

$$\underline{\mathbf{R}}_N = \int_V \underline{\mathbf{B}}^t \cdot \underline{\sigma}_N(\underline{\varepsilon}) dV \tag{10.15}$$

zu tun, der gemäß der Gleichgewichtsbedingung zu bestimmen ist.

Das weiter noch angeführte *Anfangsdehnungsverfahren* wird dann benutzt, wenn für ein Material nur der implizierte Zusammenhang $\underline{\varepsilon} = \underline{\varepsilon}(\underline{\sigma})$ zwischen den Verzerrungen und den Spannungen formulierbar ist und insbesondere Dehnungsgrenzen das Versagen eines Bauteils (Rißbildung) kennzeichnen.

Die prinzipielle Berücksichtigung einer Materialnichtlinearität soll das im folgenden dargestellte kleine Beispiel einer Kragscheibe zeigen, dem einmal ein lineares und ein anderes Mal ein nichtlineares Modell zugrunde liegt.

Als Material sei St 52-3 angenommen, von dem im Bild 10.3 das wahre σ-ε-Diagramm aus einer Messung gezeigt sei.

Bis zur Fließgrenze $R_e \approx 400 \, N/mm^2$ liegt rein linear-elastisches Verhalten vor. Danach wird deutlich verfestigendes Verhalten sichtbar. Dieses wird erfaßt, in dem die notwendige Kraft auf den tatsächlichen Querschnitt (veränderlich durch Querkontraktion) bezogen wird. Programmtechnisch wird dieser Verlauf durch Angabe von Zahlenpaaren σ_i, ε_i erfaßt, zwischen denen dann interpoliert werden kann.

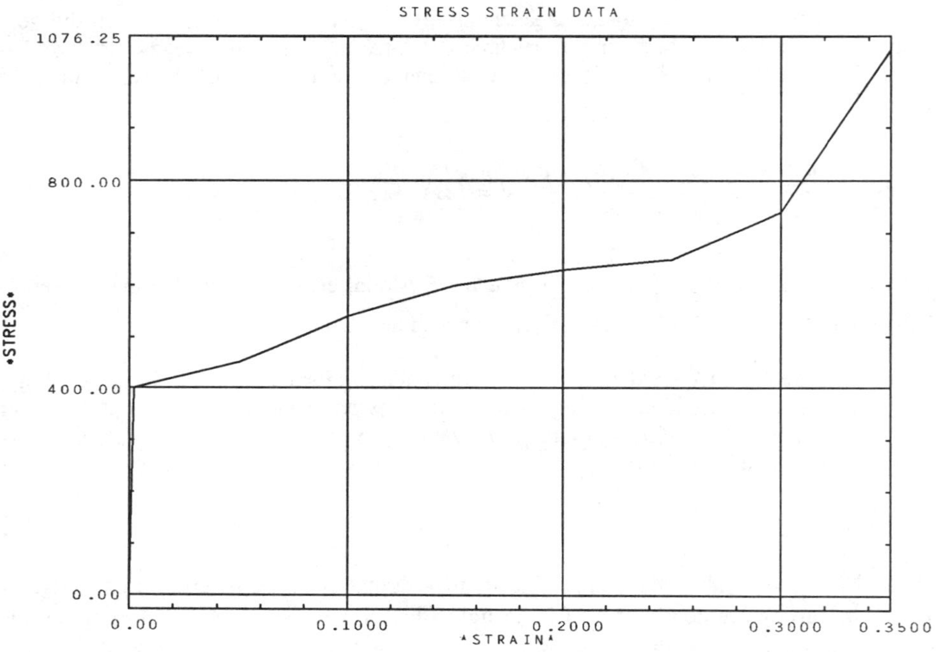

Bild 10.3: Plot der gespeicherten Spannungs-Dehnungskurve von St 52-3

Die Auswertung zweier Rechenläufe zur Kragscheibe zeigt das weitere Bild 10.4 durch Angabe der charakterisierenden Isolinien.

Bei der Annahme linear-elastischem Verhaltens rechnet das Programm entlang der Hookeschen Geraden und weist die folgenden Ergebnisse auf:

$\sigma_{el} = 929 \, N/mm^2$,

$\varepsilon_{el} = 0{,}00399$,

$w_{max_{el}} = 0{,}6 \, mm$.

a) b) c) d)

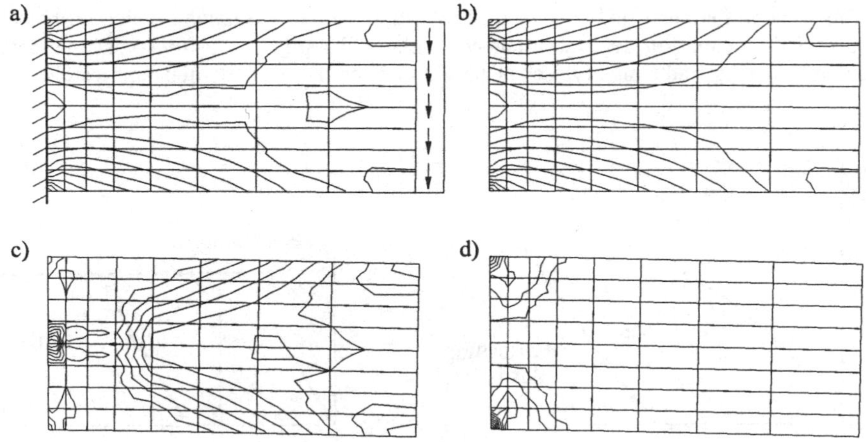

F = 30.000 N, E = 210.000 N/mm2, L = 100 mm, B = 50 mm, T = 10 mm

Bild 10.4: FE-Analyse einer Kragscheibe
a) linear-elastische Spannungsverteilung,
b) zugehörige Dehnungsverteilung,
c) nichtlinear-elastische Spannungsverteilung,
d) entsprechende Dehnungsverteilung

Berücksichtigt man stattdessen das reale Spannungs-Dehnungsverhalten, so führt dies zu den folgenden Ergebnissen:

$$\sigma_{nl} = 557 \text{ N} / \text{mm}^2,$$
$$\varepsilon_{nl} = 0{,}103,$$
$$w_{max_{nl}} = 2{,}43 \text{ mm}.$$

Die Verhältnisse sind somit nicht nur quantitativ, sondern auch qualitativ ganz anders zu bewerten, weshalb in vielen Fällen das tatsächliche Materialverhalten entscheidend für eine Bewertung ist.

10.3 Plastizität

Im Gegensatz zum nichtlinearen Elastizitätsverhalten ist plastisches Verhalten durch einen nicht eindeutigen Spannungs-Dehnungs-Zusammenhang gekennzeichnet. Demgemäß ist Plastizität durch das Auftreten von großen Verzerrungen charakterisiert, die nach einer Bauteilentlastung eingeprägte Verzerrungen konservieren.

Betrachtet man beispielsweise ein Bauteil unter einachsiger Belastung, so gibt ein nichtlineares Materialgesetz noch keine eindeutigen Hinweise auf nichtlinear-elastisches oder plastisches Materialverhalten. Der Unterschied wird erst bei einer Entlastung sichtbar: Bei nichtlinear-elastischem Verhalten fallen Be- und Entlastungskurven zusammen, während bei plastischem Verhalten eine von der Belastungsgeschichte abhängige Entlastungskurve auftritt. Im folgenden Bild 10.5 sind einige typische Charakteristiken dieses Verhaltens dargestellt.

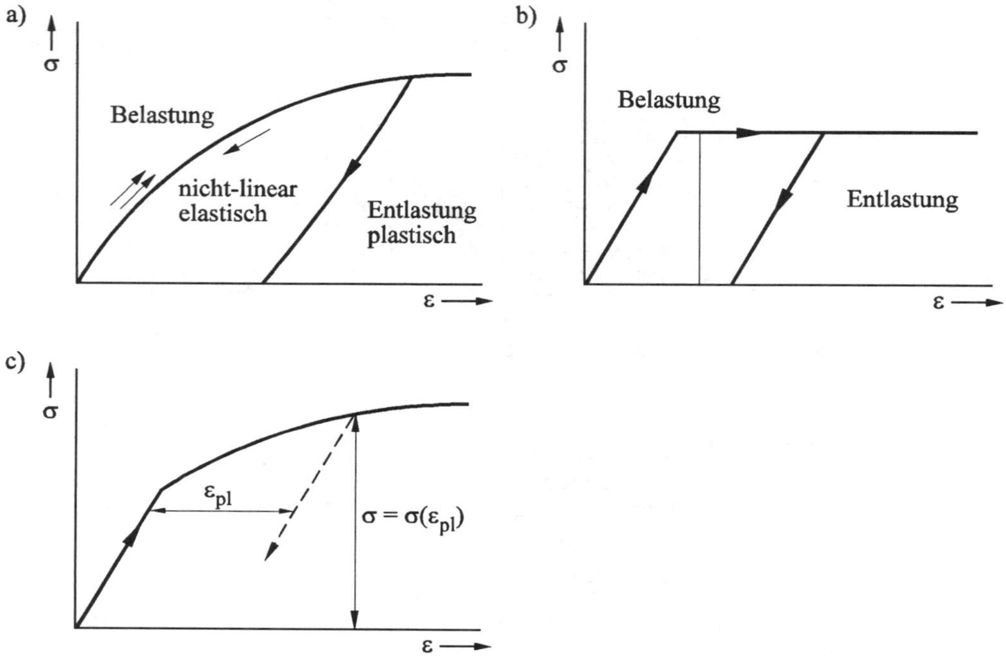

Bild 10.5: Einachsiges Spannungs-Dehnungsverhalten (nach /10.3/)
a) nichtlineares elastisch-plastisches Verhalten,
b) linear elastisch-idealplastisches Verhalten,
c) linear elastisches Verhalten mit Verfestigung im plastischen Bereich

Einige wenige Materialien verhalten sich idealplastisch, d. h., bei einer bestimmten Fließspannung R_e werden die Dehnungen unbegrenzt und unbestimmt anwachsen. Unterhalb der Fließgrenze können entweder linear- oder nichtlinear-elastische Verhältnisse vorkommen. Diese Modellvorstellung ist zwar einfach, jedoch von der Realität weit entfernt, da die klassischen Konstruktionswerkstoffe sich *verfestigend* verhalten, weshalb auch nur dieser Fall hier betrachtet werden soll.

Vor Darlegung des plastischen Rechenalgorithmus sollen zunächst die Vorstellungen des *Fließens* weiter konkretisiert werden:

- Wenn ein einachsiger Spannungszustand (z. B. Zugstab) vorliegt, so ist Fließen einfach abzuschätzen, wie

  $\sigma_1 < R_e$, dann elastische Verhältnisse
  $\sigma_1 = R_e$, dann Fließen.

Bei auftretenden mehrachsigen Spannungszuständen sind die Verhältnisse nicht mehr so übersichtlich, da die Zonen des Fließbeginns nicht sofort eingrenzbar sind. Folgerichtig muß die vorstehende Relation verallgemeinert werden, wozu eine beanspruchungsabhängige Größe F als Funktion des Spannungszustandes und des Verfestigungsexponenten κ herangezogen wird. Weiterhin ist eine Konstante k erforderlich, welche die Widerstandsfähigkeit (in Abhängigkeit von der Fließgrenze) des Werkstoffs beschreibt. Die vorstehende Relation ist demgemäß anzusetzen als

$$F(\underline{\sigma}, \underline{\kappa}) < k \text{, dann elastische Verhältnisse} \tag{10.16}$$

$$F(\underline{\sigma}, \underline{\kappa}) = k \text{, dann plastische Verhältnisse.}$$

- Ohne Führung eines Beweises kann über die Zerlegung der Verzerrungen in elastische und plastische Anteile

$$d\underline{\varepsilon} = d\underline{\varepsilon}_{el} + d\underline{\varepsilon}_{pl} = \underline{E}^{-1} \cdot d\underline{\sigma} + \lambda \frac{\partial F}{\partial \underline{\sigma}} \tag{10.17}$$

und einiger Annahmen (isotroper Werkstoff und Volumenkonstanz) letztlich eine elastoplastische Elastizitätsmatrix

$$\underline{E}^*{}_{el,pl} = \underline{E} - \underline{E} \cdot \left(\frac{\partial^2 F}{\partial \underline{\sigma}^2} \right)^t \cdot \underline{E} \left[- \left(\frac{\partial F}{\partial \underline{\kappa}} \right)^t \cdot \left(\frac{\partial F}{\partial \underline{\sigma}} \right) \cdot \underline{\sigma} + \left(\frac{\partial F}{\partial \underline{\sigma}} \right)^t \cdot \underline{E} \cdot \left(\frac{\partial F}{\partial \underline{\sigma}} \right) \right]^{-1} \tag{10.18}$$

bestimmt werden, mit der wieder ein Spannungs-Verzerrungszusammenhang gegeben ist.

- Für das Einsetzen von Fließen existieren mehrere physikalische Interpretationen, wie beispielsweise die Bedingung nach *v. Mises*

$$F(\underline{\sigma}) = -J_2{}' = k, \tag{10.19}$$

wobei $J_2{}'$ die zweite Invariante des Spannungstensors darstellt. Beim Auftreten eines ebenen Spannungszustandes lautet die Fließbedingung:

$$\sigma_{xx}{}^2 - \sigma_{xx} \cdot \sigma_{yy} + \sigma_{yy}{}^2 + 3\,\tau_{xy}{}^2 = R_e{}^2 \tag{10.20}$$

oder

$$\sigma_1{}^2 - \sigma_1 \cdot \sigma_2 + \sigma_2{}^2 = R_e{}^2, \tag{10.21}$$

entsprechend ergibt sich die Bedingung für den dreiachsigen Spannungszustand

$$\frac{1}{2}\left[\left(\sigma_{xx}-\sigma_{yy}\right)^2+\left(\sigma_{yy}-\sigma_{zz}\right)^2+\left(\sigma_{zz}-\sigma_{xx}\right)^2+6\left(\tau_{xy}{}^2+\tau_{yz}{}^2+\tau_{zx}{}^2\right)\right]=R_e{}^2 \tag{10.22}$$

oder

$$\frac{1}{2}\left[\left(\sigma_1-\sigma_2\right)^2+\left(\sigma_2-\sigma_3\right)^2+\left(\sigma_3-\sigma_1\right)^2\right]=R_e{}^2 \tag{10.23}$$

Die Deutung dieser Bedingungen zeigt Bild 10.6. Im ebenen Fall handelt es sich dabei um eine Ellipse und im räumlichen Fall um einen Zylinder.

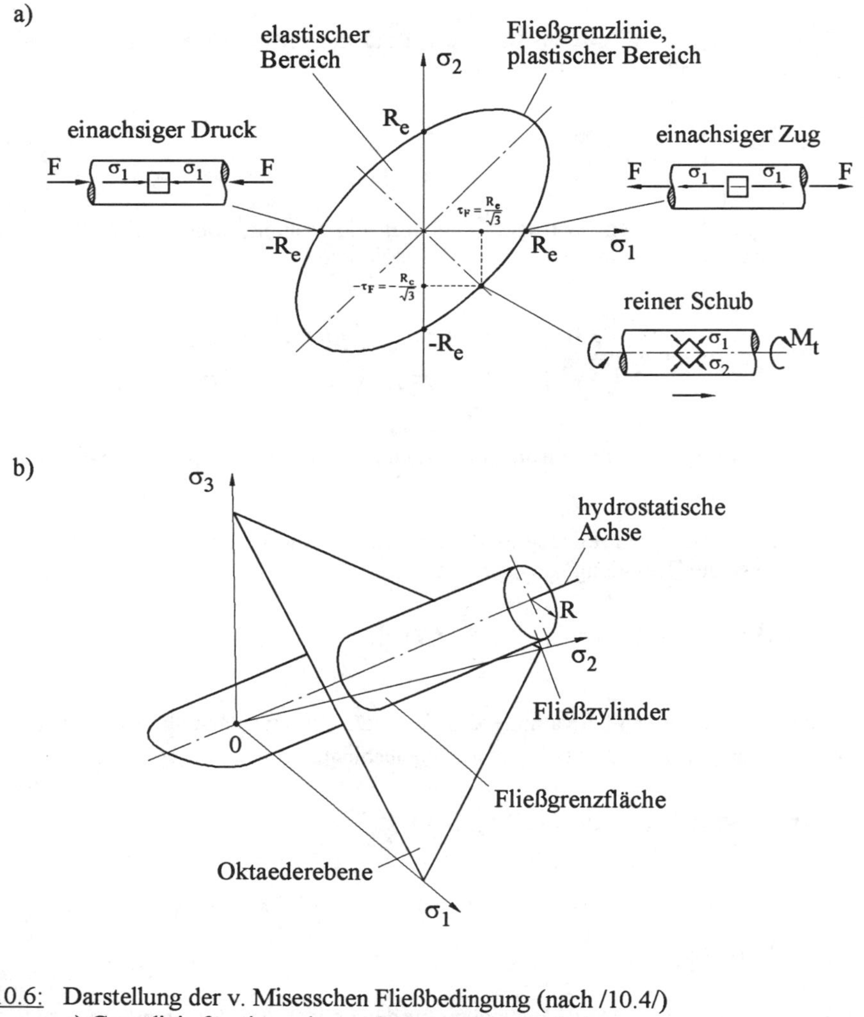

Bild 10.6: Darstellung der v. Misesschen Fließbedingung (nach /10.4/)
a) Grenzlinie für einen ebenen Spannungszustand,
b) Fließgrenzfläche für einen räumlichen Spannungszustand

Eine weitere Fließbedingung geht auf *Tresca* zurück und ist wie folgt definiert:

$$T(\sigma_1, \sigma_2, \sigma_3) = \tau_{max} = k = \tau_{krit} . \tag{10.24}$$

Sowohl v. Mises wie auch Tresca werden bevorzugt für die Metallplastifizierung zugrunde gelegt.

Der Rechenalgorithmus beruht wie zuvor beschrieben darauf, das Gleichgewicht zwischen äußeren und inneren Kräften herzustellen. Dies muß in einem iterativen Prozeß erfolgen, und zwar wie folgt:

$$\underline{\mathbf{P}}_n^{m+1} = \int_V \underline{\mathbf{B}}^t \cdot \underline{\sigma}_n^{m+1} \, dV \tag{10.25}$$

mit

$$\underline{\sigma}_n^{m+1} = \underline{\sigma}_{n-1}^m + \Delta\underline{\sigma}_{n-1}^m . \tag{10.26}$$

Der Index m zählt hierbei die Iterationen und der Index n den Zustand. Der Zustand entsteht dadurch, daß am einfachsten das Werkstoffgesetz diskret über Paare $(\sigma_i, \varepsilon_i)$ beschrieben wird. In diesem Fall kann zwischen zwei Zuständen $(\sigma_i, \varepsilon_i; \sigma_j, \varepsilon_j)$ eine Tangenten-Elastizitätsmatrix

$$\underline{\mathbf{E}}_{T\,n-1} = \underline{\mathbf{E}}_{el,pl} (\sigma_n, \varepsilon_n; \sigma_{n-1}, \varepsilon_{n-1}) \tag{10.27}$$

bestimmt werden, die wiederum die Berechnung eines zweckmäßigen Spannungszuwachses

$$\Delta\underline{\sigma}_{n-1}^m = \underline{\mathbf{E}}_{T\,n-1} \cdot \Delta\underline{\varepsilon}_{n-1}^m \tag{10.28}$$

ermöglicht. In der Praxis sind derartige iterative Rechnungen immer sehr aufwendig, da das Gleichungssystem für jeden Iterationsschritt und Zustand neu gelöst werden muß.

10.4 Geometrische Nichtlinearität

In den vorausgegangenen Kapiteln haben wir bei allen Problemen stillschweigend unterstellt, daß in den betrachteten Körpern sowohl die Verschiebungen wie auch die Verzerrungen klein sind. Für ein finites Element bedeutet dies, daß man während des gesamten Belastungsvorganges eine sich nicht wesentlich verändernde Geometrie annehmen kann, für die dann eben ein linearer Verschiebungsansatz maßgebend ist. Bei vielen Praxisproblemen treffen diese Voraussetzungen aber so nicht zu, sondern es treten oft große Verschiebungen mit kleinen Verzerrungen auf. Typisch hierfür sind Stabilitätsprobleme bei Stäben, Balken und Platten.

Völlig unabhängig von diesem Verhalten muß aber natürlich wieder die Gleichgewichtsgleichung in jedem betrachteten Zustand gelten. In Abweichung zu den bereits diskutierten Gleichungen gilt es jetzt aber, einen anderen Zusammenhang zwischen den Verschiebungen und Verzerrungen zu berücksichtigen. Wir wollen diesen hier in der Form

$$\underline{\Phi}(\underline{\mathbf{U}}) = \int_V \hat{\underline{\mathbf{B}}}^t \cdot \hat{\underline{\sigma}} \, dV - \underline{\mathbf{P}} = \underline{\mathbf{0}} \tag{10.29}$$

einführen. Mit dem Dach über der $\hat{\underline{\mathbf{B}}}$-Matrix und über dem Spannungsvektor $\hat{\underline{\sigma}}$ sei wieder die funktional-nichtlineare Abhängigkeit dieser Größen hervorgehoben. Insbesondere ergibt sich jetzt die Abhängigkeit bei der Verschiebungs-Verzerrungsmatrix als

$$\partial\underline{\varepsilon} = \hat{\underline{\mathbf{B}}}(\underline{\mathbf{u}}) \cdot \partial\underline{\mathbf{d}} . \tag{10.30}$$

Für das nachfolgende Lösungsverfahren erweist es sich als problemgerechter, die $\hat{\underline{\mathbf{B}}}$-Matrix in zwei Anteile aufzuspalten, und zwar in wie folgt:

$$\hat{\underline{\mathbf{B}}}(\underline{\mathbf{u}}) = \underline{\mathbf{B}} + \underline{\mathbf{B}}_N(\underline{\mathbf{u}}) . \tag{10.31}$$

Hierin gibt $\underline{\mathbf{B}}$ die alte aus der linearen Rechnung (siehe z. B. Gl. (7.16)) bekannte Abhängigkeit wieder, während in $\underline{\mathbf{B}}_N$ die nichtlineare Abhängigkeit separiert ist.

Die Lösung von Gl. (10.29) muß wieder iterativ erfolgen; wir wählen hierzu zweckmäßigerweise das Newton-Raphson-Verfahren. Zur Aufbereitung des Verfahrens bilden wir zunächst die nach Gl. (10.7) erforderliche Ableitung

$$\partial\underline{\Phi} = \left[\int_V \partial\hat{\underline{\mathbf{B}}}^t \cdot \hat{\underline{\sigma}} \, dV + \int_V \hat{\underline{\mathbf{B}}}^t \cdot \partial\hat{\underline{\sigma}} \, dV \right] \partial\underline{\mathbf{U}} \equiv \underline{\mathbf{K}}_T \cdot \partial\underline{\mathbf{U}} . \tag{10.32}$$

Weiter ist dazu noch die Spannungsableitung als

$$\partial\underline{\sigma} = \underline{\mathbf{E}} \cdot \hat{\underline{\mathbf{B}}} \cdot \partial\underline{\mathbf{d}} \tag{10.33}$$

und die abgeleitete Verschiebungs-Verzerrungsmatrix

$$\partial\hat{\underline{\mathbf{B}}} = \partial\underline{\mathbf{B}}_N \tag{10.34}$$

nötig. Setzen wir dies vorstehend ein, so folgt

$$\frac{\partial \Phi}{\partial \underline{U}} = \left[\int_V \partial \underline{B}_N^{\;t} \cdot \hat{\underline{\sigma}} \, dV + \underbrace{\int_V \hat{\underline{B}} \cdot \underline{E} \cdot \hat{\underline{B}} \, dV}_{\hat{\underline{K}}} \, \partial \underline{d} \right] . \tag{10.35}$$

Im zweiten Term dieser Gleichung erkennen wir die typische Bauform einer Steifigkeit. Werten wir diesen Term nun aus, so führt dies zu

$$\begin{aligned} \hat{\underline{K}} &= \int_V \underline{B}^t \cdot \underline{E} \cdot \underline{B} \, dV + \int_V \underline{B}^t \cdot \underline{E} \cdot \underline{B}_N \, dV + \int_V \underline{B}_N^{\;t} \cdot \underline{E} \cdot \underline{B} \, dV + \int_V \underline{B}_N^{\;t} \cdot \underline{E} \cdot \underline{B}_N \, dV \\ &= \underline{K} + \underline{K}_N . \end{aligned} \tag{10.36}$$

Mit $\underline{K}$ finden wir die uns schon bekannte lineare Steifigkeitsmatrix wieder, und mit $\underline{K}_N$ kann eine neue Matrix (Initialverschiebungsmatrix) abgespalten werden, die die großen Verschiebungen erfaßt. Des weiteren soll aber auch noch der erste Term von Gl. (10.35) betrachtet werden, der die Form einer Kraft aufweist. Diesen wollen wir folgendermaßen umformen

$$\int_V \partial \underline{B}_N^{\;t} \cdot \hat{\underline{\sigma}} \, dV = \underline{K}_\sigma \cdot \partial \underline{d} . \tag{10.37}$$

Die hierin zusätzlich zu definierende Matrix $\underline{K}_\sigma$ (Initialspannungsmatrix) ist somit spannungs- und damit zustandsabhängig.

Nach dieser Zwischenbetrachtung können wir die Gl. (10.32) zweckmäßiger schreiben als

$$\partial \underline{\Phi} = \left(\underline{K} + \underline{K}_\sigma + \underline{K}_N \right) \cdot \partial \underline{U} \equiv \underline{K}_T \cdot \partial \underline{U} \tag{10.38}$$

und alle Steifigkeitsanteile zur Tangentialsteifigkeitsmatrix zusammenfassen, somit sind wieder die Voraussetzungen für eine iterative Lösung gegeben.

10.5 Instabilitätsprobleme

Als eine bekannte Anwendung der geometrisch nichtlinearen Theorie gelten speziell die Instabilitätseffekte, so wie sie bei schlanken Stäben oder dünnen Blechen (s. hierzu auch Kapitel 7.3.6) unter Drucklasten auftreten. Da wir hier nur einen Überblick über finite Formulierungsmöglichkeiten geben wollen, beschränken wir uns in der theoretischen Darlegung auf die bekannten Eulerschen Knickfälle von stabartigen Konstruktionen. Um dabei die Analogie zur elementaren Mechanik zeigen zu können, gehen wir von dem im Bild 10.7 gezeigten schlanken Druckstab bzw. Balken aus.

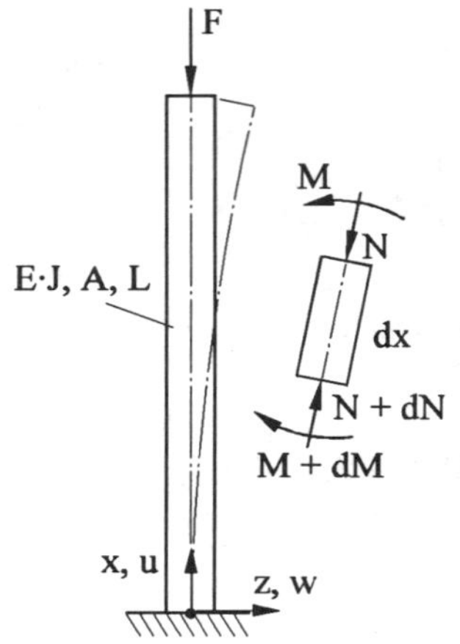

Bild 10.7: Druckstab zum Eulerfall I

Unter der Wirkung der äußeren Kraft und ab einer bestimmten Lasthöhe biegt bekanntlich der Stab zu einer anderen Gleichgewichtslage aus. Da das Erreichen von Gleichgewichtslagen über das Prinzip der virtuellen Arbeit bestimmbar ist, können wir auch hier von dieser Ersatzgleichgewichtsbedingung ausgehen.

Für den zuvor gezeigten Biegefall bestimmen wir zunächst mit

$$\sigma_{xx} = -\frac{F}{A} - E \cdot z \cdot w'' \tag{10.39}$$

die auftretende Normalspannung und mit

$$\delta\varepsilon_{xx} = -z \cdot \delta w'' \tag{10.40}$$

die Dehnung in einer Faser. Damit läßt sich die innere virtuelle Formänderungsarbeit wie folgt ansetzen zu

$$\delta W_i = \int_V \sigma_{xx} \cdot \delta\varepsilon_{xx} \, dV = \int_0^L \int_A \left(\frac{F}{A} + E \cdot z \cdot w'' \right) z \cdot \delta w'' \cdot dA \cdot dx \approx \int_0^L E \cdot J_y \cdot w'' \cdot \delta w'' \cdot dx \, . \tag{10.41}$$

Hierin ist mit

$$\int_A z^2 \, dA = J_y$$

das Flächenträgheitsmoment eingesetzt worden.

In der konventionellen Theorie der Knickung wird gewöhnlich die Arbeit der wirkenden Druckkräfte vernachlässigt, weshalb Gl. (10.41) auch auf eine gute Abschätzung ausschließlich aus Biegung reduziert werden kann. Weiterhin setzen wir mit

$$\delta W_a = F \cdot \delta u \tag{10.42}$$

die virtuelle Arbeit der äußeren Einzelkraft an. Hierin geht mit δu die geometrische Verkürzung (s. Bild 10.8) eines Balkeninkrements durch die Biegeauslenkung ein. Diese bestimmt sich aus einem Streckenvergleich zu

$$\begin{aligned} u &= dL - dx = \sqrt{dx^2 + (w')^2 \cdot dx^2} - dx = dx\sqrt{1 + (w')^2} - dx = \\ &= \left[\sqrt{1 + (w')^2} - 1 \right] dx \approx \frac{1}{2}(w')^2 \cdot dx \end{aligned} \tag{10.43}$$

bzw.

$$\delta u = \left[\frac{1}{2}(w' + \delta w')^2 - \frac{1}{2}(w')^2 \right] dx \approx w' \cdot \delta w' \cdot dx \,. \tag{10.44}$$

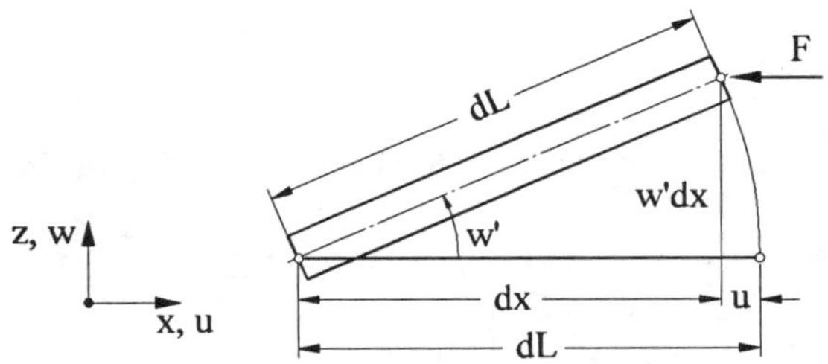

Bild 10.8: Bestimmung der geometrischen Verkürzung eines Balkenelementchens

Substituieren wir nun diese Größe in Gl. (10.42), so findet man für die äußere virtuelle Arbeit

$$\delta W_a = \int_o^L F \cdot w' \cdot \delta w' \cdot dx \,. \tag{10.45}$$

Für den Fall des Gleichgewichts fordern wir also

$$E \cdot J_y \int_o^L w'' \cdot \delta w'' \cdot dx = F \int_o^L w' \cdot \delta w' \cdot dx \,. \tag{10.46}$$

Wir übertragen jetzt den vorstehend entwickelten Lösungsweg auf ein geeignetes FE-Modell und führen in Gl. (10.46) wieder den für eine Idealisierung mit *Balken*-Elementen relevanten Verschiebungsansatz bzw. die entsprechenden Ableitungen als

$$\begin{aligned} \delta w' &= \underline{\mathbf{G}}' \cdot \delta \underline{\mathbf{d}} \\ \delta w'' &= \underline{\mathbf{G}}'' \cdot \delta \underline{\mathbf{d}} \end{aligned} \tag{10.47}$$

ein. Somit liegt folgende Gleichung vor

$$\left[E \cdot J_y \int_o^L \underline{\mathbf{G}}''^t \cdot \underline{\mathbf{G}}'' dx - F \int_o^L \underline{\mathbf{G}}'^t \cdot \underline{\mathbf{G}}' \, dx \right] \underline{\mathbf{d}} = \underline{\mathbf{0}} \,, \tag{10.48}$$

die wir nun interpretieren wollen zu

$$\left(\underline{\mathbf{K}} + \underline{\mathbf{K}}_N \right) \cdot \underline{\mathbf{U}} = \underline{\mathbf{0}} \,. \tag{10.49}$$

Hierin bezeichnet $\underline{\mathbf{K}}$ die uns schon bekannte linear-elastische Steifigkeitsmatrix, und $\underline{\mathbf{K}}_N$ bezeichnet die sogenannte geometrische Steifigkeitsmatrix (nichtlinearer Anteil) auf Gesamtstrukturebene. Die Summe aus beiden Matrizen können wir wieder zur Tangentensteifigkeitsmatrix

$$\underline{\mathbf{K}}_T = \underline{\mathbf{K}} + \underline{\mathbf{K}}_N \tag{10.50}$$

zusammenfassen.

Für ein Balken-Element haben wir schon im Kapitel 5.33 die *Biegesteifigkeitsmatrix* zu

$$\underline{\mathbf{k}} = \frac{E \cdot J_y}{L^3} \begin{bmatrix} 12 & -6L & -12 & -6L \\ & 4L^2 & 6L & 2L^2 \\ & & 12 & 6L \\ & & & 4L^2 \end{bmatrix}$$

erstellt. Unter Benutzung der Balkenansatzfunktionen erhält man entsprechend die *geometrische Balkensteifigkeitsmatrix* aus Gl. (10.48) zu

$$\underline{\mathbf{k}}_N = -\frac{F}{30L} \begin{bmatrix} 36 & -3L & -36 & -3L \\ & 4L^2 & 3L & -L^2 \\ & & 36 & 3L \\ & & & 4L^2 \end{bmatrix}. \tag{10.51}$$

F ist hier als Druckkraft angesetzt. Nach geeignetem Zusammenbau ist die vorstehende Gl. (10.49) zu lösen. Eine nichttriviale Lösung erhält man aber nur für $\underline{\mathbf{U}} \neq 0$ aus der Gleichung

$$\det\left(\underline{\mathbf{K}} + \underline{\mathbf{K}}_N\right) = \underline{\mathbf{0}}. \tag{10.52}$$

Wird diese Gleichung fallspezifisch (d. h. unter Berücksichtigung der Randbedingungen) aufgelöst, so kann zunächst die kritische Knicklast F_{krit} und danach die Knickform zufolge $\underline{\mathbf{U}}_o$ durch Einsetzen der Kraft in Gl. (10.49) bestimmt werden.

Die Bestätigung dieses Lösungsverfahrens wollen wir am Euler-Fall II des knickbelasteten Stabes von Bild 10.9 zeigen. Nach Euler kann das Biegeknickproblem durch die DGL

$$w'' + \mu^2 \cdot w = 0 \tag{10.53}$$

mit

$$\mu^2 = \frac{F}{E \cdot J} \tag{10.54}$$

beschrieben werden. Der bekannte Lösungsansatz hierfür ist

$$w(x) = C_1 \cdot \cos \mu \cdot x + C_2 \cdot \sin \mu \cdot x . \tag{10.55}$$

Über die Randbedingungen (beispielsweise w(o) = 0, w(L) = 0) führt dies zu dem Eigenwertproblem

$$\sin(\mu \cdot L_K) = 0 , \tag{10.56}$$

welches nur durch die ganzzahlige Lösung

$$\mu \cdot L_K = n \cdot \pi , \qquad n = 1, 2, 3, 4, \ldots \tag{10.57}$$

befriedigt werden kann. Setzt man in diese Gleichung wieder den Faktor μ ein, so folgt daraus für die kritischen Lasten

$$F_{krit_n} = \frac{n^2 \cdot \pi^2}{{L_K}^2} E \cdot J . \tag{10.58}$$

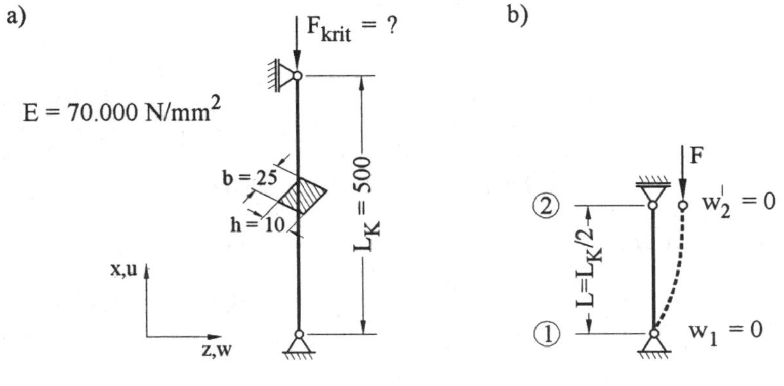

Bild 10.9: Knickstab zum Euler-Fall II und minimales FE-Modell

Im umseitigen Bild 10.10 sind für das vorstehende Beispiel verschiedene FE-Modelle und deren kritische Lasten als Ergebnis des Eigenwertproblems nach Gl. (10.52) im Vergleich zur analytischen Lösung nach Gl. (10.58) gezeigt. Man kann dabei unterstellen, daß die analytische Lösung die realen Verhältnisse weitestgehend gut trifft.

Die einfachste FE-Lösung beruht hierbei unter Nutzung der Symmetrie auf ein Halbmodell und führt mit Gl. (10.52) zur charakteristischen Gleichung

$$\det\left|\underline{\underline{K}} + \underline{\underline{K}}_N\right| = \left\|\begin{matrix} 8\lambda \cdot L - \dfrac{F \cdot L}{15} & 24\lambda - \dfrac{F}{10} \\ 24\lambda - \dfrac{F}{10} & \dfrac{96\lambda}{L} - \dfrac{12F}{5L} \end{matrix}\right\| = 0 \quad \text{mit } \lambda = \frac{E \cdot J}{L^2} \tag{10.59}$$

bzw.

$$F_{krit_{1,3}} = \frac{208 \pm \sqrt{31.744}}{3} \cdot \lambda \quad \text{oder} \quad \begin{aligned} F_{krit_1} &= 5.800{,}6 \text{ N} \\ F_{krit_3} &= 75.088{,}4 \text{ N} \end{aligned}$$

	F_{krit} [N]					
	analytische Lösung n. Gl.(10.58)	1 Element	1 Element + Symmetrie-ausnutzung	2 Elemente	4 Elemente	8 Elemente
Modell / Eigenwert n			w'=0 			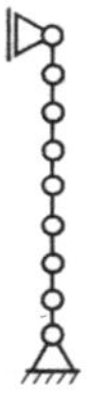
1	5757,3	7000	5800,6	5800,6	5755	5752
2	23029,1	35000	-	28000	23117	22950
3	51815,4	-	75088,4	75088,4	53125	51500

Bild 10.10: Vergleich einer analytischen Lösung mit FE-Lösungen eines Stabilitätsproblems

Insofern sind folgende Schlüsse aus der Tabelle zu ziehen:

- Durch ein finites Element können die kritischen Laststufen der Knickkraft auch nicht annähernd richtig wiedergegeben werden.
- Selbst bei der Wahl von zwei finiten Elementen kann nur die erste kritische Last hinreichend genau bestimmt werden, die höheren kritischen Lasten bleiben ungenau.
- Erst durch die Wahl von n > 4 finiten Elementen kommen die kritischen Lasten in eine Größenordnung, die als exakt bezeichnet werden kann.

Bei der Bestimmung von kritischen Knicklasten am Balken ist somit wieder das Konvergenzproblem bezeichnend.

11 Finite-Element-Lösung von Wärmeleitungsproblemen

Schon in der einleitenden Wertung der FE-Methode wurde herausgestellt, daß die Methode nicht nur in der Elastizitätstheorie, sondern auch bei Feldproblemen wie Wärmeleitung, Potentialströmung und Magnetismus anwendbar ist. Da insbesondere die Wärmeleitung im Maschinen- und Fahrzeugbau eine wichtige Rolle spielt, wollen wir in der abschließenden Darstellung auch noch auf die methodische Aufbereitung dieses Problemkreises eingehen.

11.1 Physikalische Grundlagen

Die weiteren Ausführungen sollen auf homogene, metallische Materialien eingeschränkt bleiben. Demzufolge wollen wir unter Wärmeleitung die Ausbreitung von Wärme in Körpern charakterisieren und als einen Austausch von wärmeren mit kälteren Zonen verstehen. Würde bei einem derartigen Austausch nicht laufend neue Wärme zugeführt, so würde ein Ausgleichsvorgang einsetzen, an dessen Ende der gesamte Körper eine einheitliche Temperatur hätte. Während dieses Ausgleichsvorganges ändert sich die Temperatur an jedem Ort des Körpers mit der Zeit. Alle Ausgleichs-, Aufheiz- und Abkühlvorgänge sind demnach *instationäre* Temperaturfeldvorgänge (T(x, y, z; *t*)).

Ändert sich dagegen das Temperaturfeld zeitlich nicht, so hat man es mit einem *stationären* Wärmeleitungsvorgang (T(x, y, z)) zu tun. Ein derartiger Vorgang bedarf somit einer dauernden Wärmezufuhr, wobei der Körper als Energieleiter fungiert.

Das Vordringen eines Wärmestroms (= Wärmemenge/Zeit) in einem Körper ist aber nur möglich, wenn ein Temperaturgefälle vorhanden ist. Der Wärmestrom sucht sich deshalb seinen Weg dort, wo das Temperaturgefälle am steilsten ist. Der Wärmestrom muß darum eine Proportionalität zum Temperaturgradienten*) , zur Größe der Berührungsfläche und zur Wärmeleitfähigkeit λ des Materials aufweisen. Diese Überlegung führt letztlich zur sogenannten *Fourierschen Wärmeleitungsgleichung*

$$\dot{Q} = -\lambda \cdot A \cdot \frac{\partial T}{\partial n}, \tag{11.1}$$

die man auch pro Fläche beziehen und als Wärmestromdichte

$$\dot{q} = \frac{\dot{Q}}{A} = -\lambda \cdot \frac{\partial T}{\partial n} \tag{11.2}$$

angeben kann.

Der ablaufende Vorgang der Wärmeleitung kann mit der Strömung von Wasser durch Kies verglichen werden. Demnach entspricht die *stationäre Wärmeleitung* einer Strömung durch

---

*) Anmerkung: Ein Gradient ist negativ, wenn er vom höheren zum niedrigeren Potential führt. Der Wärmestrom breitet sich infolgedessen in Richtung des negativen Temperaturgradienten aus.

eine *gesättigte* Kiesschicht und die *instationäre Wärmeleitung* einer Strömung durch eine *trockene* Kiesschicht (s. Bild 11.1).

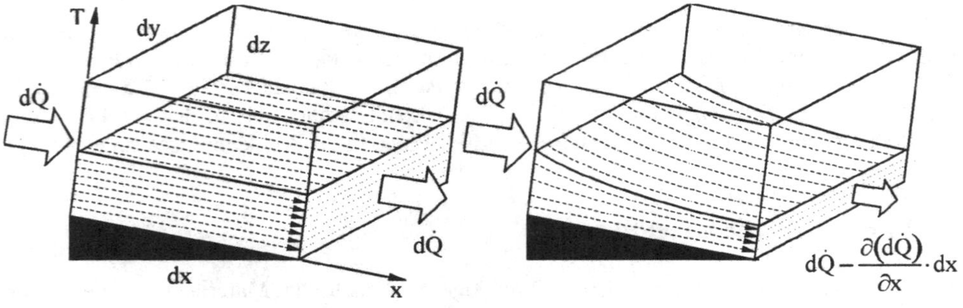

Bild 11.1: Wärmeleitungsanalogon an einem mit Kies gefüllten Behälter (nach /11.1/)
a) stationärer Strömung
b) instationärer Strömung

Die dann bei einer stationären Strömung durch den *Kies* in einer *Zeiteinheit* durchdrungene Wassermenge „$d\dot{Q}$" ist bei dem gezeigten Strömungsprofil proportional zum Gefälle $(\partial T/\partial x)$, zum Querschnitt $(dy \cdot dz)$ und zur Durchlässigkeit (λ)

$$d\dot{Q} = -\lambda \cdot dy \cdot dz \cdot \frac{\partial T}{\partial x} . \tag{11.3}$$

Hingegen wird bei einer instationären Strömung, im Sinne einer Sättigung des trockenen Kieses, in jedem Volumenelement dem durchströmenden Wasser ein Teil entzogen. Übertragen auf die instationäre Wärmeleitung wird also dem Wärmestrom $d\dot{Q}$ auf der Strecke dx dem Volumenelement $dV = dx \cdot dy \cdot dz$ der Anteil $\left[\partial(d\dot{Q})/\partial x\right]$ dx entzogen. Dies ist gleich der Temperaturänderung $\partial T / \partial t$ je Zeiteinheit eines Massenelements $dm = \rho \cdot dx \cdot dy \cdot dz$ mit der spezifischen Wärmekapazität c, also

$$\frac{\partial(d\dot{Q})}{\partial x} dx = dm \cdot c \cdot \frac{\partial T}{\partial t} = \rho \cdot c \cdot dx \cdot dy \cdot dz \cdot \frac{\partial T}{\partial t} . \tag{11.4}$$

Bei Anwendungsproblemen interessiert in der Regel die zeitliche Temperaturänderung $\partial T / \partial t$ an einer bestimmten Stelle im Körper. Diese ergibt sich aus der *Kontinuitätsbedingung* (quasi Gleichgewichtsgleichung), wonach die vom Volumenelement dV aufgenommene Wärmeleistung gleich dem entzogenen Wärmestrom sein muß. Dieser ergibt sich durch Ableitung von Gl. (11.3) zu

$$\frac{\partial\left(d\dot{Q}\right)}{\partial x} dx = \frac{\partial}{\partial x}\left(-\lambda \cdot dy \cdot dz \cdot \frac{\partial T}{\partial x}\right) dx = -\lambda \cdot \frac{\partial^2 T}{\partial x^2} \cdot dx \cdot dy \cdot dz \ , \tag{11.5}$$

woraus sich weiter durch Gleichsetzen mit Gl. (11.4) findet

$$\begin{aligned} \rho \cdot c \cdot dx \cdot dy \cdot dz \cdot \frac{\partial T}{\partial t} &= \lambda \cdot \frac{\partial^2 T}{\partial x^2} \cdot dx \cdot dy \cdot dz \\ \rho \cdot c \cdot \frac{\partial T}{\partial t} &= \lambda \cdot \frac{\partial^2 T}{\partial x^2} . \end{aligned} \tag{11.6}$$

Angemerkt sei noch einmal, daß bisher nur die x-Richtung berücksichtigt ist.

Der nun eintretende Vorzeichenwechsel tritt auf, weil eine im Volumen verbleibende Wärmeleistung einen Gewinn (+), aber für den Wärmeleistungsstrom einen Verlust (-) darstellt.

Da neben einer Erwärmung durch Wärmeleitung mitunter auch noch eine durch innere Wärmequellen erfolgen kann, wollen wir der Vollständigkeit halber jetzt auch eine Wärmequelle einbauen, deren *innere Wärmeleistung* anzusetzen ist mit

$$d\dot{Q}_{V_i} = \phi \cdot \rho \cdot dx \cdot dy \cdot dz \ . \tag{11.7}$$

Darin bezeichnet ϕ die Ergiebigkeit (spezifische Wärmeleistung) einer Wärmequelle. Ergänzen wir damit die vorstehende DGL (11.6), so führt dies zu

$$\rho \cdot c \cdot \frac{\partial T}{\partial t} = \lambda \cdot \frac{\partial^2 T}{\partial x^2} + \dot{q}_{Vi} \ . \tag{11.8}$$

Wir verallgemeinern jetzt diese DGL, indem wir berücksichtigen, daß sich der Wärmeleitungsstrom nicht nur in x-Richtung, sondern in allen drei Raumrichtungen ausbreiten kann. Die *Bilanzgleichung* lautet für diesen Fall:

$$\rho \cdot c \cdot \frac{\partial T}{\partial t} = \left(\underline{\nabla}^t \cdot \underline{\lambda} \cdot \underline{\nabla}\right) \cdot T + \dot{q}_{Vi} \quad ^{*)} \tag{11.9}$$

mit der Wärmeleitfähigkeitsmatrix

$$\underline{\lambda} = \begin{bmatrix} \lambda_x & 0 & 0 \\ 0 & \lambda_y & 0 \\ 0 & 0 & \lambda_z \end{bmatrix} . \tag{11.10}$$

---

*) Anmerkung: Nabla-Operator: $\underline{\nabla} = \begin{bmatrix} \frac{\partial}{\partial x} & \frac{\partial}{\partial y} & \frac{\partial}{\partial z} \end{bmatrix}^t$

Zur Lösung dieser Differentialgleichung bedarf es im weiteren *Randbedingungen* für den Körper und gegebenenfalls *Anfangsbedingungen* für die *Temperatur*.

Im Bild 11.2 ist zunächst ein Körper gezeigt, für den die wesentlichen *Wärmeleitungsrandbedingungen* angedeutet worden sind. Hierzu zählen:

- die *Temperaturbedingung*, d. h. die Temperatur auf der Oberfläche muß in einem Bereich gleich der Umgebungstemperatur sein

$$T_0 = T_\infty . \tag{11.11}$$

und

- die *Wärmestrombedingung*, d. h. ein Wärmestrom auf der Oberfläche pflanzt sich auf der Normalen zur Oberfläche in den Körper hinein fort

$$\lambda \frac{\partial T}{\partial n} = \dot{q}_V . \tag{11.12}$$

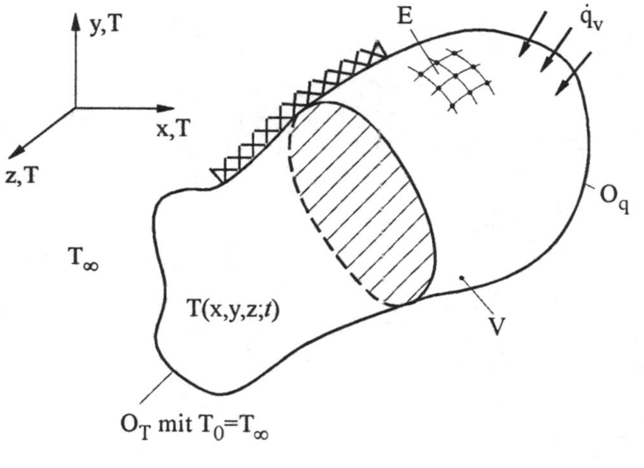

Bild 11.2: Wärmeübertragung an einem Körper (nach /11.2/)

Soll hingegen die *Wärmeübertragung* betrachtet werden, so sind die vorstehenden Randbedingungen zu erweitern, um

- *Temperaturbedingungen* und *Wärmestrombedingungen* in bestimmten Punkten oder auf bestimmten Flächen,
- *Konvektionsbedingungen*,
- *Strahlungsbedingungen*,
- *Wärmekontaktbedingungen*

und

- *Isolierungsbedingungen*.

Eine entsprechende Übersicht hierzu gibt Bild 11.3.

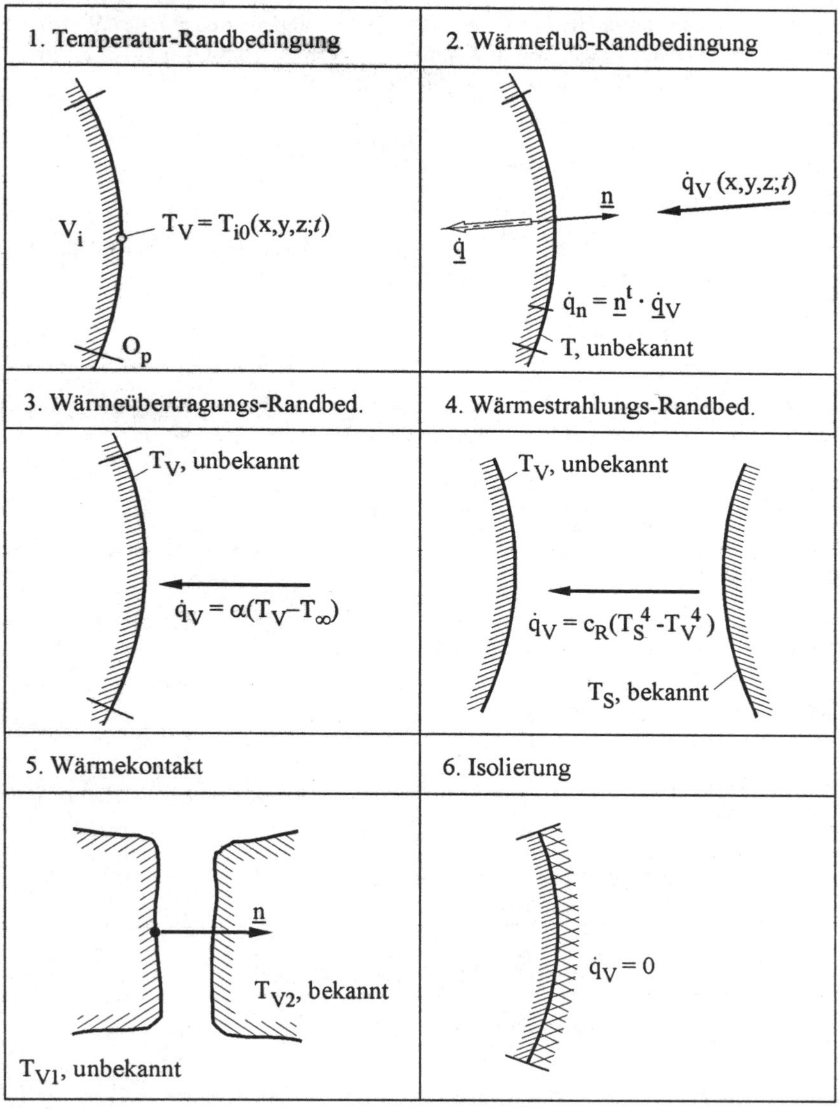

Bild 11.3: Randbedingungen zur Lösung des Wärmeübertragungsproblems

Einzelne Randbedingungen können dabei an Körpern alleine oder in Kombination vorkommen, wodurch eine konventionelle mathematische Lösung äußerst schwierig bis unmöglich ist.

11.2 Diskretisierte Wärmeleitungsgleichung

Im weiteren denken wir uns wieder einen beliebigen Körper in eine Anzahl finiter Elemente unterteilt und wandeln die DGL (11.9) in die finite Grundgleichung für das Wärmeleitungsproblem um. Hierzu machen wir, wie in Kapitel 3 dargestellt, vom Galerkinschen Prinzip Gebrauch und stellen für ein Element das folgende Funktional

$$\int_V \underline{\mathbf{G}}^t \left[\rho \cdot c \cdot \frac{\partial T}{\partial t} - \left(\underline{\nabla}^t \cdot \underline{\lambda} \cdot \underline{\nabla} \right) T \right] dV - \int_V \underline{\mathbf{G}}^t \cdot \dot{q}_V \, dV = \underline{\mathbf{0}} \tag{11.13}$$

auf. Nun machen wir noch in bekannter Weise einen Approximationsansatz für die Temperatur über diskrete Knotentemperaturen, und zwar mit

$$T(x, y, z; t) = \underline{\mathbf{G}}(x, y, z) \cdot \underline{\mathbf{T}}_e(t) \ . \tag{11.14}$$

Hierin bezeichnet wieder $\underline{\mathbf{G}}$ den Ansatzfunktionsvektor und $\underline{\mathbf{T}}_e$ den Knotentemperaturvektor für eine Element. Setzt man jetzt den Ansatz in Gl. (11.13) ein, so erhält man

$$\begin{aligned} &\rho \cdot c \int_V \underline{\mathbf{G}}^t \cdot \underline{\mathbf{G}} \, dV \cdot \dot{\underline{\mathbf{T}}}_e - \int_V \left[\left(\underline{\nabla} \cdot \underline{\mathbf{G}} \right)^t \cdot \underline{\lambda} \cdot \left(\underline{\nabla} \cdot \underline{\mathbf{G}} \right) \right] dV \cdot \underline{\mathbf{T}}_e \\ &- \int_V \underline{\mathbf{G}}^t \cdot \dot{q}_V \, dV = \underline{\mathbf{0}} \end{aligned} \tag{11.15}$$

und hieraus die finite Wärmeleitungsgleichung

$$\underline{\mathbf{c}} \cdot \dot{\underline{\mathbf{T}}}_e - \underline{\mathbf{k}} \cdot \underline{\mathbf{T}}_e - \underline{\mathbf{q}}_e = \underline{\mathbf{0}} \ . \tag{11.16}$$

Mit Gl. (11.15) konnten also alle Vorschriften zur Erstellung einer diskreten Wärmeleitungsgleichung hergeleitet werden.

Wir wollen das Problem jetzt erneut erweitern, indem wir den resultierenden Wärmeflußvektor am Knoten verallgemeinern in

$$\begin{aligned} \underline{\mathbf{q}}_e &= Q_i && \text{(diskreter Wärmefluß am Knoten)} \\ &+ \int_V \underline{\mathbf{G}}^t \cdot \dot{q}_V \, dV && \text{(verteilter Wärmefluß im Volumen)} \\ &+ \int_0 \underline{\mathbf{G}}^t \cdot \dot{q}_0 \, d0 && \text{(verteilter Wärmefluß auf der Oberfläche)} \\ &+ \int_0 \underline{\mathbf{G}}^t \cdot \alpha \cdot T_\infty \, d0 && \text{(Konvektionseffekte)} \end{aligned} \tag{11.17}$$

Unter der Annahme, daß homogene isotrope Körper vorliegen, kann Gleiches κ = konst. (spezif. Wärme/Volumen) und λ = konst. für alle Richtungen angesetzt werden. Hiermit kann nunmehr definiert (s. auch /11.3/) werden:

– die *Wärmekapazitätsmatrix*

$$\underline{c} = \kappa \int_V \underline{G}^t \cdot \underline{G} \, dV \qquad \text{mit } \kappa = \rho \cdot c \tag{11.18}$$

und

– die *Wärmeleitungsmatrix*

$$\underline{k} = \lambda \int_V \left(\underline{\nabla} \cdot \underline{G}\right)^t \cdot \left(\underline{\nabla} \cdot \underline{G}\right) dV + \alpha \int_0 \underline{G}^t \cdot \underline{G} \, d0 \; . \tag{11.19}$$

Den weiteren Anteil in der Wärmeleitungsmatrix erhält man dabei durch Einarbeitung des Wärmeübergangs, der weiterhin zwischen einem Gas oder Flüssigkeit und einem Körper bestehen kann. Der Wärmestrom hat dabei an der Grenzfläche einen Übergangswiderstand (α = Wärmeübergangszahl) zu überwinden.

Nachdem alle Beziehungen auf Elementebene gegeben sind, muß man sich wieder dem Zusammenbau zu einem Körpermodell zuwenden. Es sei im weiteren angenommen, daß die verwendeten Elementgeometrien (Knotenanordnungen) die gleiche Form haben, wie die in der Elastostatik oder Elastodynamik verwendeten Elemente, so daß auch der Zusammenbau-Algorithmus den schon in Kapitel 3 aufgestellten Regeln gehorcht. Die Besonderheit dabei ist nur, daß jetzt pro Knoten mit der Temperatur nur eine Unbekannte vorliegt. Führt man den Zusammenbau damit entsprechend durch, so führt dies zu

$$\underline{C} \cdot \dot{\underline{T}} - \underline{K} \cdot \underline{T} = \underline{Q} \; , \tag{11.20}$$

welches also die Systemgleichung des *instationären Wärmeleitungsproblems* darstellt.

Verschwindet hierin der transiente Anteil, so reduziert sich Gl. (11.20) auf das *stationäre Wärmeleitungsproblem*

$$\underline{K} \cdot \underline{T} = \underline{Q} \; . \tag{11.21}$$

Wie in der nachfolgenden Tafel des <u>Bild 11.4</u> deutlich wird, gibt es dabei von der Problemformulierung eindeutige Analogien zur mechanischen Bauteilanalyse, welches sowohl für die Matrizen wie auch die physikalischen Konstanten gilt.

Temperaturanalyse		Verschiebungsanalyse	
DGL-System:		DGL-System:	
$\underline{C} \cdot \underline{\dot{T}} - \underline{K} \cdot \underline{T} = \underline{Q}$		$\underline{M} \cdot \underline{\ddot{U}} + \underline{K} \cdot \underline{U} = \underline{P}$	
mit		mit	
$\underline{T}$	Knotenpunkt-Temperatur	$\underline{U}$	Knotenpunkt-Verschiebungen
$\underline{Q}$	Knotenpunkt-Wärmeflüsse	$\underline{P}$	Knotenpunkt-Kräfte
$\underline{K}$	Wärmeleitungsmatrix	$\underline{K}$	Steifigkeitsmatrix
$\underline{C}$	Wärmekapazitätsmatrix	$\underline{M}$	Massenmatrix
λ	Wärmeleitfähigkeit	E	Elastizitätsmatrix
κ	spez. Wärme je Volumen	ρ	Dichte
α	Wärmeübergangskoeffizient	c	Federkonstante

Bild 11.4: Zusammenhänge zwischen dem Wärmeleitungsproblem und der elasto-mechanischen Analyse

Neben den schon angedeuteten Formulierungsmöglichkeiten bei Wärmeleitungsproblemen können in der Praxis auch noch *stationäre nichtlineare Probleme* mit einer temperaturabhängigen Wärmeleitungsmatrix $\underline{K}(T)$ und einem temperaturabhängigen Wärmefluß $\underline{Q}(T)$ vorkommen. Dieser Aufgabentyp sei aber hier ausgeklammert.

11.3 Lösungsverfahren

Die Lösungsprinzipien für die zuvor diskutierten Problemkreise weichen nur in einigen Punkten von den zuvor in der Elastostatik diskutierten Strategie ab, so daß wir uns hier mit ein paar prinzipiellen Hinweisen kurzhalten können.

Zunächst sei unterstellt, daß ein im Gleichungssystem und in den Randbedingungen *stationäres Problem* nach Gl. (11.21) vorliegt. Dies ist nach den unbekannten Knotenparametern $\underline{T}$ durch Inversion aufzulösen

$$\underline{T} = \underline{K}^{-1} \cdot \underline{Q} \ . \tag{11.22}$$

An der Bauform der Gleichung ist sofort zu erkennen, daß ein numerisch völlig identisches Problem zu dem elastostatischen Gleichungssystem vorliegt, welches in Kapitel 5.4.5 behandelt wurde. Wir erinnern uns, daß dieses Gleichungssystem nur dann lösbar ist, wenn eine positiv definite Gesamtsteifigkeitsmatrix $\underline{K}$ über entsprechende Randbedingungen erstellt werden konnte. Im Fall der stationären Wärmeleitung weist die Matrizengleichung einen Rangunterschied von eins auf, was für die Invertierung mindestens eine vorgeschriebene Temperatur, z. B. $T_0 = T_\infty$ (Umgebungstemperatur), erforderlich macht. Diese Bezugsetzung ist auch insofern sinnvoll, da sich ein Temperaturzustand immer auf eine Referenztemperatur bezieht.

Liegt die zusätzliche Schwierigkeit einer nichtlinearen Wärmeleitungsmatrix $\underline{\mathbf{K}}(\mathrm{T})$ vor, so kann die vorstehende Gleichung nur iterativ, beispielsweise mit dem schon im Kapitel 10.1 beschriebenen Newton-Raphson-Verfahren, gelöst werden.

Etwas anders erweist sich die Lösungsproblematik bei der *instationären Gleichung* (11.20). In den meisten kommerziell angebotenen FEM-Wärmeleitungsprogrammen wird als Lösungsverfahren die direkte Integration nach der Zeit /11.4/ verwandt, welche ein Temperaturfeld zu unterschiedlichen Zuständen zu bestimmen gestattet. Dazu zerlegt man den Betrachtungszeitraum in eine Anzahl von Zeitinkrementen $\Delta t = t_{i+1} - t_i$ mit $t = 0, t_1 \cdots, t_i, \cdots$ und bildet damit in der Gleichung die Ableitung zu

$$\dot{\underline{\mathbf{T}}}_i = \frac{1}{\Delta t_i}\left(\underline{\mathbf{T}}_{i+1} - \underline{\mathbf{T}}_i\right) \tag{11.23}$$

und setzt diese in die Gleichung

$$\underline{\mathbf{C}} \cdot \dot{\underline{\mathbf{T}}} - \underline{\mathbf{K}} \cdot \underline{\mathbf{T}} = \underline{\mathbf{Q}}$$

ein. Man erhält so

$$\begin{aligned} &\frac{1}{\Delta t_i}\underline{\mathbf{C}} \cdot \underline{\mathbf{T}}_{i+1} - \frac{1}{\Delta t_i}\underline{\mathbf{C}} \cdot \underline{\mathbf{T}}_i - \underline{\mathbf{K}} \cdot \underline{\mathbf{T}}_i = \underline{\mathbf{Q}} \\ &\frac{1}{\Delta t_i}\underline{\mathbf{C}} \cdot \underline{\mathbf{T}}_{i+1} = \underline{\mathbf{Q}} + \left(\frac{1}{\Delta t_i}\underline{\mathbf{C}} + \underline{\mathbf{K}}\right)\underline{\mathbf{T}}_i \end{aligned} \tag{11.24}$$

bzw. die identische Gleichung

$$\underline{\mathbf{K}}_i^* \cdot \underline{\mathbf{T}}_i = \underline{\mathbf{Q}}_i^*, \tag{11.25}$$

die ausgehend von einem Anfangszustand $\underline{\mathbf{T}}_i = \underline{\mathbf{T}}_0 = \sum \underline{\mathbf{T}}_\infty$ möglicherweise mit einer ersten linearen Näherung von einem Punkt ausgehend aufgerollt werden kann und iterativ mit verschiedenen mathematischen Verfahren zu lösen ist.

11.4 Rückrechnung zu den mechanischen Kennwerten

Nachdem in einem Bauteil die Temperaturverteilung berechnet worden ist, werden in der Praxis weiterhin die dadurch hervorgerufenen Verformungen, Dehnungen und Spannungen interessieren (z. B. /11.5/). Diese können schrittweise berechnen werden, und zwar wie folgt:

- *Verschiebung* in eine Richtung aus Längenänderungen

$$u_i(x) = x_{io}\left(\frac{x_i}{x_{io}} - 1\right) \tag{11.26}$$

mit

$$\frac{x_i}{x_{io}} = 1 + \frac{ß}{3}\left(t_i - t_o\right),$$

wobei ß den Volumenausdehnungskoeffizienten darstellt,

- *Dehnung* in eine Richtung

$$\varepsilon_{xx_i} = \frac{ß}{3}\left(t_i - t_o\right) \text{ mit } \frac{\beta}{3} = \alpha \tag{11.27}$$

und

- *Spannung* in eine Richtung

$$\sigma_{xx_i} = E(T_i)\cdot \varepsilon_{xx_i} \,. \tag{11.28}$$

Ein Beispiel für diese Vorgehensweise zeigt das umseitige Bild 11.5. Hierbei geht es um ein langes Rohr in normaler Umgebung, durch das im Inneren ein Gas mit der Temperatur 200° C strömt. Von Interesse ist, wie sich die Temperatur über die Wanddicke verteilt und wie sich dazu die Spannungsverteilung ausbildet.

Thermomechanisch handelt es sich dabei um ein Wärmeübergangsproblem, wo ein strömendes Medium seine Temperatur an einen festen Körper abgibt, an dem von außen Umgebungstemperatur anliegt. Die Ermittlung der Spannungsverteilung ist dagegen ein elastomechanisches Problem, welches auch statischer Randbedingungen bedarf.

Problemkonform ist ein Modell aus finiten Kreisringelementen, welche einen beliebig langen Abschnitt des Rohrs erfassen. Zu erwarten ist zwar, daß sich sowohl die Temperatur als auch die Spannungen linear über den Querschnitt verteilt, wobei aber die exakten, ortsabhängigen Verteilungen dieser Größen unbekannt sind und mittels zweier Rechenläufe bestimmt werden müssen. Im ersten Rechenlauf wird die Temperaturverteilung ermittelt und diese als Lastfall mit vorgeschriebenen Verschiebungen in den elastostatischen Modul eingelesen. Dieser berechnet in einem zweiten Rechenlauf dann hieraus die Dehnungs- und Spannungsverteilung.

Im gewählten Beispiel ist der Temperaturverlauf völlig konsistent mit der Vorstellung; beim Spannungsverlauf findet man die Erklärung für die Druckzone erst aus der Diskussion des Materialverhaltens.

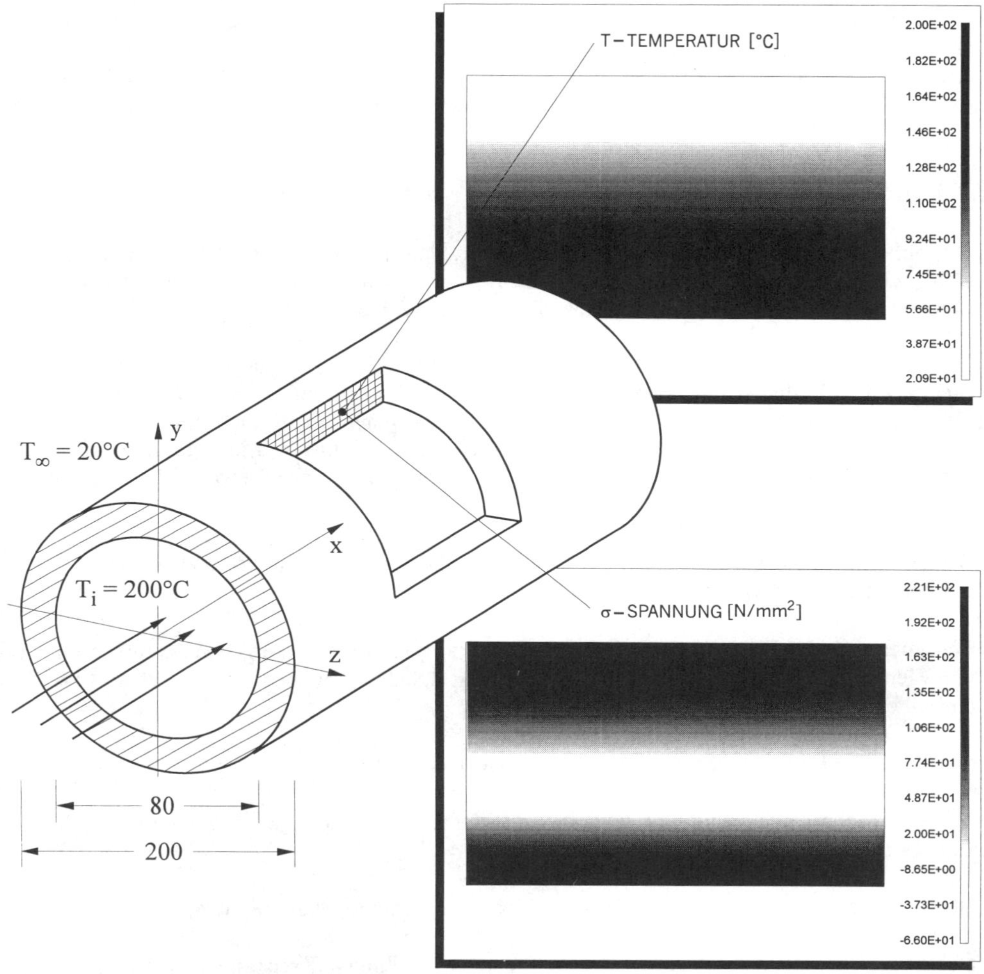

Bild 11.5: Ermittlung der thermo- und elasto-mechanischen Beanspruchung eines gasdurchströmten Rohrs

12 Grundregeln der FEM-Anwendung

Im Nachgang zu den bisherigen theoretischen Darlegungen zur FE-Methode sollen abschließend einige Grundprinzipien der Anwendung diskutiert werden, deren Nichtbeachtung entweder zu Fehlern oder unnötigem Aufwand führt. Da in der Praxis die Anwendungsgesichtspunkte und damit Probleme naturgemäß sehr vielschichtig sind, können die folgenden Ausführungen nur als Erfahrungsquerschnitt /12.1/ verstanden werden.

12.1 Elementierung

Zum Problemkreis der *Elementierung* soll hier die problemspezifische *Auswahl der Elementtypen* aus einer Programmbibliothek, die *Vernetzungsregeln* und die *Gruppenbildungstechnik* gezählt werden, mit denen wir uns nacheinander befassen wollen.

Auf die erste Hürde bei der Aufbereitung eines FEM-Modells stößt man bei der Wahl der Elementtypen, mit denen eine Struktur oder ein Bauteil nachzubilden ist. Innerhalb der Theorie unterscheidet man sieben Grundelemente, die gewöhnlich auch im Programm verfügbar sind. Aufgabe des Anwenders ist es dann hieraus auszuwählen und gegebenenfalls verschiedene Elemente zu kombinieren. Damit sind im wesentlichen zwei Fehlerquellen verbunden:

- Durch die Elementierung wird der tatsächlich vorliegende Verformungs- und Spannungszustand nicht richtig wiedergegeben.

oder

- Bei einer von der Bauteilgeometrie bzw. dem Tragverhalten erzwungenen Kombination von Elementen wird gegen den Grundsatz der Verträglichkeit bei den mechanischen Knotenfreiheitsgraden verstoßen.

Wir wollen diese Bedingungen nun einmal exemplarisch diskutiert.

Für die praktische Anwendung gibt es im Prinzip eine einfache Regel, die folgendermaßen zu handhaben ist:

- Dünnwandige Bauteile sollten durch *ebene* Elemente (Scheibe, Platte, Schale)

und

- dickwandige Bauteile durch *volumetrische* Elemente (Volumina, Kreisringelemente)

nachgebildet werden. Die marktverbreiteten kommerziellen FEM-Systeme bieten alle eine relativ große Auswahl an Elementen unterschiedlichster Knotenanzahl und Geometrie an, so daß die Realität recht gut abgebildet werden kann.

Im <u>Bild 12.1</u> ist noch einmal eine überblickartige Zusammenstellung über die wichtigsten Grundelemente gegeben. Angetragen sind jeweils die Knotenverschiebungen und die zugehörigen Knotenkräfte infolge der äußeren Belastung. Am STAB- und SCHALEN-Element sind jeweils durch Strichierung noch die beiden fiktiven Freiheitsgrade markiert.

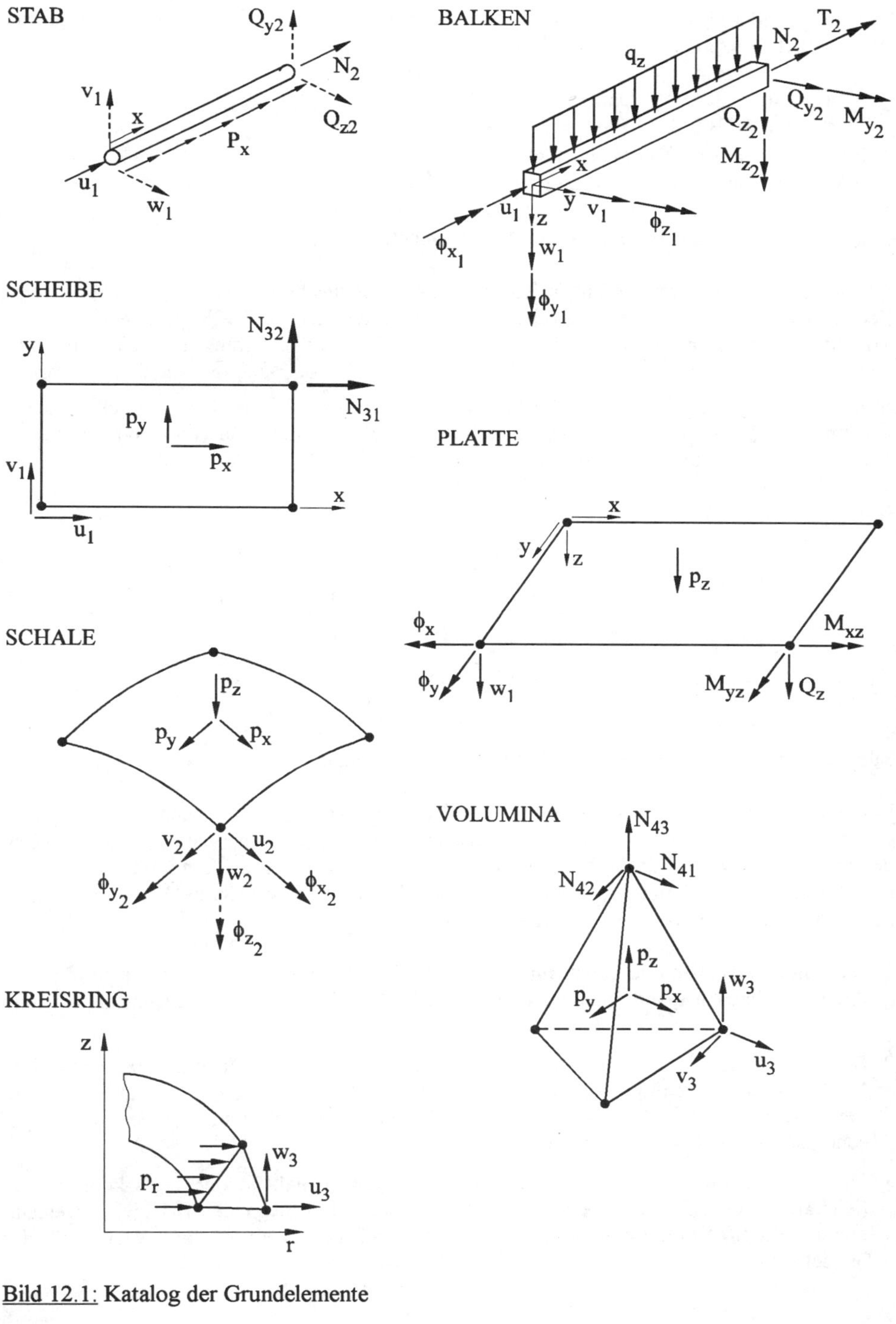

Bild 12.1: Katalog der Grundelemente

Im Prinzip sind zwischen allen Elementen Verknüpfungen über die Freiheitsgrade herstellbar. Die natürlichen Kombinationen sind jedoch

- STAB- mit BALKEN-Element,
- STAB- mit SCHEIBEN-Element,
- BALKEN- mit PLATTEN-Element,
- BALKEN- mit SCHALEN-Element

und

- STAB- oder BALKEN- mit VOLUMEN-Element.

Alle anderen Sonderverknüpfungen können unter Zuhilfenahme eines *starren* Kopplungselements (Constraint-Element) erzwungen werden. In den meisten FE-Programmen ist dieses Kopplungselement als versteiftes BALKEN-Element mit den drei translatorischen Freiheitsgraden u, v, w und den drei rotatorischen Freiheitsgraden ϕ_x, ψ_y, ψ_z abgebildet. Diesbezüglich überträgt das Element nur Starrkörperbewegungen von einem Knoten zu einem anderen. Im Bild 12.2 sei angedeutet, daß eine Starrkörperbewegung auch von einem Knoten zu mehreren anderen Knoten weitergeleitet werden kann.

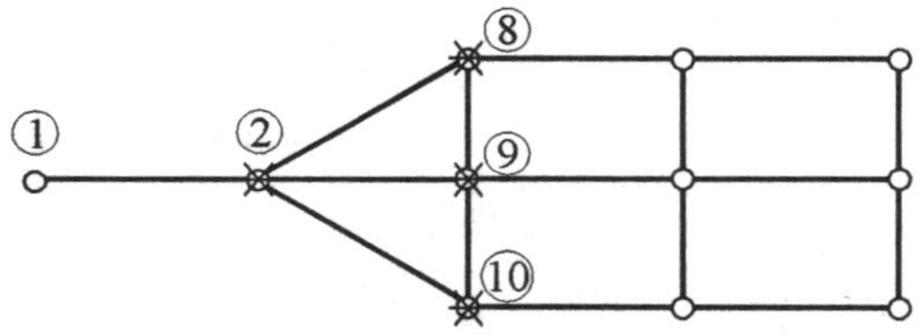

Bild 12.2: Verbindung von Knoten über Constraint-Elemente (nach /12.2/)

Bei jedem Kopplungselement kann die Anzahl und die Art der weiterzuleitenden Freiheitsgrade individuell gesteuert werden. Ein typischer Anwendungsfall für eine derartige Problematik ist im folgenden Bild 12.3 aufgegriffen worden. Hierbei geht es darum, die Spannungskonzentration in bestimmten Sektionen eines Blechs näher zu betrachten. Von der Elementierung her hat man dabei mehrere Möglichkeiten:

1. Man bildet das Blech durchgehend mit SCHALEN-Elementen nach, womit man aber nur die Möglichkeit hat, die Spannungen entweder auf der Ober- oder Unterseite zu betrachten.
2. Man bildet das Blech durchgehend zweischichtig mit VOLUMEN-Elementen nach. Von Vorteil ist hierbei, daß jetzt die Spannungen an allen Stellen (auch über die Dicke) vorliegen; nachteilig ist jedoch die höhere Anzahl von Knotenfreiheitsgraden und die eingeschränkte Möglichkeit zu variieren.
3. Die wirtschaftlichste Alternative ist im vorliegenden Fall jedoch, ein kombiniertes SCHALEN-VOLUMEN-Modell aufzubauen, so wie im vorliegenden Beispiel dargestellt. Damit liegt ein Kompromiß zwischen Wirtschaftlichkeit, Genauigkeit und Variabilität des Modells vor.

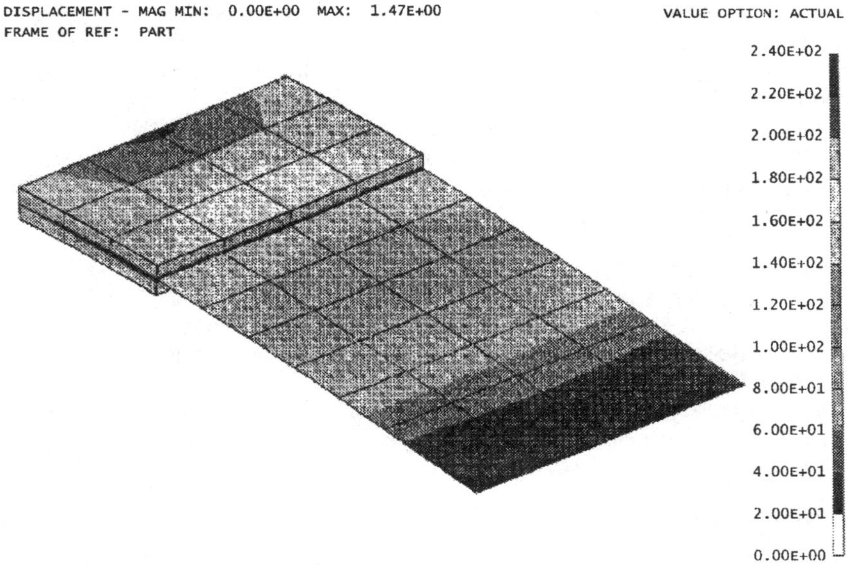

Bild 12.3: Eingespannte Blattfeder als Kombinationsmodell aus SCHALEN- und VOLUMEN-Elementen unter Benutzung von Kopplungselementen

Wie im obigen Bild 12.3 gezeigt, werden in dem Beispiel die Knoten der SCHALEN-Elemente mit den Knoten der VOLUMEN-Elemente verbunden, welches eigentlich eine unnatürliche Verknüpfung darstellt, da drei Drehfreiheitsgrade überzählig sind. Der Übergang zwischen den Elementen wird je Knotenreihe über drei Constraint-Elemente hergestellt, die nur die translatorischen Freiheitsgrade weitergeben, wodurch die Drehfreiheitsgrade herausfallen. Vergleichsrechnungen zu reinen SCHALEN- und VOLUMEN-Modellen zeigen in den Spannungs- und Verschiebungswerten sehr geringe Unterschiede im Promillbereich, so daß die gewählte Möglichkeit ein praktikabler Weg ist, auf den man bei praktischen Fällen kaum verzichten kann.

12.2 Netzaufbau

Eng verbunden mit der Elementierung ist der Problemkreis des Netzaufbaus, dem wir uns jedoch auch nur punktuell zuwenden können. Diesbezüglich sollen hier angesprochen werden:

- die Element-Teilungsregel,
- die Partnerregel der Knotenpunkte,
- Erfahrungsergebnisse über das Konvergenzverhalten der Elemente,
- mögliche Fehlerquellen bei allzu starker Entartung von der Elementgrundgeometrie

und

- die Ausnutzung der Symmetrie.

Jeder der aufgeführten Punkte hat erheblichen Einfluß auf das Ergebnis /12.3/.

Eine globale *Regel für die Elementteilung* ist, daß an vermuteten Spannungskonzentrationsstellen das Netz engmaschig sein sollte, während es an Stellen gleichmäßiger Spannungskonzentration ruhig grob sein darf. Diese Regel kann jedoch durch die Wahl von quadratischen oder kubischen Elementen entschärft werden, die ebenfalls den Effekt einer Genauigkeitserhöhung in einem Gebiet haben. Gedanklich kann man die Analogie herstellen, daß zusätzliche Seitenmittenknoten bei beispielsweise einem VIERECK-Element näherungsweise wie eine Viertelung des Gebietes wirken oder bei einem DREIECK-Element einer Drittelung entsprechen.

Typische Anwendungen für notwendige Netzverdichtungen stellen in der Praxis Kerbprobleme mit den zu erwartenden Spannungskonzentrationen dar. Der im umseitigen Bild 12.4 gezeigte einfache Kerbstab kann zu diesem Problemkreis als repräsentativer Fall angesehen werden. Das Beispiel ist zudem symmetrisch, weshalb hier nur eine Viertelscheibe betrachtet werden braucht. Vom Netzaufbau her ist es hierbei zweckmäßig, zwei Makros (mesh areas) zu bilden und diese mit abgestimmten Teilern zu vernetzen. Problemkonform wäre in diesem Fall eine von der Kerbe ausgehende logarithmische Elementgrößenteilung, die ein Makro abgestuft von dicht bis grob vernetzt.

Um Unterschiede transparent werden zu lassen, wurde das Netz einmal mit einem free-mesh-Algorithmus durch lineare DREIECK-Elemente und das andere Mal mit einem mapped-mesh-Algorithmus durch lineare VIERECK-Elemente gebildet. Die DREIECK-Elemente wurden dabei teilweise so verzerrt, daß eine Netzkorrektur vorgenommen werden mußte. Das manuell gesteuerte Netz mit VIERECK-Elementen zeigte bereits von Anfang an eine brauchbare Topologie.

Mit den gebildeten Netzen wurde auch eine FE-Berechnung durchgeführt. Die Auswertung und Darstellung der Knotenspannungen zeigt ein deutlich besseres Genauigkeitsverhalten des VIERECK-Elements gegenüber dem DREIECK-Element. Damit ist die Erkenntnis aus Kapitel 7.2.6 erneut bestätigt worden. Für praktische Anwendungsfälle mit hohen Genauigkeitsforderungen sollte man daher zumindestens quadratische DREIECK-Elemente wählen, während man mit linearen VIERECK-Elementen in der Regel gut leben kann.

Zu der Vernetzung sei noch die Anmerkung gemacht, daß die meisten Pre-Prozessoren über automatische Vernetzungsgeneratoren mit free-mesh-Algorithmen verfügen. Bei 2D-Gebieten funktioniert ein derartiger Algorithmus nur mit ebenen DREIECK-Elementen und bei 3D-Gebieten entsprechend nur mit volumetrischen TETRAEDER-Elementen. Meist kann die relative Dimensionalität im Verhältnis zur Größe des Bauteils eingestellt werden, wodurch sich in etwa die Qualität des Ergebnisses steuern läßt.

Für bestimmte Anwendungsfälle kann es sein, daß ein derartiges Netz ausreichend oder wie bei Gußteilen nur als free net möglich ist. Eine sinnvolle Anwendung ist vor allem dann gegeben, wenn zu Anfang keine Einschätzung über Spannungskonzentrationen vorliegt, so daß ein zunächst freies Netz hier hilfreich ist, sich an ein gesteuertes hochwertiges Netz heranzutasten.

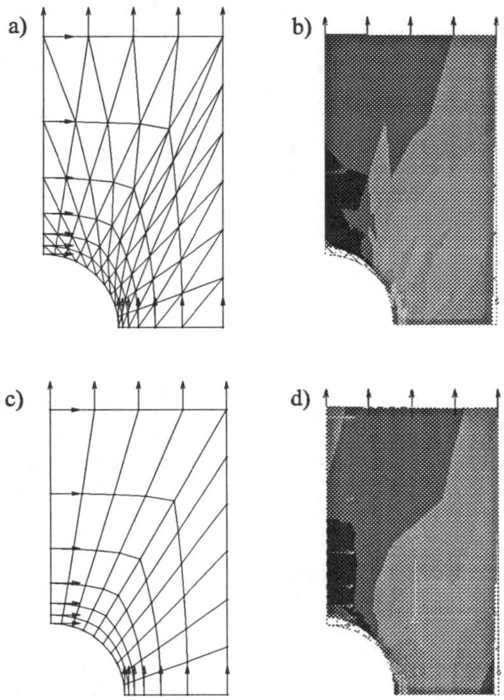

Bild 12.4: Zuglasche mit Bohrung
a) vernetzt mit DREIECK-Scheibenelementen
b) zugehörige Spannungsverteilung
c) vernetzt mit VIERECK-Scheibenelementen
d) zugehörige Spannungsverteilung

Ein relativ triviales Vernetzungsprinzip besteht in der *Partnerregel* für die Knotenpunkte. Diese Regel impliziert die Aussage, daß stets jeder Knoten eines Elements einen Knotenpartner im anschließenden Element finden muß. Ein Netzaufbau, bei dem also Seitenmittenknoten eines Elements nur auf Seiten eines anderen Elements stoßen, führt somit zwangsläufig zum ungewollten Klaffen der Struktur. Im Bild 12.5 ist ein hierzu konstruiertes Beispiel dargestellt.

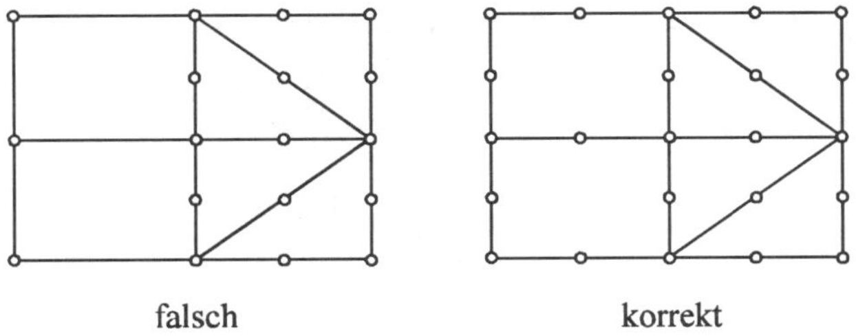

Bild 12.5: Zusammenbau gleichwertiger Elemente nach der Partnerregel für die Knotenpunkte

Die gewählten linearen RECHTECK-Scheibenelemente können nicht mit quadratischen DREIECK-Scheibenelementen gekoppelt werden, weil sich die Seiten geometrisch anders und auch die Elemente numerisch anders verhalten. Es ist insofern einsichtig, daß in einem Netz nur Elemente gleichen (Ansatz)-Typs verwandt werden können.

Die zuvor bei der Vernetzung aufgetretene Problematik des erforderlichen *Netztrimmens* tritt in der Anwendungspraxis immer wieder auf. Viele Generatoren bieten daher eine Routine „model checking" an, wobei geprüft wird, ob

- Knoten doppelt numeriert sind,
- Elemente ausgelassen sind

oder

- Elemente entartet sind.

Am schwierigsten sind hierbei die Elementverzerrungen*) zu beheben, weil damit oft größere Netzkorrekturen verbunden sind, die manuell beseitigt werden müssen. Im umseitigen Bild 12.6 sind einige häufig vorkommende Anomalien zusammengestellt, die gewöhnlich zu Berechnungsfehlern oder zumindestens zu nicht akzeptierbaren Ergebnisabweichungen führen. Dies sind im wesentlichen

- sehr starke Elementverzerrungen, was durch große Unterschiede in den Diagonalen abgeprüft werden kann,
- große Unterschiede in den Seitenlängen von Elementen, welches über die Knotenkoordinaten geprüft werden kann,
- sehr spitze Winkel in Elementen

oder

- Überschreiten von Grenzwinkeln in der Krümmung von Elementen.

Es ist dann Aufgabe des Anwenders, diese latenten Fehlerquellen zu erkennen und durch geschickte Eingriffe in die Netztopologie zu beseitigen, wenn es nicht sowieso vom Generator durch Selbstprüfung bemängelt wird.

---

*) Anmerkung: Einige Programme verfügen bereits über adaptive Netzoptimierer, die entweder automatisch verdichten oder entzerren können. Dieses Problem ist dominant bei großen Dehnungen (z. B. Umformsimulation).

Element-Check	Bemerkung
1. Verzerrungsprüfung 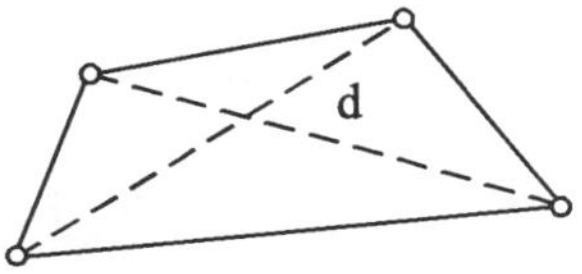	Diagonalverhältnis: $\frac{d_{min}}{d_{max}} \approx 0{,}4$ bis $1{,}0$
2. Seitenverhältnisprüfung 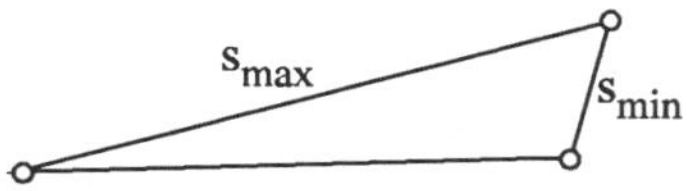	Seitenverhältnis: $\frac{s_{min}}{s_{max}} \approx 0{,}5$ bis $1{,}0$
3. Spitzwinkeligkeitsprüfung 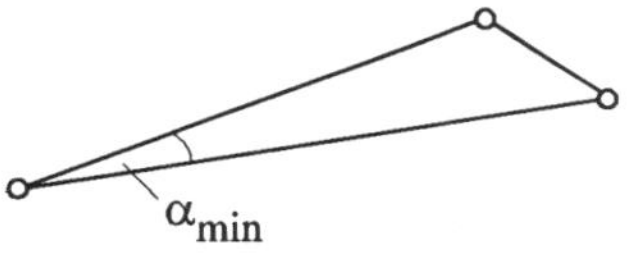	Winkelrestriktion: $\alpha_{min} \gtrsim 10°$
4. Überkrümmungsprüfung 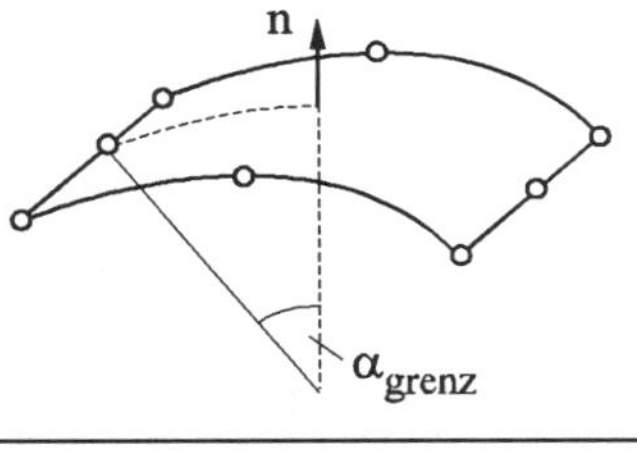	Winkelrestriktion: $\alpha \leq \alpha_{grenz} \approx 45°$

Bild 12.6: Typische Elementanomalien

12.3 Bandbreiten-Optimierung

Bei der vorausgegangenen Diskussion der Lösungsverfahren für die finiten Gleichungen ist schon die Bedeutung der Besetzung der Systemmatrizen $\underline{\mathbf{K}}$ und $\underline{\mathbf{M}}$ deutlich geworden, da hierdurch der Speicherbedarf und der Rechenaufwand bestimmt werden. Insofern ist es wichtig für ein Netz eine optimale Numerierung zu finden, weil hierdurch die sogenannte Bandbreite minimiert wird. Zielsetzung ist es somit, Matrizen möglichst ohne Nullelemente abzuspeichern, wodurch auch große Matrizen in den Hauptspeicher geladen werden können. An -

sonsten müßten die Systemmatrizen immer wieder in den Hintergrundspeicher ausgelagert werden, wodurch unnötig lange Bearbeitungszeiten /12.4/ entstünden.

Bandbreiten-Optimierungsalgorithmen gehören mittlerweile zum normalen Leistungsumfang jeden FE-Programms. Da die Algorithmen größtenteils heuristischen Ursprungs sind, werden oft mehrere Algorithmen angeboten, die in der Regel jedoch unterschiedlich erfolgreich sind.

Bevor die Algorithmen kurz diskutiert werden sollen, gilt es zunächst die Bandbreite und das Speicherverfahren darzulegen. Als Beispiel mag dazu die im Bild 12.7 konstruierte Steifigkeitsmatrix mit typischer Bandstruktur dienen.

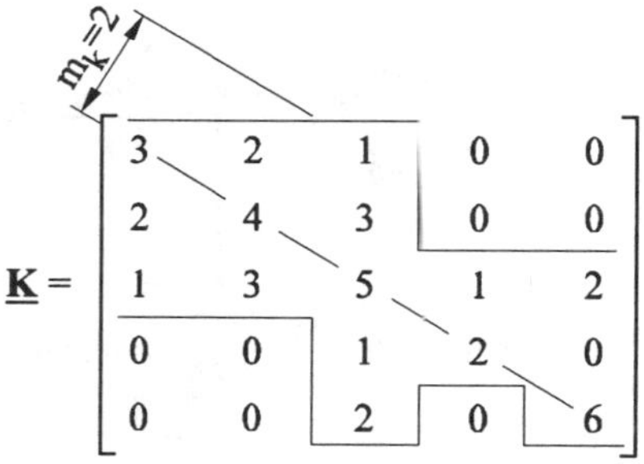

Bild 12.7: Steifigkeitsmatrix mit der Bandbreite $2\,m_K + 1 = 5$

Ganz allgemein hat eine Matrix Bandstruktur, wenn alle ihre Elemente jenseits von zwei symmetrischen, durch die Bandbreite festgelegte Konturen verschwinden. Wenn $\underline{\mathbf{K}}$ symmetrisch ist, kann dieses Verhalten auch durch

$$k_{ij} = 0, \quad \text{für} \quad j > i + m_K$$

beschrieben werden. Die Bandbreite ist dann $2\,m_K + 1$ und $2\,m_K$ die Zahl der besetzten Nebendiagonalen in $\underline{\mathbf{K}}$.

Für die Abspeicherung der Originalmatrix benutzt man in der Regel ein eindimensionales Feld

$$\underline{\mathbf{A}} = k_{ij},$$

in das nur die oberste Hälfte von $\underline{\mathbf{K}}$ präsentgehalten wird. Die Nullelemente außerhalb der Kontur sind dabei entfernt worden. Das Speicherschema hierzu zeigt das umseitige Bild 12.8. Bezeichnet man jetzt mit m_i die Zeilennummer des ersten nichtverschwindenden Elements in der Spalte i, so beschreibt die Variable m_i, i = 1, n die *Kontur* der Matrix, entspechend weist die Variable $(i - m_i)$ die Spaltenhöhe aus.

Außer dem Feld $\underline{\mathbf{A}}$ wird noch der Vektor AMAX (I) gespeichert, der insbesondere noch einmal die Diagonalelemente von $\underline{\mathbf{K}}$ bereit hält. Damit ist eine direkte Zuordnung von Speicherplatz zu Originalmatrix gegeben.

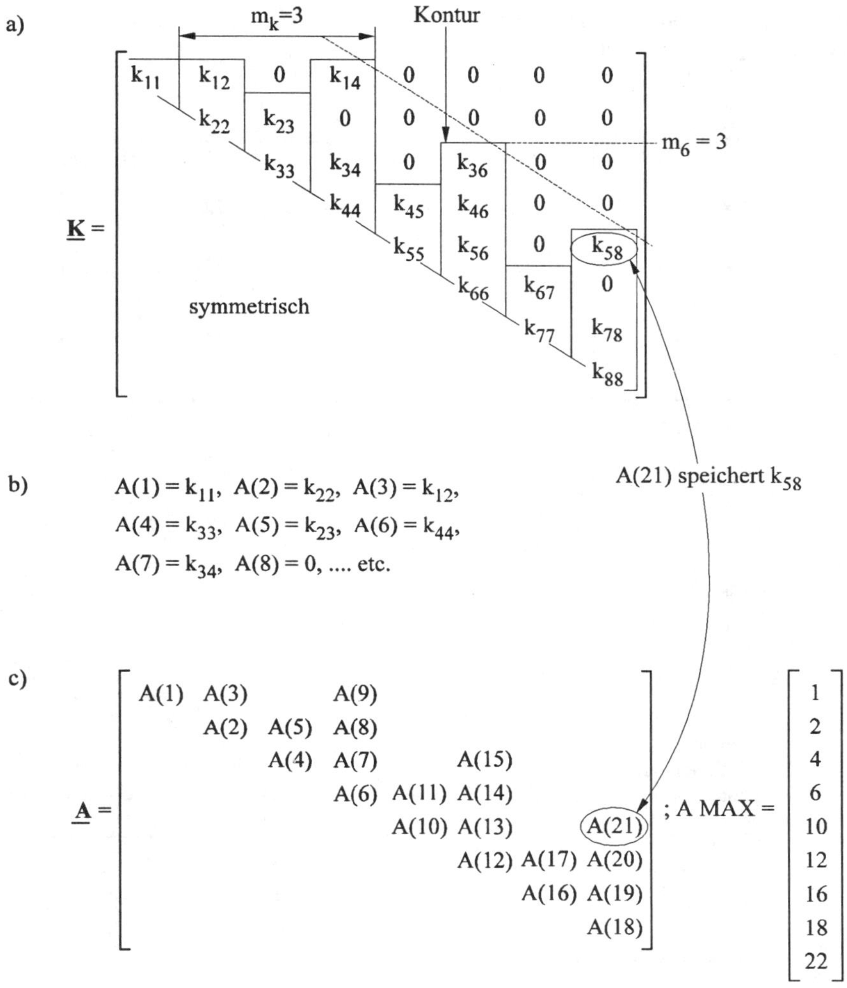

Bild 12.8: Speicherschema für die EDV-gerechte Matrizenverarbeitung
a) typische Steifigkeitsmatrix
b) Umsortierung in ein eindimensionales Feld
c) Zuordnung zwischen Speicherfeld und Ursprungsmatrix

Um die Bandbreite einer Matrix klein zu halten, müssen alle Koeffizienten die ungleich Null sind zur Hauptdiagonalen hingeschoben und alle Nullelemente von der Hauptdiagonalen weggeschoben werden. Diesen Effekt erreicht man durch eine entsprechende Knotenpunktnumerierung. Man kann dazu sicherlich auch manuelle Strategien nutzen, hierbei gilt die oberste Regel, daß *der Nummernsprung in einem Element möglichst klein sein soll.*

Unter Berücksichtigung dieser Regel soll sich die Numerierung von Gebieten immer in die Richtung erstrecken, wo die geringere Anzahl von Elementen gebildet wird. Wie auch das folgende Bild 12.9 zeigt, ist diese Vorgehensweise schlichtweg am effektivsten, da sich dadurch die geringste Bandbreite einstellt.

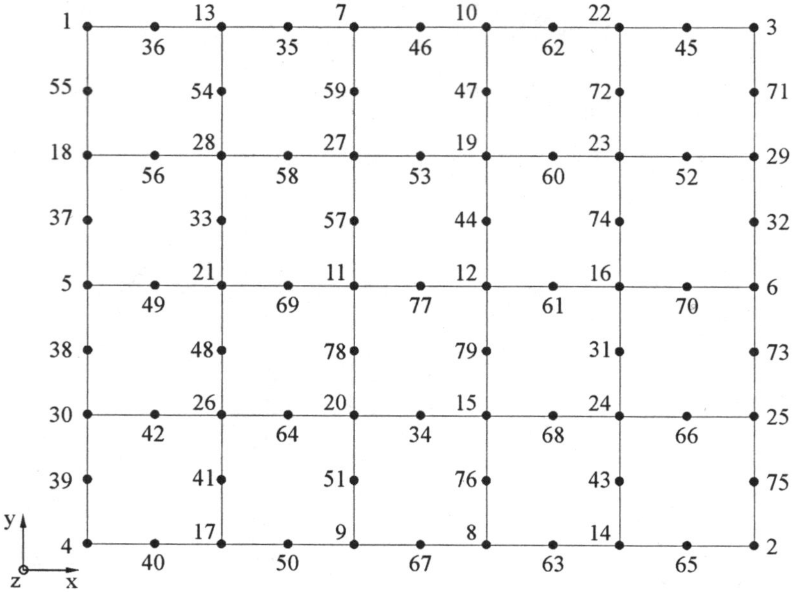

Modellgebiet: - 4 x 5 Schalenelemente, - 79 Knoten	Maximale Bandbreite	Mittlere Bandbreite	Profile
Ausgangszustand Sloan Gibbs-King Gibbs-Poole-Stockmeyer	74 29 26 27	35 10 11 12	2794 858 884 998
Knoten sortiert nach aufsteigend y-Richtung 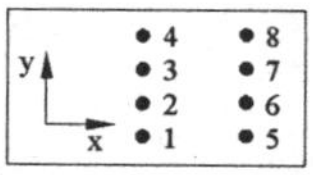	17	12	996
Knoten sortiert nach aufsteigend x-Richtung 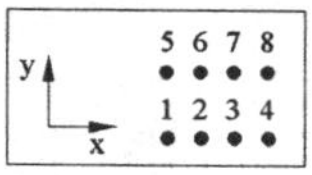	20	14	1146

Bild 12.9: Testbeispiel für Bandbreiten- und Profilnumerierung

Ein derartiges Vorgehen ist unter dem rechnerunterstützten Gesichtspunkt natürlich nicht wirtschaftlich, weshalb einige automatische Algorithmen /12.5/ entwickelt worden sind, wie beispielsweise die von *Rosen*, *Cuthill-McKee*, *Sloan*, *Gibbs-King*, *Gibbs-Poole-Stockmeyer* usw. Diese Algorithmen arbeiten alle nach mehr oder weniger intuitiven Prinzipien und liefern daher nicht mit Sicherheit die optimale Numerierung mit der minimal möglichen Bandbreite der zugehörigen Matrizen.

Der Grundalgorithmus einer einfachen Koeffizientenvertauschung, welches äquivalent einer Knotennumerierung ist, geht auf Rosen zurück. Obwohl das Verfahren einsichtig und einfach ist, bereitet es Probleme bei sehr großen Matrizen und bei einer ungünstigen Ausgangsnumerierung. Hiergegen benutzt der Cuthill-McKee-Algorithmus einen vier- oder fünfseitigen Graphen, der über das zu numerierende Gebiet aufgespannt wird und vertauscht darin die Knotennummern so lange, bis innerhalb eines Graphen die Differenz der Knotennummern minimal ist. Bei dieser Abstimmung werden auch die angrenzenden Graphen mit berücksichtigt. Die ansonsten noch angegebenen Verfahren stellen im Kern nur Abwandlungen des CMK-Algorithmus dar und sollen daher ohne nähere Erläuterung angegeben werden.

Um nun die Wirksamkeit einer Bandbreitenreduzierung ausweisen zu können, ist im vorstehenden Bild ein Gebiet mit einer bewußt ungünstigen Numerierung erzeugt worden. Man erkennt an der Auswertung, daß alle Verfahren die Bandbreite der Steifigkeitsmatrix deutlich reduzieren.

Im Grunde genommen ist jedoch die Bandbreite nicht das alleinige Kriterium für einen geringen Speicherbedarf und geringe Rechenzeit, sondern hierbei ist auch das numerische Rechenverfahren für die Gleichungslösung mitentscheidend. Wird insbesondere das Gleichungslösungsverfahren von Cholesky benutzt, so ist das *Profil* der Steifigkeitsmatrix gleich wichtig. Mit Profil wird dabei die effektiv benötigte Anzahl von Koeffizienten bezeichnet, die für die Gleichungslösung unbedingt erforderlich sind. Bandbreite und Profil hängen natürlich unmittelbar zusammen, so daß durch eine Umnumerierung beides beeinflußt wird.

12.4 Genauigkeit der Ergebnisse

Ganz zu Anfang wurde im Kapitel 1 ausgeführt, daß die Methode der finiten Elemente heute als das leistungsfähigste numerische Verfahren des Ingenieurwesens gilt. In der Tat ist es auch so, daß bei richtiger Modellbildung und abgestimmten Eingangsdaten eine sehr gute Übereinstimmung der theoretischen Ergebnisse mit überprüfenden Experimenten erzielt werden konnte. So war es beispielsweise am Fachgebiet für Leichtbau-Konstruktion an der Gh-Kassel möglich, statisch belastete Strukturen mit etwa 7 % Abweichung zu DMS-Messungen hinsichtlich der Spannungsverteilung zu analysieren oder ein Eigenfrequenzspektrum bis auf 5 % Abweichung zu entsprechenden Resonanzprüfungen zu ermitteln. Dies bedarf natürlich einer sorgfältigen Arbeitsweise und einer dezidierten Abstimmung bezüglich

- der Feinheit des Netzes,
- der gewählten Elementtypen,
- des Werkstoffverhaltens und der Werkstoffdaten

sowie
- der numerischen Genauigkeit der Rechnung.

Auf die ersten beiden Aspekte ist zuvor schon eingegangen worden, so daß wir diese Aussage nur noch durch eine Bemerkung bezüglich der Netzfeinheit ergänzen wollen. Hierzu beziehen wir uns auf die Konvergenzbetrachtungen der vorstehenden Kapitel, aus denen unter anderem die Erkenntnisse abzuleiten sind, daß man bei Zugrundelegung eines bestimmten Netzes nie den Abstand zum exakten Ergebnis weiß. Einige Programmsysteme bieten daher die Möglichkeit, quasi auf Knopfdruck ein Netz doppelt so fein zu machen. Stellt man dann bei einer erneuten Rechnung fest, daß es nur noch geringere Änderungen zur vorausgegangenen Rechnung gibt, so kann man das erste Ergebnis quasi als ausreichende Näherung ansehen. Daß ein derartiges Vorgehen praktizierbar ist, belegt unter anderem die Tatsache, daß sich die Rechenleistung der Supermicro-Rechner in den letzten 3 Jahren mehr als verzehnfacht hat. Einen weiteren Ansatzpunkt für ein gutes Ergebnis ergibt sich auch in der programmtechnischen Möglichkeit, ein Gleichungssystem doppelt genau zu lösen.

Die Programmsysteme, die diese Verhaltensweise zeigen, bezeichnet man als sogenannte *h-Versionen*, womit zum Ausdruck gebracht wird, daß die Ergebnisgüte eine Funktion des relevanten Elementdurchmessers h ist. Gänzlich anderes Verhalten zeigen hingegen Programme der sogenannten *p-Versionen* (z. B. PROBE /12.3/), die den Polynomgrad p der Ansatzfunktion als variabel ansetzen. Bei einer gleich feinen Elementteilung können also mit einer p-Version mehr Freiheitsgrade in einem Gebiet untergebracht werden und somit ein aussagefähigeres Ergebnis erzielt werden.

Zum Konvergenzverhalten sei noch angemerkt, daß unter Benutzung beschränkter verträglicher Verschiebungszustände die gefundene Lösung für eine Struktur eine wertvolle Grenzeigenschaft besitzt, die in der Überschätzung der Formänderungsenergie besteht:

- Für eine gegebene Belastung wird deshalb die berechnete Formänderungsenergie kleiner oder höchstens gleich sein der Formänderungsenergie in der realen Struktur. Dies läßt sich damit erklären, daß die reale Struktur keine Beschränkung hinsichtlich der möglichen Verschiebungen kennt.
  Die mit der Verschiebungsmethode gefundene Lösung muß somit immer eine untere Schranke für die Verschiebungen darstellen.

- Bei vorgeschriebenen Verschiebungen wird die berechnete Formänderungsenergie dagegen eine obere Schranke darstellen, so daß dann die Kräfte immer zu groß bestimmt werden.

Diese unter anderen von Rayleigh für linear-elastische Strukturen formulierte Aussage gilt im wesentlichen auch für nichtlineares Materialverhalten und Temperaturbelastung.

Neben den methodischen und numerischen Verbesserungsmöglichkeiten spielen auch noch die Werkstoffdaten eine nicht zu unterschätzende Rolle, da hiermit die Steifigkeit eines Bauteils bestimmt wird. So haben wir vorstehend erkannt, daß bei linear-elastischen Rechnungen die Querkontraktionszahl ν und der Elastizitätsmodul E bzw. bei nichtlinearen Rechnungen zusätzlich noch die Fließgrenze R_e und bei dynamischen Rechnungen ergänzend noch die Dichte ρ mit zu den Eingangsgrößen gehören. Bei Verwendung von Standardwerten für diese Größen muß man sich natürlich auch über die statistischen Größen und die damit erzielten Rechnerergebnisse im klaren sein, die dann nur für eine Werkstoffgruppe gelten. Strebt man hingegen eine Aussage an, die letztlich auch mit einem Experiment in Einklang steht, so ist es notwendig, abgesicherte Materialdaten zu verwenden. Dies soll unter anderem auch das umseitige Bild 12.10 verdeutlichen, das beispielsweise Materialkenngrößen verschiedener Stähle aufführt.

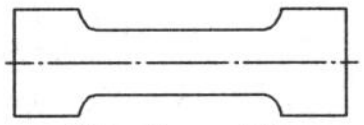 Werkstoffe	ν	R_{eH} bzw. $R_{p0,2}$ $\left[N / mm^2\right]$	R_m $\left[N / mm^2\right]$	E $\left[N / mm^2\right]$
C 22	0,277	328 (min. 240)	499 (min. 430)	205.600 (210.000)
C 45	0,28	496 (min. 340)	708 (min. 620)	197.300 (210.000)
QStE 500	0,315	625 (min. 500)	777 (min. 550-700)	196.300 (210.000)

Bild 12.10: Materialkennwerte einiger Stähle im Vergleich

Es fällt hierbei auf, daß die Abweichungen von den bekannten Standardwerten für Stahl $\left(\nu = 0{,}3;\ E = 2{,}1 \cdot 10^5\ N / mm^2\right)$ teils noch erheblich sind. Damit wird offensichtlich, daß die Materialdaten manchmal ein nicht zu vernachlässigende Fehlergröße darstellen.

13 Die Optimierungsproblematik

Ganz zu Anfang ist schon ausgeführt worden, daß die Industrie heute intensiv die Realisierung durchgängiger CAE-Ketten verfolgt und immer mehr daran interessiert ist, auch Optimierungsstrategien in FE-Programmen verfügbar zu haben. Viele Bemühungen in dieser Richtung sind in der Vergangenheit daran gescheitert, daß die mit einer Optimierung von FE-Modellen verbundene große Rechen- und Speicherkapazität nicht kostengünstig verfügbar war. Dies hat sich in den letzten Jahren dramatisch geändert, denn moderne Workstation und PC erreichen mittlerweile schon das Leistungsniveau älterer Großrechner. Die algorithmische Bauteiloptimierung zu einem festen Ziel ist damit praktizierbar geworden.

13.1 Formulierung einer Optimierungsaufgabe

Die Gewichts- und Spannungsminimierung an Bauteilen kann als ein Grundproblem der Mechanik begriffen werden, weshalb es in der Vergangenheit schon eine Vielzahl von Arbeiten gegeben hat, die sich problemkonform mit der Optimierung von FEM-Modellen auseinandergesetzt haben. Der Schwerpunkt dieser Arbeiten lag in der Übertragung von mathematischen *Parameteroptimierungsmethoden*, sogenannten Gradienten- oder Suchverfahren, auf diesen Problemkreis. Zu diesem Zweck muß eine Problemstellung als *Zielfunktion* mit Nebenbedingungen formuliert werden. Stellt man sich beispielsweise die Aufgabe, ein Bauteil minimalen Eigengewichts zu finden, so muß die Gewichtsfunktion des Bauteils in Abhängigkeit von den entsprechenden Maßparametern aufgestellt werden. Allgemein ist also ein Problem /13.1/

$$G(x_1,\cdots,x_n)\Big|_{\underline{x}=\underline{x}_{opt}} \rightarrow \text{MINIMUM!} \qquad (13.1)$$

mathematisch zu lösen. In der Technik wird es aber so sein, daß die Parameter x_i nicht beliebig gegen Null streben können, sondern das durch *Nebenbedingungen* bestimmte Parametergrenzen gegeben sein werden. Als Grenzbedingungen wird man demnach finden:

- geometrische Nebenbedingungen wie

$$x_{i\,grenz} - x_i \gtrless 0, \qquad (13.2)$$

- Spannungsnebenbedingungen wie

$$\sigma_i(\underline{x}) - \sigma_{max} < 0, \qquad (13.3)$$

und

- Verformungsbedingungen wie

$$u_i(\underline{x}) - u_{max} < 0. \qquad (13.4)$$

Im einfachsten Fall (Lagrange-Verfahren) können Zielfunktionen und Nebenbedingungen zu der resultierenden Optimierungsfunktion

$$Z = G(\underline{x}) + \sum_{i=1}^{m-1} \lambda_i \left(x_{i\,grenz} - x_i\right) + \sum_{i=m}^{n-1} \lambda_i \left(\sigma_i(\underline{x}) - \sigma_{max}\right) + \sum_{i=n}^{o} \lambda_i \left(u_i(\underline{x}) - u_{max}\right) \rightarrow \text{MIN!} \tag{13.5}$$

zusammengefaßt werden. Als Extremwert ist sodann zu erfüllen:

1. $Z(\underline{x})$ erst abnehmend, dann steigend,
2. $Z'(\underline{x})$ erst negativ, dann positiv

und

3. $Z''(\underline{x}) > 0$ also positiv.

Je nach angesetzter Optimierungsstrategie findet sich dann das Minimum durch wiederholtes Ableiten der Zielfunktion und Voranschreiten in der Gradientenrichtung (z. B. Hooke-Jeeves-Verfahren) oder durch Aufspannen eines unregelmäßigen Simplex im Suchraum und Bewertung der Eckpunkte (z. B. Box-Verfahren).

Dies sind alles sehr rechnerintensive Vorgänge, da bei jedem Optimierungsschritt die Geometrie verschoben und somit wieder die gesamte finite Systemgleichung gelöst werden muß. Es zeigt sich somit in der Praxis, daß eine Parameteroptimierung nur bei wenigen Parametern $(x_i: 5 \leq i < 7 \text{ bis } 8)$ sinnvoll und wirtschaftlich vertretbar ist. Ein weiterer Nachteil besteht oft noch darin, daß im Regelfall der Optimierungsprozeß eine Netzanpassung erforderlich machen wird, welches wieder Algorithmen für die Netzentzerrung und Knotenneuplazierung bedarf. Vom Ansatz her ist diese Vorgehensweise also weniger gut geeignet, komplexe Probleme der Anwendung zu lösen.

13.2 Variation der Parameter

Einige moderne FE-Systeme bieten neuerdings integrierte Optimierer an, denen meist jedoch nur einfache Variationsstrategien zugrunde liegen. Nachteilig ist dies insofern, daß selbst bei nur wenigen Parametern viel Rechenzeit benötigt wird und man bei den ausgewiesenen Verbesserungen nicht sicher ist, ob das tatsächliche Minimum erreicht worden ist.

Der Ansatzpunkt der Optimierungsstrategie ist dabei das *parametrisierte Datenmodell des Pre-Prozessors* /13.2/, welches die Bauteilgenerierung mit assoziativer Geometrieverknüpfung ermöglicht. Die Vorgehensweise ist dabei in etwa die, daß an dem 3D-Geometriemodell des Bauteils Parameter interaktiv als variabel oder unabhängig deklariert werden können. Über ein Tableau lassen sich dann weiter zwei Optimierungsziele vorgeben, und zwar

- Minimierung einer Spannungsdifferenz

oder

- Minimierung der Masse.

Manchmal ist es auch möglich, diese beiden Ziele zu einer gemeinsamen Zielfunktion zu verknüpfen d. h., es muß eine ausgewogene Problemlösung erzeugt werden.

Die von dem Programmsystem genutzte Strategie ist eine sogenannte *eindimensionale Suche*, d. h., eine Zielfunktion wird zunächst mit einem Startvektor $\underline{x}_o$ belegt und dafür die zu optimierenden Verhältnisse berechnet. Danach wird ein Parameter der Zielfunktion

$$Z(x_1, \cdots, x_j, \cdots, x_n) \rightarrow \text{MINIMUM!} \tag{13.6}$$

variiert, und zwar wechselseitig nach oben bzw. unten

$$x_j = x_{jo} \pm p \cdot x_{jo} \tag{13.7}$$

und festgestellt, wie sich die Zielfunktion ändert. Bei Erfolg wird weiter in die als richtig erkannte Richtung getastet. Ist nach einigen Schritten keine Verbesserung mehr möglich, wird der nächste Parameter variiert, bis eine Abbruchschranke für die absolute Änderung der Zielfunktion unterschritten wird. Durch diese Technik kann also nur in einem begrenzten Gebiet ein lokales Minimum gefunden werden, welches für praktische Vorgaben jedoch meist ausreichend ist.

a) b)

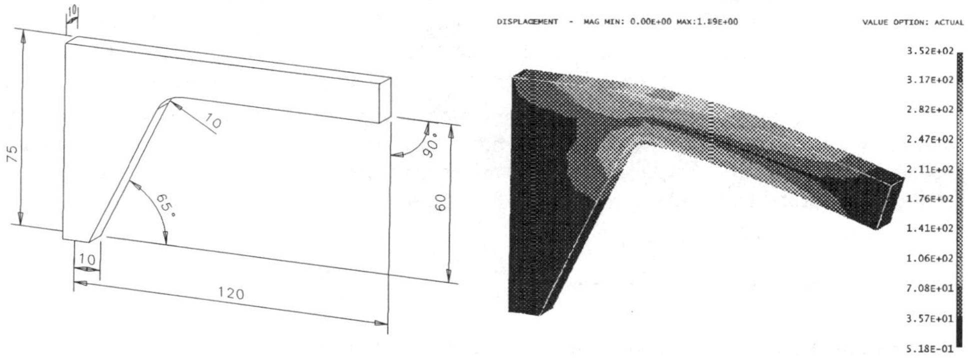

Bild 13.1: Ausgangsverhältnisse bei der Winkelstütze
a) Grundentwurf
b) Spannungsverteilung

Als Beispiel für eine einfache Spannungsoptimierung sei die im Bild 13.1 gezeigte Winkelstütze gewählt, die in Hochregallagern zur Abstützung von Fachböden dient. Verlangt ist dabei in der am höchsten beanspruchten Region die Unterschreitung eines Spannungsreferenzwertes. Variabel soll bei diesem Bauteil die innere Stützkontur sein, die so anzupassen ist, bis die Fließgrenze von AlMg1 mit $R_{p0,2} = 95\ \text{N}/\text{mm}^2$ unterschritten ist.

Der Startvektor für die Ausgangskontur wurde mit

$$\underline{x}_o^{\,t} = [65°,\ \ 10,\ \ 90°]$$

gewählt. Hierdurch wird in der Kehle die zulässige Spannung weit überschritten, bzw. die Verformungen sind auch zu hoch. Nach zwölf Variationen weist das Programm den im Bild 13.2 dargestellten Konturverlauf mit dem Lösungsvektor

$$\underline{x}_{opt}^{\,t} = [52°,\ \ 32,\ \ 101°]$$

aus. Der Spannungsabbau auf $\sigma_{max} = 90{,}7\ \mathrm{N/mm^2}$ ist durch Materialauftrag eingetreten, weshalb die Stütze um 20 % schwerer wird.

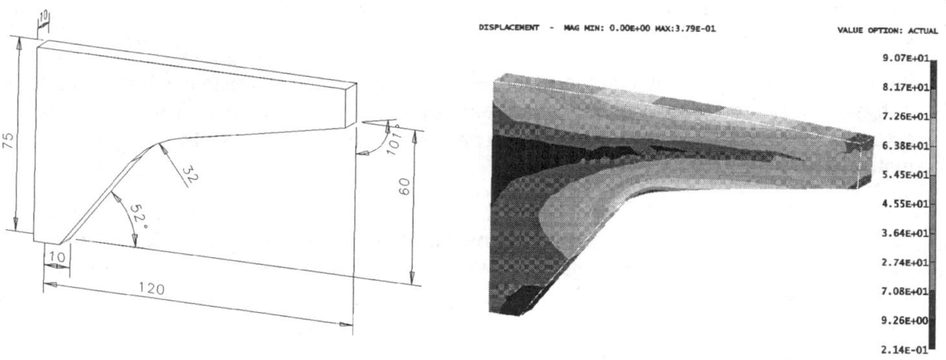

Bild 13.2: Optimierte Winkelstütze

13.3 Biotechnische Strategie

Die komplexen mathematischen Optimierungsverfahren haben sich bisher in der Praxis nur schwer durchsetzen können, da der Anwender zu viel Hintergrundwissen haben muß, um die Verfahren stabil anwenden zu können. Eine gut Chance akzeptiert zu werden zeichnet sich hingegen bei dem CAO-Verfahren (Computer Aided Optimization /13.3/) ab, daß die Strategie des biologischen Wachstums verwendet. Dies geht zurück auf die Erkenntnis, daß die Natur bei der Auslegung von Bäumen, Knochen, Skeletten u. ä. ein ganz bestimmtes Designziel verfolgt, welches als *Axiom der konstanten Spannung* charakterisiert werden kann. Umgesetzt heißt dies, daß auf technische Bauteile dieses biologische Formgebungsprinzip übertragen werden muß und dafür eine Strategie erforderlich ist.

In einer Vielzahl von praktischen Anwendungsfällen hat sich die Simulation des Baumwachstums als sehr erfolgreich erwiesen. Aus der Schnittflächenanalyse von Stämmen hat man herausgefunden, daß ein Stamm aus einem unveränderlichen Kern und eine sich anpassende Randzone (Kambium) besteht. Über die Randzone wird das Wachstum adaptiv gesteuert, und zwar in dem an überlasteten Bereichen ein Materialauftrag und an unterbelasteten Bereichen ein Materialabtrag vorgenommen wird. Dieses Wachstumsprinzip muß jetzt durch einen rechnerunterstützten Algorithmus nachgebildet werden, der die Konturanpassung initiiert.

Bei den Programmrealisierungen CAOSS und KONTOPT wird das Baumwachstum durch eine analoge *Temperaturdehnungsstrategie* nachgebildet. Normalerweise ist dafür keine explizit formulierte Zielfunktion nötig, weil sich Wachstum gezielt durch Wärmedehnung nachbilden läßt. Diese so einfache Aussage bedarf aber dennoch eines komplizierten Ablaufs, der jedoch leicht zu durchschauen ist. Die wesentlichen Schritte des CAO-Prinzips können wie folgt zusammengefaßt werden:

- Ausgangssituation ist stets ein mehr oder weniger günstiger Grundentwurf eines Bauteils, der gewöhnlich aus Erfahrung entsteht. Das Netz sollte dabei so gelegt werden, daß etwa zwei bis drei dünne Elementreihen äquidistant zur äußeren Bauteilberandung verlaufen. Diese Elemente repräsentieren im weiteren das Kambium.
- Mit dem so aufbereiteten Modell wird dann eine erste FE-Analyse durchgeführt und die Vergleichsspannungen nach v. Mises berechnet. Damit sind alle Zonen hoher und niedriger Beanspruchung bekannt.
- Nunmehr wird bezüglich einer als zulässig angesehenen Referenzspannung eine Spannungsdifferenz über das Bauteil gebildet und diese proportional einem Temperaturfeld gesetzt. Unabhängig davon, daß dies gegen physikalische Regeln verstößt, ist dies ein pragmatischer Ansatz.
- Dieses Temperaturfeld wird dann durch Multiplikation mit dem Wärmeausdehnungskoeffizienten in eine Vergleichsdehnung umgewandelt, und zwar so, daß sich nur die Randschicht ausdehnt. Dies bedingt, daß der Wärmeausdehnungskoeffizient des Kerns zu Null und der E-Modul des Randes $E_{Rand} \approx E_{Kern} / 400$ herabgesetzt wird. Durch die somit gummiweiche Oberflächenschicht kann sich die Kontur anpassen, ohne daß Zwangsspannungen im Kern hervorgerufen werden.
- Damit im weiteren eine verträgliche Netzänderung eintritt, muß der Dehnungszustand skaliert werden, womit ein gleichmäßiges Wachstum hervorgerufen werden kann.
- Dieser Vorgang wird durch eine erste Iteration ausgelöst, in dem der bestimmte Dehnungszustand als vorgeschriebene Dehnungen des Problems behandelt wird und hiermit eine neue FE-Analyse erfolgt. Konsequenz ist, daß das Netz zufolge hoher Dehnungen auswächst und zufolge niedriger Dehnungen wegschrumpft.
- Im allgemeinen bedarf eine Konturanpassung mehreren Iterationen, um alle Spannungsspitzen abzubauen.
- Von Vorteil ist dabei, daß Sperrzonen (Fenster über Knotenpunkte) für Konturänderungen eingekreist werden können. Dies verhindert beispielsweise, daß sich Anschraubflächen verwerfen oder Achsabstände ändern.

Die Umsetzung dieser Schritte in einen Algorithmus zeigt das umseitige Flußdiagramm von Bild 13.3.

Ein recht breites Anwendungsfeld findet die biotechnische Optimierung mittlerweile in der Glättung von Kerbspannungen bei 2D- und 3D-Bauteilgeometrien. Dies belegt im weiteren auch das folgendene Beispiel, bei dem es um die Lebensdauererhöhung eines wechselbeanspruchten Bauteils ging.

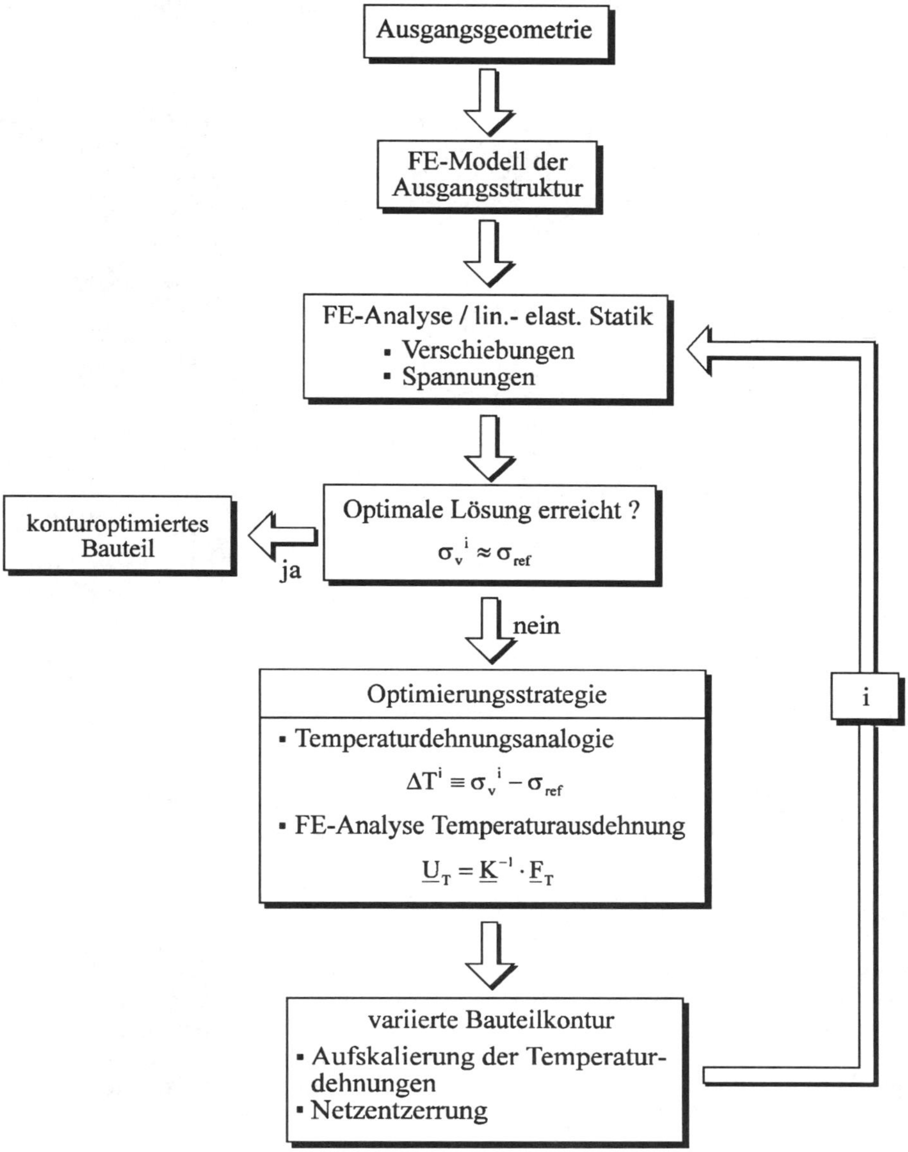

Bild 13.3: Flußdiagramm der Temperaturdehnungsstrategie (nach /13.4/)

Die Ausgangssituation erwies sich wegen der hohen Kerbspannung in einem Übergangsbereich und der dadurch abgeminderten Lebensdauer als insgesamt sehr unbefriedigend. Aufgabe war es deshalb, durch nur kleine Änderungen die Oberflächenspannung abzusenken und somit auch die Lebensdauer zu erhöhen. Durch Anwendung der Temperaturdehnungsstrategie (und zwar nach 30 Iterationen) war es tatsächlich möglich, mittels Konturanpassung das Spannungsniveau um 31 % abzusenken, welches auch aus Bild 13.4 abgeleitet werden kann.

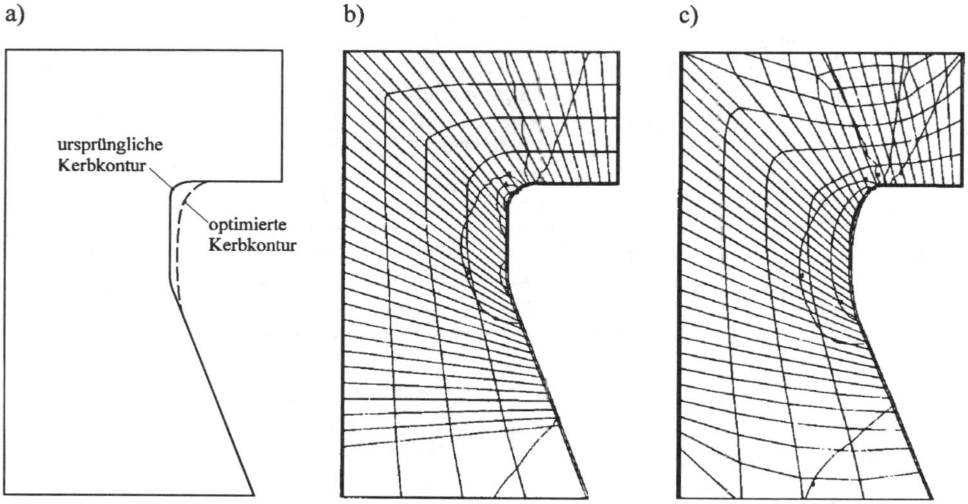

Bild 13.4: Optimierung eines Kerbbereichs (nach /13.4/)
a) Konturvergleich
b) Spannungshöhe in der Ausgangskontur
c) Spannungshöhe in der optimierten Kontur

Diese Absenkung der Spannung geht dabei einher mit einer Verlängerung der Lebensdauer des Bauteils, die sich im vorliegenden Fall mit 40 % einstellte.

13.4 Selektive Kräftepfadoptimierung

Ein Sonderproblem des Leichtbaus besteht weiter darin, daß vielfach nicht einfach Konturen verschoben werden können, da dies meist mit einer Gewichtszunahme verbunden ist, wie die vorausgegangene Winkelstütze belegt. Viel wirksamer lassen sich oft Spannungen und Verformungen durch gezielte Einbringung von Sicken oder Rippen beeinflussen, wodurch das Gewicht nicht unbedingt zunehmen muß. Die Problematik besteht somit darin, die Zonen für wirksame Versteifungen zu lokalisieren und dann deren Form im genau notwendigen Umfang auszubilden.

Diese praktisch interessierende Fragestellung kann mittels des Prinzips der *selektiven Pfadoptimierung* gelöst werden, welches eine Spezialisierung des Temperaturdehnungsprinzips darstellt. Für die Pfadoptimierung besteht die Voraussetzung, daß zu einem Belastungsfall die Hauptspannungen $\sigma_1, \sigma_2, \sigma_3$ bekannt sind bzw. mittels einer FE-Analyse ermittelt werden können. Gewöhnlich lassen die FE-Post-Prozessoren eine Darstellung der Hauptspannungstrajektorien zu, welche eine Richtungsinformation über die größte Beanspruchung ge ben. Bei vielen Bauteilen wird dieses Beanspruchungsmaximum auf der Oberfläche liegen, so daß damit auch die Ausprägungsrichtung für die Versteifungselemente bekannt sind.

Der Optimierungsalgorithmus funktioniert nun im wesentlichen so, daß in einer ausgewählten Beanspruchungssektion ein oder mehrere Knoten in der Nähe der σ_1-Trajektorie ausgewählt werden können und dort lokales Wachstum initiiert werden kann. Nach einer entsprechenden Anzahl von Iterationen bildet sich dann in Abhängigkeit von der Bauteildimension entweder eine Rippe oder eine Sicke aus. Der Unterschied zwischen diesen Versteifungselementen besteht im wesentlichen darin, daß Rippen auf massive Bauteile aufgesetzt und Sicken in dünnen Blechen eingeprägt werden.

Als Optimierungskriterium ist demzufolge wieder das Minimierungskriterium für die Spannungen

$$Z = \sum_{i=1}^{n_o} \left(\sigma_{V_i} - \sigma_{ref}\right)^2 \rightarrow \text{MINIMUM!} \qquad (13.8)$$

heranzuziehen, und zwar in dem Variationsgebiet der Knoten $P_i(i = 1, \cdots, n_o)$, die im wesentlichen die Hauptspannungstrajektorien bilden.

Ein anschauliches Bild für diese Vorgehensweise soll ein Scharnier an einer Fahrwerksklappe eines Verkehrsflugzeuges sein. Dieses Scharnier ist hochbelastet, d. h. es muß große Kräfte übertragen können und darf andererseits aber nicht zu schwer sein. Als konstruktive Alternativ bietet sich demzufolge eine verrippte oder versickte Lösung an. Im Bild 13.5 ist zunächst ein Scharnierteil gezeigt, in dem die Spannungsspitze durch das Aufsetzen von Rippen entschärft worden ist. Der Algorithmus bietet hierbei die Möglichkeit, eine oder mehrere Spannungspfäde zu identifizieren und diese zu Rippen auswachsen zu lassen, und zwar so lange, bis in dem Variationsgebiet die auftretende Spannung unterhalb der Referenzspannung liegt.

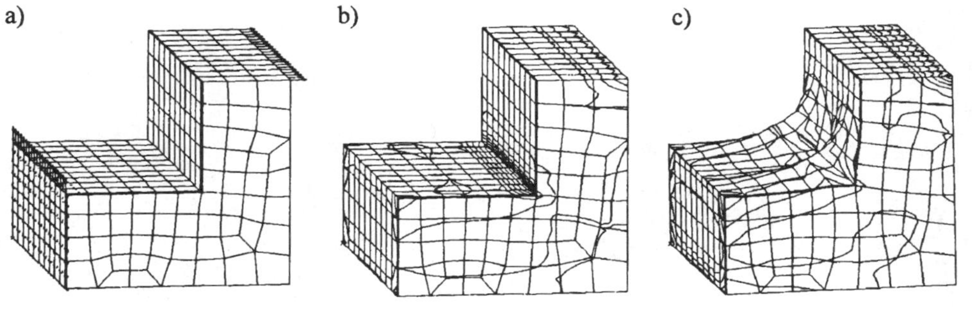

Bild 13.5: Massives Scharnierteil mit initiiertem Rippenwachstum (nach /13.4/)
a) Grundentwurf
b) Spannungsverteilung im Grundentwurf
c) lokal optimiertes Teil

Methodisch aufwendiger ist hingegen das Einbringen von Sicken, da hiermit die Einhaltung der Volumenkonstanz des Bauteils verbunden ist. Materialauftrag auf der Oberfläche bedingt gleichsam einen Materialabtrag auf der Unterseite bei Einhaltung der Äquidistanz der Flächen. Daß auch dies algorithmisch zu beherrschen ist, zeigt das Blechteil im Bild 13.6, in dem jetzt zwei Sicken eingeprägt worden sind, welches ebenfalls zu einer Spannungsabsenkung führt.

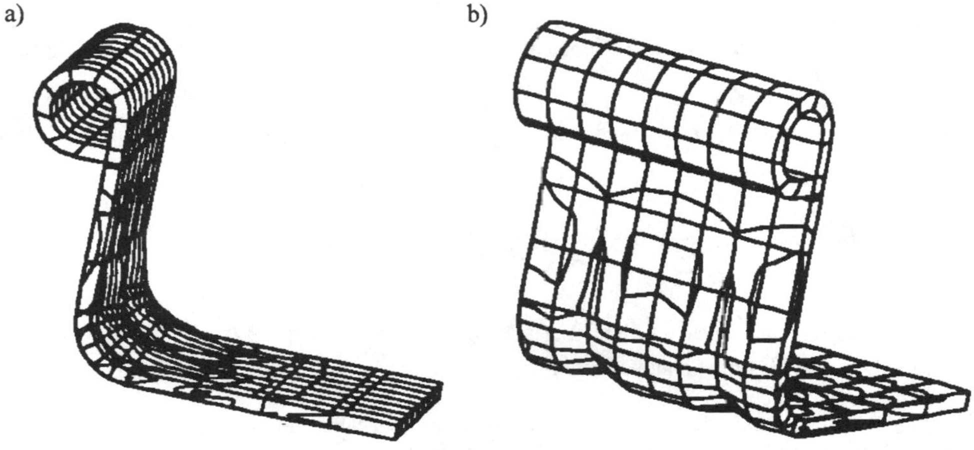

Bild 13.6: Leichtes Scharnierteil mit initiiertem Sickenwachstum (nach /13.4/)
a) Ansicht von oben
b) Ansicht von unten

Fallstudien

Anm.: Die nachfolgenden Fallstudien wurden ausschließlich mit dem FE-Programm I-DEAS der Firma SDRC bzw. einige ergänzende Rechnungen mit dem System ABAQUS von HKS bearbeitet.

Fallstudie 1: zu Kapitel 4 *Matrix-Steifigkeitsmethode*

In dem Buch von Hahn /4.1/ ist dargestellt, daß mit einfachen *Stab*-Elementen sehr schön statisch bestimmte und statisch überbestimmte Fachwerkstrukturen behandelt werden können. Um dies exemplarisch zu untermauern, soll hier die Lösung des sogenannten *Navierschen* Problems übernommen werden.

Dieses Problem besteht in der Berechnung der freien Knotenverschiebungen des vielfach statisch überbestimmten elastischen Fachwerks von Bild 1.1 unter gegebenen äußeren Kräften. Mit der Lösung haben sich im 17. Jahrhundert viele Mathematiker beschäftigt und sehr komplizierte Lösungswege entwickelt.

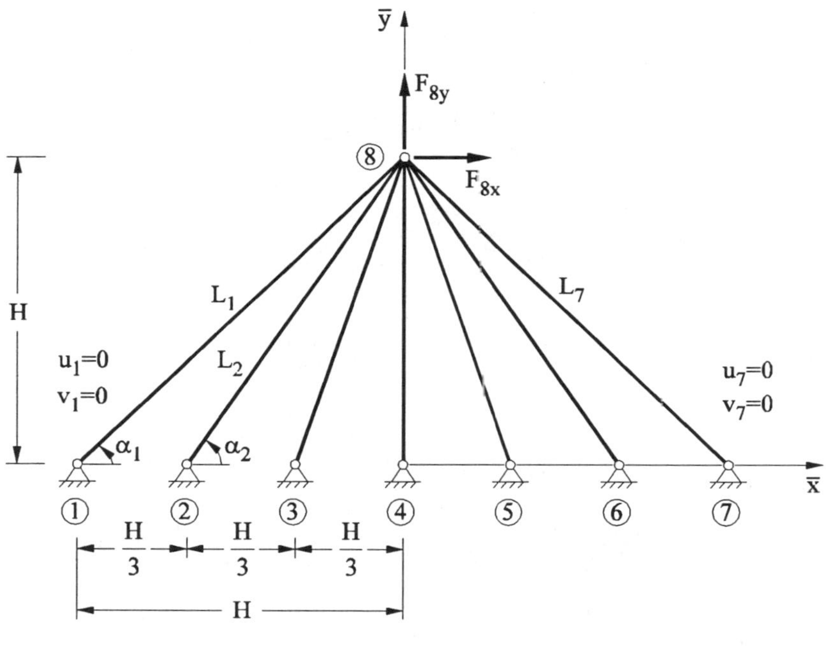

Bild 1.1: Mehrfach statisch überbestimmte Fachwerkstruktur

Alle Stäbe sollen dabei gleichen Querschnitt (A = konst.) haben und aus gleichem Werkstoff (E = konst.) bestehen. Wir wählen die Idealisierung so, daß jeder Stab ein Element mit zwei Knoten und jeweils 2 Freiheitsgraden (u_i, v_i) sein soll. Bei acht Knoten erhalten wir so eine 16x16-Gesamtsteifigkeitsmatrix.

Da jeder Knoten ① bis ⑦ unverrückbar gelagert ist, braucht letztlich aber nur eine 2x2-Matrix $[(16x16)-(14x14)]$ invertiert werden, welches im Grunde ein leichtes Unterfangen darstellt, wie die folgende Lösung zeigt.

a) Systemgleichung

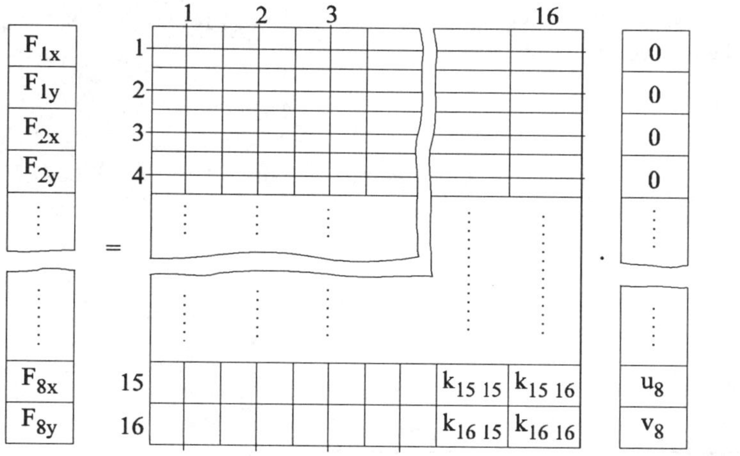

(1)

b) Lösungsgleichung

$$\begin{bmatrix} F_{8x} \\ F_{8y} \end{bmatrix} = \begin{bmatrix} k_{15\,15} & k_{15\,16} \\ k_{16\,15} & k_{16\,16} \end{bmatrix} \cdot \begin{bmatrix} u_8 \\ v_8 \end{bmatrix} \tag{2}$$

mit

$$k_{15\,15} = E \cdot A \sum_{i=1}^{7} \frac{\cos^2 \alpha_i}{L_i} = \frac{E \cdot A}{H} \sum_{i=1}^{7} \cos^2 \alpha_i \cdot \sin \alpha_i , \tag{3}$$

$$k_{15\,16} \equiv k_{16\,15} = E \cdot A \sum_{i=1}^{7} \frac{\cos \alpha_i \cdot \sin \alpha_i}{L_i} = \frac{E \cdot A}{H} \sum_{i=1}^{7} \cos \alpha_i \cdot \sin^2 \alpha_i , \tag{4}$$

$$k_{16\,16} = E \cdot A \sum_{i=1}^{7} \frac{\sin^2 \alpha_i}{L_i} = \frac{E \cdot A}{H} \sum_{i=1}^{7} \sin^3 \alpha_i . \tag{5}$$

Für die vorgegebenen Kräfte F_{8x}, F_{8y} erhalten wir die unbekannten Knotenverschiebungen durch Inversion der abgespaltenen Steifigkeitsmatrix zu

$$\begin{bmatrix} u_8 \\ v_8 \end{bmatrix} = \frac{1}{\left(k_{15\,15} \cdot k_{16\,16} - k_{16\,15} \cdot k_{15\,16}\right)} \begin{bmatrix} k_{16\,16} & -k_{15\,16} \\ -k_{16\,16} & k_{15\,15} \end{bmatrix} \cdot \begin{bmatrix} F_{8x} \\ F_{8y} \end{bmatrix} , \tag{6}$$

womit dann auch die Verschiebung des Knotenpunktes ⑧ bestimmt ist.

Fallstudie 2: zu Kapitel 5 *Konzept der FEM / Allgemeine Vorgehensweise*

Für den im Bild 2.1 gezeigten Kranhaken aus Stahl (E = 210.000 N/mm², ν = 0,3) sind folgende Tragfähigkeitsberechnungen durchzuführen, und zwar

Lastfall 1 (LC1):	zulässige Gewichtslast:	F_y = −1.000 N
Lastfall 2 (LC2):	Kraftanteile aus dem beschleunigten Lauf des Krans:	F_x = 1.000 N, F_y = −1.000 N.

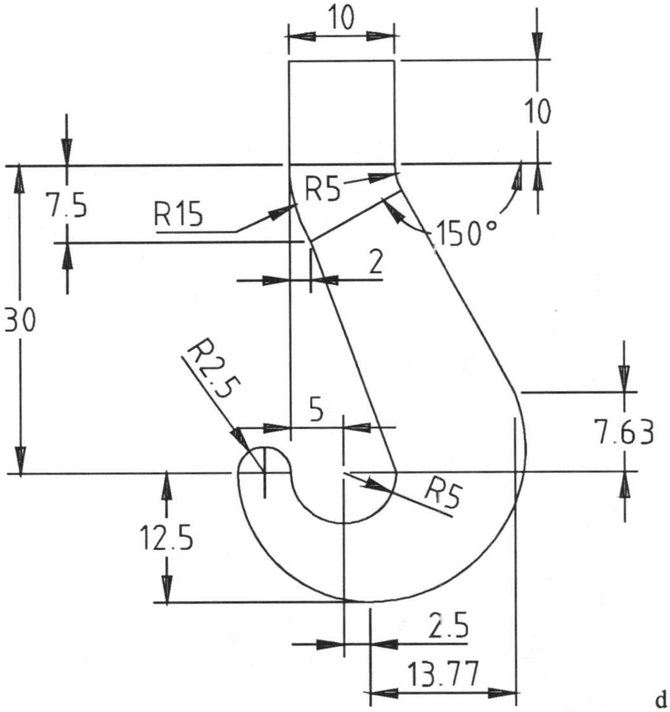

d = 4mm

Bild 2.1: CAD-Darstellung eines Kranhakens

Um die Berechnung durchführen zu können, übernehmen wir aus dem CAD-System CATIA die oben gezeigte Geometrie. Daraus wird mit Hilfe eines Schnittstellen-Übersetzers eine IGES-Datei erzeugt. In Bild 2.2 ist die Beschreibung des Hakens in diesem Datenformat aufgelistet.

Das IGES-Format ist gewöhnlich als CAD Standard von allen Produkten der verschiedenen Softwareanbieter lesbar. Die Zeichnungsdaten können somit von dem CAE-Paket I-DEAS gelesen und weiter bearbeitet werden. In diesem Fall wird die 2D-Geometrie als Grundlage für ein FE-Modell verwendet.

```
                                                                        S0000001
Maximum GME point tolerance:  0.01                                      S0000002
Minimum GME point tolerance:  0.01                                      S0000003
                                                                        S0000004
1H,,1H;,4HIGES,21H/home/user7/haken.igs,24HI-DEAS Master Series 2.1,    G0000001
8HIGES 5.1,32,38,8,308,15,24HI-DEAS Master Series 2.1,1.00000000,2,2HMM,G0000002
1,1.00000000,13H960711.114541,0.01000000,46.46029696,4HNONE,4HNONE,9,0,;G0000003
     126       1       0       1       0       0       0        000000000D      1
     126       0       3       3       1                    LINE        0D      2
     126       4       0       1       0       0       0        000000000D      3
     126       0       3       3       1                    LINE        0D      4
     126       7       0       1       0       0       0        000000000D      5
     126       0       3       3       1                    LINE        0D      6
     126      10       0       1       0       0       0        000000000D      7
     126       0       3       3       2               CIRC_ARC        0D      8
     126      13       0       1       0       0       0        000000000D      9
     126       0       3       3       2               CIRC_ARC        0D     10
     126      16       0       1       0       0       0        000000000D     11
     126       0       3       3       1                    LINE        0D     12
     126      19       0       1       0       0       0        000000000D     13
     126       0       3       5       2               CIRC_ARC        0D     14
     126      24       0       1       0       0       0        000000000D     15
     126       0       3       5       2               CIRC_ARC        0D     16
     126      29       0       1       0       0       0        000000000D     17
     126       0       3       3       1                    LINE        0D     18
     126      32       0       1       0       0       0        000000000D     19
     126       0       3       5       2               CIRC_ARC        0D     20
126,1,1,0,0,1,0,0.0,0.0,1.0,1.0,1.0,1.0,9.60093364,                     1P      1
46.46029696,0.0,19.60093364,46.46029696,0.0,0.0,1.0,0.0,                1P      2
0.0,0.0;                                                                1P      3
126,1,1,0,0,1,0,0.0,0.0,1.0,1.0,1.0,1.0,19.60093364,                    3P      4
46.46029696,0.0,19.60093364,36.46029696,0.0,0.0,1.0,0.0,                3P      5
0.0,0.0;                                                                3P      6
126,1,1,0,0,1,0,0.0,0.0,1.0,1.0,1.0,1.0,9.60093364,                     5P      7
36.46029696,0.0,9.60093364,46.46029696,0.0,0.0,1.0,0.0,                 5P      8
0.0,0.0;                                                                5P      9
126,2,2,1,0,0,0,0.0,0.0,0.0,1.0,1.0,1.0,1.0,0.96592583,1.0,             7P     10
19.60093364,36.46029696,0.0,19.60093364,35.120551,0.0,                  7P     11
20.27080662,33.96029696,0.0,0.0,1.0,0.0,0.0,1.0;                        7P     12
126,2,2,1,0,0,0,0.0,0.0,0.0,1.0,1.0,1.0,1.0,0.96592583,1.0,             9P     13
9.60093364,36.46029696,0.0,9.60093364,32.44105907,0.0,                  9P     14
11.61055258,28.96029696,0.0,0.0,1.0,0.0,0.0,1.0;                        9P     15
126,1,1,0,0,1,0,0.0,0.0,1.0,1.0,1.0,1.0,20.27080662,                   11P     16
33.96029696,0.0,30.26370204,14.09029696,0.0,0.0,1.0,0.0,               11P     17
0.0,0.0;                                                               11P     18
126,4,2,1,0,0,0,0.0,0.0,0.0,0.5,0.5,1.0,1.0,1.0,1.0,                   13P     19
0.70710678,1.0,0.70710678,1.0,9.60093364,6.46029696,0.0,               13P     20
9.60093364,9.12693893,0.0,6.93429167,9.12693893,0.0,                   13P     21
4.26764969,9.12693893,0.0,4.26764969,6.46029696,0.0,0.0,               13P     22
1.0,0.0,0.0,1.0;                                                       13P     23
126,4,2,1,0,0,0,0.0,0.0,0.0,0.5,0.5,1.0,1.0,1.0,1.0,                   15P     24
0.64050408,1.0,0.64050408,1.0,4.26764969,6.46029696,0.0,               15P     25
5.99803699,-9.95879618,0.0,21.83980352,-5.30914103,0.0,                15P     26
37.68157004,-0.65948588,0.0,30.26370204,14.09029696,0.0,               15P     27
0.0,1.0,0.0,0.0,1.0;                                                   15P     28
126,1,1,0,0,1,0,0.0,0.0,1.0,1.0,1.0,1.0,11.61055258,                   17P     29
28.96029696,0.0,19.1626507,8.50742605,0.0,0.0,1.0,0.0,0.0,             17P     30
0.0;                                                                   17P     31
126,4,2,1,0,0,0,0.0,0.0,0.0,0.5,0.5,1.0,1.0,1.0,1.0,                   19P     32
0.62874793,1.0,0.62874793,1.0,9.60093364,6.46029696,0.0,               19P     33
9.60093364,0.27650576,0.0,15.64769405,1.57109532,0.0,                  19P     34
21.69445447,2.86568489,0.0,19.1626507,8.50742605,0.0,0.0,              19P     35
1.0,0.0,0.0,1.0;                                                       19P     36
S0000004G0000003D0000020P0000036                                        T0000001
```

Bild 2.2: CAD-Daten des Kranhakens im IGES-Format

Bei der Erzeugung eines Modells wird die Gesamtfläche zunächst in sinnvoll zu vernetzende Teilflächen, die sogenannten Makros, zerlegt.

Das Prinzip für die Makrobildung sollte sein, daß möglichst einfache Flächenbereiche entstehen, deren Kanten dann durch Angabe eines Linienteilers vernetzt werden können. Im vorliegenden Beispiel ist für alle kurzen Seiten der Teiler 2 bzw. 4 und für die langen Seiten der Teiler 6 oder 8 gewählt worden. Die Vernetzung von dreidimensionalen FE-Modellen verläuft nach demselben Prinzip, nur daß die Makros zu Volumina zusammengeschlossen werden. Man erhält so ein hinreichend feines Netz, wobei noch diskutiert werden könnte, ob das Netz im oberen Anschlußbereich etwas feiner sein sollte.

Nach der Netzgenerierung müssen die Elementtypen festgelegt werden. Da es sich hierbei um ein ebenes Problem handelt, ist es zur Erfassung des Verformungszustandes des Lastfalls 1 und 2 ausreichend, lineare *Viereck-Scheiben*-Elemente mit 4 Knoten pro Element zu verwenden.

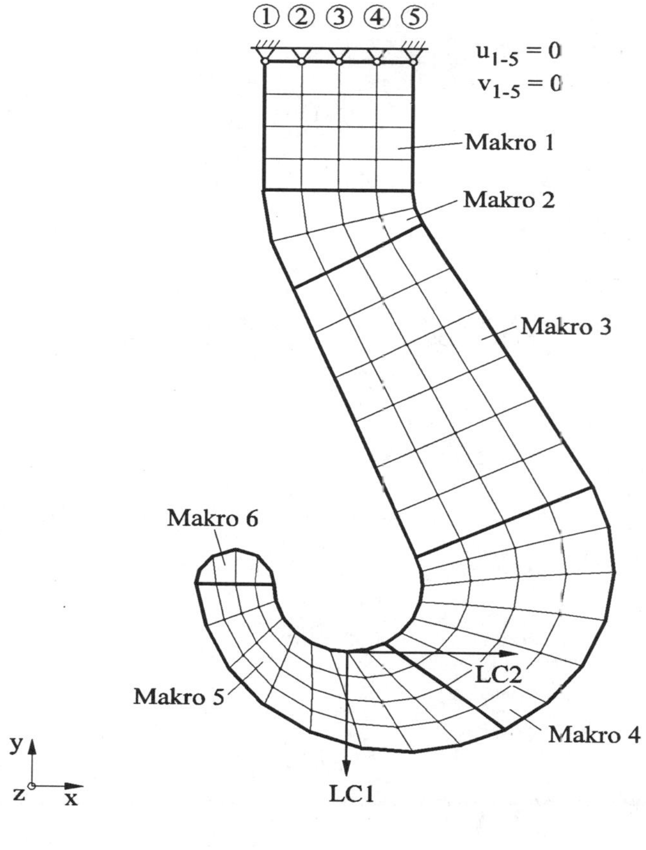

Bild 2.3: FE-Modell des Kranhakens

Die vorgegebenen Lasten werden konzentriert in einen Knoten eingeleitet und die Knoten 1-5 müssen noch als unverschieblich definiert werden. Nachdem das Modell so aufbereitet ist, kann es mit einem Solver elastostatisch berechnet werden. Die beiden Lastfälle werden dabei hintereinander abgearbeitet, indem jeweils in der finiten Systemgleichung die rechte Seite ausgetauscht wird. Als Ergebnis erhält man die Verformungen und Spannungen. In den nachfolgenden Abbildungen sind die erhaltenen Ergebnisse mittels eines Postprozessors grafisch aufbereitet worden, und zwar

- Bild 2.4 zeigt zu beiden Lastfällen die Verschiebungen

und

- Bild 2.5 entsprechend die Spannungen.

Man erkennt durch die Nachrechnung, daß die konstruktiv gewählten Abmessungen des Hakens zu vernünftigen Beanspruchungsverhältnissen führen.

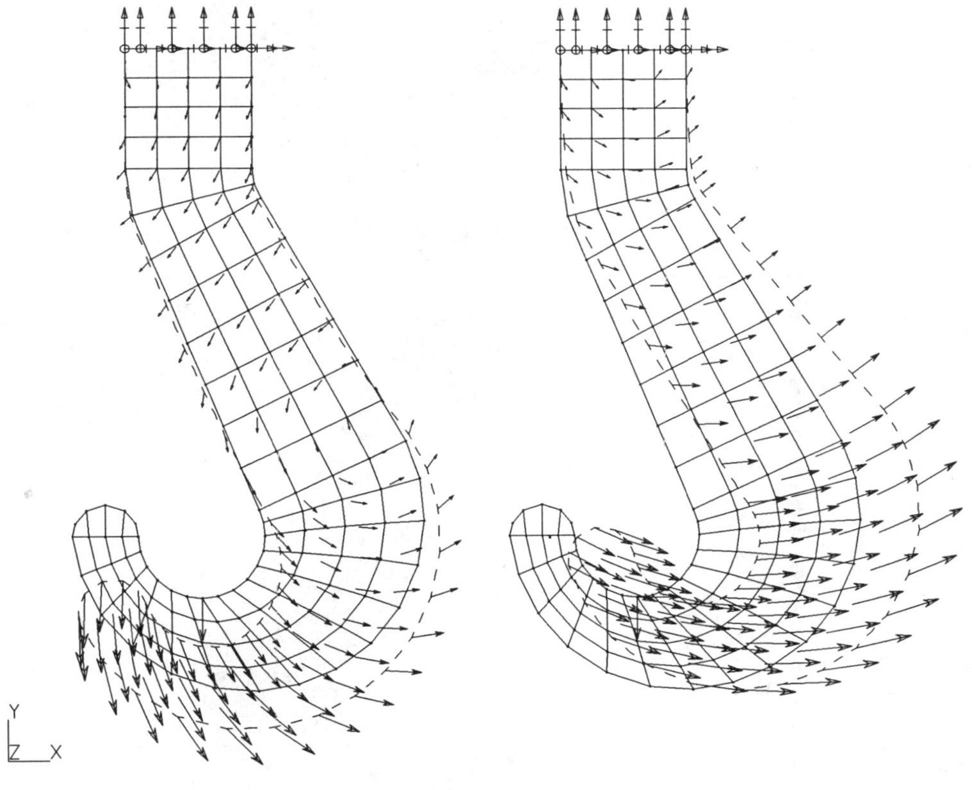

Bild 2.4: Verschiebungen der Knoten des Kranhakens bei den Lastfällen LC1 und LC2

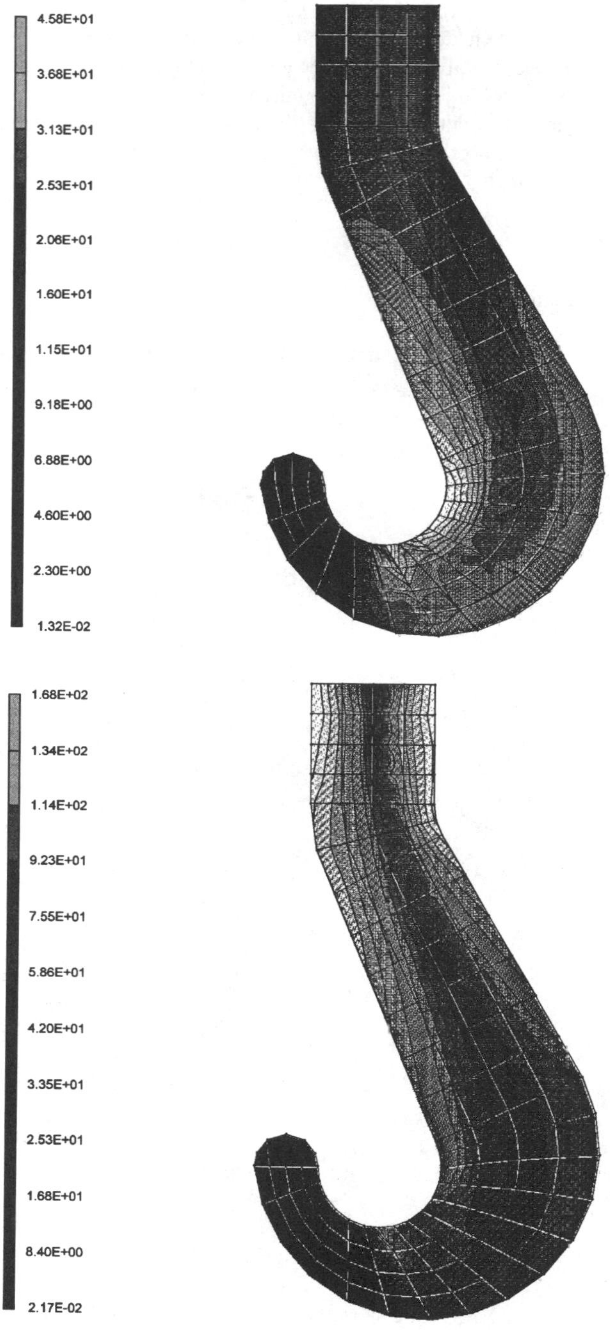

Bild 2.5: Vergleichsspannungen in den Elementen bei den Lastfällen LC1 und LC2

Fallstudie 3: zu Kapitel 5 *Konzept der FEM / Schiefe Randbedingungen*

Im Kapitel 5 ist dargelegt worden, daß für die Lösbarkeit einer finiten Gleichung die Randbedingungen eine entscheidende Rolle spielen. Darüber hinaus ist bei Systemen mit beweglichen Auflagern vielfach von Interesse, wie groß die Verschiebungen am Auflager sind. Um die Randbedingungsproblematik noch einmal hervorzuheben, ist im Bild 3.1 eine einfache Fachwerkstruktur gezeigt, die mit Blechen ausgefacht ist.

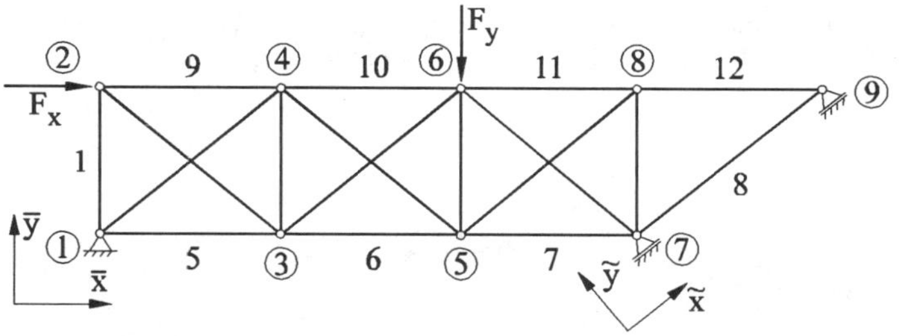

Bild 3.1: Beispiel mit schiefen Randbedingungen

Diese Fachwerkstruktur muß für die Berechnung statisch bestimmt gelagert werden. Da die Auflager im Knoten ⑦ und ⑨ jedoch nicht in Richtung des globalen Koordinatensystems unterdrückt werden können, muß für diese beiden Knoten ein eigenes Koordinatensystem eingeführt werden. Im Bild 3.2 ist das entsprechend verformte System dargestellt.

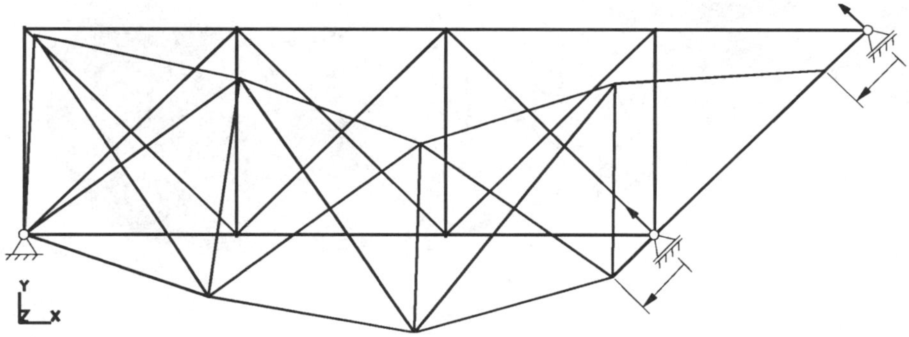

Bild 3.2: Verformtes Fachwerk mit Verschiebungsvektoren

Fallstudie 4: zu Kapitel 5 *Konzept der FEM / Durchdringung*

Zu einer besonderen Art von Randbedingungen führt die Kontaktproblematik (siehe insbesondere Kapitel 8). Dieser Problemkreis soll ebenfalls anhand eines einfachen Beispiels dargestellt werden.

Bild 4.1 zeigt einen Gummi-Faltenbalg, wie er z. B. zum Schutz von Gelenkwellen zur Anwendung kommt. Aufgrund der Symmetrie wird das Bauteil aus Kreisringelementen modelliert und somit auf ein zweidimensionales Berechnungsmodell reduziert. Für die Vermeidung einer räumlichen Überschneidung der Elemente müssen bestimmte Kontaktzonen definiert und bei jedem Rechenschritt iterativ auf Kontakt geprüft werden.

Bild 4.1: Gummi-Faltenbalg

Gängige FE-Programme prüfen die Durchdringung der Elemente im Normalfall nicht, da es sich bei dieser Kontrolle um einen sehr aufwendigen und rechenintensiven Prozeß handelt, der die reine Rechenzeit um einiges vervielfachen würde.

Die exemplarische Auswertung dieser Problemstellung ist im Bild 4.2 aufbereitet worden. Man erkennt zunächst am Deformationsverhalten, wie sich das obere Bauteil auf das untere Bauteil abstützt und welche Verformungen dabei entstehen. Des weiteren zeigt der Spannungsplot, wie die eingeleitete Flächenlast durch die Körper auf die Auflage abgeleitet wird. Im weiteren Teil des Bildes 4.2 ist dasselbe Modell ohne vorherige Definition von Kontaktbedingungen dargestellt, welches zu einem sinnlosen Ergebnis führt.

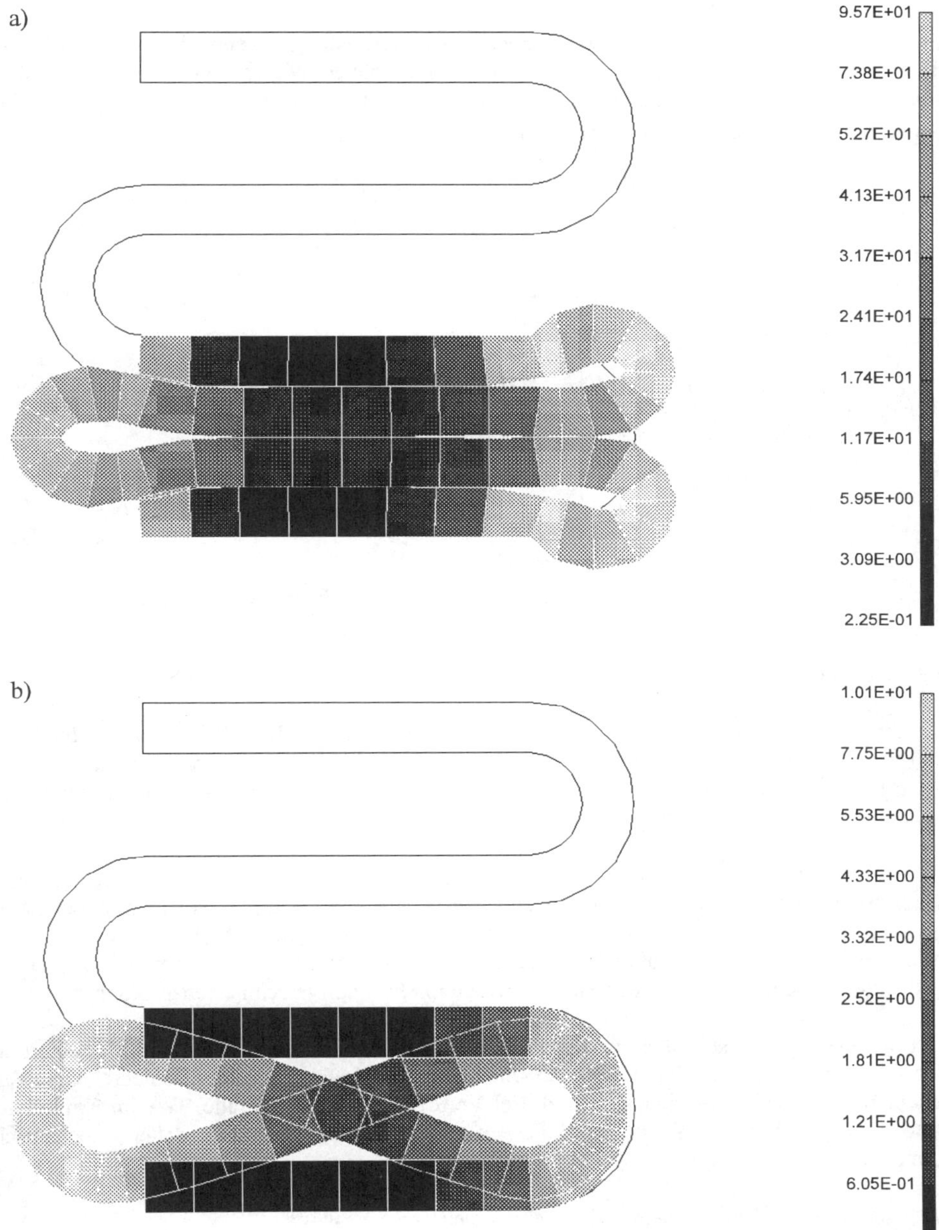

Bild 4.2: Kreisringelemente des Faltenbalgs
a) mit Kontaktbedingungen, b) ohne Kontaktbedingungen

Fallstudie 5: zu Kapitel 7 *Anwendung von Schalen-Elementen*

Im folgenden Bild 5.1 ist die Situation einer Flanschverbindung gezeigt, die an einem Hochdruckkessel angesetzt wird. Der Kessel und die Flanschverbindung stehen dabei unter dem Innendruck p_i. Im Betrieb zeigt sich diese Flanschverbindung als besonders kritisch, d. h. bei einem bestimmten Betriebsdruck leckt der Kessel.

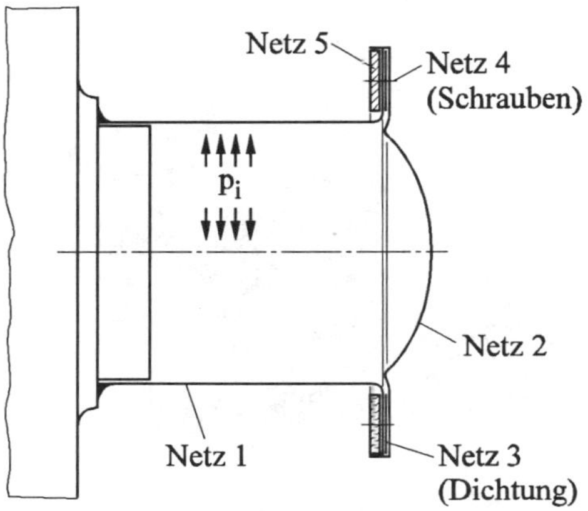

Bild 5.1: Flanschverbindung

Die Aufgabenstellung war es, den Flansch unter Erhaltung der Geometrie zu versteifen. Aus diesem Grunde ist eine geteilte Hinterlegscheibe angebracht worden und hierfür ein Steifigkeitsnachweis zu erbringen bzw. zu ermitteln, ob die Verbindung so stabil geworden ist, daß der Kessel nicht mehr lecken kann.

Da es sich um eine symmetrische Konstruktion handelt, braucht nur ein Viertelteil des Flansches aufbereitet werden. Die dabei die Baugruppe bildenden Bauteile faßt man zweckmäßigerweise in je einem Teilnetz zusammen (Netz 1 bis Netz 5 im Bild 5.1). Diese Netze müssen jedoch so aufgebaut sein, daß sich ihre Knoten an den Kontaktzonen mit denen der anderen Teilnetze überlagern, um sie beim *Zusammenbau* miteinander verschmelzen zu können.

Um das Deformationsproblem richtig wiedergeben zu können, werden für die Modellierung der flächenhaften Teile einfach *Schalen*-Elemente ausgewählt. Schalen-Elemente haben an jedem Knoten drei Verschiebungs- und drei Verdrehungs-Freiheitsgrade. Wie im Kapitel 12 schon dargelegt worden ist, sind *Balken*- und *Schalen*-Elemente daher mechanisch kompatibel.

Das nachfolgende Bild 5.2 zeigt die Ergebnisse eines Rechenlaufs.

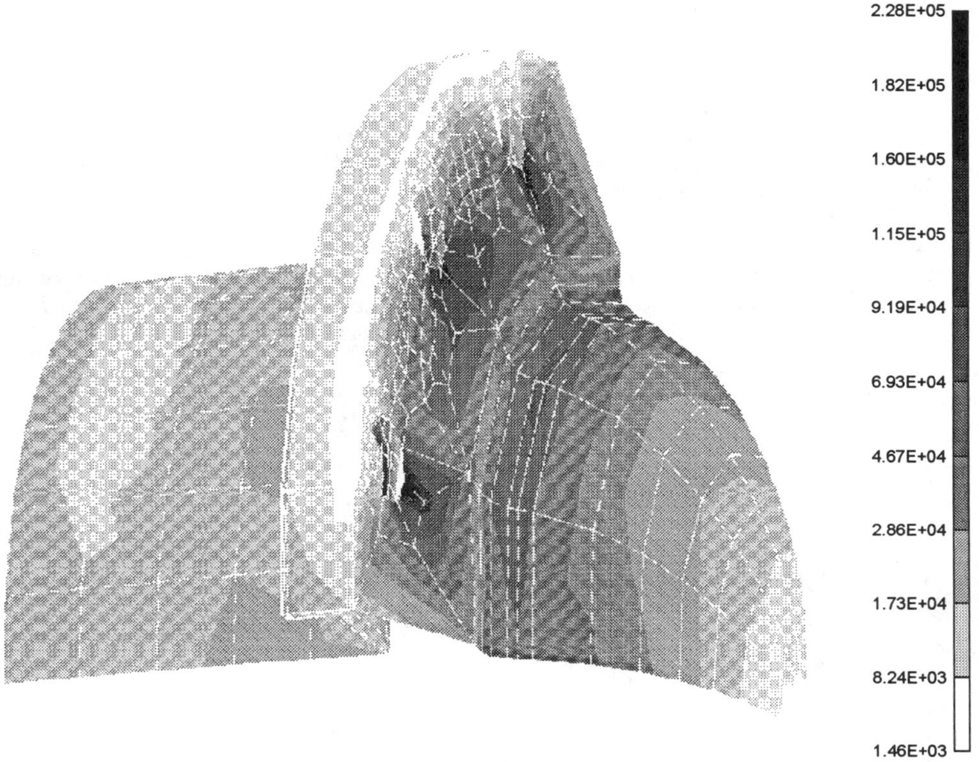

Bild 5.2: Spannungs- und Verformungsdarstellung am Flanschverbindungs-Viertelmodell

Die größten Spannungen treten im Bereich der Verschraubungen auf. Diese Spannungen werden im Regelfall an dieser Stelle jedoch nicht so hoch sein, da die Schrauben nicht mitmodelliert worden sind und die Unterlegscheiben an den entsprechenden Stellen eine Druckverteilung vornehmen werden. Es werden dort in Wirklichkeit also keine $2.28 \cdot 10^5$ mN/mm^2 auftreten.

Das Resümee der Analyse ist, daß die durchgeführte Versteifungsmaßnahme den gewünschten Effekt bringt und somit die Dichtheit des Systems gewährleistet ist, da die maximale Deformation im Modell nur $4.81 \cdot 10^{-2}$ mm beträgt und damit so gering ist, daß sie von jeder Dichtung ausgeglichen werden kann.

Fallstudie 6: zu Kapitel 7.5 *Anwendung von Volumen-Elementen / Mapped meshing*

Bei materiellen Körpern spielen die Randbedingungen eine große Rolle. Einfache Auflager (Loslager, Festlager) wie in der Mechanik sind in der Praxis aber relativ selten. Es überwiegen dort Verschraubungen, Klemmungen oder gekoppelte Stützungen, die dann richtig in das Modell eingearbeitet werden müssen.

Als ein allgemeiner Randbedingungsfall wird am Beispiel eines aus *Volumen*-Elementen modellierten Blattfeder der Fall vorgeschriebener Verschiebungen an bestimmten Knotenpunkten einer Struktur dargestellt. Die Theorie dazu ist schon sehr früh im Kapitel 5.3.3 hergeleitet worden. Hiernach kann gemäß den auftretenden Möglichkeiten

- unbekannte Verschiebungen ($\underline{\mathbf{U}}_{\text{unknown}}$),
- bekannte Verschiebungen ($\underline{\mathbf{U}}_{\text{suppressed}}$)

und

- vorgeschriebene Verschiebungen ($\underline{\mathbf{U}}_{\text{prescribed}}$)

eine finite Systemgleichung wie folgt partitioniert werden:

$$\begin{bmatrix} \underline{\mathbf{K}}_{uu} & \underline{\mathbf{K}}_{us} & \underline{\mathbf{K}}_{up} \\ \underline{\mathbf{K}}_{su} & \underline{\mathbf{K}}_{ss} & \underline{\mathbf{K}}_{sp} \\ \underline{\mathbf{K}}_{pu} & \underline{\mathbf{K}}_{ps} & \underline{\mathbf{K}}_{pp} \end{bmatrix} \cdot \begin{bmatrix} \underline{\mathbf{U}}_{u} \\ \underline{\mathbf{U}}_{s} \\ \underline{\mathbf{U}}_{p} \end{bmatrix} = \begin{bmatrix} \underline{\mathbf{F}}_{u} \\ \underline{\mathbf{F}}_{s} \\ \underline{\mathbf{F}}_{p} \end{bmatrix}. \tag{1}$$

Dies führt zu den drei Einzelgleichungen

$$\begin{aligned} \underline{\mathbf{K}}_{uu} \cdot \underline{\mathbf{U}}_{u} + \underline{\mathbf{K}}_{up} \cdot \underline{\mathbf{U}}_{p} &= \underline{\mathbf{F}}_{u} \equiv \underline{\mathbf{0}} \\ \underline{\mathbf{K}}_{su} \cdot \underline{\mathbf{U}}_{u} + \underline{\mathbf{K}}_{sp} \cdot \underline{\mathbf{U}}_{p} &= \underline{\mathbf{F}}_{s} \\ \underline{\mathbf{K}}_{pu} \cdot \underline{\mathbf{U}}_{u} + \underline{\mathbf{K}}_{pp} \cdot \underline{\mathbf{U}}_{p} &= \underline{\mathbf{F}}_{p} \equiv \underline{\mathbf{0}}. \end{aligned} \tag{2}$$

Hierin ist zu berücksichtigten, daß

- die bekannten Verschiebungen an den Auflagern $\underline{\mathbf{U}}_{s} \equiv \underline{\mathbf{0}}$ sind,
- die Reaktionskräfte $\underline{\mathbf{F}}_{s}$ an den Auflagern auftreten,
- es jedoch keine vorgeschriebenen Kräfte gibt, d. h. $\underline{\mathbf{F}}_{p} \equiv \underline{\mathbf{0}}$ ist.

Damit können die unbekannten Verschiebungen bestimmt werden zu

$$\underline{\mathbf{U}}_{u} = -\underline{\mathbf{K}}_{uu}^{-1} \cdot \underline{\mathbf{K}}_{up} \cdot \underline{\mathbf{U}}_{p}. \tag{3}$$

Diese unbekannten Verschiebungen werden in der hier betrachteten Problemstellung einer zwangsweise verformten Blattfeder aus Kunststoff angewendet, die in der im Bild 6.1 gezeigten Bauform in einem Meßgerät eingebaut wird. Das freie Ende dieser Blattfeder macht dabei einen vorgeschriebenen Weg von ca. 15 mm und speichert potentielle Energie. Das Federmaterial sei aus POM mit

- einem mittleren E-Modul von $E_m = 2250\ N/mm^2$,
- einer Streckgrenze von $R_H = 70\ N/mm^2$,

und

- einer Querkontraktion von $\nu = 0{,}32$.

Die linear-elastische FEM-Analyse zeigt, daß bei den vorgegebenen Verhältnissen die maximal in den Randzonen der Blattfeder auftretetenden Zug- bzw. Druckspannungen $26{,}2\ N/mm^2$ betragen. Der Materialwert R_H für die Streckgrenze übersteigt diese Spannungen mit einem Sicherheitsfaktor von 2,7. Es ist daher auch bei wiederholter Betätigung nicht mit Relaxation des Materials zu rechnen.

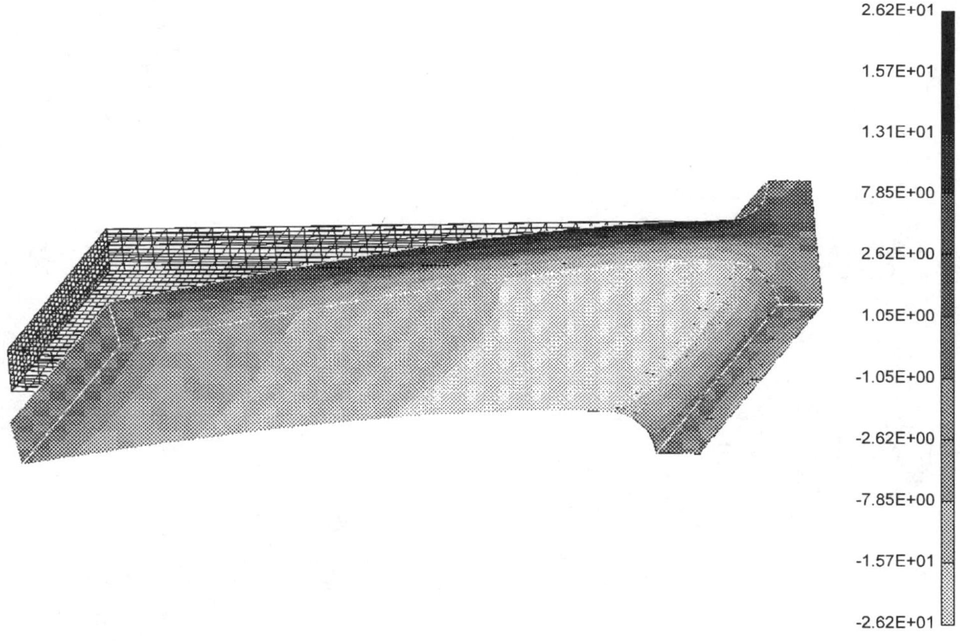

Bild 6.1: Spannungen und Deformation in einer Kunststoff-Blattfeder

Fallstudie 7: zu Kapitel 7.5 *Anwendung der Volumen-Elemente / Free meshing*

In dem gezeigten Bild 7.1 ist eine Tretkurbel eines Fahrradkettenantriebes dargestellt, die hinsichtlich des Spannungsverlaufs und der Verformungen analysiert werden soll. Es handelt sich hierbei um ein sehr kompaktes Aluminium-Schmiedeteil, welches einer Torsions- und Biegebeanspruchung unterliegt.

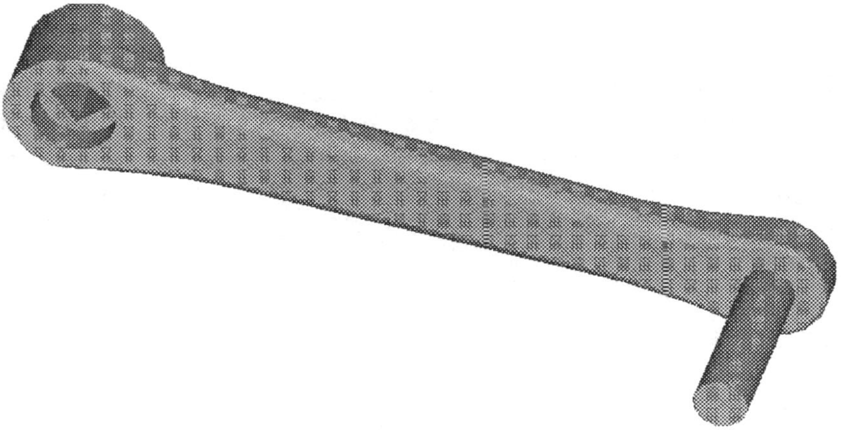

Bild 7.1: Fahrrad-Tretkurbel

Um die Geometrie der Freiformflächen möglichst exakt nachbilden zu können, wurden parabolische Tetraederelemente mit Seitenmittenknoten ausgewählt.

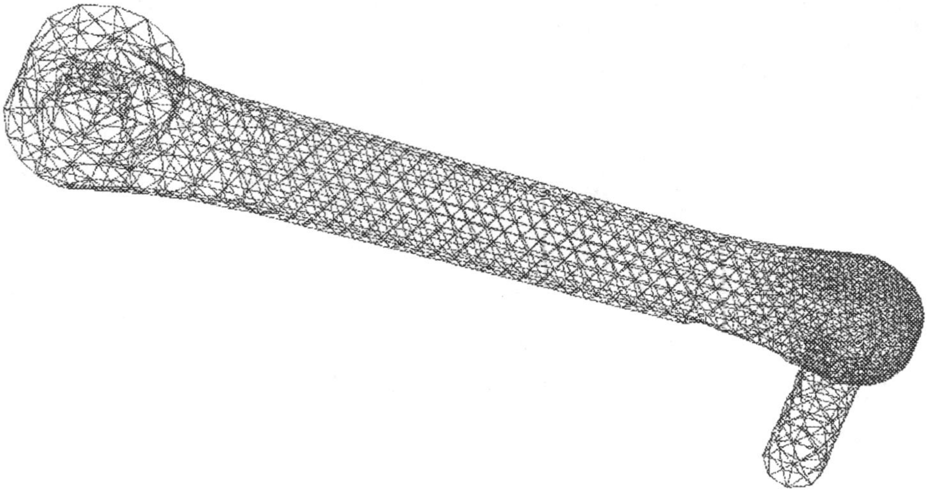

Bild 7.2: FE-Netz der Tretkurbel

Diese Elemente werden in modernen FE-Systemen bei automatischen Meshprozeduren, dem sogenannten Free Meshing, üblicherweise verwendet. Für die realistische Netzbildung der Krafteinleitung war es notwendig, ein Stück des Pedalbolzens zu berücksichtigen.

Damit ein möglichst durchschnittliches Fahrerspektrum abgedeckt werden kann, wurde als maximale Fußkraft $F_Z = 1.000$ N gewählt. Das erzeugte Drehmoment wird dann über einen Vierkant in das Kettenblatt eingeleitet. Da bei der Analyse nur die Augenblicksstellung der ungünstigsten Krafteinleitung betrachtet wird, kann für die Anbindung an das Vierkantprofil eine feste Einspannung mit u = 0, v = 0 und w = 0 angenommen werden.

Unter diesen Vorgaben ist im Bild 7.3 zunächst die elastische Verformbarkeit der Kurbel ausgewertet worden. Es ist erkennbar, daß insbesondere im vorderen Bereich die Knoten translatorisch und rotatorisch ausgelenkt werden. Die Kurbel muß daher eine ausreichende Torsions- und Biegesteifigkeit aufweisen.

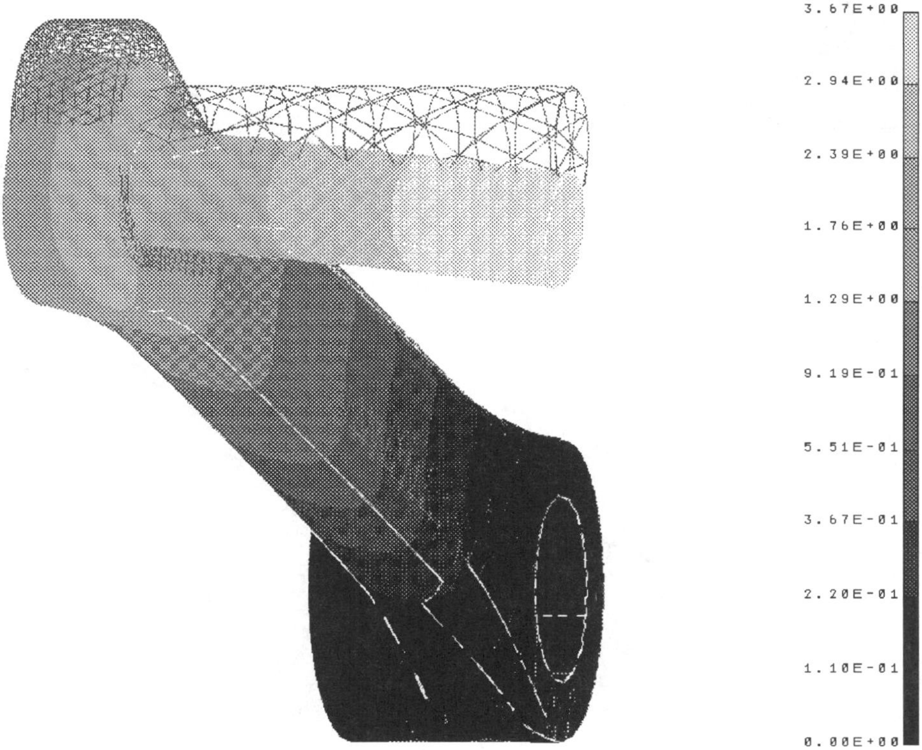

Bild 7.3: Deformation der Tretkurbel bei Belastung

Im weiteren Interesse ist noch abzuklären, ob die Beanspruchung in der Kurbel zulässig ist. Bild 7.4 zeigt die entsprechende Spannungsauswertung über Isolinien.

Wie zu erwarten war, nehmen die Spannungen zu bzw. verdichten sich an den Randbedingungsstellen. Ausgewertet wurden dabei die Vergleichsspannungen

$$\sigma_V = \sqrt{\sigma_x^2 + \sigma_y^2 + \sigma_z^2 - \left(\sigma_x\sigma_y + \sigma_y\sigma_z + \sigma_x\sigma_z\right) + 3\left(\tau_{xy}^2 + \tau_{yz}^2 + \tau_{xz}^2\right)} \qquad (1)$$

nach von Mises.

Bild 7.4: Spannungsverteilung in der Tretkurbel bei Belastung

Fallstudie 8: zu Kapitel 9 *Dynamische Probleme*

Die nachfolgend im Bild 8.1 dargestellte Welle wird in einer Kartonagenmaschine zum Schneiden von Pappkartons eingesetzt. Um den Schneidevorgang sauber ausführen zu können, sollen die Eigenfrequenzen und Eigenformen dieser Welle berechnet werden.

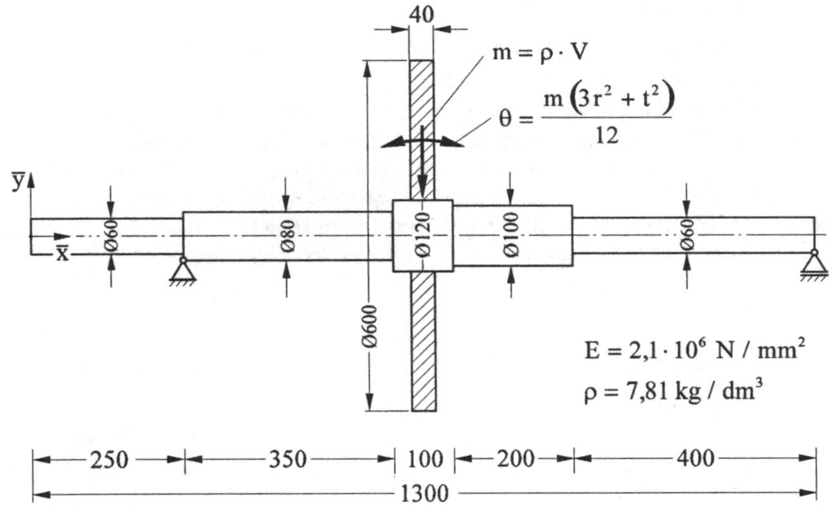

Bild 8.1: Schneidewelle für Kartonagenmaschine

Wie im Kapitel 9.4 dazu ausgeführt worden ist gilt es in diesem Fall, das Eigenschwingungsproblem

$$\underline{\mathbf{M}} \cdot \underline{\ddot{\mathbf{U}}} + \underline{\mathbf{K}} \cdot \underline{\mathbf{U}} = \underline{\mathbf{0}} \tag{1}$$

der Biegung zu lösen. Die Dämpfung ist hierbei vernachlässigt worden, da keine sonnvollen Werte ermittelbar sind.

Für die Idealisierung wählen wir zweckmäßigerweise 2D-*Balken*-Elemente. Des weiteren bauen wir das Schneidenblatt mit seiner Masse und seinem Massenträgheitsmoment, so wie im Kapitel 9.2.2 gezeigt, an den entsprechenden Knoten der darunterliegenden *Balken*-Elemente ein. Das so aufbereitete System ist dann mit dem FEM-Paket I-DEAS mit Hilfe des Lanczos-Algorithmus dynamisch durchgerechnet worden.

Bei diesem Berechnungsverfahren müssen, im Gegensatz zu weniger effektiven Lösungsverfahren, keine möglichen Vorzugsrichtungen vordefiniert werden. Das Programm untersucht das ganze FE-Modell selbstständig auf alle vorkommenden Eigenformen. Dadurch ist gewährleistet, daß keine Eigenfrequenzen bzw. deren zugehörige Eigenformen vom Bediener übersehen werden.

Die Eigenfrequenzen konnten so gefunden werden zu:

$\omega_1 = 66{,}34\ s^{-1}$	$\cong$	$n_1 = 3980{,}4\ 1/\min$
$\omega_2 = 250{,}95\ s^{-1}$	$\cong$	$n_2 = 15057\ 1/\min$
$\omega_3 = 568{,}35\ s^{-1}$	$\cong$	$n_3 = 34101\ 1/\min$
$\omega_4 = 781{,}87\ s^{-1}$	$\cong$	$n_4 = 46912{,}2\ 1/\min$
$\omega_5 = 817{,}16\ s^{-1}$	$\cong$	$n_5 = 49029{,}6\ 1/\min$

Wir wissen, daß man ein Maschinenelement nie mit seinen Eigenfrequenzen anregen sollte, da es so zerstört würde. Um also die zulässigen Betriebsbereiche vor Augen zu haben, zeichnen wir uns das Frequenzband auf. Hierin ist sofort zu erkennen, welche Betriebszustände möglich sind, welche Eigenfrequenzen dazu durchfahren werden müssen und wie der Abstand zu den nächstliegenden Anregungen ist. Bei den meisten Anwendungen wird die hier betrachtete Welle aufgrund der Höhe der Frequenzen nur in der ersten Eigenfrequenz auf kritische Anregung untersucht werden müssen.

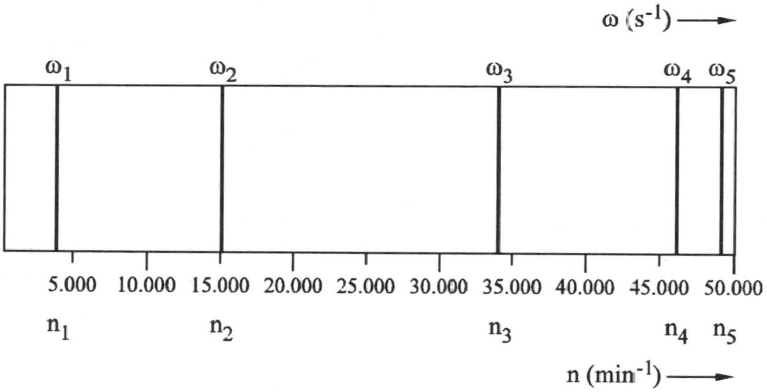

Bild 8.2: Frequenzband der Schneidewelle

Die sich dabei einstellenden Eigenfrequenzen zeigt das nächste Bild 8.3. Das Messerblatt zum Kartonschneiden befindet sich dabei auf der Knotenposition Nr. 14. Aus den Eigenformen läßt sich dann mit Bezug auf die dazugehörenden Frequenzen ein Aussage über die Qualität der im Betrieb entstehenden Schneidkante machen.

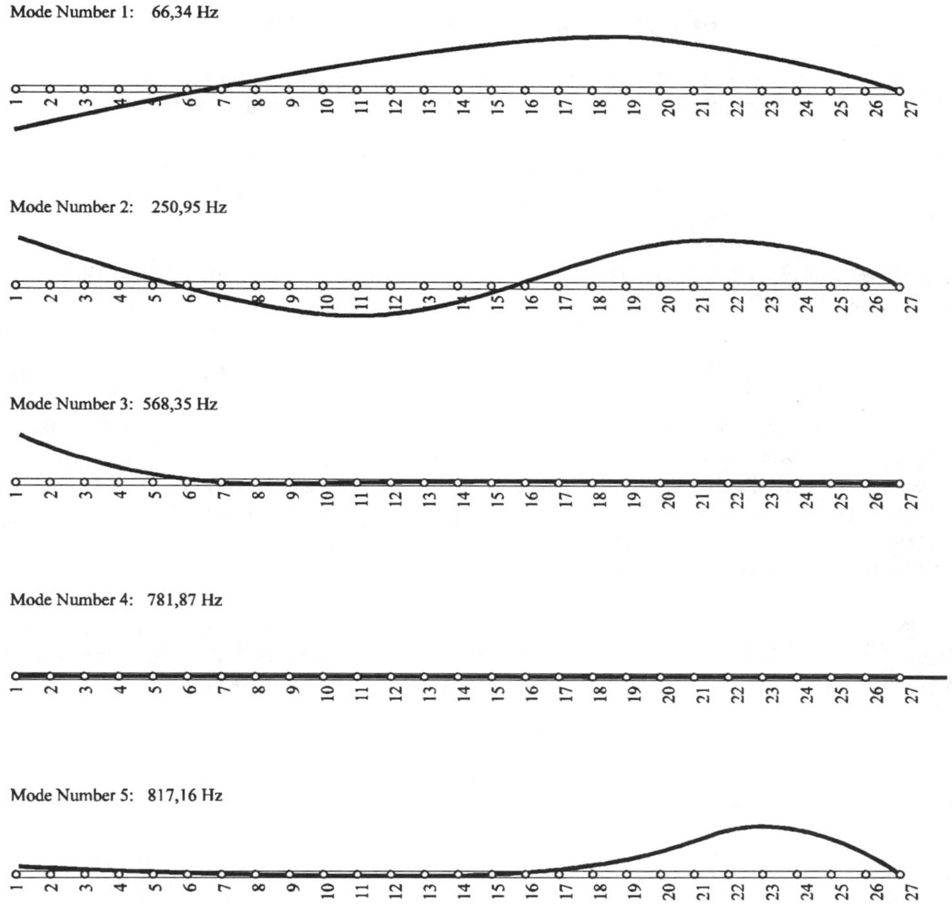

Bild 8.3: Erste fünf Eigenschwingungsformen der Schneidewelle

Fallstudie 9: zu Kapitel 9.6 *Erzwungene Schwingungen*

Im folgenden soll eine Stimmgabel als repräsentatives Beispiel für eine erzwungene Schwingung behandelt werden. Für die Idealisierung wählen wir wieder *Volumen*-Elemente mit Seitenmittenknoten. Die Kraft soll durch einen kurzen Schlag mit J = 4.000 Nmm, z. B. durch Schlagen auf eine Tischkante, aufgebracht werden. Danach soll die Stimmgabel frei ausschwingen. Mittels einer dynamischen FEM-Analyse wollen wir im weiteren die Eigenschwingungsformen und das Ausschwingen der Stimmgabel ermitteln.

Das Eigenverhalten des durch 1040 Freiheitsgrade abgebildeten Modells erhält man aus der Lösung der DGL der freien Schwingungen

$$\underline{\mathbf{M}} \cdot \underline{\ddot{\mathbf{U}}} + \underline{\mathbf{K}} \cdot \underline{\mathbf{U}} = \underline{\mathbf{0}} \tag{1}$$

bzw. dem zugehörigen Eigenwertproblem. Wegen der relativ großen Anzahl der Freiheitsgrade wählen wir als Lösungsverfahren die simultane Vektoriteration und begrenzen die Auswertung auf die ersten acht Eigenfrequenzen und Eigenschwingungen. Diese sind im Bild 9.1 dargestellt. Aus der Dimensionierung der Stimmgabel ergibt sich, daß nur sehr hohe Eigenfrequenzen angeregt werden. Man erkennt, daß die Anregung in allen Raumrichtungen erfolgt und entsprechende Schwingungsbilder hervorruft.

In der nächsten Betrachtung geben wir den Schlag auf und berechnen in Zeitintervallen von 0,1 Sekunden das Schwingungsbild. Hierzu lösen wir jetzt die folgende DGL mit Kraftanregung

$$\underline{\mathbf{M}} \cdot \underline{\ddot{\mathbf{U}}} + \underline{\mathbf{C}} \cdot \underline{\dot{\mathbf{U}}} + \underline{\mathbf{K}} \cdot \underline{\mathbf{U}} = \underline{\mathbf{P}}(t) . \tag{2}$$

Der Schlag ist quantifiziert durch

$$P(t_0 = 0) = 4.000 \text{ Nmm}$$
$$P(t > t_0) = 0$$

Da Ausschwingen erfolgen soll, berücksichtigen wir noch zusätzlich mit

$$\underline{\mathbf{C}} = 0{,}01 \cdot \underline{\mathbf{K}} \tag{3}$$

1 % Strukturdämpfung. Am Bildschirm beobachten wir, daß vom Zeitpunkt $t = 0$ ausgehend die Stimmgabel in positiver und negativer z-Richtung mit der Amplitude w ausgelenkt wird und nach 1,6 Sekunden ausgeschwungen ist. Hierbei wurde im wesentlichen die zweite Eigenfrequenz angeregt.

Von den 16 erzeugten Schwingungsbildern ist im Bild 9.2 das Momentanbild gezeigt, welches nach t_1 = 0,1 sec. auftritt und eine Amplitude von w_1 = 0,13 mm aufweist. Die bei den einzelnen Zeitschritten auftretenden Amplituden sind im Bild 9.3 dargestellt.

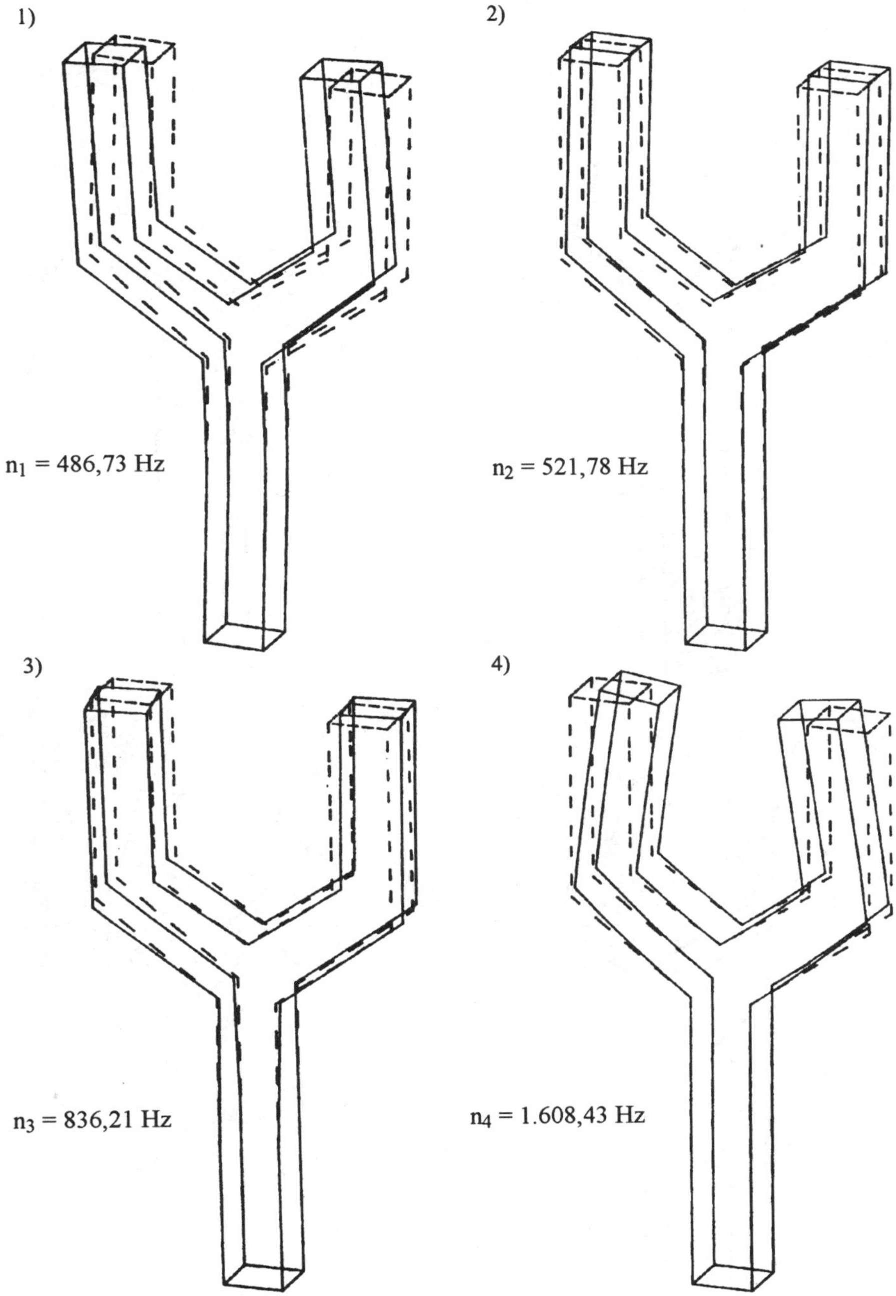

Bild 9.1a: Die ersten vier Eigenschwingungsformen der Stimmgabel

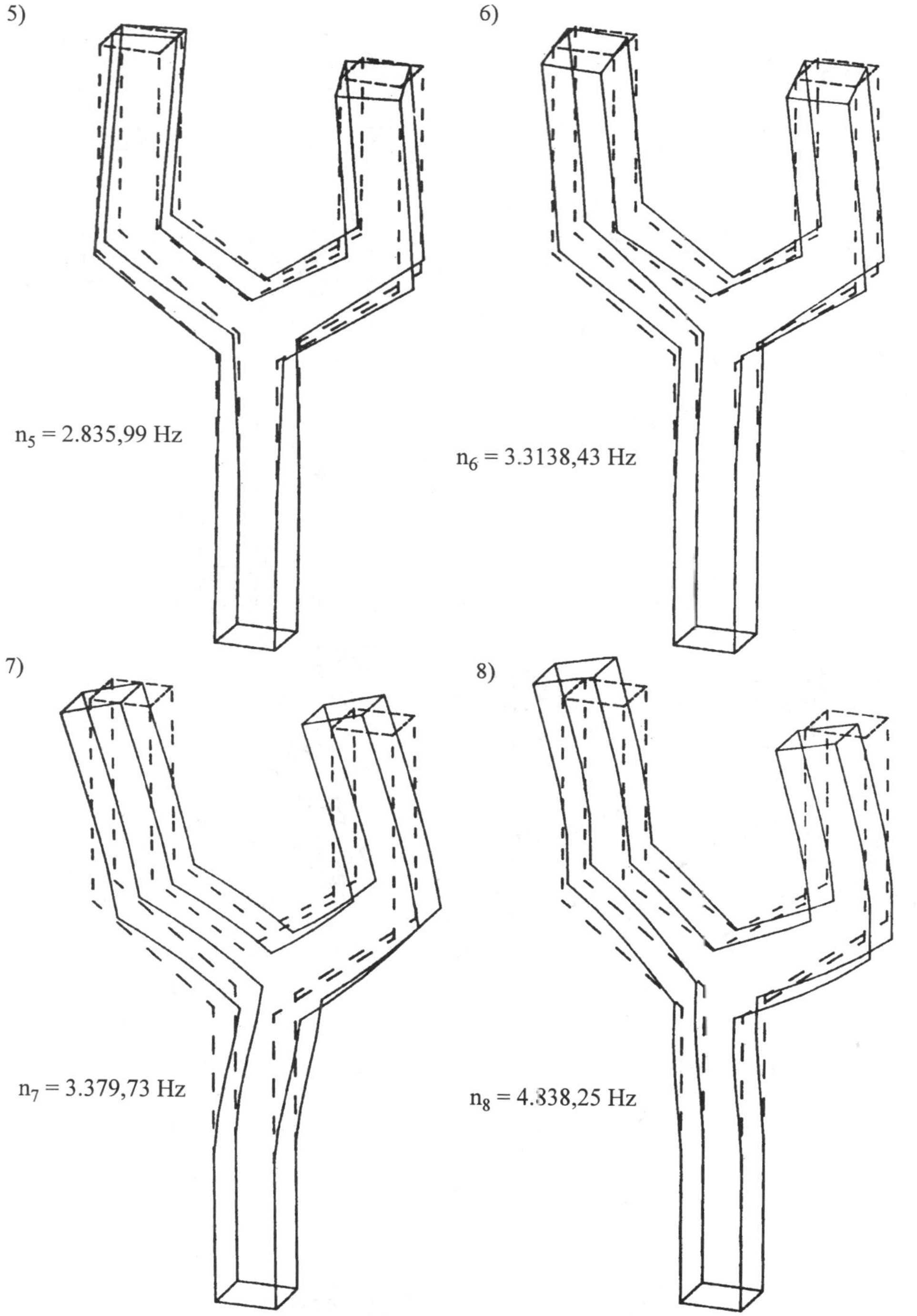

Bild 9.1b: Die fünfte bis achte Eigenschwingungsform der Stimmgabel

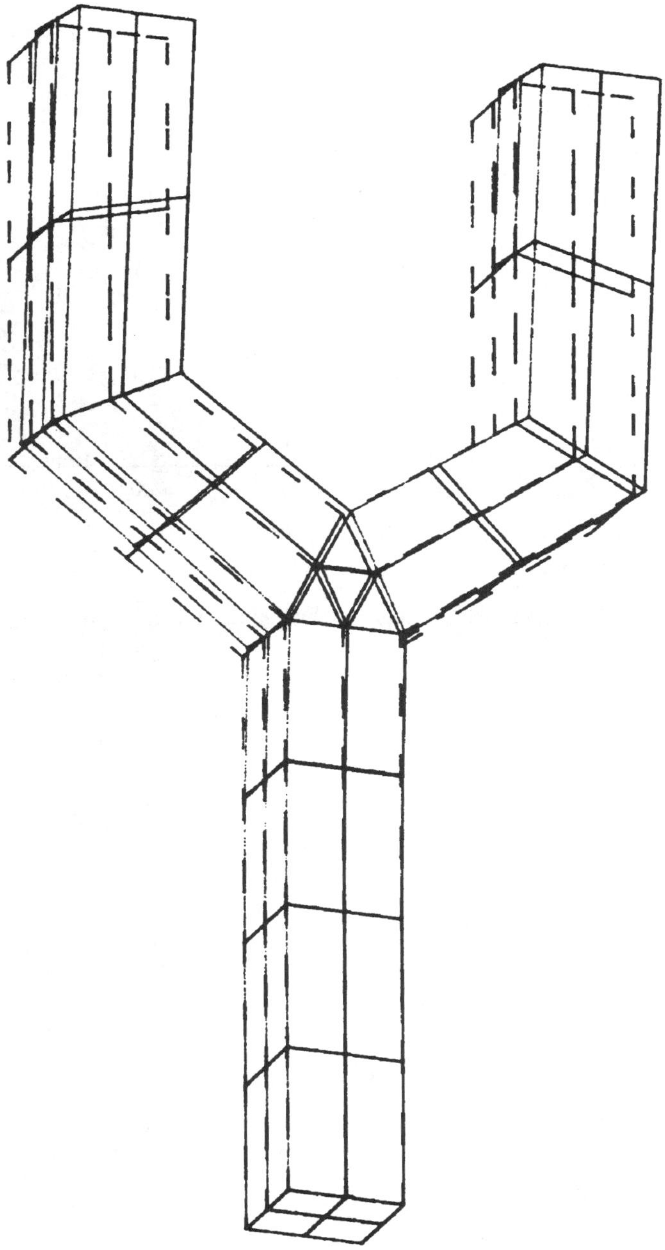

Bild 9.2: Schwingungsbild einer Stimmgabel bei hartem Schlag auf die beiden Zinken

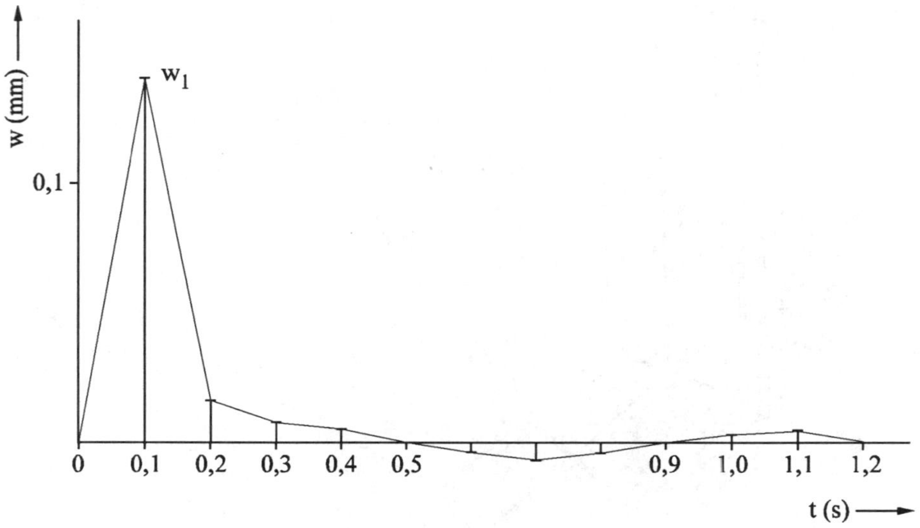

Bild 9.3: Amplitudenverlauf der Stimmgabelschwingung zum Schlag I

Fallstudie 10: zu Kapitel 10 *Materialnichtlinearität*

Im den vorausgegangenen Beispielen sind alle Verformungen und Spannungsverläufe linear-elastisch analysiert worden, d. h., es wurde als Berechnungsgrundlage eine lineare Verlängerung des elastischen Bereichs des Spannungs-Dehnungsdiagramms verwendet. Die Problemstellung wird nun dahingehend erweitert, daß ein Material gewählt werden soll, das einem realistischen, nichtlinearen Verlauf des Spannungs-Dehnungs-Diagramms gehorcht. Bei dem in diesem Beispiel betrachteten Bauteil handelt es sich um einen Handgriff für einen Fluggastsitz. Dieser Griff wird einseitig belastet und besteht aus einer MgAl-Gußlegierung und wird im Druckgußverfahren gefertigt. Das Material hat eine Fließgrenze bzw. 0,2 %-Dehngrenze von $R_{p0,2} = 105\ N/mm^2$. Die Fließgrenze liegt also deutlich unterhalb der Zugfestigkeit von $R_m = 180\ N/mm^2$, so daß ausgeprägtes Fließen des Materials anzunehmen ist. Um Fließen aber programmtechnisch erfassen zu können, muß ein eindeutiger Zusammenhang gegeben sein zwischen den von den Spannungen hervorgerufenen Dehnungen. Zur Beschreibung dieses Zusammenhanges wählen wir das sogenannte Ziegler-Prager-Gesetz.

Die Strukturmechaniker Prager und Ziegler entwickelten in den 50er Jahren Gesetzmäßigkeiten, mit denen der Vorgang der Verfestigung bei plastischen Umformvorgängen mathematisch beschrieben werden kann, siehe auch Bild 10.1. Mit Hilfe dieses Gesetzes wird aus der Fließgrenze, der Bruchfestigkeit und der maximalen Bruchdehnung von 5 % ein Materialverhalten, ähnlich dem im Bild 10.1 unter ③ gezeigten, generiert.

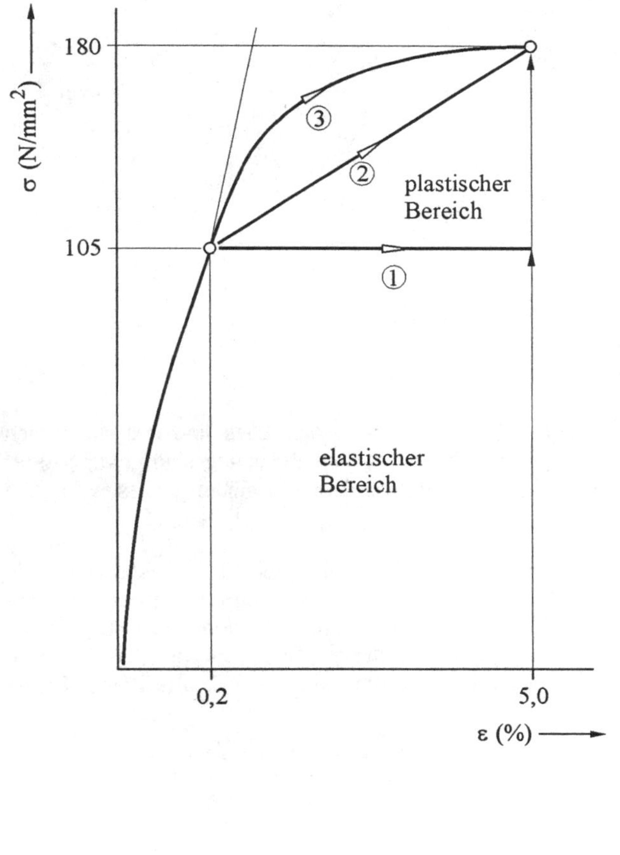

Bild 10.1:
Spannungs-Dehnungsgesetz:

① ideal plastisches Verhalten

② Verhalten nach Prager

③ Verbesserung des Prager-Gesetzes nach Ziegler

Die Gesamtdehnung ergibt sich so zu

$$\varepsilon_{ges} = \varepsilon_{el} + \varepsilon_{pl} \tag{1}$$

und die elastische Dehnung zu

$$\varepsilon_{el} = \frac{\sigma_F}{E}. \tag{2}$$

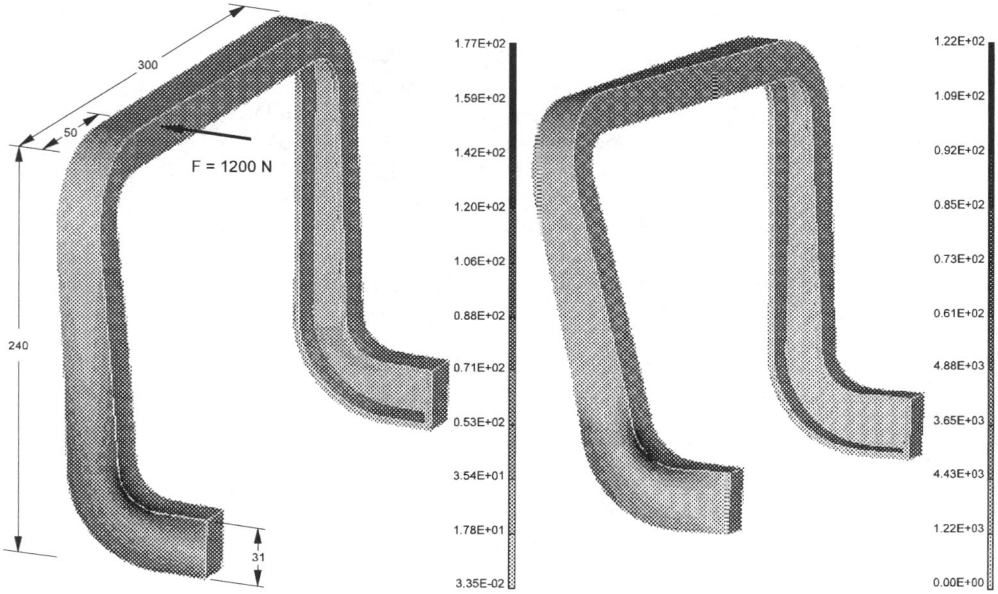

Bild 10.2: Verformungs- und Spannungsdiagramm Handgriff
a) linear-elastische Berechnung
b) materialnichtlineare Berechnung

Im Bild 10.2 sind verschiedene die Ergebnisse einer linear-elastischen und der plastischen Berechnung dargestellt. Die Verformungen bei der plastischen Rechnung sind etwas größer als bei der linear-elastischen Rechnung, da die innere Randzone in einem gewissen Bereich wegfließt.

Im weiteren ist die Spannungsauswertung gezeigt. Wie im Kapitel 10 dargelegt, wird die Spannungsverteilung iterativ ermittelt, indem Gleichgewicht zwischen den äußeren Kräften und der inneren Spannungsverteilung gefordert wird. Im ersten Iterationsschritt wird quasi eine linear-elastische Rechnung bis zur Fließgrenze durchgeführt und in den weiteren Iterationsschritten mittels einer Überschreitungsrechnung auf der Ziegler-Prager-Kurve Gleichgewicht hergestellt.

Eine Gegenüberstellung der Höchstwerte der am Handgriff durchgeführten Rechnungen zeigt noch die folgende Tabelle des Bildes 10.3.

FEM-Rechnung	$u_{max}(mm)$	$\sigma_{max}\left(N / mm^2\right)$
linear-elastische Analyse	0,74	177
plastische Analyse	2,37	122

Bild 10.3: Höchstwerte der Deformation und Spannungsverteilung

Es ist zu erkennen, daß die Spannung bei zugelassenem Fließen niedriger ist als bei unterstelltem linearem Werkstoffgesetz. Dafür bilden sich aber größere Verformungen aus. Sicher kann aber die plastische Analyse als die realistischere Berechnungsmethode angesehen werden. Insbesondere wenn die angesetzten Belastungen Spannungen im Bauteil erzeugen, die höher als die Fließgrenze des Materials sind, muß für Berechnungen mit hohem Genauigkeitsgrad die Materialnichtlinearität Anwendung finden.

Fallstudie 11: zu Kapitel 10.4 *Geometrische Nichtlinearität*

Zum Problemkreis Nichtlinearität ist ausgeführt worden, daß man prinzipiell eine Materialnichtlinearität ($\underline{\mathbf{E}}(\underline{\varepsilon})$) und eine geometrische Nichtlinearität ($\underline{\mathbf{K}}(\underline{\mathbf{U}})$) zu unterscheiden hat. In Ergänzung zu dem vorstehenden Beispiel soll deshalb an einer Gummidichtung für den Eisenbahnbereich exemplarisch auf große Verformungen eingegangen werden.

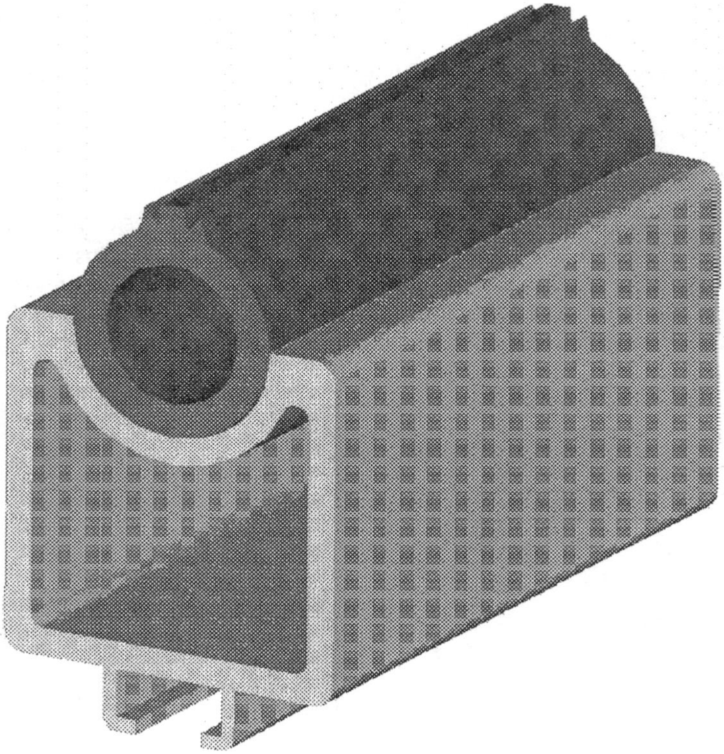

Bild 11.1: Gummidichtung im Trägerprofil

Die Abmessungen und die Einbausituation dieser Dichtung zeigt das vorstehende Bild 11.1. Wegen der Symmetrie ist es dabei ausreichend, nur eine Hälfte zu betrachten. Beim Einsatz z. B. als Abdichtung für eine Tür oder Fenster wird die Dichtung um einen definierten Weg zusammengedrückt. Die dabei entstehende Verformung des Bauteils ist zu groß für eine linear-elastische Berechnung, da bei hohen Verformungsgraden nicht mehr von der Anfangsgeometrie ausgegangen werden kann, sondern die Verformungen müssen inkrementell aufgebracht werden. So kann in jeder „Teilrechnung" auf ein aktuelles Netz Bezug genommen werden.

Des weiteren ist noch das Materialgesetz von Gummi zu berücksichtigen. Unter der Voraussetzung, daß Gummi homogen, isotrop und inkompressibel ist, kann hier das Materialgesetz von Mooney-Rivlin in der Formänderungsformulierung angesetzt werden:

$$T = p + 2\, c_1\, B - 2\, c_2\, B^{-1}.$$

Danach ergibt sich der Spannungstensor nach CAUCHY T aus dem hydrostatischen Druckanteil p, dem linken CAUCHY-GREEN Tensor B und den beiden Materialkonstanten c_1 und c_2, die für das hier durchgeführte Berechnungsbeispiel mit $c_1 = 0{,}5$ N/mm^2 und $c_2 = 0{,}3$ N/mm^2 angenommen worden sind.

Das der Berechnung zugrunde liegende Modell ist in Bild 11.1 dargestellt. Die Feinheit der Iterationsschritte wird in modernen nichtlinearen Lösern automatisch an die aktuelle Geometrie angepaßt. Dazu werden die Ergebnisse z. B. mit einer Energiebilanz auf Konvergenzverhalten untersucht. Bild 11.2a zeigt die Geometrie vor und nach der Berechnung. In Bild 11.2b sind die dabei auftretenden Spannungen dargestellt.

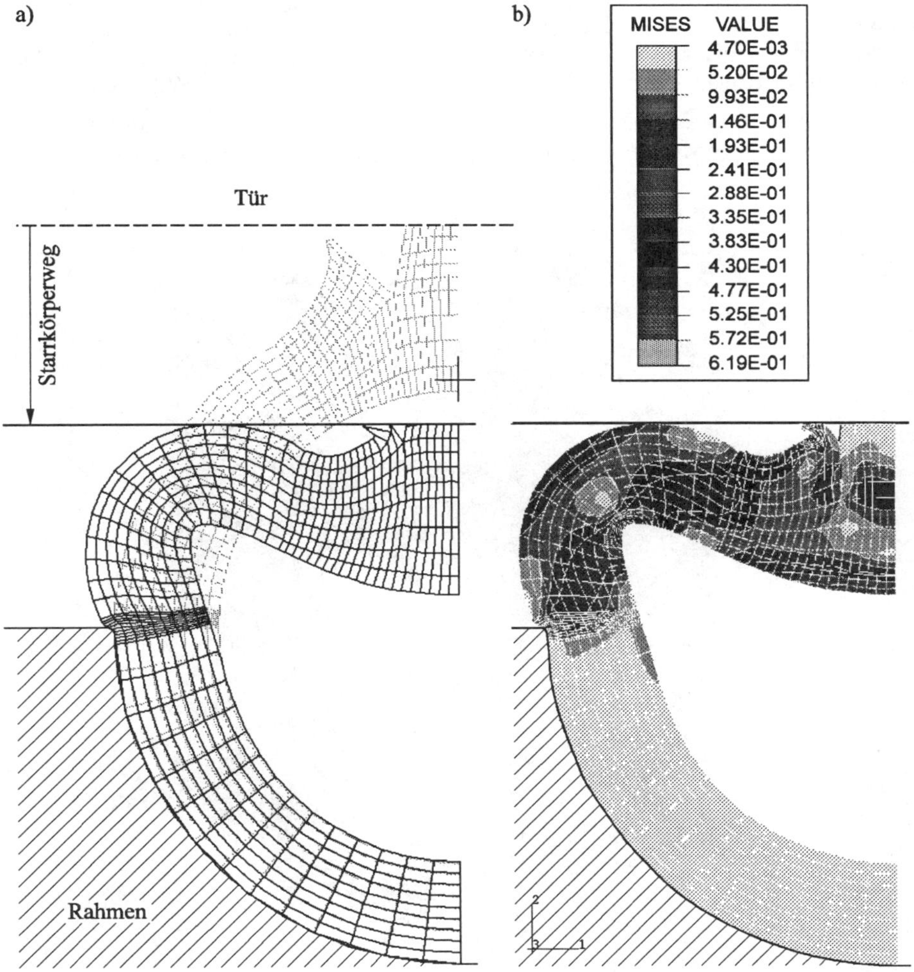

Bild 11.2: Situation am Gummiprofil
a) Verformung der Gummitürdichtung bei 10mm Türweg,
b) Spannungsverteilung in der Türdichtung im deformierten Zustand

Fallstudie 12: zu Kapitel 11 *Wärmeleitungsprobleme*

Wie bei der einführenden Beschreibung der FE-Methode erwähnt worden ist, läßt sich diese auch auf viele verschiedene Feldprobleme wie z. B. die

- Wärmeleitung,
- Wärmeübertragung durch Konvektion

und

- Wärmestrahlung

aus der Thermodynamik anwenden.

Wir wollen nun zu dieser Problemgruppe als einfaches Beispiel eine Zustandsanalyse eines Kühlkörpers für einen Leistungstransistor im Überlastungsbetrieb betrachten. An den Außenwänden des Kühlkörpers findet dabei Konvektion mit der Wärmeübergangszahl $\alpha_i = 20\ \mathrm{W/m^2\,°C}$ statt. Die Wärmeleitung im Körper beträgt $\lambda = 0{,}45$ W/mm°C. Der Wärmeübergang vom Kühlkörper in die Grundplatine ist zu Null gesetzt worden.

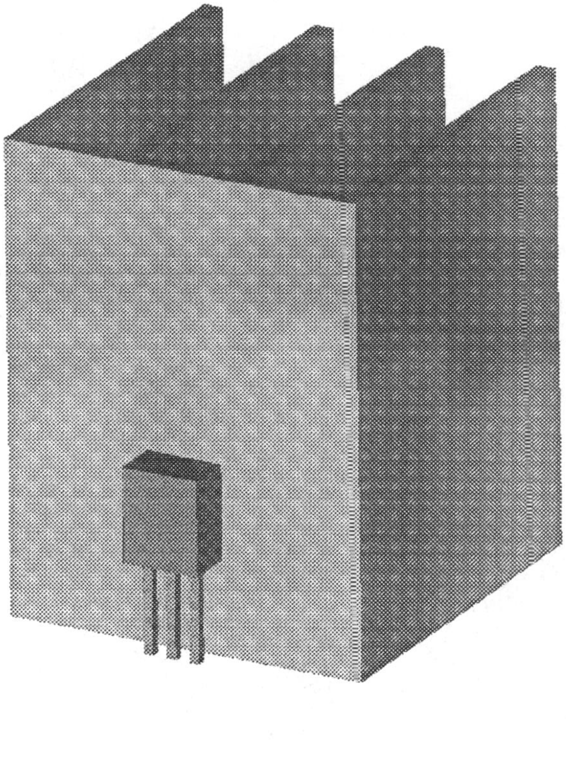

Bild 12.1: Leistungstransistor am Kühlkörper

Die Verlustleistung im Transistor wird im FE-Modell durch eine Wärmequelle mit konstant abgegebener Energiemenge an vier Oberflächenknoten des Kühlkörpers simuliert. Es ergibt sich mit diesen Randbedingungen ein wie im Bild 12.2 dargestellter stationärer Temperaturverlauf im Kühlkörper.

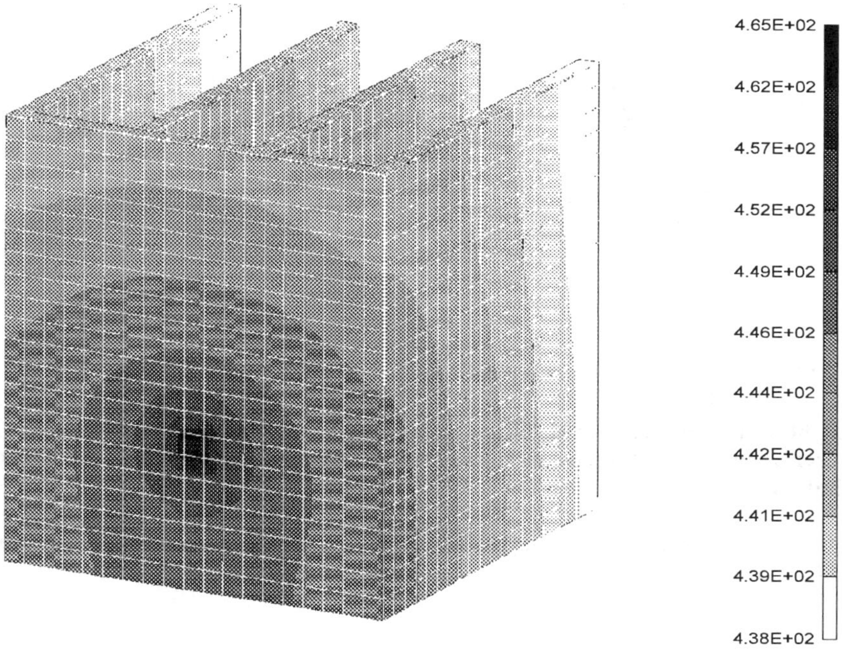

Bild 12.2: Stationäre Temperaturverteilung im Kühlkörper

Eine Temperatur von 465°C ist sicher zu hoch für jeden Halbleiter. Sowohl für den Hersteller als auch für den Anwender ist es aber von großem Interesse, abzuschätzen wie lange in dem Transistor die in Wärme umgesetzte elektrische Verlustleistung erzeugt werden kann, bis die für das Halbleitermaterial höchstzulässige Temperatur von 200° C überschritten und das elektronische Bauteil zerstört wird.

Daher ist eine zeitabhängige Erwärmung, wie sie im Bild 12.3 dargestellt ist, zu bestimmen. Zu diesem Zweck ist eine Serie von FE-Rechnungen mit zeitinkrementeller Abstufung durchzuführen.

Als berechneter Temperaturwert ist jeweils die Temperatur an den Knoten, an denen die Wärme in den Kühlkörper eingeleitet worden ist, als Referenzwert angenommen worden. Dabei wird jedoch der Rücken des Transistors betrachtet. Die eigentliche Temperatur im Inneren des Halbleiters ist jedoch in Wirklichkeit noch ein wenig höher als in Bild 12.3 dargestellt. Dieses gilt insbesondere bei stufenartig einsetzenden Überlasten, wie sie z.B. im Fall eines Kurzschlusses auftreten würden. Für derartige Fälle wäre es ratsam, den Transistor ebenfalls im FE - Modell mitzumodellieren.

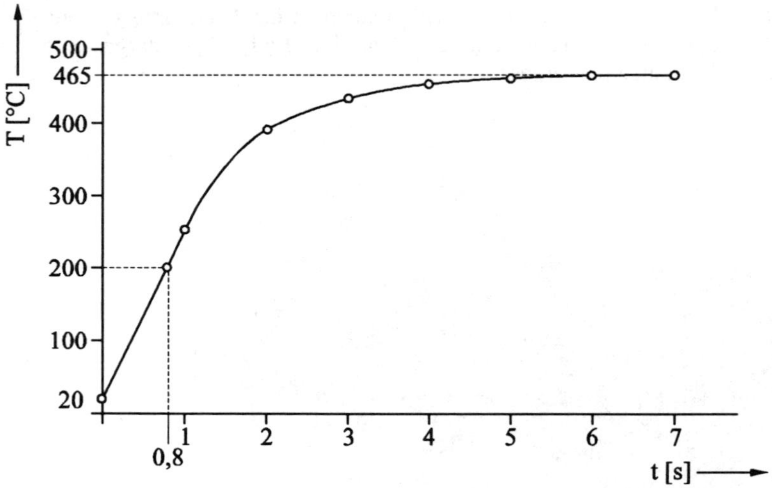

Bild 12.3: Zeitabhängige Erwärmung des Transistors

Es ergibt sich somit, daß der Halbleiter maximal 0,8 Sekunden mit der gewählten Überlast betrieben werden kann, bis seine maximale Betriebstemperatur überschritten und die Funktion gefährdet wird.

Ein derartiges Erwärmungszeit-Diagramm muß jeweils bei einer anderen Verlustwärme neu erstellt werden.

Übungsaufgaben

Übungsaufgabe 4.1

Drei starre masselose Balken seien nur in der vertikalen Richtung verschieblich. Sie sind durch ein System von linear elastischen Federn gekoppelt. Für die angegebene Belastung F sind die Verschiebungen der Balken und die Federkräfte zu berechnen.

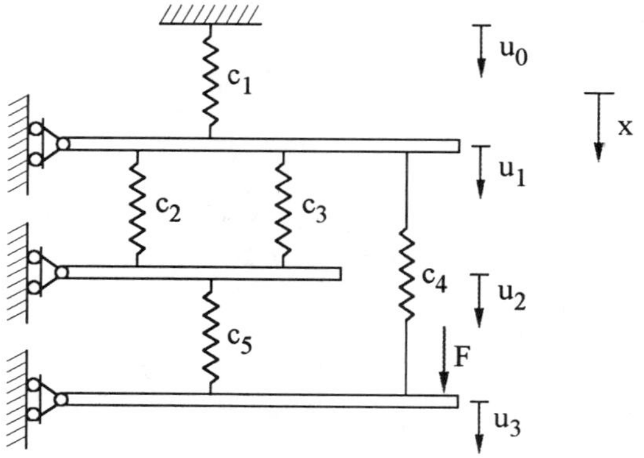

Ergebnisse

$$\begin{bmatrix} (c_1 + c_2 + c_3 + c_4) & -(c_2 + c_3) & -c_4 \\ -(c_2 + c_3) & (c_2 + c_3 + c_5) & -c_5 \\ -c_4 & -c_5 & (c_4 + c_5) \end{bmatrix} \cdot \begin{bmatrix} u_1 \\ u_2 \\ u_3 \end{bmatrix} = \begin{bmatrix} 0 \\ 0 \\ F \end{bmatrix}$$

Übungsaufgabe 5.1

Ermitteln Sie für das dargestellte System aus zwei Stäben die Knotenverschiebungen und die Knotenkräfte!

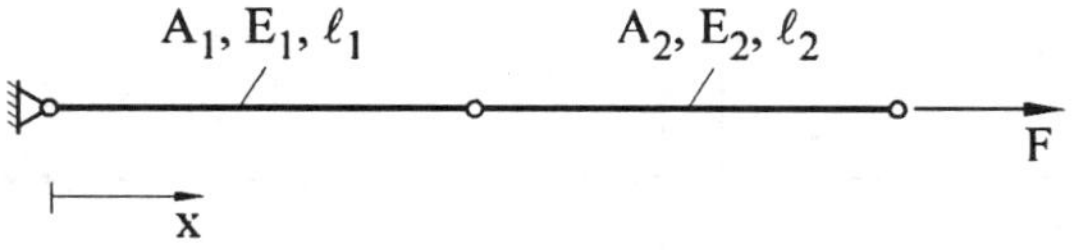

Gehen Sie dabei schrittweise vor, indem Sie

- das verwendete Element beschreiben,
- die Gesamtsteifigkeitsbeziehung mit den eingearbeiteten Randbedingungen erstellen,
- das reduzierte System nach den unbekannten Verschiebungen auflösen,
- die Reaktionskräfte berechnen,
- die Schnittkräfte berechnen.

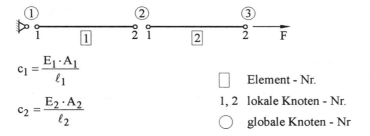

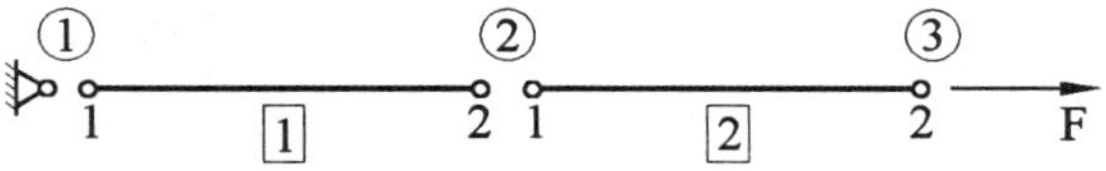

$$c_1 = \frac{E_1 \cdot A_1}{\ell_1}$$

$$c_2 = \frac{E_2 \cdot A_2}{\ell_2}$$

□ Element - Nr.

1, 2 lokale Knoten - Nr.

○ globale Knoten - Nr

Ergebnisse

Berechnung der Reaktionskräfte

$$F_1 = \underline{\underline{-F}},$$

Berechnung der Knotenverschiebungen

$$u_2 = \underline{\underline{\frac{F}{c_1}}}, \qquad u_3 = \underline{\underline{\left(\frac{1}{c_1} + \frac{1}{c_2}\right) \cdot F}}$$

Berechnung der Schnittkräfte

$$S_{11} = \underline{\underline{-F}}, \qquad S_{12} = \underline{\underline{F}}, \qquad S_{21} = \underline{\underline{-F}}, \qquad S_{22} = \underline{\underline{F}}$$

Übungsaufgabe 5.2

Ermitteln Sie für das dargestellte System aus vier Stäben die Knotenverschiebungen und Kräfte!

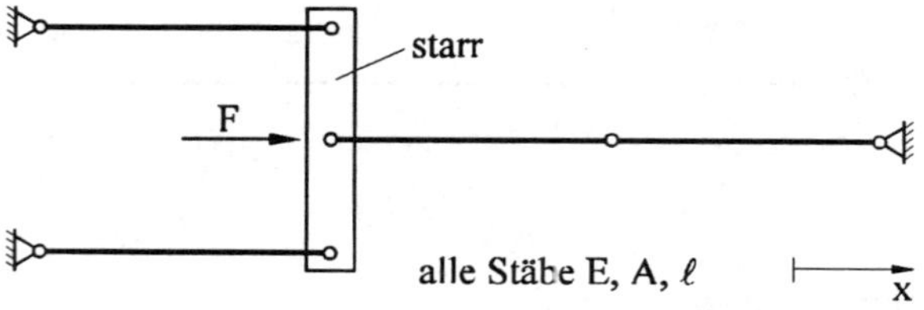

Gehen Sie dabei schrittweise vor, indem Sie

- das verwendete Element beschreiben,
- die Gesamtsteifigkeitsbeziehung über die Blockaddition erstellen,
- die Randbedingungen einarbeiten und die reduzierte Beziehung erstellen,
- das reduzierte System nach den unbekannten Verschiebungen auflösen,
- die Reaktionskräfte berechnen,
- die Schnittkräfte berechnen.

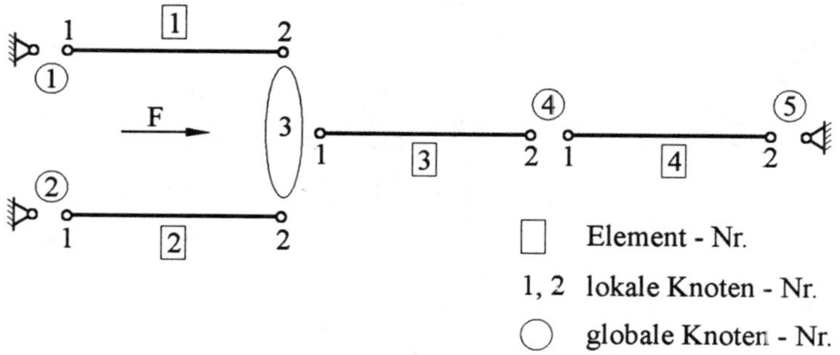

Ergebnisse

Berechnung der Knotenverschiebungen

$$u_4 = \underline{\underline{\frac{F}{5c}}}$$

$$u_3 = \underline{\underline{\frac{2}{5}\frac{F}{c}}}$$

Berechnung der Reaktionskräfte

$$F_1 = -\frac{2}{5} F$$

$$F_2 = -\frac{2}{5} F$$

$$F_5 = -\frac{1}{5} F$$

Berechnung der Schnittkräfte

$$S_{11} = -\frac{2}{5} F$$

$$S_{12} = \frac{2}{5} F$$

$$S_{21} = -\frac{2}{5} F$$

$$S_{22} = \frac{2}{5} F$$

$$S_{31} = \frac{1}{5} F$$

$$S_{32} = -\frac{1}{5} F$$

$$S_{41} = \frac{1}{5} F$$

$$S_{42} = -\frac{1}{5} F$$

Übungsaufgabe 5.3

Ermitteln Sie für das dargestellte zweidimensionale Stabsystem aus zwei Stäben die Knotenverschiebungen und Kräfte!

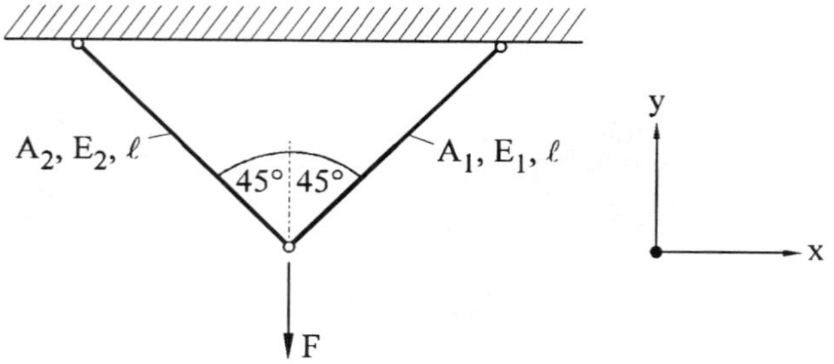

$$c_1 = \frac{E_1 \cdot A_1}{l} = 2$$

$$c_2 = \frac{E_2 \cdot A_2}{l} = 1$$

$$F = -\frac{1}{2}$$

Gehen Sie dabei schrittweise vor, indem Sie

- die Steifigkeitsbeziehung um die y-Komponente erweitern,
- die Transformationsmatrix erstellen,
- die Elemente transformieren,
- die Gesamtsteifigkeitsbeziehung mit den eingearbeiteten Randbedingungen erstellen,
- das reduzierte System nach den unbekannten Verschiebungen auflösen,
- die Reaktionskräfte berechnen,
- die Schnittkräfte berechnen.

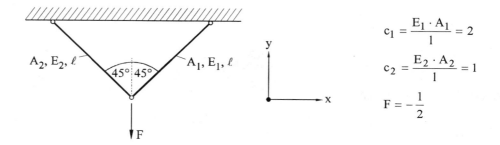

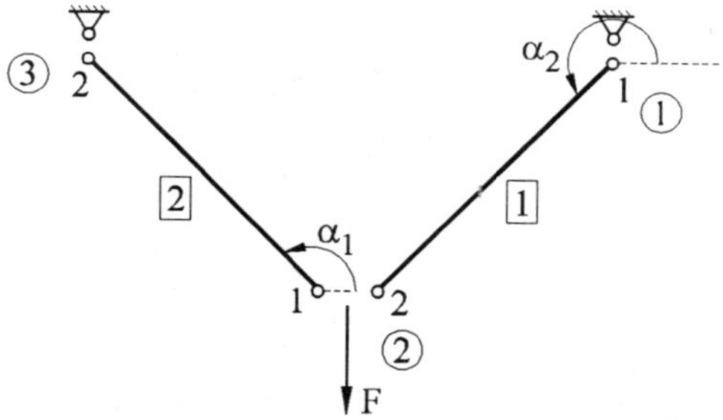

Ergebnisse

Reaktionskräfte

$$F_{x_1} = \frac{1}{4}$$

$$F_{y_1} = \frac{1}{4}$$

$$F_{x_3} = -\frac{1}{4}$$

$$F_{y_3} = \frac{1}{4}$$

Schnittkräfte

$$S_{11_x} = \frac{1}{4} \qquad S_{21_x} = \frac{1}{4}$$

$$S_{11_y} = \frac{1}{4} \qquad S_{21_y} = -\frac{1}{4}$$

$$S_{12_x} = -\frac{1}{4} \qquad S_{22_x} = -\frac{1}{4}$$

$$S_{12_y} = -\frac{1}{4} \qquad S_{22_y} = \frac{1}{4}$$

Übungsaufgabe 5.4

Ermitteln Sie für das dargestellte System aus fünf Stäben die Knotenverschiebungen und Kräfte unter besonderer Berücksichtigung der Symmetrie!

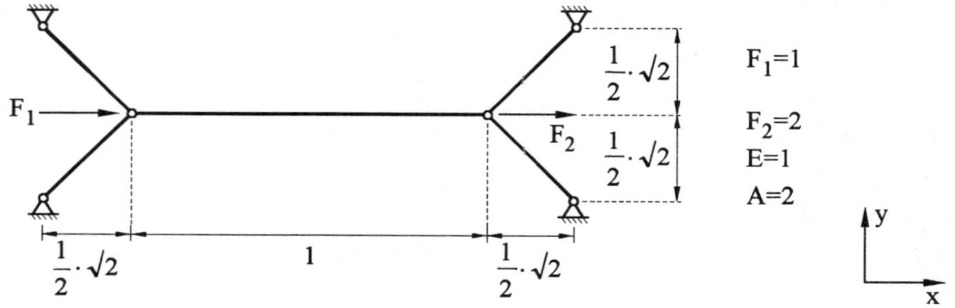

Gehen Sie dabei schrittweise vor, indem Sie

- das verwendete Element beschreiben,
- die Elementsteifigkeitsmatrizen transformieren,
- die Gesamtsteifigkeitsmatrix mit Hilfe der Boolschen Matrix erstellen,
- in die Gesamtsteifigkeitsbeziehung die Randbedingungen einarbeiten,
- die reduzierte Steifigkeitsbeziehung nach den unbekannten Verschiebungen auflösen,
- die Reaktionskräfte berechnen,
- die Schnittkräfte berechnen.

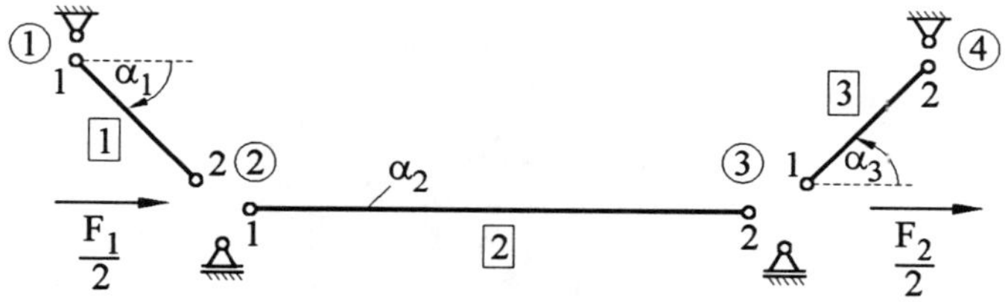

Ergebnisse

Reaktionskräfte

$F_{x_1} = -\frac{2}{3}$ $F_{y_1} = \frac{2}{3}$

$F_{x_4} = -\frac{5}{6}$ $F_{y_4} = -\frac{5}{6}$

Schnittkräfte

$S_{11_x} = -\frac{2}{3}$ $S_{21} = -\frac{1}{3}$

$S_{11_y} = \frac{2}{3}$ $S_{21} = 0$

$S_{12_x} = \frac{2}{3}$ $S_{22} = \frac{1}{3}$

$S_{12_y} = -\frac{2}{3}$ $S_{22} = 0$

$S_{31_x} = \frac{5}{6}$

$S_{31_y} = \frac{5}{6}$

$S_{32_x} = -\frac{5}{6}$

$S_{32_y} = -\frac{5}{6}$

Übungsaufgabe 5.5

Ermitteln Sie für das dargestellte zweidimensionale Stabsystem aus fünf Stäben die Knotenverschiebungen und Kräfte.

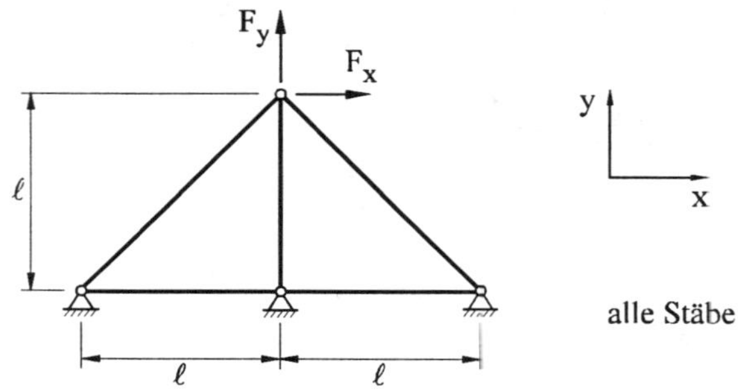

alle Stäbe E, A

Gehen Sie dabei schrittweise vor, indem Sie

- die Elementsteifigkeitsmatrix beschreiben,
- die Elemente transformieren,
- die Gesamtsteifigkeitsmatrix über die Blockaddition erstellen,
- die Gesamtsteifigkeitsbeziehung mit den eingearbeiteten Randbedingungen erstellen,
- das reduzierte System nach den unbekannten Verschiebungen auflösen,
- die Reaktionskräfte berechnen,
- die Schnittkräfte berechnen,
- eine reduzierte Konstruktion erstellen.

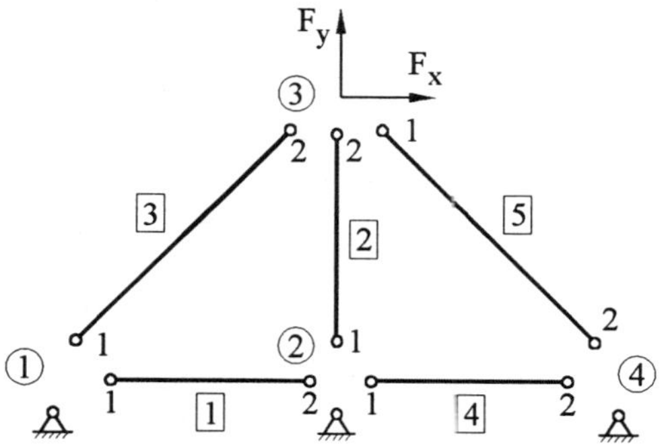

Ergebnisse

Reaktionskräfte

$$F_{1_x} = -\frac{1}{2}F_x - \frac{1}{2\left(\sqrt{2}+1\right)} \cdot F_y$$

$$F_{1_y} = -\frac{1}{2}F_x - \frac{1}{2\left(\sqrt{2}+1\right)} \cdot F_y$$

$$F_{2_x} = 0$$

$$F_{2_y} = -\frac{\sqrt{2}}{\left(\sqrt{2}+1\right)} \cdot F_y$$

$$F_{4_x} = -\frac{1}{2}F_x + \frac{1}{2\left(\sqrt{2}+1\right)} \cdot F_y$$

$$F_{4_y} = \frac{1}{2}F_x - \frac{1}{2\left(\sqrt{2}+1\right)} \cdot F_y$$

Schnittkräfte

$$S_{11} = 0 \qquad S_{21_x} = 0$$

$$S_{11} = 0 \qquad S_{21_y} = -c \cdot v_3$$

$$S_{12} = 0 \qquad S_{22_x} = 0$$

$$S_{12} = 0 \qquad S_{22_y} = c \cdot v_3$$

$$S_{31_x} = \left(-u_3 - v_3\right) c \cdot \frac{1}{2\sqrt{2}}$$

$$S_{31_y} = \left(-u_3 - v_3\right) c \cdot \frac{1}{2\sqrt{2}}$$

$$S_{32_x} = \left(u_3 + v_3\right) c \cdot \frac{1}{2\sqrt{2}}$$

$$S_{32_y} = (u_3 + v_3)\, c \cdot \frac{1}{2\sqrt{2}}$$

$$S_{41_x} = 0 \qquad S_{51} = (u_3 - v_3)\, c \frac{1}{2\sqrt{2}}$$

$$S_{41_y} = 0 \qquad S_{51} = (-u_3 + v_3)\, c \frac{1}{2\sqrt{s}}$$

$$S_{42_x} = 0 \qquad S_{52} = (-u_3 + v_3)\, c \frac{1}{2\sqrt{2}}$$

$$S_{42_y} = 0 \qquad S_{52} = (u_3 - v_3)\, c \frac{1}{2\sqrt{2}}$$

Übungsaufgabe 5.6

Ermitteln Sie für den dargestellten Balken die Reaktionskräfte und die Biegelinie!

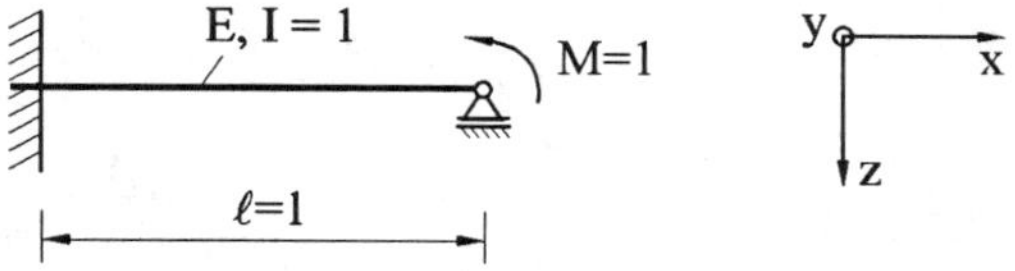

Gehen Sie dabei schrittweise vor, indem Sie

- das Finite-Element-Modell erstellen,
- die Elementsteifigkeitsmatrix beschreiben,
- die Gesamtsteifigkeitsbeziehung mit den eingearbeiteten Randbedingungen erstellen,
- das reduzierte System nach den unbekannten Verschiebungen auflösen,
- die Reaktionskräfte berechnen,
- die Biegelinie bestimmen.

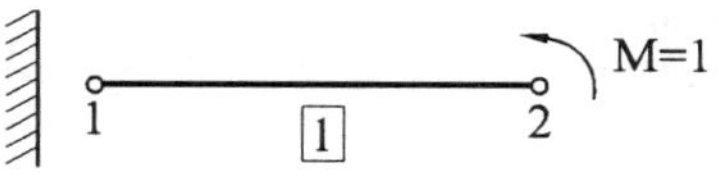

Ergebnisse

Reaktionskräfte

$$F_1 = -\frac{3}{2}$$

$$M_1 = \frac{1}{2}$$

$$F_2 = \frac{3}{2}$$

Übungsaufgabe 5.7

Bestimmen Sie für den gezeigten Balken die Verschiebungen, die Reaktionskräfte und die Schnittkräfte. Unterteilen Sie den Balken dazu in eine unterschiedliche Zahl von Elementen!

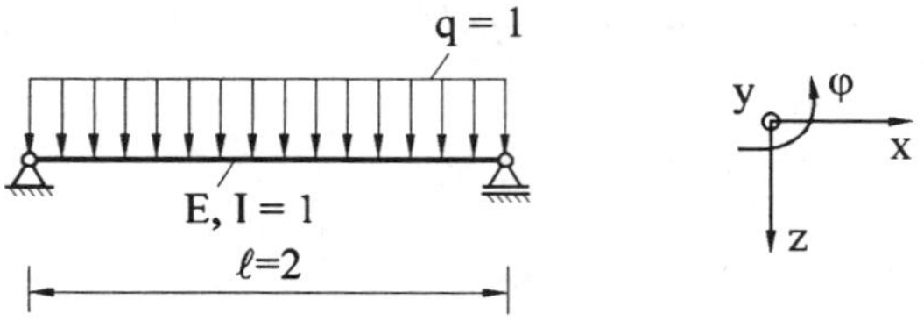

Gehen Sie dabei schrittweise vor, indem Sie unter Berücksichtigung der Symmetrie für eine Unterteilung in zwei und drei Elementen folgende Arbeitsschritte durchführen:

- die Elementsteifigkeitsmatrix beschreiben,
- die Belastungen verschmieren,
- die Gesamtsteifigkeitsbeziehung mit den eingearbeiteten Randbedingungen erstellen,
- das reduzierte System nach den unbekannten Verschiebungen auflösen,
- die Schnittgrößen beschreiben,
- die Schnittgrößenverläufe darstellen.

1. Für zwei Elemente

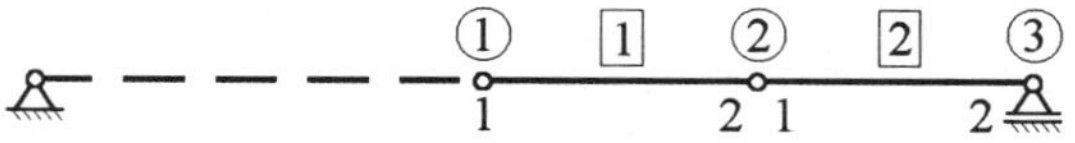

2. Für drei Elemente

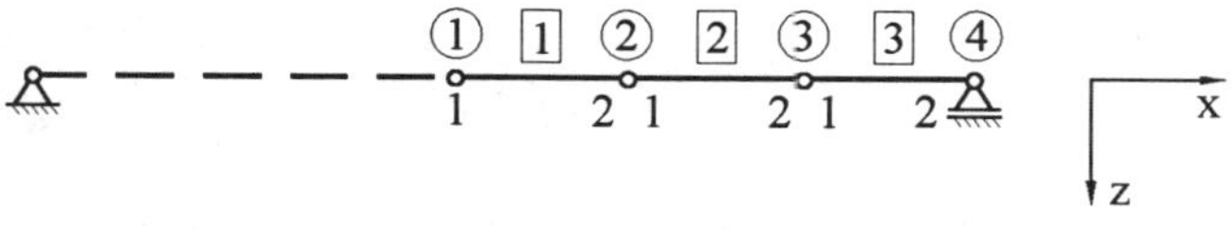

Ergebnisse

– für die unbekannten Verschiebungen für zwei Elemente

$$\underline{u} = \begin{bmatrix} w_1 \\ \varphi_1 \\ w_2 \\ \varphi_2 \\ w_3 \\ \varphi_3 \end{bmatrix} = \begin{bmatrix} 0{,}208 \\ 0 \\ 0{,}148 \\ 0{,}229 \\ 0 \\ 0{,}333 \end{bmatrix}$$

und für drei Elemente

$$\underline{u} = \begin{bmatrix} w_1 \\ \varphi_1 \\ w_2 \\ \varphi_2 \\ w_3 \\ \varphi_3 \\ w_4 \\ \varphi_4 \end{bmatrix} = \begin{bmatrix} 0{,}208 \\ 0 \\ 0{,}181 \\ 0{,}160 \\ 0{,}105 \\ 0{,}283 \\ 0 \\ 0{,}333 \end{bmatrix},$$

– der Schnittgrößen für zwei Elemente

$$\underline{F}_{\boxed{1}} = \begin{bmatrix} Q_1 \\ M_1 \\ Q_2 \\ M_2 \end{bmatrix} = \begin{bmatrix} 0{,}25 \\ -0{,}5208 \\ -0{,}25 \\ 0{,}395 \end{bmatrix} - \begin{bmatrix} 0{,}25 \\ -\frac{1}{48} \\ 0{,}25 \\ \frac{1}{48} \end{bmatrix} = \begin{bmatrix} 0 \\ -0{,}5 \\ -0{,}5 \\ 0{,}375 \end{bmatrix}$$

$$\underline{F}_{\boxed{2}} = \begin{bmatrix} 0{,}75 \\ -0{,}3958\overline{3} \\ -0{,}75 \\ 0{,}0208\overline{3} \end{bmatrix} - \begin{bmatrix} 0{,}25 \\ -0{,}0208\overline{3} \\ 0{,}25 \\ 0{,}0208\overline{3} \end{bmatrix} = \begin{bmatrix} 0{,}5 \\ -0{,}375 \\ -1 \\ 0 \end{bmatrix}$$

und für drei Elemente

$$\underline{F}_{\boxed{1}} = \begin{bmatrix} -0{,}1\overline{6} \\ -0{,}509 \\ -0{,}1\overline{6} \\ 0{,}45 \end{bmatrix} - \begin{bmatrix} -0{,}1\overline{6} \\ -0{,}00925 \\ 0{,}1\overline{6} \\ 0{,}00925 \end{bmatrix} = \begin{bmatrix} 0 \\ -0{,}49974 \\ -0{,}3\overline{3} \\ 0{,}44474 \end{bmatrix}$$

$$\underline{F}_{\boxed{2}} = \begin{bmatrix} 0{,}5 \\ -0{,}454 \\ -0{,}5 \\ 0{,}287 \end{bmatrix} - \begin{bmatrix} 0{,}1\overline{6} \\ -0{,}00925 \\ 0{,}1\overline{6} \\ 0{,}00925 \end{bmatrix} = \begin{bmatrix} 0{,}3\overline{3} \\ -0{,}44474 \\ -0{,}\overline{6} \\ 0{,}2774 \end{bmatrix}$$

$$\underline{F}_{\boxed{3}} = \begin{bmatrix} 0{,}8\overline{3} \\ -0{,}287 \\ -0{,}8\overline{3} \\ 0{,}00925 \end{bmatrix} - \begin{bmatrix} 0{,}1\overline{6} \\ -0{,}00925 \\ 0{,}1\overline{6} \\ 0{,}00925 \end{bmatrix} = \begin{bmatrix} -0{,}\overline{6} \\ -0{,}2\overline{7} \\ 1 \\ 0 \end{bmatrix}$$

Übungsaufgabe 5.8

Bestimmen Sie die Verschiebungen bzw. Verdrehungen des dargestellten Systems!

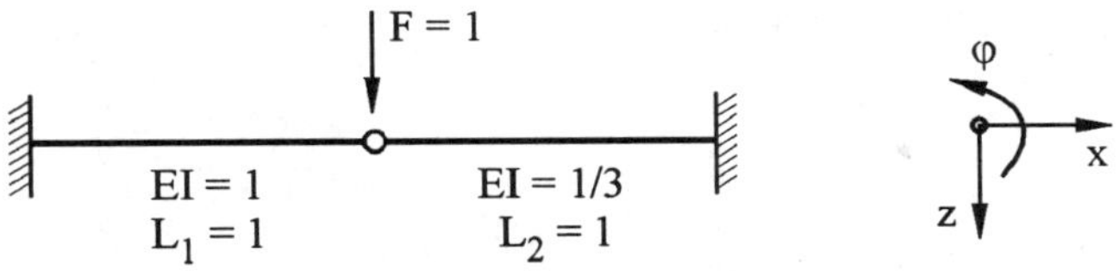

Gehen Sie bei der Lösung schrittweise vor, und zwar indem Sie

- die einzelnen Steifigkeitsmatrizen erstellen,
- die Verknüpfung der Elemente über eine Koinzidenztabelle und Boolsche Matrix durchführen,
- die Gesamtsteifigkeitsmatrix aufstellen

und

- die Gleichung lösen.

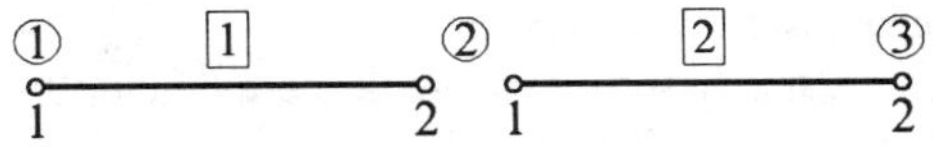

Ergebnisse

$$w_2 = \frac{1}{4}$$

$$\varphi_{21} = -\frac{3}{8}$$

$$\varphi_{22} = \frac{3}{8}$$

Übungsaufgabe 6.1

Erläutern Sie für ein eindimensionales 2-Knoten-Element veränderlichen Querschnitt die Steifigkeitsmatrix:

$$A(x) = A_0 \cdot e^{-\beta \cdot x} \quad \text{mit} \quad \beta \geq 0 .$$

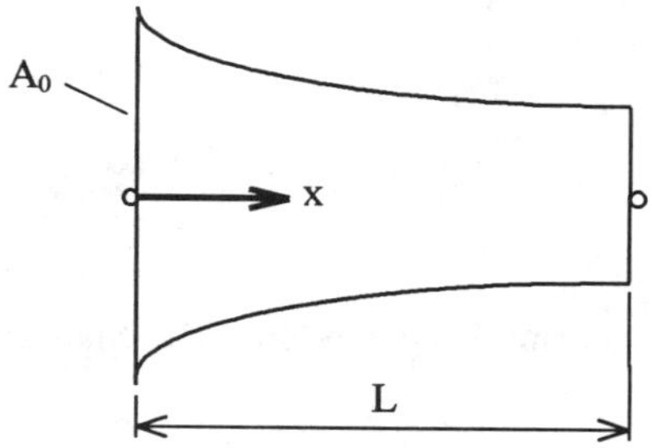

Gehen Sie dabei schrittweise vor, indem Sie

- die einfachste geeignete Ansatzfunktion wählen,
- die Bedingungen angeben, die diese Ansatzfunktion erfüllen muß,
- die Formfunktion des stabartigen Elements bestimmen

und

- mit der Formfunktion die Steifigkeitsmatrix berechnen.

Ergebnisse

$$u(x) = \alpha_0 + \alpha_1 \cdot x$$

$$g_1(x) = 1 - \frac{x}{L} \qquad g_2(x) = \frac{x}{L}$$

$$\underset{\sim}{\underline{k}} = \frac{E \cdot A_0}{L^2} \cdot \frac{\left(1 - e^{-\beta \cdot L}\right)}{\beta} \cdot \begin{bmatrix} 1 & -1 \\ -1 & 1 \end{bmatrix}$$

Übungsaufgabe 7.1

Ermitteln Sie für die dargestellte Grundplatte eines Hydro-Prüfstandes die größte Durchsenkung! Der Rahmen sei als starr zu betrachten.

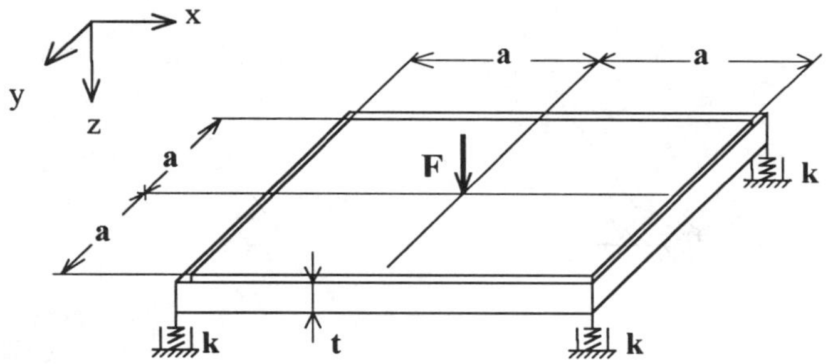

Gegeben: a, t, E, F, k, $\nu = \frac{1}{3}$

Gehen Sie dabei schrittweise vor, indem Sie

- die Gleichung für die Gesamtdurchsenkung aufstellen,
- die Gleichung für die Durchsenkung der Feder aufstellen,
- die Gleichung für die Durchsenkung der Platte (mit den in Kapitel 7 gegebenen Matrizen) aufstellen,
- die beiden Gleichungen addieren.

Ergebnis

$$w_{\text{max Kraftangriffspunkt}} = \frac{F}{4}\left(\frac{1}{k} + \frac{80\, a^2}{79\, E \cdot t^3}\right)$$

Übungsaufgabe 7.2

Ermitteln Sie für das dargestellte System die kleinste kritische Beullast $p = p_{krit}$!

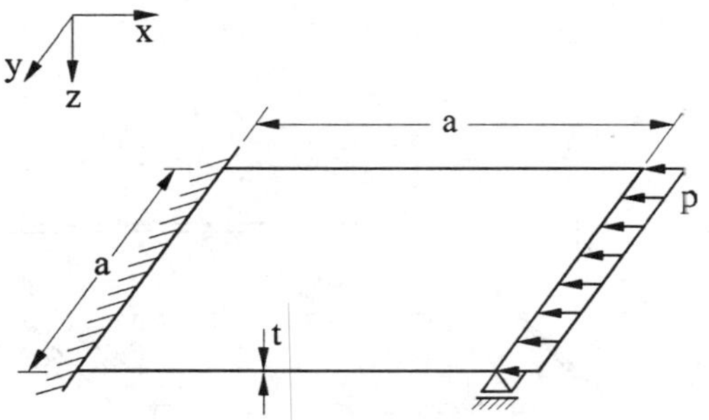

Gegeben: a, t, E, $\nu = \frac{1}{3}$

Gehen Sie dabei schrittweise vor, indem Sie

- die Randbedingungen und Freiheitsgrade ermitteln,
- die benötigten linearen und nichtlinearen Teilmatrizen aufstellen,
- die charakteristische Gleichung entwickeln

und

- die kritische Beullast berechnen.

Ergebnis

$$p_{krit\ min} = \frac{3}{2} \cdot \frac{E \cdot t^3}{a^2}$$

Übungsaufgabe 9.1

In einer dynamisch belasteten Tragstruktur tritt der folgende Stab auf. Bestimmen Sie die Eigenfrequenz der Längsschwingung.

L = 1.000 mm

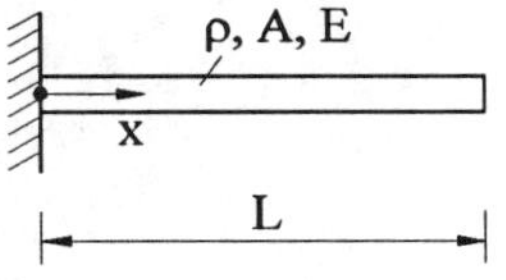

$E = 70.000\ N/mm^2$

$\rho = 2{,}7 \dfrac{kg}{dm^3} \equiv 2{,}7 \,.\, 10^{-9}\ Ns^2/mm^4$

Idealisieren Sie einmal in *einem* und einmal in *zwei* Elemente.

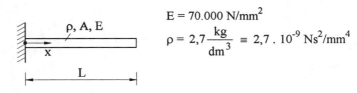

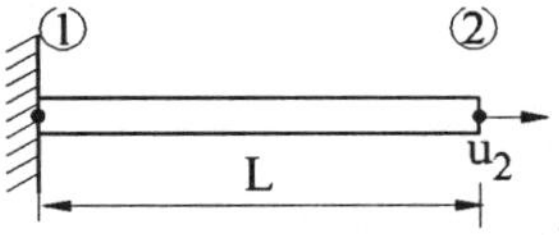

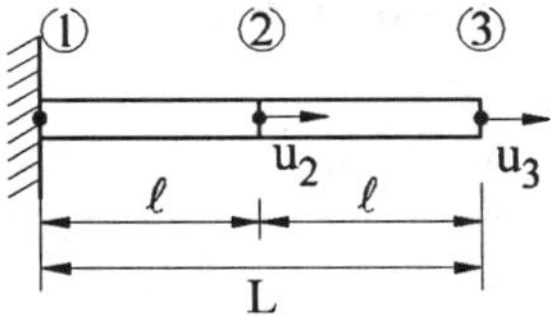

Ergebnisse

$$\omega = 8.819{,}12 \ \frac{1}{s}$$

$$\omega_1 = 8204 \ \frac{1}{s} \qquad \omega_2 = 28664 \ \frac{1}{s}$$

Übungsaufgabe 9.2

Ermitteln Sie für die dargestellte Rakete die erste harmonische Längsfrequenz!

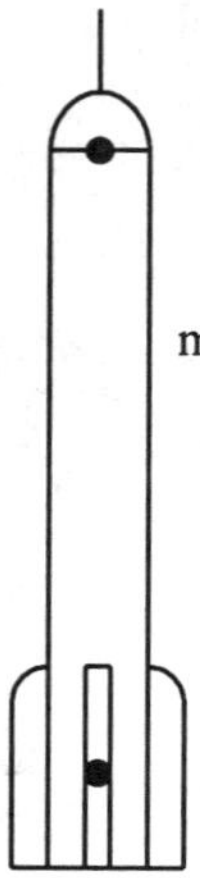

Gehen Sie dabei schrittweise vor, indem Sie die für Längsfrequenz

- die Massen- sowie die Steifigkeitsmatrix erstellen,
- die Determinanten bestimmen,
- die Gleichung lösen.

Ergebnis

$$\lambda_1 = \frac{12\ c}{m} \qquad \lambda_2 = 0$$

Übungsaufgabe 9.3

Ermitteln Sie bei dem skizzierten Torsionsschwinger die 1. Eigenfrequenz.

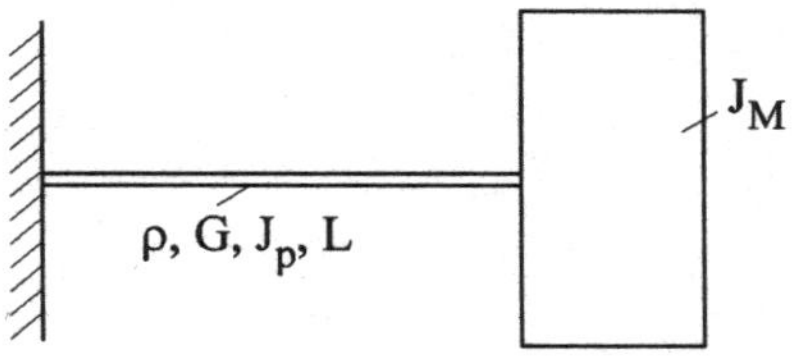

Gehen Sie dabei schrittweise vor, indem Sie

- die Bewegungsgleichung für die freie ungedämpfte Schwingung aufstellen,
- die Randbedingungen einarbeiten,
- das Gleichungssystem lösen.

Ergebnis

$$\omega = \sqrt{\frac{3 \cdot G \cdot J_p}{L \cdot \left(\rho \cdot J_p + 3\, J_M\right)}}$$

Übungsaufgabe 11.1

Ermitteln Sie für das aus Scheibenelementen bestehende FE-Modell die Temperaturen an den Knotenpunkten!

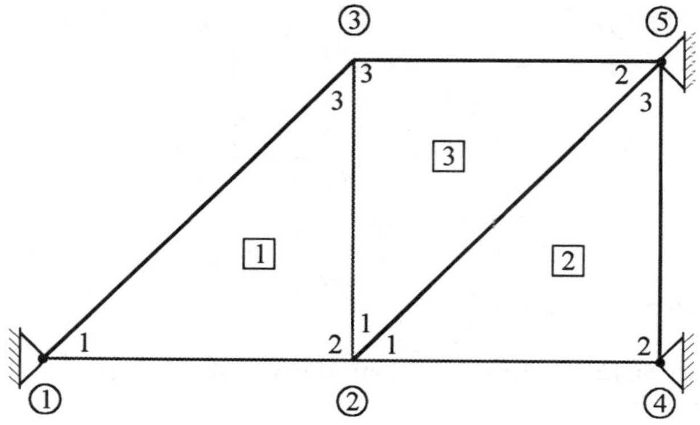

gegeben:

$$K_{W_1} = K_{W_2} = \begin{bmatrix} 1 & -1 & 0 \\ -1 & 2 & -1 \\ 0 & -1 & 1 \end{bmatrix} \qquad K_{W_3} = \begin{bmatrix} 1 & 0 & -1 \\ 0 & 1 & -1 \\ -1 & -1 & 2 \end{bmatrix}$$

Knotentemperaturen:

$$T_1 = 100°\,C$$
$$T_4 = 0°\,C$$
$$T_5 = 0°\,C$$

Gehen Sie dabei schrittweise vor, indem Sie

- in Analogie zur Verschiebungsanalyse die Gesamtwärmeleitungsmatrix bestimmen,
- die Gesamtwärmeleistungsbeziehungen erstellen,
- das reduzierte System nach den unbekannten Temperaturen auflösen,
- die Temperaturen an den Knoten ② und ③ berechnen.

Ergebnisse

$$T_3 = 25$$
$$T_2 = 37{,}5$$

Literaturverzeichnis

/1.1/ Meißner, U./ Menzel, A.: Die Methode der finiten Elemente
Springer-Verlag, Berlin, 1989

/1.2/ N.N.: Aus der FEM-Zwischmühle
Druckschrift Fa. TEDAS, Marburg, 1990

/2.1/ Klein, B.: Anwendung der Finite-Element-Methode im Maschinenbau
Werkstatt und Betrieb, 113 (1980), S. 687-694

/3.1/ Buck, K. E./ Scharpf, D. W.: Einführung in die Matrizen-Verschiebungsmethode in Finite Element in der Statik
Hrsg. Buck, Scharpf, Stein, Wunderlich, Verlag W. Ernst & Sohn, Berlin, 1973

/3.2/ N.N.: Finite Elemente für Tragwerksberechnungen
Umdruck Inst. für Baustatik, Universität Stuttgart, SS 86

/3.3/ Bathe, K.-J.: Finite-Elemente-Methoden
Springer-Verlag, Berlin, 1986

/4.1/ Hahn, H. G.: Methode der finiten Elemente in der Festigkeitslehre
Akadem. Verlagsgesellschaft, Frankfurt/M., 1975

/6.1/ Gallagher, R. H.: Finite-Element-Analysis
Springer-Verlag, Berlin, 1976

/6.2/ siehe Bathe, K.-J. /3.3/

/7.1/ Przemieniecki, J. S.: Theory of matrix structural analysis.
McGraw-Hill, New York, 1968

/7.2/ siehe auch Hahn, H. G. /4.1/

/7.3/ Argyris, J./ Mlejnek, H.-P.: Die Methode der finiten Elemente in der elementaren Strukturmechanik. Bd. 1: Verschiebungsmethode in der Statik
Friedr. Vieweg und Sohn-Verlag, Wiesbaden, 1986

/7.4/ siehe auch Hahn, H. G. /4.1/

/7.5/ siehe auch Hahn, H. G. /4.1/

/7.6/ siehe auch Hahn, H. G. /4.1/

/7.7/ siehe auch Hahn, H. G. /4.1/

/7.8/ Dankert, J.: Numerische Methoden der Mechanik
Springer-Verlag, Wien, 1977

/7.9/ siehe Dankert, J. /7.8/

/7.10/ siehe Dankert, J. /7.8/

/7.11/ Klein, B.: Leichtbau-Konstruktion
Friedr. Vieweg und Sohn-Verlag, Wiesbaden, 2. Auflage 1994

/7.12/ siehe auch Hahn, H. G. /4.1/

/7.13/ Szilard, R.: Finite Berechnungsmethoden der Strukturmechanik
W. Ernst und Sohn-Verlag, Berlin, 1982

/7.14/ siehe auch Gallagher, R.-H. /6.1/

/7.15/ siehe auch Hahn, H. G. /4.1/

/7.16/ siehe auch Hahn, H. G. /4.1/

/7.17/ siehe auch Hahn, H. G. /4.1/

/7.18/ siehe auch Gallagher, R.-H. /6.1/

/7.19/ Kollenbrunner, C. F./ Meister, M.: Ausbeulen
Springer-Verlag, Berlin, 1958

/7.20/ siehe auch Szilard, R. /7.13/

/7.21/ Stoer, J./ Bulirsch, R.: Einführung in die numerische Mathematik II
Heidelberger Taschenbücher, Bd. 114, Springer-Verlag, Berlin, 1973

/7.22/ siehe auch Klein, B. /7.11/

/7.23/ Kolar, V./ Kratochvil, J./ Leitner, F./ Zenisek, A.: Berechnung von Flächen- und Raumtragwerken nach der Methode der finiten Elemente
Springer-Verlag, Wien, 1985

/7.24/ Szabó, I.: Höhere technische Mechanik
Springer-Verlag, Berlin, 1954

/7.25/ Franeck, H./ Recke, H.-G.: Berechnung von Laufrädern mit der Methode der finiten Elemente
Maschinenbautechnik 23 (1974) 9, S. 423-426

/7.26/ Wilson, E. L.: Structural Analysis of axisymmetric Solids
AIAA Journal, Vol. 3, No. 12/1965

/8.1/ Bathe, K. J./ Chaudhary, A.: A solution method for planar and axisymmetric contact problems
International Journal for numerical methods in engineering, Vol. 21, 65-88 (1985)

/8.2/ Bathe, K. J./ Mijailovich, S.: Finite Element analysis of frictional contact problems
Special Issue, Journal de Mecanique Theorique et Appliquee, 1987

/8.3/ Bathe, K. J./ Chaudhary, A.: A solution method for static and dynamic analysis of three-dimensional contact problems with friction
Computers & Struktures, Vol. 24, No. 6, pp. 855-873, 1986

/9.1/ siehe auch Przemieniecki, J. S. /7.1/

/9.2/ Argyris, J./ Mlejnek, H.-P.: Bd. 3: Einführung in die Dynamik
Friedr. Vieweg und Sohn-Verlag, Wiesbaden, 1988

/9.3/ Link, M.: Finite Elemente in der Statik und Dynamik
Teubner-Verlag, Stuttgart, 1989

/9.4/ Klein, B.: Ein Beitrag zur rechnerunterstützten Analyse und Synthese ebener Gelenkgetriebe unter besonderer Berücksichtigung mathematischer Optimierungsstrategien und der Finite-Element-Methode
Dissertation, Ruhr-Universität Bochum, 1977

/9.5/ siehe auch Argyris, J./ Mlejnek, H.-P. /9.2/

/9.6/ siehe auch Argyris, J./ Mlejnek, H.-P. /9.2/

/9.7/ siehe auch Argyris, J./ Mlejnek, H.-P. /9.2/

/9.8/ siehe auch ASKA User's Manual /5.2/

/9.9/ siehe auch Argyris, J./ Mlejnek, H.-P. /9.2/

/9.10/ siehe auch Argyris, J./ Mlejnek, H.-P. /9.2/

/9.11/ siehe auch Argyris, J./ Mlejnek, H.-P. /9.2/

/10.1/ Zienkiewicz, O. C.: Methode der finiten Elemente
Hanser-Verlag, München, 1975

/10.2/ Argyris, J./ Mlejnek, H.-P.: Bd. 2: Kraft- und gemischte Methoden, Nichtlinearitäten
Friedr. Vieweg und Sohn-Verlag, Wiesbaden, 1987

/10.3/ Oden, J. T.: Finite Elements of Nonlinear Continua
McGraw Hill, New York, 1972

/10.4/ Chen, W. F./ Han, D. J.: Plasticity for Structural Engineers
Springer-Verlag, Berlin Heidelberg New York, 1989

/11.1/ Stelzer, F.: Wärmeübertragung und Strömung
Thiemig-Verlag, München, 1971

/11.2/ siehe auch Bathe, K. J. /3.3/

/11.3/ Steinke, P.: Finite-Element-Methode
Cornelsen-Verlag, Düsseldorf, 1992

/11.4/ Altenbach, J./ Sacharov, A. S.: Die Methode der finiten Elemente in der Festkörpermechanik
Hanser-Verlag, München, 1982

/11.5/ Svoboda, M./ Kern, G.: FE-Programm zur Berechnung der Temperaturverteilung und der thermischen Beanspruchung von Verbrennungsmotoren
MTZ-Motortechnische Zeitschrift 36 (1975) 2, S. 39-42

/12.1/ Klein, B.: Die Finite-Element-Methode im Maschinenbau
Seminarunterlage, Haus der Technik, Essen, 1994

/12.2/ N.N.: FE-Modeling and Analysis with I-DEAS
SDRC-Publikation 070390-R1/199

/12.3/ N.N.: ABAQUS/Standard-Example Problems Manual
Hibbitt, Karlsson & Sorensen, USA/1994

/12.4/ Kanarachos, A./ Müller, W.: Automatische Bandbreitenreduktion, ein Hilfsmittel bei FE-Algorithmen
VDI-Z 119 (1977) 10, S. 497-500

/12.5/ Schwarz, H. R.: Methode der finiten Elemente
Teubner-Verlag, Stuttgart, 1980

/13.1/ Fox, L. R.: Optimization methods for engineering design
Addison Wesley Publishing, Reading, Massachusetts, 1970

/13.2/ Baier, H.: Mathematische Programmierung zur Optimierung von Tragwerken insbesondere bei mehrfachen Zielen
Dissertation, TH-Darmstadt, 1978

/13.3/ Mattheck, C.: Engineering components grow like trees
KfK-Bericht Nr. 4648, Karlsruhe, 1989

/13.4/ Freitag, D.: Funktionsbasierte Konturoptimierung unter Einbezug konstruktiver Formelemente
VDI-Fortschrittberichte R. 20/Nr. 178, Düsseldorf, 1995

Mathematischer Anhang

Zielsetzung des Anhanges soll es sein, die vorstehenden Darlegungen zur Mathematik und Mechanik, insbesondere für den im Selbststudium lernenden FEM-Interessenten, noch etwas vertiefter darzustellen.

A) Matrixversion

Der Ausdruck *Matrix* wurde etwa um 1850 von *Sylvester* (engl. Mathematiker) geprägt und bezeichnet eine rechteckige Anordnung von Größen in m-Zeilen und n-Spalten, z. B.

$$\underline{\mathbf{A}} = \begin{bmatrix} a_{11} & a_{12} & a_{13} & \cdots & a_{1n} \\ a_{21} & a_{22} & a_{23} & \cdots & a_{2n} \\ \vdots & & & & \vdots \\ a_{m1} & a_{m2} & a_{m3} & \cdots & a_{mn} \end{bmatrix} \tag{A1}$$

Dieser Matrix $\underline{\mathbf{A}}$ kann man direkt keinen Wert zuordnen, dagegen können die Elemente a_{ij} Zahlen, Funktionen oder selbst wieder Matrizen sein.

Von einer Quadratmatrix kann man weiter eine *Determinante* bilden. Dies ist eine Rechenvorschrift, die auf einer Matrix anzuwenden ist, und zwar

$$\det \underline{\mathbf{A}} = \begin{vmatrix} a_{11} & a_{12} & \cdots & a_{1n} \\ a_{21} & a_{22} & \cdots & a_{2n} \\ \vdots & & & \vdots \\ a_{n1} & a_{n2} & \cdots & a_{nn} \end{vmatrix} . \tag{A2}$$

Zum Beispiel lautet die Determinante einer 2x2-Matrix

$$\begin{vmatrix} a_{11} & a_{12} \\ a_{21} & a_{22} \end{vmatrix} = a_{11} \cdot a_{22} - a_{21} \cdot a_{12} . \tag{A3}$$

Verschwindet die Determinante einer Matrix ($\det \underline{\mathbf{A}} = 0$), so bezeichnet man die Matrix als *singulär*.

Die *inverse* Matrix $\underline{\mathbf{A}}^{-1}$ einer nicht-singulären Quadratmatrix $\underline{\mathbf{A}}$ ist definiert durch die Beziehung

$$\underline{\mathbf{A}}^{-1} \cdot \underline{\mathbf{A}} = \underline{\mathbf{A}} \cdot \underline{\mathbf{A}}^{-1} = \underline{\mathbf{I}} . \tag{A4}$$

Mittels der Inversion läßt sich die in der gewöhnlichen Zahlenrechnung definierten Division in die Matrixalgebra übertragen. Zur Demonstration der Inversion soll das folgende lineare Gleichungssystem gegeben sein:

$$\begin{aligned} &a_{11} \cdot x_1 + a_{12} \cdot x_2 + a_{13} \cdot x_3 + \cdots + a_{1n} \cdot x_n = y_1 \\ &a_{21} \cdot x_1 + a_{22} \cdot x_2 + a_{23} \cdot x_3 + \cdots + a_{2n} \cdot x_n = y_2 \\ &\vdots \\ &a_{n1} \cdot x_1 + a_{n2} \cdot x_2 + a_{n3} \cdot x_3 + \cdots + a_{nn} \cdot x_n = y_n, \end{aligned} \tag{A5}$$

welches symbolisch in Matrixform lautet

$$\underline{\mathbf{A}} \cdot \underline{\mathbf{x}} = \underline{\mathbf{y}}. \tag{A6}$$

Hierbei sei angenommen, daß alle a_{ij} bekannt sind und auch der Vektor $\underline{\mathbf{y}}$ gegeben sei. Die Auflösung nach den unbekannten $\underline{\mathbf{x}}$ erfolgt wieder aus einer linearen Gleichung heraus, und zwar aus

$$\begin{aligned} &x_1 = \bar{a}_{11} \cdot y_1 + \bar{a}_{12} \cdot y_2 + \bar{a}_{13} \cdot y_3 + \cdots + \bar{a}_{1n} \cdot y_n \\ &x_2 = \bar{a}_{21} \cdot y_1 + \bar{a}_{22} \cdot y_2 + \bar{a}_{23} \cdot y_3 + \cdots + \bar{a}_{2n} \cdot y_n \\ &\vdots \\ &x_n = \bar{a}_{n1} \cdot y_1 + \bar{a}_{n2} \cdot y_2 + \bar{a}_{n3} \cdot y_3 + \cdots + \bar{a}_{nn} \cdot y_n, \end{aligned} \tag{A7}$$

welches ebenfalls symbolisch geschrieben werden kann als

$$\underline{\mathbf{x}} = \underline{\mathbf{A}}^{-1} \cdot \underline{\mathbf{y}}. \tag{A8}$$

Um eine derartige Inversion überschaubar darstellen zu können, soll von folgendem Gleichungssystem ausgegangen werden:

$$\begin{bmatrix} a_{11} & a_{12} & a_{13} \\ a_{21} & a_{22} & a_{23} \\ a_{31} & a_{32} & a_{33} \end{bmatrix} \cdot \begin{bmatrix} x_1 \\ x_2 \\ x_3 \end{bmatrix} = \begin{bmatrix} y_1 \\ y_2 \\ y_3 \end{bmatrix}. \tag{A9}$$

Für die Bestimmung der unbekannten x_i wählen wir die sogenannte *Cramersche Regel*, die zunächst zu folgender Lösung führt:

$$x_1 = \frac{\begin{vmatrix} y_1 & a_{12} & a_{13} \\ y_2 & a_{22} & a_{23} \\ y_3 & a_{32} & a_{33} \end{vmatrix}}{\begin{vmatrix} a_{11} & a_{12} & a_{13} \\ a_{21} & a_{22} & a_{23} \\ a_{31} & a_{32} & a_{33} \end{vmatrix}}, \quad x_2 = \frac{\begin{vmatrix} a_{11} & y_1 & a_{13} \\ a_{21} & y_2 & a_{23} \\ a_{31} & y_3 & a_{33} \end{vmatrix}}{\det \underline{\mathbf{A}}}, \quad x_3 = \frac{\begin{vmatrix} a_{11} & a_{12} & y_1 \\ a_{21} & a_{22} & y_2 \\ a_{31} & a_{32} & y_3 \end{vmatrix}}{\det \underline{\mathbf{A}}}. \tag{A10}$$

Damit können nach der Adjunkten-Regel

$$\begin{vmatrix} + & - & + \\ - & + & - \\ + & - & + \end{vmatrix} \tag{A11}$$

die Zählerdeterminanten entsprechend dem nachfolgenden Algorithmus entwickelt werden:

$$\begin{aligned}
\begin{vmatrix} y_1 & a_{12} & a_{13} \\ y_2 & a_{22} & a_{23} \\ y_3 & a_{32} & a_{33} \end{vmatrix} &= +y_1 \begin{vmatrix} a_{22} & a_{23} \\ a_{32} & a_{33} \end{vmatrix} - y_2 \begin{vmatrix} a_{12} & a_{13} \\ a_{32} & a_{33} \end{vmatrix} + y_3 \begin{vmatrix} a_{12} & a_{13} \\ a_{22} & a_{23} \end{vmatrix} \\
\begin{vmatrix} a_{11} & y_1 & a_{13} \\ a_{21} & y_2 & a_{23} \\ a_{31} & y_3 & a_{33} \end{vmatrix} &= -y_1 \begin{vmatrix} a_{21} & a_{23} \\ a_{31} & a_{33} \end{vmatrix} + y_2 \begin{vmatrix} a_{11} & a_{13} \\ a_{31} & a_{33} \end{vmatrix} - y_3 \begin{vmatrix} a_{11} & a_{13} \\ a_{21} & a_{23} \end{vmatrix} . \\
\begin{vmatrix} a_{11} & a_{12} & y_1 \\ a_{21} & a_{22} & y_2 \\ a_{31} & a_{32} & y_3 \end{vmatrix} &= +y_1 \begin{vmatrix} a_{21} & a_{22} \\ a_{31} & a_{32} \end{vmatrix} - y_2 \begin{vmatrix} a_{11} & a_{12} \\ a_{31} & a_{32} \end{vmatrix} + y_3 \begin{vmatrix} a_{11} & a_{12} \\ a_{21} & a_{22} \end{vmatrix}
\end{aligned} \tag{A12}$$

Für die invertierte Matrix erhält man so

$$\underline{\mathbf{A}}^{-1} = \frac{1}{\det \underline{\mathbf{A}}} \begin{vmatrix} +\begin{vmatrix} a_{22} & a_{23} \\ a_{32} & a_{33} \end{vmatrix} & -\begin{vmatrix} a_{12} & a_{13} \\ a_{32} & a_{33} \end{vmatrix} & +\begin{vmatrix} a_{12} & a_{13} \\ a_{22} & a_{23} \end{vmatrix} \\ -\begin{vmatrix} a_{21} & a_{23} \\ a_{31} & a_{33} \end{vmatrix} & +\begin{vmatrix} a_{11} & a_{13} \\ a_{31} & a_{33} \end{vmatrix} & -\begin{vmatrix} a_{11} & a_{13} \\ a_{21} & a_{23} \end{vmatrix} \\ +\begin{vmatrix} a_{21} & a_{22} \\ a_{31} & a_{32} \end{vmatrix} & -\begin{vmatrix} a_{11} & a_{12} \\ a_{31} & a_{32} \end{vmatrix} & +\begin{vmatrix} a_{11} & a_{12} \\ a_{21} & a_{22} \end{vmatrix} \end{vmatrix} \tag{A13}$$

mit

$$\det \underline{\mathbf{A}} = \left| \begin{array}{ccc:cc} a_{11} & a_{12} & a_{13} & a_{11} & a_{12} \\ a_{21} & a_{22} & a_{23} & a_{21} & a_{22} \\ a_{31} & a_{32} & a_{33} & a_{31} & a_{32} \end{array} \right| \begin{aligned} &= a_{11} \cdot a_{22} \cdot a_{33} + a_{12} \cdot a_{23} \cdot a_{31} + a_{13} \cdot a_{21} \cdot a_{32} \\ &\quad - a_{31} \cdot a_{22} \cdot a_{13} - a_{32} \cdot a_{23} \cdot a_{11} - a_{33} \cdot a_{21} \cdot a_{12} \end{aligned} \tag{A14}$$

In Kapitel 4 ist die Inversion einer 2x2-Matrix

$$\underline{\mathbf{A}} = \begin{vmatrix} a_{11} & a_{12} \\ a_{21} & a_{22} \end{vmatrix} \tag{A15}$$

erforderlich. Wendet man hierauf das vorstehende Prinzip an, so führt dies zu

$$\underline{A}^{-1} = \frac{1}{a_{11} \cdot a_{22} - a_{21} \cdot a_{12}} \begin{vmatrix} a_{22} & -a_{12} \\ -a_{21} & a_{11} \end{vmatrix} . \tag{A16}$$

Für Handrechnungen ist das zuvor gezeigte Verfahren recht transparent; in EDV-Programmen wird hingegen die Gauß-Jordan-Elimination zur Inversion bevorzugt.

B) Matrizen-Eigenwertproblem

Die vorstehend dargestellten Instabilitätsprobleme (7.3.7/10.5) und die Bestimmung der Eigenfrequenzen schwingfähiger Systeme (9.4) führen auf die Lösung des *Eigenwertproblems*. Macht man zum Beispiel für die Schwingungs-DGL

$$\underline{\mathbf{M}} \cdot \underline{\ddot{\mathbf{U}}} + \underline{\mathbf{K}} \cdot \underline{\mathbf{U}} = \underline{\mathbf{0}}, \tag{B1}$$

den Ansatz

$$\underline{\mathbf{U}} = \underline{\mathbf{x}} \cdot e^{i\,\omega \cdot t} \equiv \underline{\mathbf{x}} \cdot e^{\lambda \cdot t} \tag{B2}$$

mit dem Eigenvektor $\underline{\mathbf{x}}$ und der Eigenfrequenz ω, so führt dies zu dem allgemeinen Matrizen-Eigenwertproblem

$$\left(-\omega^2 \cdot \underline{\mathbf{M}} + \underline{\mathbf{K}}\right) \underline{\mathbf{x}} = \underline{\mathbf{0}} . \tag{B3}$$

Da es in der Numerik jedoch Standardlöser für das sogenannte spezielle Eigenwertproblem gibt, ist zunächst folgende Umformung sinnvoll:

$$\left(-\lambda\, \underline{\mathbf{M}}^{-1} \cdot \underline{\mathbf{M}} + \underline{\mathbf{M}}^{-1} \cdot \underline{\mathbf{K}}\right) \underline{\mathbf{x}} = \left(-\lambda\, \underline{\mathbf{I}} + \underline{\mathbf{A}}\right) \underline{\mathbf{x}} = \underline{\mathbf{0}} . \tag{B4}$$

Im besonderen Fall liegen mit $\underline{\mathbf{M}}$ und $\underline{\mathbf{K}}$ noch positiv definite, symmetrische Matrizen vor. Für die Nutzung der Symmetrie ist dann zweckmäßiger auf die Massenmatrix eine *Dreieckszerlegung* anzuwenden. Ausgangsgleichung hierfür ist

$$\left(-\lambda\, \underline{\mathbf{L}}^t \cdot \underline{\mathbf{L}} + \underline{\mathbf{K}}\right) = \underline{\mathbf{0}} . \tag{B5}$$

Multipliziert man diese Gleichung mit $\underline{\mathbf{L}}^{t^{-1}}$ vor und klammert $\underline{\mathbf{L}}$ aus, so folgt

$$\left(-\lambda\, \underline{\mathbf{I}} + \underline{\mathbf{L}}^{t^{-1}} \cdot \underline{\mathbf{K}} \cdot \underline{\mathbf{L}}^{-1}\right) \underline{\mathbf{L}} \cdot \underline{\mathbf{x}} = \left(-\lambda\, \underline{\mathbf{I}} + \underline{\mathbf{A}}^*\right) \underline{\mathbf{x}}^* = \underline{\mathbf{0}} . \tag{B6}$$

Die Symmetrieeigenschaft kann so auf $\underline{\mathbf{A}}^*$ übertragen werden. Durch verschiedene numerische Verfahren (z. B. Jacobi-Iteration, Vektoriteration nach v. Mises) können im weiteren die Eigenwerte $\lambda_i = \omega_i^2$ und die Eigenvektoren $\underline{\mathbf{x}}^*$ bestimmt werden. Die richtigen Eigenvektoren folgen aus der Rücktransformation

$$\underline{\mathbf{x}} = \underline{\mathbf{L}}^{-1} \cdot \underline{\mathbf{x}}^* . \tag{B7}$$

C) Lösung der Bewegungsgleichung

Die allgemeine Bewegungsgleichung der kinematischen Antwort eines Systems ist zuvor bestimmt worden zu

$$\underline{\mathbf{M}} \cdot \ddot{\underline{\mathbf{U}}} + \underline{\mathbf{C}} \cdot \dot{\underline{\mathbf{U}}} + \underline{\mathbf{K}} \cdot \underline{\mathbf{U}} = \underline{\mathbf{P}} . \tag{C1}$$

Mathematisch ist dies eine gewöhnliche lineare DGL zweiter Ordnung. Da bei der FE-Methode das dazugehörige Gleichungssystem sehr groß werden kann, sind für die Lösung nur ganz wenige effiziente Verfahren von Interesse. Als besonders geeignet haben sich die *direkte Integration* und die *Modenüberlagerung* erwiesen.

Direkte Integration

Als direkte Integration wird die Lösung von DGL's mit einem numerischen Schritt-für-Schritt-Verfahren bezeichnet. Grundannahme sei hierbei, ein Gleichungssystem nicht in jedem Zeitpunkt t erfüllen zu wollen, sondern nur in einem bestimmten Zeitintervall Δt. Dazwischen wird von linearer Interpolierbarkeit ausgegangen.

Voraussetzung für das Verfahren ist, daß die Verschiebungs-, Geschwindigkeits- und Beschleunigungsvektoren $\left({}^\circ\underline{\mathbf{U}},\ {}^\circ\dot{\underline{\mathbf{U}}},\ {}^\circ\ddot{\underline{\mathbf{U}}}\right)$ zur Zeit 0 bekannt sind und die Lösung von 0 bis T gesucht wird. Im Lösungsverfahren wird die zu betrachtende Zeitspanne T in n gleiche Intervalle $\Delta t = T / n$ unterteilt und Näherungslösungen zu den Zeiten 0, Δt, $2\Delta t$, ..., t, $t + \Delta t$, ..., T bestimmt. Da ein Algorithmus die Lösung zur nächsten geforderten Zeit nur aus der vorausgegangenen Zeit berechnen kann, geht man stets von der Annahme aus, daß die Lösungen zur Zeit 0, Δt, $2\Delta t$, ..., t bekannt sind. Insofern wird die Lösung immer zu $t + \Delta t$ berechnet.

Zentrale Differenzenmethode

Die Central Difference Methode (realisiert in vielen nichtlinearen FE-Programmen, u. a. LS-DYNA 3D) ist eine einfache Realisierung der zuvor besprochenen Vorgehensweise. Diese approximiert über finite Differenzen (s. Bild 1/C).

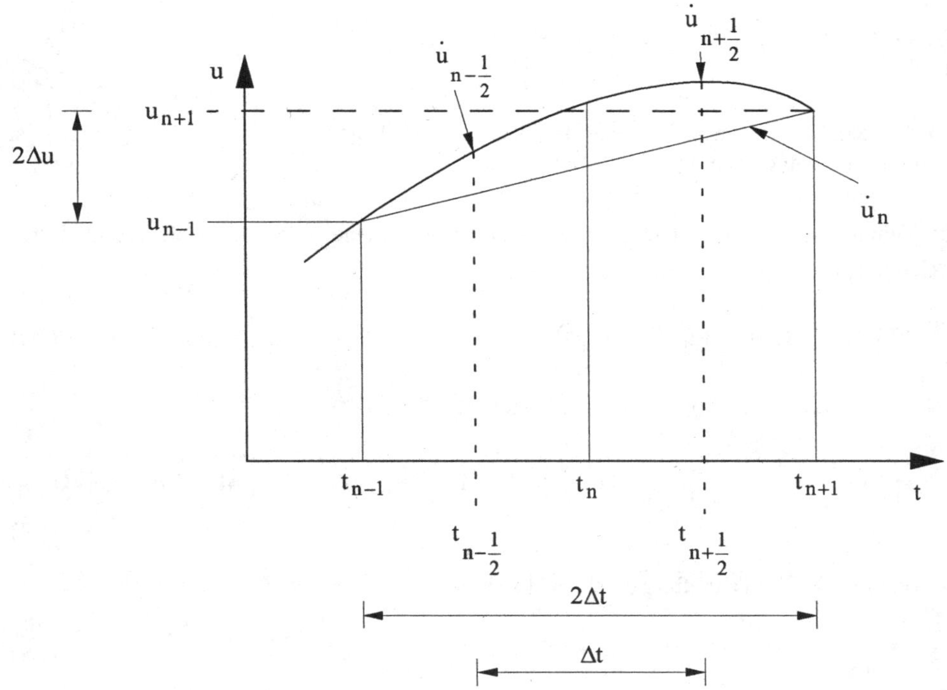

Bild 1/C: Diskretisierung eines Verschiebungsverlaufs

Hiernach kann die Geschwindigkeit zum Zeitpunkt t_n abgeschätzt werden zu

$$\dot{u}_n = \frac{1}{2\,\Delta t}\left(u_{n+1} - u_{n-1}\right) \tag{C2}$$

und die Beschleunigung zu

$$\begin{aligned} \ddot{u}_n &= \frac{1}{\Delta t}\left(\dot{u}_{n+\frac{1}{2}} - \dot{u}_{n-\frac{1}{2}}\right) = \frac{1}{\Delta t}\left(\frac{u_{n+1} - u_n}{\Delta t} - \frac{u_n - u_{n-1}}{\Delta t}\right) = \\ &= \frac{1}{\Delta t^2}\left(u_{n+1} - 2\,u_n + u_{n-1}\right). \end{aligned} \tag{C3}$$

Diese Ansätze werden nunmehr in das dynamische Gleichungssystem

$$\underline{\mathbf{M}} \cdot \underline{\ddot{\mathbf{U}}}_n + \underline{\mathbf{C}} \cdot \underline{\dot{\mathbf{U}}}_n + \underline{\mathbf{K}} \cdot \underline{\mathbf{U}}_n = \underline{\mathbf{P}}_n(t) \tag{C4}$$

einsetzt; hieraus folgt

$$\left(\underline{M} + \frac{1}{2}\Delta t \cdot \underline{C}\right) \cdot \underline{U}_{n+1} = \Delta t^2 \cdot \underline{P}_n - \left(\Delta t^2 \cdot \underline{K} - 2\,\underline{M}\right) \cdot \underline{U}_n - \left(\underline{M} - \frac{1}{2}\Delta t \cdot \underline{C}\right) \cdot \underline{U}_{n-1} \tag{C5}$$

Mit der diagonalisierten Massenmatrix und der zwangsdiagonalisierten Dämpfungsmatrix ist dann die Auflösung nach $\underline{U}_{n+1}$ möglich.

Bei nichtlinearen Problemen $\left(\underline{K}\left(\underline{U}\right)\right)$ wird bevorzugt mit einer folgendermaßen modifizierten Gleichung gerechnet

$$\underline{M} \cdot \underline{\ddot{U}}_n + \underline{C} \cdot \underline{\dot{U}}_n + \underline{P}_n^{\,int} = \underline{P}_n^{\,ext}, \tag{C6}$$

welche dann die diskret approximierte Lösung hat

$$\left(\underline{M} + \frac{1}{2}\Delta t \cdot \underline{C}\right) \cdot \underline{U}_{n+1} = \Delta t^2 \cdot \left(\underline{P}_n^{\,ext} - \underline{P}_n^{\,int}\right) + 2\,\underline{M} \cdot \underline{U}_n - \left(\underline{M} + \frac{1}{2}\Delta t \cdot \underline{C}\right) \cdot \underline{U}_{n-1} \tag{C7}$$

Bei vernachlässigter Dämpfung vereinfacht sich diese weiter zu

$$\underline{U}_{n+1} = \Delta t^2 \cdot \underline{M}^{-1} \left(\underline{P}_n^{\,ext} - \underline{P}_n^{\,int}\right) + 2\,\underline{U}_n - \underline{U}_{n-1}. \tag{C8}$$

Die zuvor erläuterten Ansätze entwickeln die Lösung zum Zeitpunkt $t + \Delta t$ aus der Lösung zur Zeit t, weshalb man hier von *explizierter Integration* spricht. Dem stehen Verfahren gegenüber, die Gleichungen sofort zum Zeitpunkt $t + \Delta t$ iterativ lösen, die dementsprechend implizite Integrationsverfahren (z. B. nach Houbolt, Wilson, Newmarkt) benannt werden.

Stabilität des zentralen Differenzenverfahrens

Das Integrationsverfahren nach der zentralen Differenzenmethode ist nur bedingt stabil, d. h. der Zeitschritt Δt darf einen bestimmten kritischen Wert Δt_{krit} nicht überschreiten. Um dies zu erläutern, wird vereinfacht ein 1-FHG-System angesetzt. Die Bewegungsgleichung lautet für diesen Fall:

$$m \cdot \ddot{u}_n + c \cdot \dot{u}_n + k \cdot u_n = F_n. \tag{C9}$$

Mit Einführung des Lehrschen Dämpfungsmaßes ξ und der Eigenkreisfrequenz ω folgt weiter

$$\ddot{u}_n + 2\,\xi\,\omega \cdot \dot{u}_n + \omega^2 \cdot u_n = p_n. \tag{C10}$$

Werden die Geschwindigkeit und die Beschleunigung wieder als zentrale Differenzen eingeführt

$$\dot{u}_n = \frac{1}{2\,\Delta t}\left(u_{n+1} - u_{n-1}\right) \tag{C11}$$

$$\ddot{u}_n = \frac{1}{2\,\Delta t^2}\left(u_{n+1} - 2\,u_n - u_{n-1}\right) \tag{C12}$$

und in die Bewegungs-DGL eingeführt, so erhält man

$$u_{n+1} = \frac{2-\omega^2\cdot\Delta t^2}{1+2\,\xi\,\omega\cdot\Delta t}\,u_n - \frac{1-2\,\xi\,\omega\cdot\Delta t}{1+2\,\xi\,\omega\cdot\Delta t}\,u_{n-1} + \frac{\Delta t^2}{1+2\,\xi\,\omega\cdot\Delta t}\cdot p_n\,. \tag{C13}$$

Diese Gleichung muß nun in die Matrixform

$$\begin{bmatrix} u_{n+1} \\ u_n \end{bmatrix} = \begin{bmatrix} \dfrac{2-\omega^2\cdot\Delta t^2}{1+2\,\xi\,\omega\cdot\Delta t} & -\dfrac{1-2\,\xi\,\omega\cdot\Delta t}{1+2\,\xi\,\omega\cdot\Delta t} \\ 1 & 0 \end{bmatrix} \cdot \begin{bmatrix} u_n \\ u_{n-1} \end{bmatrix} + \begin{bmatrix} \dfrac{\Delta t^2}{1+2\,\xi\,\omega\cdot\Delta t} \\ 0 \end{bmatrix} \cdot p_n \tag{C14}$$

$$\underline{\mathbf{U}}_{n+1} = \underline{\mathbf{A}} \cdot \underline{\mathbf{u}}_n + \underline{\mathbf{L}}\cdot p_n \tag{C15}$$

überführt worden. Die eingeführten Ausdrücke bezeichnen hierbei

$\underline{\mathbf{A}}$ Zeitintegrationsoperator
$\underline{\mathbf{L}}$ Lastoperator.

Für den m-ten Zeitpunkt unter der beliebigen Anfangsbedingung $\underline{\mathbf{u}}_o$ und ohne einwirkender äußeren Belastung $(\underline{\mathbf{L}}\cdot p_n = \underline{\mathbf{0}})$ folgt dann

$$\underline{\mathbf{u}}_m = \underline{\mathbf{A}}^m \cdot \underline{\mathbf{u}}_o\,. \tag{C16}$$

Stabilität der Lösung verlangt weiterhin, daß der größte Eigenwert der Matrix kleiner oder gleich Eins $(|\lambda| \le 1)$ ist. Wenn das betrachtete Minimalsystem noch dämpfungsfrei ist, können die Eigenwerte bestimmt werden aus

$$\det\left(\begin{vmatrix} 2-\omega^2\cdot\Delta t^2 & -1 \\ 1 & 0 \end{vmatrix} - \lambda \begin{vmatrix} 1 & 0 \\ 0 & 1 \end{vmatrix} \right) = 0 \tag{C17}$$

oder aus

$$-\left(2-\omega^2\cdot\Delta t^2 - \lambda\right)\lambda + 1 = 0\,. \tag{C18}$$

Die beiden Eigenwerte finden sich so zu

$$\lambda_{1,2} = \frac{2-\omega^2 \cdot \Delta t^2}{2} \pm \sqrt{\frac{\left(2-\omega^2 \cdot \Delta t^2\right)^2}{4} - 1}, \tag{C19}$$

und für den Grenzfall ergibt sich als kritischer Zeitschritt

$$\Delta t \le \frac{2}{\omega} = \Delta t_{krit}. \tag{C20}$$

Bei einem gedämpften System erhielte man statt dessen

$$\Delta t \le \frac{2}{\omega}\left(\sqrt{\xi^2+1} - \xi\right) = \Delta t_{krit}. \tag{C21}$$

Um die Eigenfrequenz abzuschätzen, sei hier ein einfaches Stab-Modell gewählt.

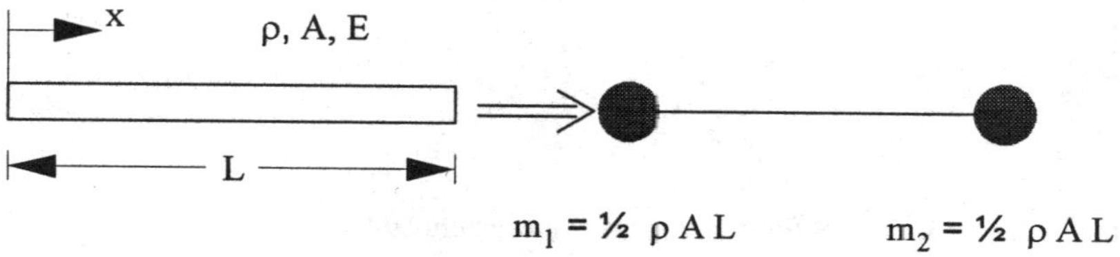

Bild 2/C: Schwinger mit einem FHG

Hierfür lautet

$$\underline{\mathbf{M}} = \begin{bmatrix} \frac{1}{2}\rho\, A \cdot L & 0 \\ 0 & \frac{1}{2}\rho\, A \cdot L \end{bmatrix}, \quad \underline{\mathbf{K}} = \frac{E \cdot A}{L}\begin{bmatrix} 1 & -1 \\ -1 & 1 \end{bmatrix}.$$

Die Eigenfrequenz wird ermittelt aus

$$\det\left(\frac{E \cdot A}{L}\begin{vmatrix} 1 & -1 \\ -1 & 1 \end{vmatrix} - \omega \begin{vmatrix} \frac{1}{2}\rho\, A \cdot L & 0 \\ 0 & \frac{1}{2}\rho\, A \cdot L \end{vmatrix}\right) = 0 \tag{C22}$$

zu

$$\omega = \frac{2}{L}\sqrt{\frac{E}{\rho}}. \tag{C23}$$

Mit Hilfe der Wellenausbreitungsgeschwindigkeit c in einem Werkstoff kann auch angegeben werden

$$c = \sqrt{\frac{E}{\rho}}, \tag{C24}$$

$$\omega = 2\frac{c}{L} \tag{C25}$$

oder

$$\Delta t \leq \frac{L}{c}. \tag{C 26}$$

Diese Ungleichung wird allgemein als CFL-Bedingung nach Courant, Friedrichs und Lewy bezeichnet.

Physikalisch beschreibt Δt die Zeit, die eine Welle im betrachteten Material braucht, um von einen Knoten eines Elementes zum anderen zu gelangen.

D) Variationsrechnung

Bei der Herleitung der finiten Grundgleichung wurde in Kapitel 3.4.1 von dem Variationsprinzip Gebrauch gemacht und die Variation einer Funktion $\delta y(x)$ eingeführt. Diese ist definiert als

$$\delta y = \tilde{y}(x) - y(x) \; . \tag{D1}$$

Im Gegensatz hierzu ist das Differential einer Funktion definiert als

$$dy = y(x + dx) - y(x). \tag{D2}$$

Der wesentliche Unterschied ist dabei, daß bei einer Variation die Funktion und bei einer Differentiation das Argument veränderlich ist.

Diese Darlegung kann auch aus dem Bild 1/D herausinterpretiert werden.

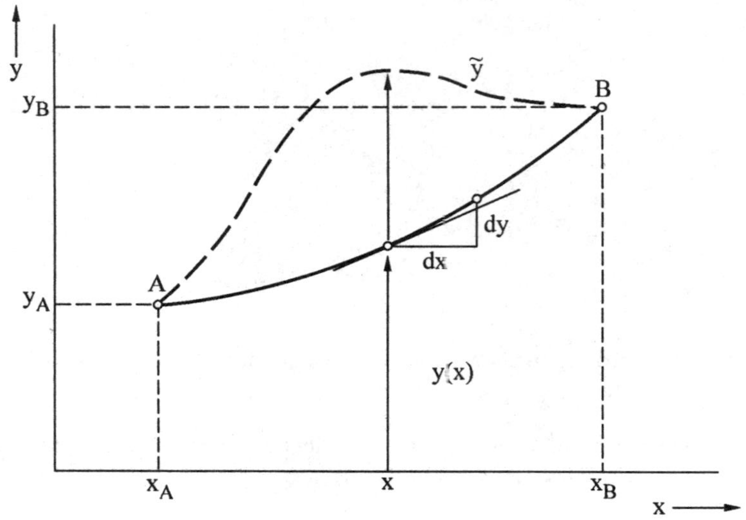

Bild 1/D: Variation und Differentiation einer Funktion

Die Differentiation dy bezeichnet hierin die tatsächliche Änderung von y bei einer Veränderung von x. Demgegenüber bezeichnet die Variation δy eine gedachte oder *virtuelle* Änderung der Funktion y(x) nach $\tilde{y}(x)$. Die Funktion $\tilde{y}(x)$ soll dabei in der Nachbarschaft von y(x) liegen.

Aufgabe der Variationsrechnung (begründet von *Euler* und *Bernoulli*) ist es, einen möglichen Abstand zu minimieren oder allgemein das Minimum eines Funktionals zu finden, d. h.

$$\delta y = 0 . \tag{D3}$$

Bei dem vorstehenden Problem (Abstandsminderung) kann für die Variation folgender Ansatz gemacht werden:

$$\delta y = \alpha \cdot \phi(x) , \tag{D4}$$

worin α ein Parameter und $\phi(x)$ eine beliebige Funktion darstellen. An Randbedingungen ist zu berücksichtigen, daß an den Endpunkten die Kurven zusammenfallen bzw. dort die Variation

$$\delta y\big|_{x_A / x_B} = 0 \tag{D5}$$

verschwindet. Als Erkenntnis kann daraus gewonnen werden, daß

– die Variation einer Funktion δy stets beliebig klein ist

und

– die Variation an vorgegebenen Stützstellen zu Null werden kann, welches einem Zusammenfallen von $\tilde{y}(x_A / x_B)$ und $\tilde{y}(x_A / x_B)$ entspricht.

In der Mechanik wird die Variation oft auf einen Verschiebungsverlauf angewandt, weshalb man hier dann auch von ***virtuellen*** Verschiebungen spricht.

Weiterhin werden in den vorstehenden Kapiteln schon die beiden Regeln

$$\delta\left(\frac{\partial y}{\partial x}\right) = \frac{\partial}{\partial x}\delta y \,, \tag{D6}$$

$$\delta \int y \, dx = \int \delta y \cdot dx \tag{D7}$$

benutzt, die jetzt mit dem Ansatz von Gl. (D4) beweisbar sind.

Sachwortverzeichnis

NEC

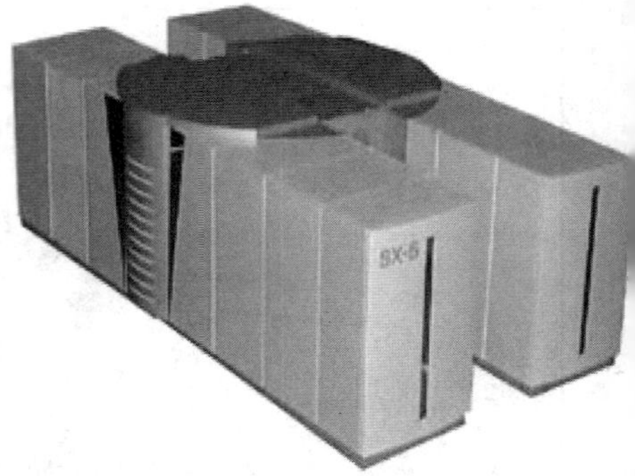

European HPC Technology Center (EHPCTC)

Der japanische Elektronikkonzern NEC ist nicht nur bekannt als Hersteller von Druckern, Bildschirmen und Mobilfunkgeräten, sondern auch einer der weltweit führenden Anbieter von Vektorsupercomputern. Diese High-end Rechner bieten eine Leistung von bis zu 10Gflops pro CPU. Ein System mit 640 CPUs wird in Japan zur Simulation der Erdatmosphäre verwendet. Dieser sogenannte **Earth Simulator** bietet eine Gesamtleistung von 40 Tflops.

Das NEC European HPC Technology Center (EHPCTC) in Stuttgart ist eine Zweigniederlassung der NEC Deutschland GmbH. Das EHPCTC ist verantwortlich für die Unterstützung der Anwendungen auf NEC Supercomputern.
In enger Zusammenarbeit mit den Softwareherstellern werden industriell eingesetzte CFD-, Crash-, und Strukturanalyse- Programme portiert und für die spezielle Hardware optimiert. Dies geht nicht ohne aufwendige Qualitätssicherung. Auf den SX-Systemen verwendete Softwarepakete der Strömungsmechanik sind STAR-CD, CFX und FIRE. Die wichtigsten Programme zur Crashsimulation PamCrash, LS-Dyna und Radioss werden unterstützt. Im Bereich der Strukturanalyse sind es die Programme MSC.Nastran und Abaqus. Bei der Optimierung liegen die Hauptaufgaben in der effizienten Vektorisierung und Parallelisierung der Anwendungen. Verbesserung und Entwicklung von Solver Algorithmen (z.B. Sparse Matrix Solver für große Matrizen) sind ein weiteres wichtiges Fachgebiet.
Die Unterstützung unserer Kunden, zu denen führende europäische Automobilhersteller zählen, ist ein zusätzlicher Schwerpunkt.
Zum Ausbau und zur Bewältigung unserer stetig wachsenden Projekte sucht das EHPCTC Team hochqualifizierte Mitarbeiter für unser spezielles Fachgebiet. Wir freuen uns auf Ihre Bewerbung an die nachfolgende Adresse:

NEC EHPCTC (NEC Deutschland GmbH)
Dr. A. Findling
Hessbrühlstr. 21B
D-70565 Stuttgart
Tel.: + 49 (0) 711 780 55-0
Fax:+ 49 (0) 711 780 55-25
afindling@ess.nec.de

Weitere Informationen finden Sie unter
http://www.ess.nec.de
NEC ESS (NEC Deutschland GmbH)
Prinzenallee 11
40549 Düsseldorf
Tel.: + 49 (0) 211 53 69-0
Fax:+ 49 (0) 211 53 69-199
info@ess.nec.de

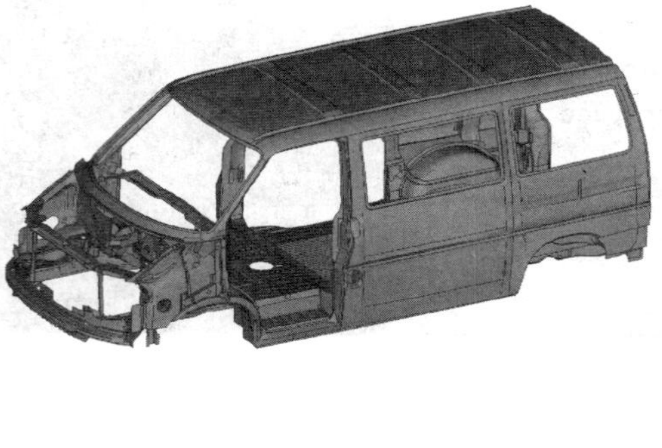